John Brockman

W0089591

Die dritte Kultur
Das Weltbild der modernen Naturwissenschaft

*Aus dem Amerikanischen übertragen
von Sebastian Vogel*

btb

Die Originalausgabe erschien 1995
unter dem Titel »The Third Culture«
bei Simon & Schuster, New York.

btb Taschenbücher erscheinen im Goldmann Verlag,
einem Unternehmen der Verlagsgruppe Bertelsmann.

1. Auflage
Deutsche Erstveröffentlichung August 1996
Copyright © der Originalausgabe 1995 by John Brockman
Copyright © der deutschsprachigen Ausgabe 1996
by Wilhelm Goldmann Verlag, München
Umschlaggestaltung: Design Team München
Umschlagfoto: TIB/Whitney
Satz: IBV Satz- und Datentechnik, Berlin
JJ · Herstellung: Ludwig Weidenbeck
Made in Germany
ISBN 3-442-72035-4

Inhalt

deutet keinen Fortschritt in dem Sinn, wie wir ihn kennen. Fortschritt ist keine Zwangsläufigkeit. Ein großer Teil der Evolution verläuft, was die morphologische Komplexität angeht, nicht aufwärts, sondern abwärts. Wir sind nicht auf dem Weg zu irgend etwas Größerem.

Wie mir dabei sehr schnell klarwurde, besteht die phantasievollste Betrachtung der Evolution und die anregendste Methode, sie zu lehren, darin, daß man sagt, es liege alles an den Genen. Die Gene manipulieren zu ihrem eigenen Nutzen den Körper, dessen sie sich bedienen. Das einzelne Lebewesen ist eine Überlebensmaschine für seine Gene.

Die »neue Biologie« ist Biologie in Form einer exakten Wissenschaft von komplexen Systemen, die mit Dynamik und dem Auftauchen von Ordnung zu tun haben. Damit ändert sich in der Biologie alles. Statt der Metaphern von Konflikt, Konkurrenz, egoistischen Genen und dem Besteigen von Gipfeln in einer Eignungslandschaft zeigt sich die Evolution als Tanz. Sie hat kein Ziel. Wie Stephen Jay Gould sagt: Es gibt keinen Zweck, keinen Fortschritt, keinen Sinn für eine Richtung. Es ist ein Tanz durch den Morphoraum, den Spielraum für die Formen von Lebewesen.

Wir haben erste Ansätze einer Antwort auf die Frage, warum eine einzige Schneckenart an manchen Orten so variabel ist, aber wir haben eigentlich keine Ahnung, warum es bei allen Arten an allen Orten und zu allen Zeiten nie zwei völlig identische Individuen gibt. Das ist eine Grundfrage der Evolution. Aus ihr leiten sich alle anderen ab.

Arten sind reale, räumlich und zeitlich begrenzte Entitäten, und es sind Informationsgebilde. Andersartige Entitäten tun etwas. Ökologische Populationen besetzen zum Beispiel Nischen; sie funktionieren. Arten funktionieren nicht auf diese Weise. Sie tun nichts, sondern sie sind Informationsspeicher. Eine Art ist überhaupt nicht wie ein Organismus, aber sie ist dennoch ein Gebilde, das im Evolutionsverlauf eine wichtige Rolle spielt.

Wie trat die Eukaryontenzelle in Erscheinung? Anfangs handelte es sich vermutlich um eine Invasion von Räubern. Es könnte begonnen haben, als ein bewegliches Bakterium in ein anderes eindrang – natürlich auf der Suche nach Nahrung. In manchen Fällen wurde aus der Invasion jedoch ein Burgfrieden; die anfangs feindselige Beziehung wandelte sich zum Gutartigen. Als die schwimmenden bakteriellen Möchtegern-Eindringlinge sich in ihren trägen Wirtszellen niederließen, entstand durch diese Vereinigung der Kräfte ein neues Ganzes, das letztlich viel besser war als die Summe seiner Teile. Es entwickelten sich schnellere Schwimmer, die eine große Zahl von Genen transportierten. Einige dieser Neuankömmlinge besaßen einzigartige Fähigkeiten für den Evolutionskampf. Weitere Verbindungen mit Bakterien kamen hinzu, während sich die heutige Zelle entwickelte.

Das Gehirn ist ... eine aus der Not geborene Kombination vieler kleiner Vorrichtungen für verschiedene Aufgaben, mit zusätzlichen Vorrichtungen zur Korrektur der Mängel und noch mehr Zubehör, das die vielfältigen Fehler und unerwünschten

Wechselwirkungen verhindert – also kurz gesagt, ein riesiges Durcheinander verschiedenartiger Mechanismen, die es gerade so eben schaffen, die anstehenden Aufgaben zu erfüllen.

Information bedeutet Überraschung. Jeder von uns erwartet, daß die Welt in bestimmter Weise funktioniert, aber wenn sie es tut, sind wir gelangweilt. Daß etwas wissenswert wird, hat mit enttäuschter Erwartung zu tun. Skripten sind nicht interessant, wenn sie funktionieren, sondern wenn sie versagen.

Die Vorstellung, das Bewußtsein sei eine virtuelle Maschine, ist eine hübsche Intuitionspumpe. Es dauert eine Weile, bis sie in Gang kommt, weil der Jargon der Fachleute für künstliche Intelligenz und Computerwissenschaft den Philosophen und anderen nicht vertraut ist. Aber wenn man die Geduld aufbringt, ein paar solche Ideen nachzuvollziehen, kann man sagen:»He, denk doch mal über die Möglichkeit nach, daß wir Software im Kopf haben. Es ist eine virtuelle Maschine in dem gleichen Sinn, in dem ein textverarbeitender Rechner eine virtuelle Maschine ist.« Plötzlich geht einem ein Licht auf, und man sieht die Dinge aus einer etwas anderen Perspektive.

Wie fühlt es sich an, man selbst zu sein? Wie kann ein Stück Materie, das ein Mensch ist, zur Grundlage für die Erfahrung werden, die jeder von uns als Gefühl seiner selbst kennt? Wie können ein menschlicher Körper und ein menschliches Gehirn auch ein menschliches Bewußtsein sein?

Warum sprießen überall ständig neue Ichs, virtuelle Identitäten, die neue Welten schaffen, sei es auf der Ebene von Geist und Körper, der zellulären oder der jenseits des Organismus liegenden Ebene? Dieser Vorgang ist so kreativ, daß er ständig völlig neue Bereiche schafft: Leben, Geist und Lebensgemeinschaften. Und doch basieren diese neu auftauchenden Ichs auf so unberechenbaren, unbegründeten Prozessen, daß sich ein offenkundiger Widerspruch zwischen der Greifbarkeit des Erkennbaren und seiner Unbegründetheit ergibt. Das ist für mich eine ewige Schlüsselfrage.

Ich bezeichne die Sprache als Instinkt – das ist zugegebenermaßen ein seltsamer Begriff für etwas, das andere Kognitionsforscher mit Namen wie »mentales Organ«, »Fähigkeit« oder »Modul« belegt haben. Sprache ist eine komplexe, spezialisierte Fähigkeit, die sich bei Kindern von selbst, ohne bewußte Anstrengung oder formalen Unterricht entwickelt. Sie wird angewandt, ohne daß man sich ihrer zugrundeliegenden Logik bewußt ist, ist qualitativ bei allen Menschen gleich und unterscheidet sich von allgemeineren Fähigkeiten zur Informationsverarbeitung oder zu intelligentem Verhalten.

Nach meiner derzeitigen Auffassung ist das Gehirn kein Quantencomputer im eigentlichen Sinne. Quantentätigkeiten sind zwar für seine Arbeitsweise von Bedeutung, aber seine nichtberechenbaren Aktivitäten spielen sich am Übergang von der Quanten- zur klassischen Ebene ab, und dieser Übergang liegt jenseits unseres heutigen Verständnisses von Quantenmechanik.

Die Öffentlichkeit findet Kosmologie aufregend, weil es sich dabei offenkundig um grundlegende Fragen handelt und weil die Zeit heute besonders günstig dafür ist. Zum erstenmal gehört sie zur Hauptströmung der Naturwissenschaft, und wir können uns mit Fragen nach dem Ursprung des Universums beschäftigen.

Eines der erstaunlichsten Kennzeichen des Modells vom inflationären Universum ist die Möglichkeit, daß das Universum aus etwas unglaublich Kleinem entstanden sein kann. Als Ausgangsmaterial für ein Universum sind offenbar nur etwa zehn Kilo Materie erforderlich. Das ist ein großer Unterschied zum kosmologischen Standardmodell. Vor der Inflationstheorie ging das Standardmodell von der Annahme aus, daß alle existierende Materie bereits von Anfang an vorhanden war, und das Modell beschrieb nur, wie das Universum sich ausdehnte und wie die Materie sich abkühlte und weiterentwickelte. Vor dem Hintergrund des Inflationsmodells stellt sich die verführerische Frage, ob man im Prinzip auch im Labor – oder im Hinterhof – durch vom Menschen gesteuerte Prozesse ein Universum erschaffen kann.

Was ist Raum und was ist Zeit? Darum geht es bei dem Problem der Quantengravitation. Mit der allgemeinen Relativitätstheorie gab Einstein uns nicht nur eine Theorie der Gravitation, sondern auch eine Theorie über das Wesen von Raum und Zeit, welche die vorausgegangene Konzeption Newtons erledigte. Die Schwierigkeit bei der Quantengravitation besteht darin, die aus der Relativitätstheorie gewonnenen Erkenntnisse über Raum und Zeit mit der Quantentheorie zu vereinbaren, die ebenfalls wesentliche, tiefgreifende Erklärungen über die Natur abgibt.

Nach meinem persönlichen Eindruck sind die Biologen zu kompromißlos und reduktionistisch, denn sie sind sich ihres grundlegenden Dogmas noch nicht ganz sicher; die Physiker dagegen stehen mit ihrem Thema seit dreihundert Jahren auf einer sicheren Grundlage, und deshalb können sie sich ein wenig ungezwungenere Spekulationen über solche komplexen Systeme leisten.

Ich bin jedenfalls der Ansicht, daß wir das Eigentliche unserer Arbeit verzerrt darstellen, wenn wir als unser Thema »Komplexität« angeben, denn ein entscheidendes Merkmal des ganzen Unternehmens ist die Einfachheit der Grundregeln. Deshalb formuliere ich es gern so: Wir erforschen die Einfachheit, verschiedene Arten von Komplexität, komplexe Anpassungssysteme, und ein wenig berücksichtigen wir dabei auch komplexe Systeme, die sich nicht anpassen.

Welche komplexen Systeme können sich durch allmähliche Anhäufung nützlicher Abweichungen weiterentwickeln? Erreicht die Selektion an sich komplexe Systeme, die sich anpassen können? Sind solche komplexen Systeme von bestimmten Gesetzmäßigkeiten gekennzeichnet? Die globale Antwort könnte lauten: Komplexe Systeme, die so konstruiert sind, daß sie an der Grenze zwischen Ordnung und Chaos stehen, können sich am besten durch Mutation und Selektion anpassen.

Die Physik war zum größten Teil die Wissenschaft des Notwendigen; sie hat die grundlegenden Naturgesetze aufgedeckt und festgestellt, was angesichts dieser Gesetze richtig sein muß. Die Biologie dagegen ist die Wissenschaft des Möglichen: Ihr Gegenstand sind Vorgänge, die unter der Voraussetzung der Gesetze möglich, aber nicht notwendig sind. Deshalb ist die Biologie viel schwieriger als die Physik, aber ihr Potential ist auch unendlich viel reichhaltiger, nicht nur für das Verständnis des Lebens und seiner Geschichte, sondern auch für die Erkenntnisse über das Universum und seine Zukunft. Die Vergangenheit gehört der Physik, die Zukunft der Biologie.

Viele von uns glauben, daß Selbstorganisation eine allgemeine Eigenschaft sei; mit Sicherheit gilt das für das Universum und auch in allgemeinerem Sinn für mathematische Systeme, die man »komplexe Anpassungssysteme« nennen könnte. Wenn man komplexe Anpassungssysteme in Gang setzt, indem man einfach die mathematische Variable für »Zeit« vorwärts laufen läßt, verwandeln sie sich auf natürlichem Wege von einem chaotischen, unorganisierten, undifferenzierten und unabhängigen Zustand zu etwas Organisiertem, stark Differenziertem und stark von Wechselwirkungen Geprägtem.

Wir entsprechen den Einzellern, die gerade zu vielzelligen Organismen werden. Wir sind die Amöben und können nicht herausfinden, was wir da eigentlich erschaffen. Wir befinden uns genau am Übergang, und nach uns kommt noch etwas.

Danksagung

Im September 1989 veröffentlichte ich in meinem Mitteilungsblatt EDGE (Nr. 3) einen ersten kurzen Aufsatz über die Idee von einer neu entstehenden dritten Kultur. In erweiterter Form erschien der Artikel später in der *Los Angeles Times*, in *The New Statesman* und in der Kopenhagener Tageszeitung *Information*.

Zu diesem Aufsatz haben mehrere Personen hilfreiche Kommentare abgegeben. Danken möchte ich Murray Gell-Mann, Stephen Jay Gould, Daniel C. Dennett, Russell Jacoby, Stewart Brand und David Shipley.

Besonders dankbar bin ich Judy Herrick, die mir seit drei Jahren Tausende von Seiten mit genauen Tonbandabschriften liefert. Weiterhin danke ich meiner Redakteurin Sara Lippincott für den Aufwand an Zeit, Mühe und Sorgfalt sowie für ihre wertvollen Vorschläge und Bob Asahina, meinem Lektor bei Simon & Schuster, für die gründliche Durchsicht des Manuskripts und für seine Freundschaft.

Mehrere Freunde haben den Entwurf des Manuskripts gelesen und wichtige Anerkennung dazu gemacht. Dafür danke ich Wim Coleman, Pat Perrin, Clifford Stoll, Howard Rheingold, Stewart Brand und Kevin Kelly.

Dank und Anerkennung gelten schließlich in besonderer Weise Katinka Matson und unserem Sohn Max Brockman für ihre Geduld und Unterstützung.

Einleitung

Die dritte Kultur entsteht

Die dritte Kultur – das sind Wissenschaftler und andere Denker in der Welt der Empirie, die mit ihrer Arbeit und ihren schriftlichen Darlegungen den Platz der traditionellen Intellektuellen einnehmen, indem sie die tiefere Bedeutung unseres Lebens sichtbar machen und neu definieren, wer und was wir sind.

In den letzten Jahren hat sich der Schauplatz des amerikanischen Geisteslebens gewandelt, und der herkömmliche Intellektuelle wurde immer mehr zu einer Randerscheinung. Eine in den fünfziger Jahren genossene Bildung durch die Werke von Freud, Marx und den Modernismus ist für einen denkenden Menschen der Neunziger keine ausreichende Qualifikation mehr. Die traditionellen Intellektuellen Amerikas werden sogar in einem gewissen Sinne zunehmend reaktionär, und oft sind sie (perverserweise) noch stolz darauf, daß sie nichts über die wirklich bedeutsamen geistigen Leistungen unserer Zeit wissen. Ihre Kultur verleugnet die Naturwissenschaft und ist oft nichtempirisch. Sie bedient sich eines eigenen Jargons und kümmert sich nur um ihre eigenen Belange. Ihr wesentliches Kennzeichen sind Anmerkungen zu Anmerkungen, und diese Spirale der Anmerkungen dreht sich so lange, bis die wirkliche Welt verlorengeht.

C. P. Snow veröffentlichte 1959 ein Buch mit dem Titel *The Tow Cultures* [Die beiden Kulturen]. Danach stehen auf der einen Seite die literarisch gebildeten Intellektuellen und auf der anderen die Naturwissenschaftler. Ungläubig stellte Snow fest, daß die literarischen Intellektuellen sich seit den dreißiger Jahren, ohne daß es jemand bemerkt hätte, selbst als »die Intellektuellen« bezeichneten, als gäbe es keine anderen. Diese neue, durch die »Hommes de lettres« vorgenommene Definition schloß Naturwissenschaftler wie den Astronomen Edwin Hubble, den Mathematiker John von Neumann, den Kybernetiker Norbert Wiener sowie die Physiker Albert Einstein, Niels Bohr und Werner Heisenberg aus.

Wie konnten die literarischen Intellektuellen damit durchkommen? Erstens machten die Naturwissenschaftler nicht viel Aufhebens von den Auswirkungen ihrer Arbeit. Zweitens schrieben manche bedeutenden Naturwissenschaftler, insbesondere Arthur Eddington und James Jeans, zwar auch Bücher für das allgemeine Publikum, aber die selbsternannten Intellektuellen nahmen ihre Arbeiten nicht zur Kenntnis; Wert und Bedeutung der von ihnen vorgestellten Theorien blieben als geistige Tätigkeit unsichtbar, denn Naturwissenschaft war für die tonangebenden Zeitschriften und Magazine kein Thema.

In der zweiten Auflage von *The Two Cultures*, die 1963 erschien, fügte Snow einen neuen Aufsatz mit dem Titel »The Two Cultures: A Second Look« [Die beiden Kulturen: eine zweite Betrachtung] hinzu; darin äußerte er die optimistische Vermutung, eine neue »dritte Kultur« werde entstehen und die Kommunikationslücke zwischen literarischen Intellektuellen und Naturwissenschaftlern überbrücken. In Snows dritter Kultur würden literarische Intellektuelle und Naturwissenschaftler miteinander reden. Ich habe zwar den Ausdruck übernommen, aber ich meine damit nicht die dritte Kultur, die Snow vorhersagte. Die literarischen Intellektuellen reden auch heute nicht mit den Naturwissenschaftlern; aber Naturwissenschaftler wenden sich unmittelbar an das allgemeine Publikum. Die traditionellen Medien der Intellektuellen spielten ein senkrechtes Spiel: Journalisten schrieben von unten nach oben, und Professoren schrieben von oben nach unten. Die Vertreter der dritten Kultur versuchen heute, den Vermittler zu vermeiden, und gehen daran, ihre tiefsten Gedanken so auszudrücken, daß sie jedem intelligenten Leser zugänglich sind.

Daß ernsthafte Bücher über Naturwissenschaft in den letzten Jahren so erfolgreich waren, hat nur die Intellektuellen alten Stils überrascht. In ihren Augen sind solche Bücher etwas Anormales – sie würden zwar gekauft, aber nicht gelesen. Ich bin anderer Meinung. Diese Wirkung der dritten Kultur beweist, daß viele Menschen ein großes geistiges Verlangen nach neuen, wichtigen Ideen haben und bereit sind, die Mühe der Weiterbildung auf sich zu nehmen. Die Denker der dritten Kultur verdanken ihre Anziehungskraft nicht nur ihrer guten »Schreibe«; was herkömmlicherweise »Naturwissenschaft« hieß, ist heute zur »öffentlichen Kultur« geworden. Stewart Brand schreibt:»Wissenschaft ist das einzig Neue. Wenn man eine Zeitung oder eine Illustrierte durchblättert, geht es in den Geschichten aus dem Leben immer um das gleiche alte Er-sag-te-sie-sagte, in Politik und Wirtschaft immer um den gleichen Kreislauf von erbärmlichen Dramen; die Mode ist eine pathetische Illusion des Neuen, und selbst die Technik ist vorhersehbar, wenn man die Naturwissenschaft kennt. Das Wesen der Menschen ändert sich kaum; die Wissenschaft tut das sehr wohl, und der Wandel summiert sich, bis er die Welt unumkehrbar zu einer anderen macht.« Wir leben heute in einer Welt, in der das Tempo der Veränderung die größte Veränderung ist. Und so ist die Naturwissenschaft zu einer wichtigen Sache geworden.

In den letzten Jahren haben zahlreiche naturwissenschaftliche Themen in Zeitungen und Zeitschriften eine bedeutende Rolle gespielt: unter anderem Molekularbiologie, künstliche Intelligenz, künstliches Leben, Chaostheorie, Parallelrechner, neurale Netze, das inflationäre Universum, Fraktale, komplexe

Anpassungssysteme, Superstrings, biologische Vielfalt, Nanotechnologie, das menschliche Genom, Expertensysteme, das unterbrochene Gleichgewicht, zelluläre Automaten, Fuzzy Logic, Weltraumbiosphären, die Gaia-Hypothese, virtuelle Realität, Cyberspace und Teraflop-Rechner. Und andere. Es gibt keinen Kanon, keine genehmigte Liste zulässiger Theorien. Genau das ist die Stärke der dritten Kultur: Sie toleriert Meinungsverschiedenheiten über die Relevanz von Ideen. Anders als bei früheren geistigen Strömungen sind die Errungenschaften der dritten Kultur keine nebensächlichen Debatten einer streitsüchtigen Edelkaste, sie werden vielmehr das Leben aller Menschen auf der Erde beeinflussen.

Zur Rolle des Intellektuellen gehört auch die Kommunikation. Intellektuelle sind nicht nur Menschen, die etwas wissen, sondern sie prägen auch das Denken ihrer Generation. Der Intellektuelle ist Erzeuger, Publizist und Vermittler. In seinem 1987 erschienenen Buch *The Last Intellectuals* [Die letzten Intellektuellen] beklagte der Kulturhistoriker Russell Jacoby den Weggang einer Generation öffentlicher Denker, an deren Stelle blutleere Akademiker getreten seien. Er hatte einerseits recht, andererseits aber auch nicht. Die Denker der dritten Kultur sind die neuen öffentlichen Intellektuellen.

Amerika ist heute der geistige Nährboden für Europa und Asien. Diese Entwicklung begann vor dem Zweiten Weltkrieg, als Albert Einstein und andere europäische Wissenschaftler auswanderten, und wurde in der Zeit nach dem Sputnik durch den naturwissenschaftlichen Boom in der Ausbildung an unseren Universitäten weiter vorangetrieben. Die plötzlich aufgetauchte dritte Kultur führte neue Formen des intellektuellen Diskurses ein und bestätigte erneut die Vormachtstellung Amerikas im Bereich wichtiger Theorien. In der Vergangenheit war das geistige Leben immer dadurch gekennzeichnet, daß eine kleine Zahl von Menschen allen anderen das Denken abnahm. Was wir heute beobachten, ist die Übergabe der Fakkel von einer Gruppe, den herkömmlichen literarischen Intellektuellen, an eine andere, die Intellektuellen der entstehenden dritten Kultur.

Wer sind die Intellektuellen der dritten Kultur? Die Liste umfaßt unter anderem die in diesem Buch zu Wort kommenden Personen, deren Arbeiten und Ideen den Begriff mit Bedeutung füllen: die Physiker Paul Davies, J. Doyne Farmer, Murray Gell-Mann, Alan Guth, Roger Penrose, Martin Rees und Lee Smolin; die Evolutionsbiologen Richard Dawkins, Niles Eldredge, Stephen Jay Gould, Steve Jones und George C. Williams; den Philosophen Daniel C. Dennett; die Biologen Brian Goodwin, Stuart Kauffman, Lynn Margulis und Francisco J. Varela; die Computerwissenschaftler W. Daniel Hillis, Christopher G. Langton, Marvin Minsky und Roger Schank sowie die Psychologen Nicholas Humphrey und Steven Pinker.

In den vergangenen drei Jahren habe ich mit den genannten Wissenschaftlern immer wieder unter vier Augen über ihre eigenen Arbeiten und die der anderen in diesem Buch vertretenen Forscher diskutiert. Das Ergebnis ist weder eine Anthologie noch eine Übersicht. In meinen Augen handelt es sich um die mündlich wiedergegebene Geschichte eines dynamischen, neu entstehenden Systems; es würdigt die Ideen jener Denker der dritten Kultur, die die interessanten und wichtigen Fragen unserer Zeit definieren. Sie teilen hier einander und der Öffentlichkeit ihre Gedanken mit. Das Buch stellt diese neue Gemeinschaft von Intellektuellen in Aktion vor. Die Auswahl der hier vertretenen Wissenschaftler ist natürlich bei weitem nicht vollständig. Es fehlen viele wichtige Mitwirkende der dritten Kultur, insbesondere Sozialwissenschaftler, Verhaltensforscher und Anthropologen. Überdies muß man auch die Beiträge der Wissenschaftsjournalisten anerkennen, unter denen sich viele ausgezeichnete Köpfe und hervorragende Autoren befinden; ihre Bücher haben der Öffentlichkeit zu umfassenderen Kenntnissen und einem größeren Verständnis für die Arbeiten und Ideen verholfen, welche die dritte Kultur ausmachen.

Mit einigen in diesem Buch vertretenen Wissenschaftlern arbeite ich beruflich zusammen: Sie sind Mandanten meiner Literaturagentur. Auf andere trifft das nicht zu. (Der größte Teil der Wissenschaftler, die ich vertrete, kommt hier nicht vor.) Die Auswahl ist zufällig und hat sowohl mit meinen eigenen wissenschaftlichen Interessen als auch mit der Verfügbarkeit der Wissenschaftler zu tun. Die beschriebenen Ideen sind spekulativ; sie stellen Grenzgebiete der Erkenntnis in den Bereichen Evolutionsbiologie, Genetik, Computerwissenschaft, Neurophysiologie, Psychologie und Physik dar. Unter anderem werden folgende grundlegende Fragen gestellt: Woher kommt das Universum? Woher stammt das Leben, woher das Bewußtsein? Aus der dritten Kultur erwächst eine neue Naturphilosophie, die sich auf das Wissen um die Wichtigkeit von Komplexität und Evolution gründet. Sehr komplexe Systeme – seien es nun Lebewesen, Gehirne, die Biosphäre oder das Universum selbst – wurden nicht nach einem Plan konstruiert; sie alle haben eine Evolution durchgemacht. Es gibt neue Metaphern, mit denen wir uns selbst, unser Bewußtsein, das Universum und alle uns darin bekannten Dinge beschreiben; und die Intellektuellen mit diesen neuen Vorstellungen und Bildern – die Naturwissenschaftler, die etwas bewerkstelligen und ihre eigenen Bücher schreiben – sind diejenigen, die in unserer Zeit etwas bewegen.

Ich habe die Genehmigung eingeholt, meine Tonbandaufzeichnungen zu einer schriftlichen Fassung zu verarbeiten, aber obwohl die Beteiligten die Niederschrift ihrer gesprochenen Worte gelesen und in einigen Fällen auch überarbeitet haben, sollen die folgenden Kapitel in keiner Weise ihr schriftstellerisches Werk repräsentieren. Um das kennenzulernen, muß man ihre eigenen Bücher lesen. Außerdem bin ich von der

Annahme ausgegangen, daß die Ansichten von Wissenschaftlern wie Richard Dawkins und Martin Rees über natürliche Selektion und Kosmologie für den Leser interessanter sind als
meine eigenen Gedanken zu diesen Themen. Deshalb habe ich
mich selbst (und meine Fragen) aus dem Text herausgehalten.
Und schließlich sind Bemerkungen über andere Wissenschaftler und ihre Arbeiten allgemeiner Natur; sie wurden nicht als
Reaktion auf den Text gemacht.

<u>Stephen Jay Gould:</u> Die dritte Kultur ist eine höchst einflußrei-
che Idee. Unter den literarischen Intellektuellen gibt es so etwas wie eine Verschwörung: Sie glauben, die geistige Land-
schaft und die Rezensenten gehörten ihnen, obwohl es eine
ganze Reihe von Sachbuchautoren gibt – die meisten davon
aus den Naturwissenschaften –, die ein breites Spektrum faszi-
nierender Einfälle haben, und die Leute wollen das auch lesen.
Manche von uns sind annehmbare Autoren und können sich
ganz gut ausdrücken.

Der britische Nobelpreisträger Peter Medawar, ein umfassend humanistisch und klassisch gebildeter Naturwissenschaftler, hielt es für unfair, daß ein Naturwissenschaftler, der
in Kunst und Musik nicht besonders bewandert ist, unter literarischen Intellektuellen als Tölpel und Spießer angesehen
wird, während Literaten meinen, sie brauchten nichts über Naturwissenschaft zu wissen, um als gebildet zu gelten; ein gebildeter Mensch muß sich nach dieser Vorstellung nur in Kunst,
Musik und Literatur auskennen, aber nicht in den Naturwissenschaften.

Genau das stimmt nicht, und es spiegelt auch nicht die Wirklichkeit wider. Vielleicht versteht ein sehr hoher Prozentsatz
der 280 Millionen Menschen in den USA nicht viel von Naturwissenschaft, aber unter denen, die Bücher kaufen – das ist
vielleicht kein großer Anteil an der Gesamtbevölkerung, aber
absolut gesehen eine hohe Zahl – ist das Interesse sehr stark.

Murray Gell-Mann: Früher haben Naturwissenschaftler häufig Bücher für interessierte Laien geschrieben, also für diejenigen, die sich für Naturwissenschaft interessieren und auf diesem Gebiet ein wenig belesen sind. Dann gab es eine Zeit, in der diese Öffentlichkeitsarbeit zumindest in unserem Land fast ausstarb. Heute beobachten wir eine sehr gesunde Entwicklung: Seriöse Wissenschaftler schreiben wieder über ihre Arbeit und wenden sich mittels Journalisten oder unmittelbar selbst an das Publikum. Manche Wissenschaftler verstanden es immer besser als andere, allgemeinverständlich zu schreiben, und einige behandeln Themen von breiterem Interesse. Aber unter denjenigen, die interessante Arbeit geleistet haben, gab und gibt es stets etliche, die sich dem Publikum sehr gut verständlich machen können und nicht auf Vermittler angewiesen sind.

Leider gibt es in Kunst und Geisteswissenschaften – vermutlich sogar bis in die Sozialwissenschaften hinein – Leute, die stolz darauf sind, keine Ahnung von Naturwissenschaften, Technik oder Mathematik zu haben. Das Umgekehrte findet man nur sehr selten. Vielleicht gibt es hier und da einen Naturwissenschaftler, der nichts von Shakespeare kennt, aber man wird unter den Naturwissenschaftlern niemanden finden, der auch noch stolz darauf ist.

Daniel C. Dennett: Die Erfolge der Wissenschaftsbücher in jüngerer Zeit haben damit zu tun, daß die neuen naturwissenschaftlichen Richtungen vielfach interdisziplinär sind. Professoren schreiben für Kollegen anderer Fachgebiete. Deshalb müssen sie sich der Gemeinsprache bedienen und den Jargon ihrer Disziplin vermeiden. Wollte ich ein Buch nur für Philosophen schreiben – die zu meinem eigenen Fachgebiet gehören –, würde ich es genauso machen, und zwar aus dem gleichen Grund. Ich weiß, daß es in jedem Bereich das Problem der Fachsprache gibt, aber in der Philosophie ist es besonders stark ausgeprägt. Die schlimmen künstlich produzierten Probleme, die in der Philosophie auftauchen, entstehen vielfach, weil Fachleute mit Fachleuten reden. Die unverzeihlichste Sünde, die ein Experte im Gespräch mit einem anderen Experten begehen kann, besteht darin, zuviel zu erklären, unter Niveau zu reden – das gilt als Beleidigung. Also erklären die Experten aus Vorsicht immer zu wenig, und damit reden sie letztlich aneinander vorbei. Sie machen sich nicht klar, daß sie von verschiedenen Voraussetzungen ausgehen. Auf diese Weise entstehen diese furchtbar aufgeblähten Kontroversen, die von einem einfachen, grundlegenden Mißverständnis auf unterer Ebene ausgehen.

Zwischen der englischsprachigen und der europäischen Universitätstradition besteht ein tiefgreifender Unterschied. In Europa dozieren die Dozenten. Sie haben ihr Rednerpult, und Junge, Junge, die legen sich richtig ins Zeug, und man macht sich Notizen und stellt keine Fragen; es hat ein gewisses Flair, wenn man kaum verstanden wird und unnahbar bleibt. So erwirbt man sich seinen Ruf: indem man schwer verständlich ist. In der angelsächsischen Universitätstradition gibt es das in diesem Ausmaß nicht; ich weiß auch nicht, ob das viel mit Wissenschaft zu tun hat. Man kann jedoch beobachten, wie diese Art sogar die nicht- oder halbwissenschaftlichen Schriften europäischer Naturwissenschaftler beeinflußt. Zwei gute Beispiele sind Jacques Monod und François Jacob. Sie strebten danach, Philosophen zu sein – das ist in Ordnung, das tun auch viele englischsprachige Naturwissenschaftler –, aber sie wollten kontinentaleuropäische Philosophen werden, und damit gerieten sie in tiefere, dunklere Gewässer und wußten nicht, wie man darin schwimmt.

Richard Dawkins: Ich verspüre fast so etwas wie Verfolgungswahn, wenn ich daran denke, wie die Literaten intellektuelle Medien mit Beschlag belegen. Es ist nicht nur das Wort »intellektuell«. Vor ein paar Tagen entdeckte ich einen Artikel von einem Literaturkritiker mit dem Titel: »Theorie: Was ist das?« Ist das zu fassen? Mit »Theorie«, das stellte sich dann heraus, war »Theorie der Literaturkritik« gemeint. Und das stand nicht in einer Fachzeitschrift für Literaturkritik, sondern in einem allgemeinen Publikationsorgan, so etwas wie einer Sonntagszeitung. Sogar das Wort »Theorie« war vereinnahmt für einen äußerst begrenzten, engstirnigen literarischen Zweck – als hätte Einstein keine Theorien gehabt; als hätte Darwin keine Theorien gehabt.

Die Idee, daß Naturwissenschaftler und Wissenschaftler im allgemeinen einander ihre ureigensten Gedanken in Büchern mitteilen, die auch von Leuten aus anderen Bereichen gelesen werden, findet meinen Beifall. Meine eigenen Bücher waren sowohl allgemeinverständliche Darstellungen von Themen, die den Wissenschaftlern bereits bekannt waren, als auch neue Fachbeiträge, welche die Denkweise der Wissenschaftler verändert haben, obwohl sie nicht in Fachzeitschriften erschienen sind oder mit unverständlichem Fachchinesisch angereichert waren. Sie wurde so geschrieben, daß jeder intelligente Mensch sie verstehen kann. Ich würde es begrüßen, wenn mehr Leute es genauso machten.

Wie P. B. Medawar einmal gesagt hat, gibt es Fachgebiete, die von sich aus schwierig sind, so daß man sich wirklich Mühe geben muß, um sie in eine einfache Sprache zu fassen und anderen mitzuteilen; und dann gibt es welche, die eigentlich sehr einfach sind und wo man, um die Leute zu beeindrucken, komplizierter schreiben müßte, als es notwendig wäre. Und dann sind da noch die Gebiete, auf denen die Menschen, um Medawars hübsche Formulierung zu gebrauchen, am »Physikneid« leiden. Sie wollen, daß ihre Disziplin als ungeheuer schwierig gilt, obwohl sie das nicht ist. Die Physik ist von Natur aus ein schwieriges Gebiet, und deshalb gibt es eine ganze Branche, die die diffizilen Vorstellungen der Physik einfacher aufbereitet, damit die Leute sie verstehen können; umgekehrt gibt es aber auch eine Branche, die Themen ohne Substanz aufgreift und so tut, als hätte sie eine – man kleidet sie in eine Sprache, die um der Unverständlichkeit willen unverständlich ist, nur damit sie für tiefschürfend gehalten wird.

Steve Jones: Am besten kann man die Idee von der »dritten Kultur« beurteilen, wenn man fragt: »Hat es jemals mehr als eine Kultur gegeben?« Das ist die entscheidende Frage. Ist das Lernen teilbar, oder ist es eine bruchlose Einheit? Von 1550 bis etwa 1950 war die Antwort klar: Kultur war Kultur – obwohl spätestens seit Milton niemand mehr alles wissen konnte. Dann kam C. P. Snow mit einem Schlagwort, das einer Wundertüte glich, und beschrieb eine Teilung, die es vielleicht gab, vielleicht aber auch nicht. Ich bin nicht davon überzeugt, daß es vierhundert Jahre Zivilisation über den Haufen geworfen hat, aber möglicherweise hat er das Ego von ein paar arroganten mittelmäßigen Literaten in seinem Umfeld getroffen.

Heute stellt sich wie zu Snows Zeit die Frage, ob es eine Kultur gibt, an die sich jeder gebildete Mensch halten kann. Die Antwort lautet: Wenn es sie noch nicht gibt, dann sollte es sie mit Sicherheit geben. Wer nicht allgemeinverständlich über wissenschaftliche wie auch über nichtwissenschaftliche Themen sprechen kann, ist nicht zivilisiert.

Paul Davies: Es ist schwierig, das Problem der beiden Kulturen und der dritten Kultur von den regionalen und Klassenvorurteilen zu trennen, die sich durch die britische Gesellschaft ziehen. Eines der charakteristischen Merkmale des britischen Geisteslebens ist die Vormachtstellung von zwei Universitäten: Oxford und Cambridge. Die meisten Politiker und Angehörigen des Establishments – Beamte, Medienleute und diejenigen, die sie kontrollieren – haben in Oxford ein geisteswissenschaftliches Studium absolviert. Deshalb herrscht in der

Öffentlichkeit das Bild vom Intellektuellen als einem ergrauten, bebrillten Herrn, der sich mit griechischer Mythologie beschäftigt, Sherry trinkt und in beschaulicher Muße auf dem Fluß durch das Gelände eines alten College paddelt. Und mit dieser Vorstellung ist ein Status verbunden, der nahelegt, die in Kunst und Literatur Ausgebildeten hätten ein gottgegebenes Monopol auf die großen Fragen des Seins.

Erst seit den letzten Jahren üben Naturwissenschaftler einen gewissen Einfluß auf diese sogenannten großen Fragen aus, und dieser Einfluß hat eine häßliche Gegenreaktion ausgelöst. Die Tatsache, daß man den Naturwissenschaftlern allmählich zuhört und daß sie nicht nur den Verstand, sondern auch das Herz der Allgemeinheit ansprechen – was sich an dem gewaltigen Erfolg naturwissenschaftlicher Bücher zeigt –, ruft auf seiten der Literaten offenbar eine Art Revierverhalten hervor. Die Gegenreaktion bestand in hysterischem Phrasendreschen in Zeitungen und Zeitschriften sowie in einer ganzen Flut von Büchern, die Naturwissenschaftler als arrogante, selbstverliebte Schwindler brandmarken.

In Großbritannien machen die wenigsten Intellektuellen den Versuch, die Naturwissenschaften zu verstehen, und bei Themen, wie sie in jüngerer Zeit in Büchern wie Stephen Hawkings *Eine kurze Geschichte der Zeit* dargestellt wurden, fühlen sie sich offensichtlich mit all ihrer Tiefgründigkeit ausgeschlossen. Teilweise entstammt die Gegenreaktion anscheinend einem Gefühl der Hilflosigkeit angesichts dieser Unwissenheit. »Ich bin gebildet«, sagen sie, »und ich kann in solchen Sachen keinen Sinn finden. Also müssen sie Quatsch sein.« Als vor ein paar Jahren bekanntgegeben wurde, man habe Unebenheiten im Hintergrund der kosmischen Mikrowellenstrahlung entdeckt, tat der einflußreiche, angesehene Journalist Bernard Levin die gesamte kosmologische Forschung im wesentlichen als etwas ab, das keines ernsthaften Kommentars wert sei. Er sagte zum Beispiel, es gebe für die Theorie vom Urknall nicht die Spur eines Beweises. Das ist eine völlig irreführende Behauptung, denn natürlich gibt es dafür eine Menge Belege. Ein anderer Journalist, der die Naturwissenschaftler aufs Korn genommen hat, ist Brian Appleyard. Im Vorwort seines Bestsellers *Understanding the Present* [Die Gegenwart verstehen] erklärt er seinen Ärger nach einem Interview mit Hawking als eigentliches Motiv für sein Buch. Er war wütend über das, was er für die Arroganz der Naturwissenschaftler hielt, die es wagten, sich über tiefgreifende Fragen von Gott, Existenz und Menschsein zu äußern. Man gewinnt den Eindruck, daß solche Reaktionen auf wichtige und aufregende wissenschaftliche Entdeckungen, die unsere Weltsicht verändern, eine Art hemdsärmelige Revierverteidigung sind. Viele Jahre lang wurden die Naturwissenschaftler ignoriert, weil man ihnen nicht zuhörte. Jetzt verschaffen sie sich allmählich Gehör, und sofort werden sie als intellektuelle Mafia abgestempelt.

Nicholas Humphrey: Bei den britischen Bildungsbürgern geht die Angst um, die Kultur könne an ihnen vorbeigegangen sein. Sie sind zur Schule gegangen, haben ihre Klassiker und ihre englische Literatur gelernt, und Naturwissenschaftler waren für sie eine Art Trottel. Was in chemischen oder biologischen Labors vor sich ging, war unter der Würde dieser Intellektuellen, die mit Platon, Aristoteles und Julius Cäsar auf du und du standen. Solche Leute waren es gewohnt, unsere Kultur zu beherrschen, und jetzt sind sie auf einmal aufgeschreckt. Da sie von Naturwissenschaft nichts verstehen, können sie sich nur mit der Behauptung verteidigen, sie sei nicht von Bedeutung. Aber damit stehen sie auf verlorenem Posten. Die Leute stimmen mit den Füßen ab. Wer hört heute wem zu? Wer sieht sich was im Fernsehen an? Wer kauft welche Bücher?

W. Daniel Hillis: Die Vertreter der entstehenden dritten Kultur sind keine typischen Naturwissenschaftler, sondern Menschen, die in einem gewissen Sinn an der Welt im großen teilhaben; sie haben entdeckt, daß die Fragen, mit denen sie sich befassen, nicht in die sauber abgegrenzten Strukturen ihrer eigenen Fachgebiete passen. Wenn Naturwissenschaftler populäre Bücher schreiben, tun sie das oft, weil sie Ideen haben, die sie unter keinen Umständen innerhalb der wissenschaftlichen Gemeinschaft veröffentlichen können. Das hat Tradition. Vor hundert Jahren waren die Intellektuellen die Wissenschaftler: Naturphilosophen.

Wirklich neu ist, daß die Leute gezwungen sind, die Bedeutung der Naturwissenschaft zu erkennen; sie verändert ihr Leben viel schneller, als ihnen lieb ist. Eine Zeitlang war man damit zufrieden, die Naturwissenschaft den Naturwissenschaftlern zu überlassen, und man traute ihnen zu, daß sie ihre Sache verstanden: Alles war so abstrakt. Heute wird manchen klar, daß ihr Leben sich durch Faktoren, von denen sie nichts verstehen, völlig verändert.

Wir machen einen qualitativen Wandel durch. Zukunft ist für die Menschen heute nicht mehr etwas, das sich über ihre eigene Lebenszeit oder gar über die ihrer Kinder erstreckt. Die Veränderung geschieht so schnell, daß man sich überhaupt nicht vorstellen kann, wie die eigenen Kinder leben werden, und diese Erkenntnis greift um sich. So war es früher nie, und es ist auch klar, daß die Triebkraft dieser Veränderung und Ungleichmäßigkeit in irgendeiner Form die Naturwissenschaft ist. Jeder, der noch nicht hirntot ist, möchte die Dinge zu fassen bekommen – dieses Bestreben ist wirklich stark –, und ein Weg dahin führt über die Lektüre von naturwissenschaftlichen Büchern.

Die dritte Kultur steht unter anderem vor dem Problem, daß Naturwissenschaftler häufig auf Kollegen herabblicken, die versuchen, Nichtwissenschaftlern ihre Gedanken verständlich darzulegen. Wenn jemand sich besonders gut ausdrücken kann, wie zum Beispiel Gould oder Dawkins, werden andere

Wissenschaftler oft ein wenig neidisch, weil diese beiden der Öffentlichkeit die Dinge erklären, über die sie sich streiten. Das gilt besonders für die Biologie. Auf diesem Fachgebiet herrscht die Einstellung, die Wissenschaftler sollten ihre schmutzige Wäsche im verborgenen waschen, weil die religiösen Fanatiker immer nach Streit zwischen den Evolutionstheoretikern suchten und ihn als Argument für ihre kreationistischen Theorien benutzten. In der Biologie gibt es eine starke Denkschule, der zufolge man Darwin nie öffentlich in Frage stellen sollte. Aber auch ganz allgemein ist »populärwissenschaftlich« bei Naturwissenschaftlern ein abwertender Begriff. Wer populärwissenschaftlich schreibt, erklärt die Themen so, daß die Öffentlichkeit es versteht. Ich finde es lächerlich, daß Naturwissenschaftler solche Autoren nicht achten. Auf jedem anderen Gebiet gilt es als verdienstvoll, wenn man einem Ausschuß erklärt, warum das, was man tut, spannend ist. In den Naturwissenschaften wird man fast so behandelt, als hätte man einen Geheimbund verraten.

Roger Schank: Ich gehöre der Redaktion der *Encyclopedia Britannica* an; vor ein oder zwei Jahren ging es unter anderem um die Frage, wer sich in Zukunft um die Enzyklopädie kümmern würde und was darin stehen sollte. Die Redaktion, lauter solche Literatentypen, entschloß sich, Computerleute aufzunehmen, weil die Welt computerisiert würde. Daraufhin sagte Clifton Fadiman, nach seiner Vermutung müßten wir uns mit der Tatsache abfinden, daß Personen, die weniger gebildet seien als wir, bald die Verantwortung für die *Encyclopedia Britannica* trügen. Ich erwiderte: »He, wie wollen Sie beurteilen, daß ich weniger gebildet bin als Sie?« Er zog sich sofort aus der Affäre und sagte: »Ach, Sie habe ich nicht gemeint! Sie sind ein hervorragender, ungewöhnlicher Computerwissenschaftler.«

Aber ich bin keineswegs ein hervorragender, ungewöhnlicher Computerwissenschaftler. Was das Interessante an diesen

Leuten aus der literarischen Welt ist: Irgendwie denken sie, wenn man die Klassiker nicht kennt, ist man nicht gebildet, während sie es umgekehrt völlig in Ordnung finden, daß sie nicht die Bohne von Naturwissenschaft verstehen. Und ich kann einfach nicht begreifen, wieso das in Ordnung sein soll.

Wir leben in einer Welt, in der man nicht Experte für alles und jedes sein kann; dazu ist das Wissen zu umfangreich. Die Vorstellung von den breitgestreuten Interessen eignet sich also nicht mehr – jeder hat seine Grenzen. Irgendwie haben wir diese Grenzen abgesteckt. Nur mit einer einzigen kann die Gesellschaft sich nicht abfinden: daß man die Klassiker nicht kennt. Mortimer Adler, der Redaktionsleiter bei der *Britannica*, sagt das gleiche. Wir haben viel über »große Bücher« diskutiert. Er hatte eine Liste aller großen Bücher, die jemals gedruckt wurden; es sind interessante Bücher, aber das Entscheidende ist, daß in ihnen fast alles fehlt, was wir in den letzten hundert Jahren gelernt haben.

Ich habe in letzter Zeit eine Menge über das Bewußtsein gelesen. Jetzt interessiere ich mich für dieses Thema, und ich möchte darüber so viel wie möglich erfahren. Diese Dinge zu finden, fiel mir leicht, denn Adler hatte ein Register zusammengestellt, das er als *Syntopicon* bezeichnete. Ich fand Bemerkungen zu dem Thema von Thomas von Aquin, Montaigne und Aristoteles – das waren die Autoren, die Adler unter dem Stichwort »Bewußtsein« aufgeführt hatte. Diese Leute hatten eine vage, handgestrickte Vorstellung davon, was Bewußtsein ist, und das Ganze hat einen religiösen Anstrich. Ihre Arbeiten sind für die heutige Wissenschaft ohne Bedeutung, und doch sagt man uns, wir seien nicht gebildet, wenn wir sie nicht gelesen hätten. Nun ja, ich habe sie gelesen, aber viel gelernt habe ich nicht von ihnen. Ich habe nur eines bei der Lektüre erfahren: Die Menschen schlagen sich seit zweitausend Jahren mit solchen Themen herum und sind dabei die meiste Zeit nicht recht vorangekommen. Heute, mit dem Computer als Vergleich und einer völlig neuen Sichtweise in bezug auf den Begriff Bewußtsein, haben wir etwas völlig anderes, Neues und Interessantes zu sagen, aber die Clifton Fadimans dieser Welt lesen es nicht. Ich wette, er hat zum Beispiel *Philosophie des menschlichen Bewußtseins* von Dan Dennett nicht gelesen – aber das muß er auch nicht, gebildet ist er dennoch. Man hat uns aus dem Kreis der Intellektuellen gedrängt, und zwar aus belanglosen Gründen. Vielleicht schreiben Naturwissenschaftler deshalb allgemeinverständliche Bücher, weil sie zu den interessantesten Menschen in der Gesellschaft gehören und dennoch nicht als große Intellektuelle gelten. Aber dann die Literaten im Augenblick vielleicht auch nicht; ich bin mir nicht sicher, ob Intellektuelle in diesem Land überhaupt sehr bewundert werden.

J. Doyne Farmer: Eines der größten allgemeinen Probleme in unserer Gesellschaft ist das Zusammenführen von Wissen. Die Gesellschaft ist ein höchst komplexer Organismus, und die Notwendigkeit immer stärkerer Spezialisierung hat den einzelnen in einen Grad von Spezialistentum getrieben, der dem Informationsaustausch gewaltige Schranken setzt. Newton veröffentlichte seine Arbeiten in den *Philosophical Transactions of the Royal Society*, und noch bis ins 19. Jahrhundert hinein erschienen Arbeiten von Physikern in Zeitschriften, in deren Titel der Begriff »Philosophie« vorkam; eine klare Abgrenzung gab es nicht. Sie waren Naturphilosophen. Im 20. Jahrhundert wurde die Wissenschaft dann immer stärker unterteilt.

In den fünfziger Jahren gab es eine ganze Reihe von Physikern – das Paradebeispiel ist Richard Feynman –, die die Philosophie verachteten und meinten, ein Physiker solle sich mit so etwas nicht beschäftigen. In einem gewissen Sinn entstand diese Einstellung mit gutem Grund. Wenn man sich ansieht, welche Richtung die Philosophie im 20. Jahrhundert genommen hat – es ist wirklich ziemlich trostlos.

Aber Einstein, Bohr und ihre Zeitgenossen sahen die Dinge anders. Die Physiker, die in den zwanziger Jahren die großen Durchbrüche schafften, waren in der Regel philosophisch sehr gebildet. Einstein zitierte zum Beispiel häufig Kant und war der Ansicht, philosophische Bildung sei für einen Physiker wichtig. Viele Physiker jener Zeit schrieben sogar philosophische Abhandlungen, und der Zusammenhang bestand noch. In den fünfziger Jahren ging er völlig verloren, und meine Generation wuchs nicht nur mit der Lehre auf, man solle mit so etwas nicht seine Zeit verschwenden, sondern auch mit der Ansicht, man könne als Philosoph ernsthafte Schwierigkeiten bekommen. Wenn man einen Artikel in einer philosophischen Fachzeitschrift veröffentlichte – oder noch schlimmer, wenn man ein populäres Buch schrieb –, gefährdete man seinen Ruf.

Martin Rees: Die meisten Leute, die in den Medien redaktionell den Ton angeben, sind vorwiegend literarisch gebildet; damit werden sie, was den geistigen Hintergrund und die Interessen angeht, heute immer untypischer für den intelligenten Leser im allgemeinen. Noch schlimmer ist dieses Problem übrigens in Großbritannien, denn unser Erziehungssystem ist stärker spezialisiert, und viele, die auf die Universität kommen, haben seit ihrem fünfzehnten Lebensjahr nichts mehr über naturwissenschaftliche Themen gehört.

Es gibt ein Bewußtsein, daß man manche allgemeinen Theorien – zum Beispiel die vom Chaos – quantitativ erfassen und auf eine Menge unterschiedlicher Zusammenhänge anwenden kann. Dieses Bewußtsein hat eine sehr nützliche Wirkung: Es führt Leute zusammen, die sonst in getrennten Fachgebieten vor sich hinwelken würden. Offensichtlich besteht eine Kluft zwischen denen, die sich mit Mathematik leichttun, und den anderen, bei denen das nicht der Fall ist. Das ist ein großes Problem für uns alle, die wir versuchen, dem allgemeinen Publikum physikalische Vorstellungen zu erklären. Ganz offensichtlich besteht ein Bedarf dafür, und die meisten Medienverantwortlichen verkennen die Tatsache, daß sich die Leserschaft der gehobenen Presse zu mehr als der Hälfte aus Leuten mit akademischer Bildung zusammensetzt und daher der Wunsch nach niveauvoller – allerdings nicht allzu mathematischer – Erörterung allgemeiner Themen besteht.

Lee Smoling: Ich habe nicht nur eine Theorie der Quantengravitation, sondern ich habe auch das Bedürfnis, sie außerhalb der Physikerkreise mitzuteilen. Wenn ich Geisteswissenschaftlern zuhöre, stelle ich bei ihnen ähnliche Probleme in bezug auf die Mitteilung schwieriger Sachverhalte fest. Ich kann sie nicht Zeile für Zeile lesen, denn ihre Sprache gründet sich auf Hegel oder Heidegger oder sonstwen und ergibt für mich keinen Sinn. Sie haben irgendwelche romantischen Vorstellungen, daß man schwierig sein muß, und das ist falsch. Warum sie das tun oder warum es beliebt ist, verstehe ich nicht. Ich möchte es nicht zu weit treiben; es reicht, wenn man diese Frage innerhalb der Naturwissenschaften stellt.

Ich bin nicht unverständlich. Wenn man mir etwa eine Stunde gibt, kann ich mich verständlich machen. Einer der Unterschiede zwischen Natur- und Geisteswissenschaften besteht darin, daß die Geisteswissenschaften zu einer Tradition des Lesens und Schreibens geworden sind. Die Angehörigen dieser Fachgebiete reden nicht miteinander. Sie sitzen zu Hause oder in ihren Büros und konstruieren Sätze und Absätze, aber sie reden nicht miteinander. Naturwissenschaftler tun das als erstes und hauptsächlich. Wir haben eine verbale Kultur und wissen, wie wir mit Leuten sprechen müssen. Hören Sie sich einmal eine Vorlesung in Philosophie oder Literaturwissenschaft an. Dabei fällt auf, daß etwas vorgelesen wird, das zuvor Wort für Wort aufgeschrieben wurde. So etwas tut kaum ein Naturwissenschaftler.

Für mich sind die Naturwissenschaftler, die man unter dem

Oberbegriff der dritten Kultur zusammenfaßt, nicht nur ein paar Akademiker, die für die Öffentlichkeit schreiben und sprechen. Sie haben auch philosophische Vorstellungen, die sie mehr oder weniger teilen. Wenn ich sehr optimistisch bin, sehe ich eine Art Wiedergeburt der naturphilosophischen Tradition, die sich aber auf ein neues Weltbild gründet, und dieses Weltbild ist ganz anders als das der Naturphilosophen im 17. Jahrhundert. Diese neue Geisteshaltung ist mit ein paar überwölbenden Themen verbunden, die nicht schwer zu benennen sind. Am allerwichtigsten ist die Vorstellung, daß die Welt nicht statisch oder ewig ist, sondern sich mit der Zeit weiterentwickelt. Sie war in der Vergangenheit anders und wird in der Zukunft wieder anders sein. Im 19. Jahrhundert haben wir entdeckt, daß das für die biologische Welt gilt, und seit dem 20. Jahrhundert wissen wir, daß es auch auf das Universum als Ganzes zutrifft. Meines Erachtens fangen wir gerade erst an, uns die Folgen dieser Entdeckungen klarzumachen, genau wie es über ein Jahrhundert dauerte, bis deutlich wurde, was Kopernikus' Entdeckungen bedeuteten.

Die zweite Erkenntnis, die sich allmählich durchsetzt, lautet: Es ist nicht nur überflüssig, sich einen klugen Weltenplaner vorzustellen, sondern schon die Idee, eine einzige Intelligenz könnte die Komplexität und Schönheit um uns herum beabsichtigt haben, ist töricht. Statt dessen verstehen wir im biologischen Zusammenhang, daß die Welt des Lebendigen sich selbst erschaffen – das heißt organisiert – hat, und zwar durch einfache Prinzipien, die immer wirksam sind, allen voran die natürliche Selektion. Ich glaube, das gleiche wird sich auch bei den physikalischen Gesetzmäßigkeiten und dem Aufbau des Universums herausstellen.

Das dritte Thema ist die Komplexität: Daß die Welt komplex ist, ist kein Zufall, sondern eine zwingende Notwendigkeit, und es gibt eine gewaltige Vielfalt von Dingen und Phänomenen. In einer derart komplexen, selbstorganisierten

Welt sind letztlich alle Dinge aufeinander bezogen. Die Vorstellung absoluter Eigenschaften – beispielsweise einer biologischen Art – ist ebenso überholt wie Newtons Begriff der Absolutheit von Raum und Zeit.

Manchmal finde ich diese Themen auch in den Arbeiten von Künstlern, beispielsweise bei Saint Clair Chemin und Donna Moylin. Natürlich sind viele Künstler – und viele »Intellektuelle«, die über Kunst schreiben – immer noch in der Falle Nietzsches gefangen: Sie spielen mit Tod und Gewalt und Negativität, indem sie den Tod einiger alter, obsoleter Ansichten über die Welt ausnutzen. Aber diese Leute werden immer unwichtiger; interessanterweise haben manche Künstler verstanden, daß die Welt so bald nicht untergehen wird, daß das 21. Jahrhundert eine außergewöhnliche Epoche sein wird und daß es jetzt an der Zeit ist, zu überlegen, welchen Weg die Menschheit einschlagen soll.

ERSTER TEIL

Die evolutionäre Idee

Das Universum ist im Wandel begriffen und hat sich vom Einfacheren zum Komplexeren entwickelt. So lautet die Lehre, die man aus den jüngsten Fortschritten der Evolutionsforschung ziehen kann; die Entstehung von Ordnung ist seit Darwin das prägende Thema der Biologie und im 20. Jahrhundert auch das der Kosmologie.

Zu Darwins Zeit war nicht im einzelnen bekannt, wie Eigenschaften vererbt werden; Darwin selbst glaubte, ein Lebewesen erwerbe bestimmte Merkmale durch Umweltveränderungen und könne sie dann an seine Nachkommen weitergeben, eine Idee, die vor allem durch den französischen Naturforscher Jean-Baptiste Lamarck bekannt wurde. Im Jahr 1900 tauchten die fast fünfzig Jahre alten Arbeiten Mendels auf, und von nun an wurde das Gen, dessen Beschaffenheit man damals nicht im einzelnen kannte, zu einem Hauptfaktor der »modernen Synthese« von Mendel und Darwin. Diese Synthese, in der sich die eigentliche Genetik mit Darwins Vorstellung von der natürlichen Selektion verband, wurde Anfang der dreißiger Jahre unseres Jahrhunderts von R. A. Fisher, J. B. S. Haldane und Sewall Wright vollzogen und einige Jahre später von dem Paläontologen George Gaylord Simpson, dem Biologen Ernst Mayr sowie dem Genetiker Theodosius Dobzhansky weiter vorangetrieben und zur Lehre des Neodarwinismus erweitert. Dennoch besteht in den Reihen der Evolutionsbiologen auch heute noch Uneinigkeit: Die Grundsatzdiskussionen beschäftigen sich mit dem Mechanismus der Artenbildung, mit der Frage, ob die natürliche Selektion auf der Ebene der Gene, der Individuen oder der Arten (oder aller drei) wirkt, und mit der Bedeutung anderer Faktoren wie zum Beispiel Naturkatastrophen.

Unter den in diesem Buch vertretenen Evolutionbiologen ist George C. Williams der Senior. Wer sich als Fachfremder für Evolution interessiert, dem fallen wahrscheinlich eher Stephen Jay Gould oder der britische Evolutionsforscher Richard Dawkins ein; von Williams haben die wenigsten Laien etwas gehört. Und doch bewundern ihn fast alle Evolutionsbiologen, selbst diejenigen, die anderer Meinung sind als er. Als erster wies Williams darauf hin, daß das Gen der Zielpunkt der natürlichen Selektion ist. In dieser Hinsicht ist er ein Vorgänger von Richard Dawkins, mit dem er viele Ideen teilt. Er gehört zu einem ganz anderen Lager als Stephen Jay Gould, nach dessen Theorie von der Hierarchie der Selektionsvorgänge das Gen nur eine Stufe darstellt. Williams' 1966 erschienenes Buch *Adaptation and Natural Selection* war eine Abhandlung über das, was später als Ultra-Darwinismus bekannt werden sollte. In seinen späteren Arbeiten beschreibt Williams das Gen als Gebilde, das nicht nur die Eigenschaften eines Körpers, sondern auch eines Codes hat – das heißt, das Gen ist für ihn kein Gegenstand, sondern ein Informationspaket.

Stephen Jay Gould ist bei den Evolutionsbiologen für drei Theorien bekannt: Erstens für die Theorie des »unterbrochenen Gleichgewichts«, die er mit Nils Eldredge entwickelte; danach verwandelt sich eine Art nicht allmählich in eine andere, sondern Arten entstehen plötzlich. Zweitens für die Wiederbelebung der Untersuchungen zu den Beziehungen zwischen Embryologie und Evolution, die er in seinem bahnbrechenden Buch *Ontogenie und Phylogenie* zum Ausdruck bringt. Drittens für einen berühmten Artikel, den er zusammen mit dem

Populationsgenetiker Richard Lewontin verfaßte; der Titel lautete »The Spandrels of San Marco and the Panglossian Paradigm. A Critique of the Adaptionist Program« [etwa: Die Gewölbezwickel des Markusdoms und das Pangloss-Prinzip*: eine Kritik an der Lehre der Anpassung]. Er wird auch viel gelesen; seine Bücher *(Zufall Mensch, Bravo Brontosaurus)* stehen überall auf der Welt auf den Bestsellerlisten.

Paläontologen beschäftigen sich mit Fossilien. Ihre Fragestellungen betreffen Themen wie die langfristigen Gesetzmäßigkeiten in der Geschichte des Lebens und das Aussterben der Arten im Laufe der Jahrmillionen. In diesem Zusammenhang überträgt Gould die Einstellung vieler Paläontologen auf die Evolutionsbiologie: Danach ist Skepsis angebracht, wenn es um den Wirkungsbereich und die Macht der natürlichen Selektion geht. Er steht den ultradarwinistischen Ansichten von Vertretern der evolutionsbiologischen Hauptrichtung wie Williams und Dawkins oft kritisch gegenüber.

Gould versucht, drei Themen zu verweben und so die heutige darwinistische Theorie zu erweitern: Das erste ist die hierarchische Theorie der natürlichen Selektion; das zweite betrifft die Grenzen, die biologische Anpassungsbeschränkungen der Evolution auferlegen; und das dritte hat mit den Katastrophen in geologischen Zeiträumen zu tun, die zum Massenaussterben führen können. Da Gould ein produktiver und begabter Vermittler ist, nimmt die gebildete Öffentlichkeit zumindest in Amerika an, seine Ansichten über Evolutionsbiologie entsprächen der Hauptrichtung dieses Gebiets. Aber das stimmt nicht; er ist ein Kritiker dieser Hauptrichtung, deren führende Vertreter Williams, der englische Evolutionsbiologe John Maynard Smith und Dawkins sind.

Richard Dawkins gilt bei seinen Kollegen als der ausgepräg-

---

* Mit der Gestalt des Dr. Pangloss, der noch die schlimmsten Vorgänge positiv erklären kann, karikiert Voltaire in seinem Roman *Candide* den Philosophen Leibniz. Anm. d. Übers.

teste Ultradarwinist. Er ist ebenfalls ein begabter Schriftsteller, der wegen seiner verständlichen Darstellung darwinistischer Theorien ebenso bekannt ist wie aufgrund seiner originellen Ideen zur Evolutionstheorie. Er erfand aufschlußreiche Metaphern, die in der darwinistischen Diskussion erhellend wirken. In seinem Buch *Das egoistische Gen* legt er dar, die Gene – also DNA-Moleküle – seien die Grundeinheiten der natürlichen Selektion, die »Replikatoren«. Die Lebewesen, einschließlich unserer selbst, sind danach »Vehikel«, sozusagen die Verpackung für die »Replikatoren«. Erfolg oder Mißerfolg eines Replikators hängen davon ab, wie gut das Vehikel ist, das er bauen kann. Es ist eine wechselseitige Beziehung: Die Vehikel pflanzen nicht sich selbst fort, sondern ihre Replikatoren; und die Replikatoren stellen Vehikel her. In *The Extended Phenotype* geht er über den Körper hinaus zur Familie, zur sozialen Gruppe, zur Architektur und zu der Umwelt über, die Tiere sich schaffen; all das sind in seinen Augen Teile des Phänotyps – der Verkörperung der Gene. Auch die Kultur betrachtet er unter darwinistischen Gesichtspunkten; dies zeigt sich in seiner Erfindung des »Mems«, das die Einheit der kulturellen Vererbung darstellt; Meme sind im wesentlichen Ideen, und auch sie unterliegen der natürlichen Selektion.

Brian Goodwin hält die Biologie für eine exakte Naturwissenschaft und sieht die »neue Biologie« weniger als historisch gewachsenes Fachgebiet denn als Unternehmen, das in seiner Betonung von Ordnungsprinzipien der Physik ähnelt. Er vertritt den strukturalistischen Ansatz, der die Theorie des schottischen Zoologen D'Arcy Thompson anklingen läßt, daß die Variation in der Evolution durch Strukturgesetze eingeschränkt sei, so daß nicht alle Formen möglich seien. Goodwin ist ein leidenschaftlicher Gegner der reduktionistischen Sichtweise der Ultradarwinisten; viel näher liegen ihm die Vorstellungen von Stuart Kauffman über Komplexität und Francisco Varelas holistische Betrachtungsweise für die Biologie.

Steve Jones ist ein höchst angesehener Genetiker und Experte für Schnecken. Er interessiert sich vor allem für die Frage, warum es bei Tieren und Pflanzen eine so große Vielfalt gibt, daß zwei Individuen nie genau gleich sind. Die natürliche Selektion, so könnte man argumentieren, müßte statt dessen zwangsläufig bei jeder Spezies zur Evolution einer einzigen vollkommenen Form führen. Er beschäftigt sich mit der verblüffenden Wandelbarkeit der Gehäusefarben und des Streifenmusters bei der Landschnecke *Cepaea nemoralis*, die seit dem 19. Jahrhundert als Musterbeispiel für Vielfalt gilt. In den fünfziger Jahren unseres Jahrhunderts behaupteten die britischen Biologen Arthur Cain und Phillip Shepard, solche scheinbar bedeutungslosen Unterschiede unterlägen der natürlichen Selektion (in diesem Fall, weil Vögel die auffälligsten Formen am häufigsten angreifen). Jones stellte fest, daß das Klima ebenfalls eine Rolle spielt und – was am wichtigsten ist – daß Unterschiede im Mikroklima schon auf Strecken von wenigen Zentimetern das Verhalten und Überleben von Schnekken mit unterschiedlichem Gehäusemuster beeinflussen. Ökologisch komplexe Lebensräume leisten also der biologischen Vielfalt Vorschub. Seit zehn Jahren wendet Jones sich mit Büchern und Vorträgen auch an ein allgemeines Publikum. Für sein jüngstes Buch mit dem Titel *Die Botschaft der Gene* wurde er 1994 mit dem Science Book Prize ausgezeichnet.

Der Paläontologe Niles Eldredge, der eng mit Stephen Jay Gould zusammenarbeitet, hält biologische Arten für Informationsspeicher; die Theorie des unterbrochenen Gleichgewichts biete Anhaltspunkte, daß Arten nach ihrer Entstehung in der Regel stabil seien; zu Veränderungen komme es dagegen durch schnelle Verzweigungsvorgänge, bei denen sich kleine Populationen von einer Vorläuferart abspalten. Bekannt wurde Eldredge durch seine Arbeiten über den hierarchischen Aufbau biologischer Systeme und für seine Kritik am Adaptionismus. Seit Ende der sechziger Jahre widmen er und Gould –

die »Naturalisten« – sich der intellektuellen Auseinandersetzung mit George Williams, John Maynard Smith und Richard Dawkins über Fragen wie die, wo die Selektion stattfindet. Nach Eldredges Ansicht eignen sich Vergleiche des Wettbewerbs zwar für die Ebene der Fortpflanzungsbiologie, aber sie versagen als Erklärungsprinzip für große biologische Systeme. Außerdem, so betont er, bezeichneten sich die Ultradarwinisten zwar selbst als Reduktionisten, aber sie stiegen nur bis auf die Ebene der Gene innerhalb von Populationen hinab; der Molekularbiologie schenkten sie nicht besonders viel Beachtung.

Die Biologin Lynn Margulis dehnt die Untersuchung der Evolution fast bis in die Zeit vor vier Milliarden Jahren aus. Ihre wichtigsten Arbeiten betreffen die Evolution der Zellen mit dem einschneidenden Ereignis der Entstehung von Eukaryonten, jener Zellen, von denen sich alle höheren Lebensformen ableiten. Vor fast dreißig Jahren argumentierte sie für deren symbiotischen Ursprung: Danach entstanden die Eukaryonten durch Zusammenlagerung verschiedener Bakterienarten. Als sie ihre Thesen zum erstenmal äußerte, wurde sie meist ignoriert oder verspottet; heute gilt die Theorie von der Symbiose als einer der großen Durchbrüche in der Zellbiologie.

Margulis ist auch eine Befürworterin der Gaia-Hypothese, die der freiberuflich tätige britische Atmosphärenchemiker James E. Lovelock in den siebziger Jahren entwickelte. Nach dieser Hypothese bilden Atmosphäre und Oberflächenschichten der Erde ein sich selbst regulierendes physiologisches System – die Erdoberfläche ist gewissermaßen ein Lebewesen. In ihrer Extremform, die von den etablierten Biologen vielfach kritisiert wurde, behauptet diese Hypothese, die ganze Erde sei ein sich selbst steuernder Organismus. Margulis vertritt eine abgeschwächte Version, wonach unser Planet ein zusammenhängendes, sich selbst regulierendes Ökosystem darstellt. Sie wurde wegen einer Einstellung kritisiert, die George Williams als »Gott-ist-gut-Syndrom« bezeichnet: Es trete zutage, wenn sie die Metaphern von der Symbiose in der Natur übernehme. Margulis ist ihrerseits eine ausgeprägte Kritikerin der evolutionsbiologischen Hauptrichtung, da diese in ihren Augen die Bedeutung von Chemie und Mikrobiologie für die Evolution nicht ausreichend berücksichtigt.

Ein Informationspaket

Niles Eldredge: Mir fällt eine Bemerkung ein, die der englische Evolutionsgenetiker John Maynard Smith einmal mir gegenüber machte: Er sei erstaunt, daß George Williams nicht unserer Nationalen Wissenschaftsakademie angehöre. Im Jahr 1993 wurde er schließlich aufgenommen. Als ich ihn Mitte der achtziger Jahre in Stony Brook aufsuchte, erzählte er mir, er habe nur unter großen Schwierigkeiten Forschungsgelder bekommen; ich konnte das kaum glauben. Die beiden Gedanken gehören zusammen, denn George ist in der Evolutionsbiologie der Vereinigten Staaten wirklich der wichtigste Theoretiker seit der Darwin-Hundertjahrfeier von 1959. Es ist erstaunlich, daß er nicht zu mehr Anerkennung und Ruhm gelangt ist. Er ist ein schüchterner, aber sehr netter Kerl und ein tiefgründiger, präziser Denker. Ich bewundere ihn rückhaltlos, obwohl wir nun schon seit Jahren hin und her diskutieren.

George C. Williams ist Evolutionsbiologe, emeritierter Professor für Ökologie und Evolution an der State University of New York und Autor der Bücher: *Adaptation and Natural Selection: A Critique of Some Current Evolutionary Thought* (1966), *Sex and Evolution* (1975), *Natural Selection: Domains, Levels, and Challenges* (1992) und (als Coautor mit Randolph Nesse, M. D.) *Why we Get Sick* (1995).

George C. Williams: Evolution im Sinne eines langfristigen Wandels in einer sich sexuell fortpflanzenden Population ist abhängig von der relativen Überlebensrate konkurrierender Gene. Wenn Organismen sich in einer Umwelt befinden, in der es auch enge stammesgeschichtliche Verwandte gibt, dann erwartet man, daß das Lebewesen in bestimmter Weise auf kleine Anzeichen der Verwandtschaft reagiert; es unterscheidet zwischen den Individuen, mit denen es zusammentrifft, und verhält sich zu engen Verwandten gutartiger und kooperativer als zu entfernt oder gar nicht verwandten Individuen.

Für Evolution interessiere ich mich seit dem Sommer 1947. Damals verbrachte ich sechs Wochen mit dem Paläonthologen Sam Welles in der Wüste »Painted Desert«; er betreute dort eine Gruppe von Studenten – offiziell war es ein Sommerkurs, aber die meiste Zeit schwangen wir Hacken und Schaufeln und gruben im Rahmen von Welles' Forschungsprojekt Fossilien aus. Er war Spezialist für Amphibien aus dem Trias. Abends saßen wir um das Lagerfeuer und sprachen über Evolution und ähnliche Themen. Zum erstenmal in meinem Leben waren Leute – richtige Biologen, richtige Wissenschaftler – bereit, sich hinzusetzen und sich meine Meinung anzuhören. Ich war gerade einundzwanzig. Seit damals interessiere ich mich für viele Gesichtspunkte der Evolution, und kurze Zeit später schrieb ich mich an der University of California in Berkeley für einen Kurs zum Thema Evolution bei Ledyard Stebbins ein, der zu dem Zeitpunkt und noch lange danach als weltweit führender Experte für die Evolution im Bereich der Botanik galt. Durch Stebbins' Kurs lernte ich Dobzhanskys Buch *Genetics and the Origin of Species* kennen. Stebbins war großartig, aber erst als ich Dobzhansky las, erwachte mein Interesse am Ablauf der natürlichen Selektion.

An der Universität Chicago nahm ich ausschließlich Lehraufgaben wahr. Ich unterrichtete im Vor- und Grundstudium, das heißt, ich mußte Erstsemestern und Collegeschülern Biologie beibringen. Man ging dort nach der Methode der großen Bücher vor. Wir lasen Darwin, Mendel und andere. Außerdem besuchte ich Seminare von Leuten wie Alfred Emerson, der ein Spezialist für Termiten und eine anerkannte Autorität für Evolutionsfragen war. Ich fand seine Ideen völlig unannehmbar. Das war für mich ein Anreiz, etwas zu unternehmen. Wenn das, worüber Emerson sprach, Biologie war, wollte ich lieber Versicherungen verkaufen.

Besonders erinnere ich mich an seinen Vortrag über die Bedeutung des Todes für die Evolution. Er sprach sich für den Tod aus und sagte, wir müßten alt werden und sterben, um Platz für unsere Nachfolger zu machen und ihnen eine Chance zu geben. Das erschien mir unmöglich, wo die Evolution doch durch die natürliche Selektion vorangetrieben wird. Es gab keinerlei Möglichkeit, seine Vorstellungen logisch mit dem Darwinismus zu vereinbaren, obwohl er behauptete, Darwinist zu sein.

Damit begann meine erste theoretische Leidenschaft: die Evolution des Alterns – die Abnahme der Anpassungsfähigkeit mit dem Lebensalter. Man kann mit sechzig nicht so schnell laufen wie mit dreißig. Als ich an jenem Abend auf dem Heimweg mit meiner Frau über das Problem sprach, kam ich von selbst auf eine Idee, die vorwiegend auf Peter Medawar zurückgeht und die er 1952 auch veröffentlichte, obwohl die Publikation vielleicht in den vierziger Jahren schon ihre Schatten vorauswarf: daß nämlich die Wirksamkeit der Selektion bei der Aufrechterhaltung der Anpassung im wesentlichen das Produkt aus Fortpflanzungswert und Überleben ist. Das Überleben ist als Faktor leichter einzuschätzen. Wenn man als Dreißigjähriger mit größerer Wahrscheinlichkeit am Leben ist als mit sechzig, kann die Selektion bei einem Dreißigjährigen auch die Anpassung leichter beibehalten. In einem Alter, das man aller Wahrscheinlichkeit nach nicht erreicht, zum Beispiel mit hundert Jahren, wäre Anpassung eine aussichtslose Sache, und die Selektion würde sich nicht darum kümmern. Je mehr die Effektivität der Selektion nachläßt, desto weniger effektiv sind auch ihre Produkte. Das erklärt die mit dem Alter zunehmende Sterblichkeit. Damals wie heute erschien mir das als unausweichliche Schlußfolgerung, die sich aus der einfachen Tatsache der Sterblichkeit ergibt. Wenn überhaupt die Möglichkeit besteht, daß man stirbt, wird man in höherem Alter mit geringerer Wahrscheinlichkeit am Leben sein als in jüngeren Jahren.

Eine weitere These von Alfred Emerson besagte, Evolution habe viel mehr mit Kooperation als mit Konkurrenz zu tun. Mir schien es genau umgekehrt zu sein; die gesellschaftsbildenden Insekten hatten offenbar etwas ganz Besonderes, das ihr äußerst kooperatives Verhalten erklärte. Dieses Besondere war ihre Verwandtschaft – alle Angehörigen eines Volkes sind eng verwandt. Das war das zentrale Thema einer theoretischen Abhandlung, die ich 1957 veröffentlichte. Sie enthielt ein Modell für die natürliche Selektion zwischen Familien; heute glaube ich, daß es eine dumme Idee war, aber damals war ich noch nicht so schlau, an die Verwandtenselektion zu denken, die ein paar Jahre später von William D. Hamilton genau beschrieben wurde. Diese Art der Selektion kann im Extremfall dazu führen, daß beispielsweise die Fortpflanzung aufgegeben wird, wenn sich dadurch etwa der Fortpflanzungserfolg eines Geschwistertiers mehr als verdoppelt. Jedes Tier ist genetisch

– das heißt unter dem Gesichtspunkt, daß seine Gene an zukünftige Generationen weitergegeben werden – zur Hälfte mit seinen Geschwistern identisch. Bei den gesellschaftsbildenden Insekten können Schwestern natürlich sogar zu drei Vierteln gleich ausgestattet sein, denn wenn sie einen gemeinsamen Vater haben, sind alle Gene, die sie von diesem bekommen, genau die gleichen. Diese ersten Erfahrungen weckten bei mir ein Interesse, das nie wieder schwand; es führte zu *Adaptation and Natural Selection*, meiner ersten Veröffentlichung vom Umfang eines Buches über dieses und ähnliche Themen. Ich hatte mich bis dahin mit Fragen des Alterns und der Kooperation zwischen Verwandten beschäftigt, aber ich interessierte mich auch für eine Reihe weiterer Probleme.

Die Theorie von der Gruppenselektion war damals noch nicht spruchreif. Das große Buch von V. C. Wynne-Edwards über das Thema – *Animal Dispersion in Relation to Social Behavior* – erschien 1962, aber ich stieß erst darauf, als ich *Adaptation and Natural Selection* fast beendet hatte. Ich reichte das Manuskript 1963 ein; es nahm auf Wynne-Edwards' Werk Bezug, aber das hatte ich erst sehr spät beim Überarbeiten eingefügt. Einige Modelle für Gruppenselektion gab es schon früher, und diesbezügliche Thesen vertraten Alfred Emerson und A. H. Sturtevant bereits 1938 in einem Fachartikel. Sewall Wright stellte 1945 in einer Rezension über das Buch *Tempo and Mode in Evolution* von George Simpson ein Modell der Gruppenselektion vor. Aber das Modell war nicht ohne weiteres zu finden, wenn man noch nichts darüber wußte. Die Theorie von der Gruppenselektion war vor allem notwendig für die Art und Weise, wie man über Anpassung nachdachte; aber – und das finde ich äußerst seltsam – es war den Leuten nicht klar. Sie redeten weiterhin darüber, was für die Spezies gut sei. Wenn etwas für irgend etwas gut sein und durch natürliche Selektion entstehen soll, muß es durch die natürliche Selektion hervorgebracht werden. Mit anderen Worten, eine Art überlebt, während die andere ausstirbt. Die Grundthese von Wynne-Edwards' Arbeiten über die Gruppenselektion lautete: Es gibt nichts, was für die Gruppe gut ist, wenn die Selektion nicht auf der Ebene der Gruppe wirkt. Er suchte nach Selektion auf der Ebene umgrenzter Populationen, innerhalb derer sich die Individuen vermischten. Ob man diese Populationen als eigenständige Arten bezeichnen konnte, war von untergeordneter Bedeutung.

Zur allgemeinen Zufriedenheit wurde Wynne-Edwards widerlegt. Das bedeutet nicht, daß es auf Ebenen oberhalb des Individuums oder der Familie keine Selektion gäbe, aber diese Art der Selektion ist wahrscheinlich in der Evolution keine besonders starke Kraft. Nach der heute vorherrschenden Meinung lassen sich die Phänomene, die er mit solchen Überlegungen erhellen wollte, besser anders erklären: mit der Selektion auf niedrigeren Stufen, mit der Selektion unter den Individuen.

So läßt sich zum Beispiel jede Fortpflanzungsbeschränkung – also jeder Fall, in dem sich die Individuen offensichtlich nicht mit der höchstmöglichen Geschwindigkeit vermehren – schlicht auf der Grundlage der optimalen Aufteilung der Ressourcen durch die Individuen erklären. Man reißt sich kein Bein aus, um heute etwas zu tun, wenn man sich mit etwas geringerem Aufwand die Möglichkeit verschaffen kann, es morgen noch einmal zu versuchen. Vielleicht tut man es heute überhaupt nicht, wenn die Voraussetzungen morgen viel besser sind. Solche Überlegungen erklären zum Beispiel, warum Vögel während der Brutzeit nicht immer so viele Eier legen, wie sie nachgewiesenermaßen produzieren könnten. Die Aufteilung ihrer Fortpflanzungsressourcen ist viel effektiver, wenn sie weniger Aufwand für die Eier treiben, weil sie sich dann später besser um das Füttern der Jungen kümmern können und weil sie noch später – im nächsten Jahr – eine weitere Brutsaison vor sich haben.

Meine frühen Arbeiten haben starke begriffliche Mängel,

das hatte ich mit allen anderen die zu jener Zeit arbeiteten, gemeinsam. Mir war nicht klar, was für ein gewaltiges Problem es ist, daß es sexuelle Fortpflanzung gibt und daß sie eine so beherrschende Stellung einnimmt. Dafür interessierte ich mich Anfang der siebziger Jahre, und 1975 brachte ich das Buch *Sex and Evolution* heraus. Es gibt eine Menge Komplikationen, die ich damals nicht erkannte, aber John Maynard Smith, Bill Hamilton und viele andere haben unsere Kenntnisse in den letzten zwanzig Jahren ein großes Stück vorangebracht.

Einen Schritt in die richtige Richtung machte Richard Dawkins mit seiner Unterscheidung zwischen Replikator und Vehikel. Daß David Hull den Begriff »Vehikel« durch »Interaktor« ersetzte, war eine gute Idee, aber das ist eine terminologische Frage von untergeordneter Bedeutung. Dawkins ging mit dieser Unterscheidung nicht annähernd weit genug, denn er definiert den Replikator als stoffliches Gebilde, das sich in einem Fortpflanzungsprozeß verdoppelt. Das ist richtig, aber der entscheidende Unterschied liegt auf einer grundsätzlicheren Ebene. Er ließ sich dadurch in die Irre führen, daß Gene immer mit DNA gleichgesetzt werden.

Die Evolutionsbiologen haben sich nicht klargemacht, daß sie sich mit zwei mehr oder weniger unvergleichbaren Gebieten beschäftigen: dem der Information und dem der Materie. Dieses Problem behandle ich in meinem 1992 erschienenen Buch *Natural Selection: Domains, Levels, and Challenges*. Die beiden Gebiete werden sich nie auch nur entfernt in dem Sinne vereinbaren lassen, wie es der Begriff »Reduktionismus« gewöhnlich nahelegt. Von Galaxien und Staubkörnern kann man in denselben Begriffen sprechen, denn beide haben Masse und Ladung sowie Länge und Breite. Bei Materie und Information ist das anders. Information hat keine Masse und keine Ausdehnung, die man in Millimetern angeben könnte. Und umgekehrt besteht Materie nicht aus Bytes. Sie hat keine Redundanz oder Originaltreue oder eine andere Eigenschaft, mit der wir Information beschreiben. Dieser Mangel an gemeinsamen Beschrei-bungsmöglichkeiten macht Materie und Information zu zwei getrennten Seinszuständen, die man getrennt und jeweils in ih-ren eigenen Begriffen erörtern muß.

Das Gen ist kein Gegenstand, sondern ein Informationspa-ket. Es ist durch die Anordnung der Basenpaare in der DNA festgelegt, aber das DNA-Molekül ist ein Medium und kein In-halt. Diese Unterscheidung zwischen Medium und Inhalt bei-zubehalten, ist absolut notwendig, wenn man klare Überlegun-gen zur Evolution anstellen will.

Allein die Tatsache, daß ich schon vor fünfzehn Jahren mit einem Computer arbeitete, dürfte mit diesen Vorstellungen zu tun haben. Der Vorgang, durch den man ständig Informatio-nen von einem Medium auf ein anderes überträgt und dann die gleichen Informationen in dem ursprünglichen Medium wie-dergewinnen kann, macht besonders deutlich, daß man Infor-mation und Materie trennen kann. Wenn man in der Biologie über Gene, Genotypen und Genpools redet, dann redet man über Information und nicht über stoffliche, objektive Realität. Es sind Anordnungen.

Beeinflußt hat mich auch Dawkins' Begriff des »Mems« für kulturelle Information, die sich auf das Verhalten der Men-schen auswirkt. Im Gegensatz zu den Genen haben Meme kein einheitliches Speichermedium. Nehmen wir zum Beispiel das Buch *Don Quijote:* ein Stapel Papier mit Formen aus Drucker-schwärze auf den Seiten; aber man könnte es für Blinde auch auf einer CD oder Kassette festhalten und in Schallwellen um-setzen. Unabhängig vom Medium ist es immer dasselbe Buch, dieselbe Information. Das gilt im kulturellen Bereich auch für alles andere: Man kann es mit unterschiedlichen Medien fest-halten, aber es bleibt immer das gleiche Mem.

In der kulturellen Evolution ist die Vorstellung von einer Kaf-feetasse oder einem Tisch offensichtlich etwas Dauerhaftes. Die Kaffeetassen oder Tische bleiben nicht erhalten, sondern sie entstehen immer wieder neu aufgrund der Information, die den Menschen sagt, wie man sie herstellt. Genauso ist es in der Biologie: Hände und Füße und Nasen und alles andere bleiben nicht erhalten, sondern sie kehren immer wieder als Ergebnis der genetischen Anweisung zur Erzeugung von Händen und Füßen und Nasen. Die Information ist es, die erhalten bleibt und sich entwickelt. Unsere Kenntnisse über die Information beziehen wir natürlich aus ihrer stofflichen Ausprägung. Dawkins konnte nur schwer überzeugen, und das lag daran, daß er das Gen als Gegenstand betrachtete und deshalb die Replikation für wichtiger hielt als die Fortpflanzung der Information.

Solange man nicht zwischen Information und Materie unterscheidet, verheddert man sich in Diskussionen über Ebenen der Selektion. Der Vergleich zwischen einem Gen und einem Individuum ist zum Beispiel in Erörterungen der Selektionsebenen nicht angebracht, wenn man mit »Individuum« ein materielles Gebilde und mit »Gen« ein Informationspaket meint. Man sollte vielmehr von »Gen« und »Genotyp« sprechen. Nach Selektionsebenen muß man in beiden Bereichen suchen und sich dabei im klaren sein, was man tut. Vergleichen sollte man die Ebenen nur innerhalb desselben Bereichs.

Wenn man die Unterscheidung zwischen den Gebieten getroffen hat, kann man zu den Ebenen übergehen, und dann stellt sich heraus, daß die Ebenen auf den beiden Gebieten einander nicht genau entsprechen. Wenn man die Aufmerksamkeit nur auf Populationen mit sexueller Fortpflanzung richtet, gibt es auf dem Gebiet der Information – oder, wie ich gerne sage, des Codes – nur zwei Ebenen: das Gen und den Genpool. Die Selektion kann innerhalb einer Population auf verschiedene Gene und innerhalb eines Lebensraumes auf verschiedene Genpools wirken. Beides sind Evolutionsfaktoren, die interessante Effekte hervorrufen können.

Auf dem Gebiet der Materie dagegen kann die Selektion auf verschiedene Individuen, im üblichen Sinne des Begriffs, oder auf Individuengruppen wirken, zum Beispiel auf Insektenstaaten oder auf Familien, unabhängig davon, ob sie hochentwikkelte Kolonien bilden. Diese vorübergehenden Individuengruppen bringen etwas hervor, das der Biologe David Sloan Wilson »Merkmalsgruppen-Selektion« genannt hat, und sie lassen auch Selektion zwischen verschiedenen Populationen entstehen. Das ist die stoffliche Grundlage für die Selektion zwischen Genpools. Aber zu den niedrigeren stofflichen Selektionsebenen – zum Beispiel zwischen konkurrierenden Kolonien derselben Spezies staatenbildender Insekten – gibt es auf dem Gebiet des Codes keine Entsprechung. Die Vorgänge bei der Konkurrenz zwischen Insektenstaaten werden auf der Ebene der Gene festgehalten. Es gibt zwischen den Kolonien kein so großes Maß an dauerhaften genetischen Unterschieden, daß auf dem Gebiet des Codes eine wirksame Selektion stattfinden könnte. Ich nehme an, David Wilson ist der gleichen Ansicht. Er interessiert sich für die Selektion unter den Interaktoren auf dem Gebiet der Materie.

Die wichtigsten Aussagen meines Buches von 1966 sind heute allgemein anerkannt. Genauso wäre es auch, wenn ich das Buch nicht geschrieben hätte. Die Ideen hätten sich mittlerweile durchgesetzt, denn mehr oder weniger zur gleichen Zeit arbeiteten auch Leute wie Hamilton, Dawkins, Robert Trivers und andere; hätte es Mitte der sechziger Jahre nicht ein einziges Buch über die Selektionsebenen gegeben, hätte vermutlich einer von ihnen es geschrieben. Dawkins' Werk *Das egoistische Gen* gehört genau in diesen Zusammenhang. Es brachte die Angelegenheit erheblich weiter voran als meines.

Mein bleibender Beitrag ist die Klärung des Problems der zwei Gebiete und der Ebenen natürlicher Selektion. Im Gedächtnis behalten wird man mich auch, weil ich als einer der ersten darum bemüht war, zu erklären, warum es so etwas wie sexuelle Fortpflanzung gibt und warum sie so weit verbreitet ist.

Zukünftige wichtige Neuerungen der Evolutionsbiologie dürften aus der Paläontologie kommen. In ein paar Jahrzehnten wird man erkennen, daß die derzeit laufenden Freilandarbeiten höchst wichtige Erkenntnisse liefern. Da draußen graben Leute, von denen ich noch nie gehört habe; sie suchen in Sedimenten von Seen nach Pollenkörnern oder klopfen Trilobiten aus Schieferschichten des Paläozoikums. Andere bedeutende Erkenntnisse werden von Leuten kommen, die auf Gebieten arbeiten, welche herkömmlicherweise gar nichts mit Evolution zu tun haben – wie zum Beispiel Erkenntnisse über den Konflikt zwischen Genomen. Die Arbeiten, die derzeit am unmittelbarsten aufklärend und überzeugend wirken, betreffen Erklärungen für Phänomene wie die Prägung von Genen, das heißt für die Tatsache, daß die Genaktivität im Frühstadium der Embryonalentwicklung davon abhängt, ob das Gen vom Vater oder von der Mutter stammt. An diesem Thema bin ich derzeit durch eine Veröffentlichung mit dem Biologen David Haig beteiligt, die sich mit dem genetischen Konflikt in der Schwangerschaft der Menschen beschäftigt. Das ist vielleicht nicht das eindeutigste Beispiel für genomische Prägung, und sicher wird es nicht gerade einfach sein, daran zu arbeiten, aber solche Forschungen werden die Menschen veranlassen, ernsthaft über Ebenen und Gebiete der Selektion nachzudenken.

Meine neuesten Arbeiten behandeln ein Thema, das ich Darwinsche Medizin nenne: die allgemeine Anwendbarkeit der Evolutionstheorie in der medizinischen Forschung, Praxis und Ausbildung. Sie erwuchsen aus Gesprächen mit David Nesse, einem Arzt und Medizinprofessor in Ann Arbor. Ein weiterer wichtiger Faktor war für mich ein Artikel von Paul Ewald aus dem Jahr 1980.

Ewald war anfangs Ornithologe, aber eines Tages, als er krank war, erwachte sein Interesse für Medizin. Er hatte sich eine Darminfektion geholt – es war nicht ganz so dramatisch wie bei Alfred Russel Wallace, dem seine Einfälle während eines Malariaanfalls kamen. Paul dachte über die Evolution der Wechselwirkungen zwischen Parasiten und ihren Wirten nach. Das mündete in einem Artikel über die Frage, wie man Beobachtungen bei Infektionskrankheiten – die Krankheitssymptome des Wirts – mit den Vorstellungen der Evolutionstheorie interpretieren kann. Ich war sehr beeindruckt von diesen höchst wichtigen Ideen, die für die Medizin äußerst nützlich sein dürften.

Ich hatte mir bereits Gedanken über das Altern und die Lebensgeschichte im allgemeinen gemacht; und das Altern ist mit Sicherheit ein medizinisches Problem. Aus der allgemeinen Populationsgenetik wußte ich ein wenig über Erbkrankheiten. Sie sind ganz anders geartete medizinische Probleme, aber alle sind einer entwicklungsgeschichtlichen Interpretation zugänglich, die nach meinem Eindruck der praktischen Medizin nützen könnte. Je mehr ich darüber nachdachte und mit Randy Nesse darüber sprach, desto mehr wurde mir klar, daß es im Zusammenhang mit der Heilung und Vorbeugung von Krankheiten keine medizinische Frage gibt, für die die Theorie von der natürlichen Selektion bedeutungslos wäre.

Eine von Pauls wichtigsten Erkenntnissen lautete: AIDS ist keine neue Krankheit in dem Sinn, daß HIV ein neuer Erreger wäre. Wir haben es vielmehr mit einem Erreger zu tun, der aufgrund umweltbedingter Umstände viel schneller eine Evolution zu stärkerer Virulenz durchgemacht hat. Vielleicht war er vor zwei oder drei Jahrzehnten noch ein Organismus, der vorwiegend von den Eltern auf die Kinder übertragen wurde – und gelegentlich vielleicht auch zwischen Sexualpartnern –, so daß die Evolutionsfaktoren, die auf seine Virulenz wirkten, ihn zwangsläufig recht ungefährlich bleiben ließen. Personen mit dem Virus mußten so lange leben, daß sie sich fortpflanzen konnten, sonst hätten sie das Virus nicht weitergeben können.

Nun stelle man sich einmal vor, wie Menschen mit diesem Virus in eine völlig andere soziale Situation geraten. Die Familien werden auseinandergerissen, und die Männer werden vorwiegend von Prostituierten bedient, die mit Hunderten von Kunden im Jahr zu tun haben. Jetzt hängt die Möglichkeit der Krankheitsübertragung nicht mehr davon ab, daß der Virusträger lange überlebt. Damit ist die Beschränkung seiner Virulenz beseitigt. In einem Menschen geht es dem Virus um so besser, je virulenter es ist, denn der virulenteste Stamm wird am effizientesten übertragen. Damit hat sich das Selektionsgleichgewicht verschoben – die Selektion findet jetzt nicht mehr vorwiegend zwischen den menschlichen Wirten, sondern in ihrem Inneren statt. Und innerhalb des Wirts begünstigt die Selektion in der Regel die höhere Virulenz. Plötzlich wurde HIV immer aggressiver. Und das ist nur ein Beispiel. Es gibt zahlreiche Aktivitäten, mit denen die Menschen die Evolution der Virulenz von Krankheitserregern beeinflussen.

Die der Evolutionstheorie zugrundeliegenden Vorstellungen können sich auch noch auf manch andere Art und Weise in der Medizin auswirken – zum Beispiel, wenn man sich mit dem Mißverhältnis zwischen unserer durch die Evolution erworbenen Anpassung und unserer heutigen Umwelt befassen muß. Diese Unstimmigkeit ist heute wahrscheinlich die Hauptursache medizinischer Probleme.

In zwanzig oder dreißig Jahren werden die Medizinstudenten etwas über natürliche Selektion lernen, zum Beispiel über das Gleichgewicht zwischen nachteiligen Mutationen und Selektion. Sie werden etwas über die Evolution der Virulenz und der Antibiotikaresistenz von Mikroorganismen erfahren und sich mit menschlicher Archäologie und dem Leben in der Steinzeit beschäftigen, auch mit den Umständen in der Steinzeit, die letztlich der menschlichen Natur, wie wir sie heute kennen, den letzten Schliff gaben. Diese Vorstellungen fließen dann in die Arbeit der praktischen Ärzte und in das Verhältnis zwischen Arzt und Patient ein. Sie werden die Richtung der anerkannten medizinischen Forschung im wesentlichen bestimmen, was heute nicht der Fall ist. Wenn alles weiter so schnell geht wie bisher, ist das unvermeidlich. Diese Ideen sollten zu den Verantwortlichen vordringen, zu den Ärzten und Wissenschaftlern der Medizin, aber noch wichtiger ist, daß sie zu den Studenten gelangen, insbesondere zu den zukünftigen Ärzten, und auch zu den Patienten, die einen Arzt aufsuchen. Sie werden diesem Fragen stellen, und er wird sie beantworten müssen. Ich hoffe, diese Vorstellungen werden in der Welt der Medizin auf dem Weg über Studenten und Patienten von unten nach oben wirken. Ich erhoffe mir aber auch einen gewissen Einfluß von oben nach unten – Auswirkungen auf die medizinischen Fakultäten und diejenigen, die menschliche Krankheiten erforschen.

Stephen Jay Gould: George Williams ist eine sehr wichtige Persönlichkeit. Er ist ein ruhiger, freundlicher Mann und hat seit den sechziger Jahren gewaltigen Einfluß auf die Evolutionstheorie, vor allem durch sein 1966 erschienenes Buch *Adaptation and Natural Selection*; es enthält im wesentlichen eine Kritik an der falschen Logik bei manchen damals gängigen Vorstellungen zur Gruppenselektion und die Verteidigung einer recht hartgesottenen, strikt darwinistischen Sichtweise auf der Grundlage der individuellen Selektion. Seine Argumente betrafen die Methoden; er sagte nicht, Gruppenselektion sei prinzipiell unmöglich, sondern er legte nur dar, daß die bis dahin angeführten Argumente fehlerhaft seien; vor diesem Hintergrund meinte er (und darin stimme ich mit ihm philosophisch nicht überein), man müsse auf der reduzierten, niedrigsten Ebene – nämlich bei der Darwinschen Konkurrenz zwischen einzelnen Organismen – anfangen und dürfe ohne zwingenden Grund nicht behaupten, daß die Selektion zwischen Einheiten höherer Ordnung wie Gruppen oder Arten wirkt. Wenn man etwas an einzelnen Organismen erklären könne, solle man es bei den Organismen belassen. Ein sehr einflußreiches Buch. Er gehörte auf diesem Gebiet immer schon zu denen, die sich durch theoretische Klarheit auszeichnen.

Richard Dawkins: Ich habe vor George Williams die größte Hochachtung; er ist in meinen Augen ein eminent kluger Vertreter unseres Fachgebiets. Und er hat – verspätet – großen Einfluß ausgeübt. Die wesentlichen Aussagen von *Das egoistische Gen*, das 1976 erschien, sind in wenigen Absätzen von Williams' *Adaptation and Natural Selection* enthalten. Ich hatte es nicht gelesen, als ich, unabhängig von ihm, dasselbe feststellte. Sein Buch hatte einen gewaltigen positiven Einfluß auf die Entwicklung der Evolutionstheorie, und das wird heute auch allgemein anerkannt; anfangs sah man das nicht so, aber er ist einer von diesen Spätzündern (so sagt man, glaube ich), deren Wirkung sich ziemlich langsam entwickelt. Ich habe den größten Respekt vor ihm.

Lynn Margulis: Das einzige Buch von ihm, das ich gelesen habe, war *Adaptation and Natural Selection*. Er hat zur Aufklärung derer beigetragen, die den Grundgedanken der Evolution nicht verstehen. Die meisten Menschen erkennen die Folgen einer einfachen Tatsache nicht: Die Fortpflanzung erfolgt bei Säugetieren ausschließlich sexuell – für das Leben als Ganzes besteht jedoch kein zwangsläufiger Zusammenhang zwischen Fortpflanzung und Sexualität. Aber das Verhalten der Menschen mit seinem Zwang zur sexuellen Fortpflanzung kann man als Funktion der entwicklungsgeschichtlichen Vergangenheit begreifen. Die Leute bringen evolutionsbiologisches Denken und das Verhalten der Säugetiere nicht in Zusammenhang. Williams kommt das Verdienst zu, daß er die Bedeutung der Fortpflanzung für das Verhalten der Säugetiere erkannt hat. Er vermittelt eine wissenschaftliche Wahrheit in einem widerstrebenden kulturellen Umfeld. Die Tatsache, daß er kaum beredte Vorgänger hatte, macht seine Arbeiten noch bedeutsamer.

Stephen Pinker: In meinen Augen ist George Williams einer der brillantesten Schriftsteller der Wissenschaftsgeschichte. Sein Buch *Adaptation and Natural Selection*, das 1966 erschien, war seiner Zeit voraus. Im ersten Teil seiner Argumentation geißelte Williams die Biologen jener Zeit und wies darauf hin, daß ihre Erklärungen vielfach schludrig seien, weil sie die natürliche Selektion als Ursache jedes nur greifbaren nützlichen Merkmals anführten. Gleichgültig, welche Eigenschaft eines Lebewesens sie sich ansahen, immer hatten sie eine Geschichte darüber parat, wie sie dem Organismus, der Spezies, dem Ökosystem, der Lebensgemeinschaft oder der ganzen Erde nützen könnte. Williams analysierte den Begriff der natürlichen Selektion genau und skizzierte, wo man ihn anwenden sollte und wo nicht. Er bemerkte, daß nicht alles Angepaßte eine Anpassung im strengen Sinn darstellt. Wenn ein Fuchs mit den Füßen eine Spur in den Schnee trampelt und wenn diese Spur ihm hilft, den Weg zum Hühnerstall zu finden, dann bedeutet das noch nicht, daß die Füße des Fuchses dazu angepaßt sind, den Schnee platt zu trampeln.

Im zweiten Teil seiner Argumentation sagt Williams, daß man zwar nicht alle Eigenschaften mit der natürlichen Selektion erklären könne, daß sie aber für manche Merkmale die einzige wissenschaftliche Begründung sei. Dabei handele es sich um Merkmale, die Anzeichen für eine komplexe Anpassungsstruktur zeigten. Hand, Auge, Herz, Haut – all das seien höchst unwahrscheinliche Anordnungen von Materie. Die allgemeinen Wachstumsgesetze und die Zufälligkeiten der Gendrift sind vermutlich keine Erklärung für die exakte Anordnung der Muskeln, Knochen und Sehnen, die uns eine funktionsfähige Hand verschafft, und ebensowenig kann man mit ihnen begründen, warum ein Apfel im Gegensatz zu irgend etwas anderem die Samen im Inneren hat. Für alle biologischen Strukturen, die aussehen, als wären sie für einen bestimmten Zweck konstruiert, sei natürliche Selektion die einzige bekannte wissenschaftliche Erklärung, denn sie könne als einziger physikalischer Prozeß komplexe Systeme hervorbringen, die einen ausgefallenen Zweck erfüllen.

Williams stellte beide Teile der Argumentation dar. Bei manchen Merkmalen solle man die natürliche Selektion nicht anführen, und für andere müsse man sie anführen. Die Alltagsarbeit bestehe in der Biologie vielfach darin, komplexe Eigenschaften von Lebewesen zu untersuchen und herauszufinden, ob sie als Nebenprodukt von irgend etwas anderem entstanden sein könnten oder ob an klaren Anzeichen zu erkennen sei, daß sie zu einem Zweck gestaltet wurden. Das Buch *Der blinde Uhrmacher* von Dawkins ist im wesentlichen eine geistvolle Erweiterung und allgemeinverständliche Darstellung der beiden Hälften von Williams' ursprünglicher Theorie. Stephen Jay Gould und sein Kollege Richard Lewontin betonen in ihren Schriften vielfach die erste Hälfte und vernachlässigen die zweite.

Niles Eldredge: Mir fällt eine Bemerkung ein, die der englische Evolutionsgenetiker John Maynard Smith einmal mir gegenüber machte: Er sei erstaunt, daß George Williams nicht unserer Nationalen Wissenschaftsakademie angehöre. Im Jahr 1993 wurde er schließlich aufgenommen. Als ich ihn Mitte der achtziger Jahre in Stony Brook aufsuchte, erzählte er mir, er habe nur unter großen Schwierigkeiten Forschungsgelder bekommen; ich konnte das kaum glauben. Die beiden Gedanken gehören zusammen, denn George ist in der Evolutionsbiologie der Vereinigten Staaten wirklich der wichtigste Theoretiker seit der Darwin-Hundertjahrfeier von 1959. Es ist erstaunlich, daß er nicht zu mehr Anerkennung und Ruhm gelangt ist. Er ist ein schüchterner, aber sehr netter Kerl und ein tiefgründiger, präziser Denker. Ich bewundere ihn rückhaltlos, obwohl wir nun schon seit Jahren hin und her diskutieren.

Sein bestes Buch erschien 1966 unter dem Titel *Adaptation*

and Natural Selection. Mit *Sex and Evolution* habe ich eher Probleme. Er hat einige Dinge, die wir auszudrücken versuchen, mißverstanden, und zwar so, daß ich es manchmal, sagen wir mal, frustrierend finde. Ich denke, es liegt nicht daran, daß er wunderlich wäre, sondern es ist mir einfach schwergefallen, George manche Dinge verständlich zu machen. Aber dennoch bleibt der Respekt, den alle in unserem Fachgebiet für George haben. Der Bursche ist ein Goldstück.

Daniel C. Dennett: Es haben schon andere gesagt: George Williams ist der Abraham Lincoln seines Fachgebiets. Er hat eine hervorragende, prägnante, markige Art zu sprechen und ist offenbar ein unglaublich scharfsinniger, klarsichtiger Denker. Als ich George Williams las, wurde mir zum erstenmal bewußt, wie schwer es ist, vernünftig über Evolution nachzudenken, und wie leicht einem dabei einfache Fehler unterlaufen. Immer wieder bringt Williams seine kernigen kleinen Korrekturen an vordergründig guten Ideen an, die er so mit größter Ruhe und Bestimmtheit auslöscht. Dann merkt man, daß dieses Spiel schwieriger ist, als die meisten von uns meinen, und George spielt es besser als jeder andere auf der Welt.

Sein wichtigster Beitrag bestand natürlich darin, daß er mit der Theorie des »gut für die Spezies« Schluß machte. In seinem Buch von 1966 stellte er fest, daß die Vorstellungen von Wynne-Edwards und anderen, die der übliche Stoff der Lehrbücher und populärer Abhandlungen über die Evolution waren, falsch sein müßten. Das war der Weckruf. Williams wies darauf hin, daß es nicht heiße: »Was gut für die Art ist, ist gut für das Individuum« (oder umgekehrt). Richtig sei vielmehr: »Was gut für das Gen ist, ist gut für das Gen.« Und wenn alles andere gleichbleibe, sei das, was gut für das Gen ist, in der Regel auch gut für das Individuum – und damit, so könnte man sagen, auch für die Art. Aber am Steuerknüppel sitzt das Gen.

STEPHEN JAY GOULD

Das Grundmuster in der Geschichte des Lebens

Stuart Kauffman: Stephen ist ein höchst brillanter Kopf, ein schöpferischer Gelehrter. Er kennt sich in der Paläontologie ebenso gründlich aus wie in der Evolutionsbiologie. Er hat uns enorme Dienste erwiesen, als er uns dazu brachte, über das unterbrochene Gleichgewicht nachzudenken, denn den Wechsel von Stillstand und plötzlicher Veränderung kann man sehen, und er ist ein Rätsel. Es ist das Ausbleiben von Veränderung über lange Zeiträume hinweg. Mutationen finden dauernd statt – warum also ist nicht alles dauernd im Wandel? Entweder muß man behaupten, die jeweilige Form sei sehr gut angepaßt, ja geradezu optimal, und befinde sich in einer stabilen Umwelt, oder man kann nichts anderes als sich wundern. Steve war in diesem Zusammenhang enorm wichtig.

Stephen Jay Gould ist Evolutionsbiologe, Paläontologe und Fachmann für die Genetik der Schnecken; Professor für Zoologie an der Harvard University; MacArthur Fellow; Autor zahlreicher Bücher, unter anderem *Ontogeny and Phylogeny* (1977), *The Mismeasure of Man* (1981) [*Der falsch vermessene Mensch*, 1986], *The Flamingo's Smile* (1985) [*Das Lächeln des Flamingos*, 1995], *Wonderful Life* (1989) [*Zufall Mensch*, 1991] und *Bully for Brontosaurus* (1992) [*Bravo, Brontosaurus*, 1994].

63

Stephen Jay Gould: Es gibt in der Evolution keinen Fortschritt. Die Tatsache des entwicklungsgeschichtlichen Wandels im Laufe der Zeit bedeutet keinen Fortschritt in dem Sinn, wie wir ihn kennen. Fortschritt ist keine Zwangsläufigkeit. Ein großer Teil der Evolution verläuft, was die morphologische Komplexität angeht, nicht aufwärts, sondern abwärts. Wir sind nicht auf dem Weg zu irgend etwas Größerem.

Die tatsächliche Geschichte des Lebens nimmt sich reichlich sonderbar aus vor dem Hintergrund unserer üblichen Erwartung, es müsse einen vorhersehbaren Trend zu einer allgemein zunehmenden Komplexität geben. Wenn das stimmte, dann hätte das Leben sich ganz schön Zeit gelassen: Fünf Sechstel seiner Vergangenheit sind ausschließlich die Geschichte einzelliger Lebewesen.

Ich möchte darlegen, daß die modale Komplexität des Lebens sich nie geändert hat und nie ändern wird. Das Leben ist seit dem Beginn seiner Geschichte das gleiche gewesen wie heute. Unsere Ansichten über Komplexität sind geformt durch unsere einseitige Entscheidung, uns nur auf einen kleinen Ausschnitt aus der Geschichte des Lebens zu konzentrieren; und das kleine Stück aus dieser Geschichte, das wir zu Recht mit Fortschritt in Verbindung bringen, entsteht aus einem seltsamen strukturellen Grund und hat nichts mit irgendeinem vorhersagbaren Trend zu tun.

Ich arbeite an einem alptraumhaften Projekt über die Struktur der Evolutionstheorie; es ist der Versuch zu zeigen, wie man das streng darwinistische Modell ändern und erweitern muß, um zu einer angemesseneren Evolutionstheorie zu gelangen.

Grundsätzlich gibt es drei Themen. Das erste ist die hierarchische Theorie der natürlichen Selektion, einer Selektion, die auf vielen über- und untergeordneten Ebenen wirksam ist. Richard Dawkins, der nach wie vor praktisch alles auf der Ebene der Selektion von Genen erklären möchte, hat in einem Punkt recht: Die Genselektion arbeitet tatsächlich. Unrecht hat er mit seiner Behauptung, sie sei *die* Ursache der Evolution; sie ist *eine* Ursache. Ich weiß nicht, wie das Stärke- und Wirksamkeitsverhältnis zwischen den verschiedenen Ebenen aussieht – das hängt von der jeweilige Fragestellung ab –, aber die Genselektion ist keineswegs das beherrschende Prinzip. Sie spielt sich sicher ab und mag zum Beispiel dafür verantwortlich sein, daß die Kopienzahl mancher DNA-Typen innerhalb der entwicklungsgeschichtlichen Abstammungslinien ansteigt; für manche Dinge ist sie die Ursache.

Das zweite Thema ist die Frage, in welchem Umfang man die strenge Anpassungslehre abschwächen muß, indem man berücksichtigt, welchen Beschränkungen in Entwicklung und Genetik die Lebewesen unterliegen; dabei muß man den Organismus als Gebilde betrachten, das sich der Kraft der natürlichen Selektion widersetzt. Am besten kann man das mit einem Vergleich verdeutlichen. Nach dem strengen Darwinismus (Darwin war allerdings kein strenger Darwinist) verhält sich eine Population wie eine Billardkugel: Man hat eine Menge Variabilität, die sich aber nach dem Zufallsprinzip in alle Richtungen verteilt. Die natürliche Selektion ist der Queue: Sie stößt den Ball an, und er bewegt sich in die Richtung, die durch den Stoß vorgegeben ist. Es ist eine externalistische, funktionalistische, adaptionistische Theorie. Francis Galton, Darwins

Cousin, stellte im 19. Jahrhundert einen interessanten Vergleich an: Er bezeichnete ein Lebewesen als Polyeder. Man braucht immer noch den Queue der natürlichen Selektion, der ihn anstößt – ohne Triebkraft bewegt er sich nicht –, aber es handelt sich um einen Polyeder, das heißt, seine Form wird durch seinen inneren Aufbau bestimmt, und die Veränderungsmöglichkeiten sind begrenzt. Bestimmte Wege sind wahrscheinlicher, und andere sind völlig versperrt, obwohl sie im Hinblick auf die Anpassung vorteilhaft wären. Es ist unsere Aufgabe, den Einfluß dieser Strukturbeschränkungen auf die Darwinsche, funktionelle Anpassung zu untersuchen; das sind sehr unterschiedliche Aspekte.

Das dritte Thema betrifft ein entscheidendes Argument des Darwinismus, nämlich, daß man sich beispielsweise Tauben im Maßstab einiger Generationen ansehen und von daher auf die gewaltigen geologischen Zeiträume Rückschlüsse ziehen kann. Es geht um die Frage, wo dieses Prinzip versagt und ob in geologischen Zeiträumen ganz andere Prozesse und Prinzipien ins Spiel kommen, die die Allgemeingültigkeit derartiger Extrapolationen in Frage stellen, wie zum Beispiel Vorgänge beim Massenaussterben.

Ich versuche, diese drei Themen – hierarchische Selektion, innere Beschränkungen und die Frage der gewaltigen geologischen Zeiträume – unter einen Hut zu bringen und daraus eine zutreffendere allgemeine Sichtweise für die Evolutionstheorie abzuleiten.

Eines sollte ich hinzufügen: Die geologischen Zeiträume gehören dazu, weil es für eine streng darwinistische Theorie unabdingbar ist, daß man nach dem Prinzip der Einheitlichkeit alles Lebendige extrapolieren kann. Mit anderen Worten, es muß möglich sein, das Geschehen in tatsächlichen Populationen zu beobachten und dann die viel umfassenderen Vorgänge nachzuzeichnen, die sich im Laufe der Jahrmillionen abgespielt und viel größere Wirkungen hervorgerufen haben, weil sich die kleinen Veränderungen im Laufe der Zeit anhäuften. Wenn dadurch, daß man den Blick auf Jahrmillionen richtet, völlig neue Ursachen ins Spiel kommen, die man durch die kurzfristige Beobachtung von Tauben und Populationen nicht versteht, ist die ganze darwinistische Forschungsmethode nicht anwendbar. Aus diesem Grund fürchtete Darwin selbst das Massenaussterben so sehr, daß er das Phänomen zu leugnen versuchte. Der geologische Zeitmaßstab ist ein echter Kritikpunkt für die vereinheitlichenden, extrapolierenden Seiten des darwinistischen Denkens.

Richard Lewontin, mein Kollege für Populationsgenetik in Harvard, ist vielleicht der gescheiteste Mann, mit dem zu arbeiten ich in meinem Leben das Vergnügen hatte. Zusammen leiten wir einen Kurs über »Grundlagen der Evolution«. Im Jahr 1978 veranstaltete die Royal Society in London ein Symposion zum Thema Anpassung. Die Veranstaltung war sehr vom Adaptionismus bestimmt – immerhin die fixe Idee der Briten. Ich glaube, John Maynard Smith war einer der Organisatoren. Dick wurde eingeladen, um eine entgegengesetzte Sichtweise darzustellen – denn nachdem 1975 das Buch *Sociobiology* von E. O. Wilson erschienen war, das stark adaptionistisch ist, hatte Dick sehr nachdrücklich seine Zweifel an den auf Anpassung ausgerichteten Teilen des Werkes geäußert.

Natürlich gibt es in der Natur eine Menge Anpassung. Niemand leugnet, daß die Hand sehr gut funktioniert, ebenso wie der Fuß, und ich kenne außer der natürlichen Selektion keinen Weg, wie gut angepaßte Strukturen entstehen können. Daran habe ich absolut nichts auszusetzen, und ich glaube, ernsthaften Biologen geht es nicht anders. Aber Adaptionismus ist die rigorose Auffassung, die für die englische Naturgeschichte seit Darwin charakteristisch war: Danach muß man jedes Gebilde in der Natur (natürlich mit Ausnahmen) als Folge des Wirkens der natürlichen Selektion ansehen, und wenn wir schon nicht optimal gebaut sind – denn das sind wir offenkundig nicht –, dann hat die natürliche Selektion zumindest das Bestmögliche erreicht.

Das ist für darwinistische Biologen die vorrangige Denkweise. Wenn man bei einer Blume oder einem Maulwurf eine Struktur sieht und nicht weiß, wozu sie dient, nimmt man als erstes an, sie sei von der natürlichen Selektion für irgend etwas aufgebaut worden, und nun hat man die Aufgabe herauszufinden, warum es sie gibt – das Warum bedeutet also »zu welchem Zweck?« Wenn man weiß, wozu etwas dient, weiß man demnach auch, warum die natürliche Selektion es geschaffen hat. Diese Methode funktioniert zwar oft, aber sie geht auch in so vielen Fällen fehl, daß sie als allgemeine Vorgehensweise nicht ausreicht; das Hauptproblem besteht darin, daß viele Strukturen aus Gründen entstanden sind, die nichts mit der natürlichen Selektion zu tun haben. Sie können sich zum Beispiel als Nebenprodukte anderer Eigenschaften bilden, die als Anpassung von Nutzen sind. Nachdem sie zu einem anderen Zweck geschaffen wurden, erweisen sie sich dann als nützlich, das heißt, die Nützlichkeit kam erst an zweiter Stelle. Die Flügel der Vögel entwickelten sich ursprünglich nicht zum Fliegen. Wenn man wissen will, warum es sie gibt, hilft einem der Vogelflug nicht weiter, denn fünf Prozent eines Flügels sind nicht flugtauglich. Er muß anfangs einem anderen Zweck gedient haben.

Nehmen wir das menschliche Gehirn. Die meisten seiner Tätigkeiten sind in einem gewissen Sinn nützlich – das heißt, wir tun etwas damit –, aber das Gehirn ist auch ein unglaublich komplexer Computer, und seine Arbeitsweise muß größtenteils nicht unbedingt das Ergebnis natürlicher Selektion aufgrund seiner speziellen Leistungen sein. Die natürliche Selektion hat unser Gehirn nicht so aufgebaut, damit wir schreiben oder lesen können, das ist sicher, denn beide Fähigkeiten beherrschen wir noch nicht sehr lange.

Wie dem auch sei, die Royal Society bat Dick, einen Beitrag

für die Tagung von 1978 zu schreiben. Ich hatte aus vielfältigen Gründen meine eigenen Zweifel am Adaptionismus. Sie stammten zum einen aus der Arbeit mit Zufallsmodellen der Phylogenie, die ich in den siebziger Jahren zusammen mit Dave Raup, Tom Schopf und Dan Simberloff betrieb; dabei wurde mir klar, daß in Zufallssystemen ein erkennbares Muster entstehen kann. Zum anderen entstanden meine Zweifel 1977 beim Schreiben meines ersten Buches *Ontogeny and Phylogeny* und durch den Kontakt mit der großartigen deutschen und französischen Literatur über strukturelle, nicht an Anpassung orientierte Biologie. Sie hat auf dem europäischen Kontinent eine ebenso große Tradition wie der Adaptionismus in England. Ein ungutes Gefühl hatte ich auch, weil man die Anpassung in der soziobiologischen Literatur überstrapazierte, und deshalb hatte ich eine ganze Palette von Gründen, mit Dick in solchen Fragen einer Meinung zu sein.

Dick war auf der Tagung der einzige Referent, der nicht zu den Adaptionisten gehörte. Fairerweise sollte er den Abschlußvortrag halten, und man schenkte ihm sicher besondere Beachtung; fair sind die Engländer in jedem Fall.

Dick fliegt nicht gern und hatte keine große Lust hinzugehen, und da wir in unseren Meinungen ziemlich übereinstimmten und ich ohnehin nach England reisen wollte, entschlossen wir uns, einen gemeinsamen Beitrag zu schreiben. In Wirklichkeit verfaßte ich ihn praktisch allein. Er war sehr beschäftigt, und ich würde ohnehin den Vortrag halten müssen. Er enthielt eine allgemeine Kritik am reinrassigen Adaptionismus, den wir auch Panadaptionismus nannten. Es war kein Versuch, die Darwinsche natürliche Selektion über den Haufen zu werfen, denn die findet ganz offenkundig statt; wir wollten vielmehr darlegen, daß der Adaptionismus, also die Vorstellung, daß die darwinistische Selektion für praktisch alles an der Form der Lebewesen verantwortlich ist, nicht funktioniert.

Stolz bin ich auf den Beitrag vor allem deshalb, weil ich an interdisziplinäre Sichtweisen glaube und – insbesondere als Essayist – gern Beispiele aus anderen Fachgebieten benutze. Es war ein gelungener Vortrag, denn ich bediente mich einer recht fesselnden Argumentationsweise, indem ich mit einem Beispiel aus der Architektur anfing.

Der Titel lautete »The Spandrels of San Marco and the Panglossian Paradigm: A Critique of the Adaptionist Programme« (etwa: Die Gewölbezwickel des Markusdoms und das Pangloss-Prinzip*: eine Kritik am Programm der Anpassung). Ich sprach zunächst über die Zwickel unter den Kuppeln des Markusdomes. Ein paar Monate zuvor war ich in Venedig gewesen, und als ich unter der Kuppel von San Marco stand, hatte ich mir diese Argumentation überlegt, die ich sehr aufschlußreich fand. Sie half mir zu erkennen, was an der adaptionistischen Lehre falsch ist.

Der Ausgangspunkt ist folgender: Man entschließt sich zum Bau einer Kirche, bei der eine halbkugelförmige Kuppel auf vier rechtwinkelig angeordnete Rundbögen gesetzt werden soll. Das verstehe ich als Parallele zur Anpassung; eine solche architektonische Planung funktioniert. Aber wenn man so baut, bleiben an den Stellen, wo die Bögen rechtwinkelig aufeinandertreffen, vier spitz zulaufende dreieckige Flächen. Diese Dreiecke nennt man mit dem architektonischen Fachausdruck Gewölbezwickel. Es sind Leerräume, die übrigbleiben.

Niemand kann behaupten, die Zwickel unter dem Gewölbe seien eine Anpassung an irgend etwas. Ich fände es gut, wenn man sie verputzte, denn sonst würde Regenwasser eindringen, aber die Tatsache, daß es sich um spitz zulaufende Dreiecke handelt, ist ein Nebeneffekt der auf Anpassung gerichteten Entscheidung, die Kuppel auf vier Bögen zu bauen. Sie sind

---

* Mit der Gestalt des Dr. Pangloss, der noch die schlimmsten Vorgänge positiv erklären kann, karikiert Voltaire in seinem Roman *Candide* den Philosophen Leibniz. Anm. d. Übers.

der übriggebliebene Raum, ein Nebenprodukt, keine eigenständige Anpassung.

Als ich die Zwickel betrachtete, erkannte ich, daß jede Gruppe von ihnen – im Markusdom sind es sechs – eine höchst durchdachte, mit der Kuppel verbundene Bilderwelt enthielt. Unter der Hauptkuppel sind zum Beispiel in den vier Zwickeln die vier Evangelisten abgebildet. Vier Zwickel, vier Evangelisten. Unter jedem der vier Evangelisten erkennt man einen der vier biblische Flüsse – Tigris, Euphrat, Nil und Indus; sie sind jeweils als Mann personifiziert, der eine Amphore hält und Wasser in eine einzige Blüte in dem darunterliegenden dreieckigen Raum gießt. Es sind wunderschöne Darstellungen. Aber niemand würde behaupten, die Zwickel seien dazu da, um die Evangelisten aufzunehmen. Die Zwickel sind nicht durch Anpassung entstanden, sondern Nebenprodukte. Da sie ohnehin vorhanden sind, kann man sie ebensogut mit nützlichen, sinnvollen Strukturen ausfüllen.

Viele Biologen würden nun sagen: »Ja, natürlich, das stimmt. Wir wissen, daß es Zwickel oder übriggebliebene Kleinigkeiten gibt, aber das sind nur Winkel und Ecken ohne jede Bedeutung.« Aber so ist es nicht; die Tatsache, daß etwas hinsichtlich seines Ursprungs sekundär ist, bedeutet nicht, daß seine Folgen unwichtig sind. Das sind völlig getrennte Angelegenheiten.

Was die Folgen einer Struktur angeht, erweisen sich die Zwickel oft als wichtiger als die Gründe, deretwegen sie anfangs diesen Platz eingenommen haben. Der Markusdom ist zum Beispiel radialsymmetrisch; es gibt keinen Grund, die Kuppel aus strukturellen Erwägungen heraus vierseitig-symmetrisch zu verzieren, und doch sind in San Marco alle Kuppeln außer einer in dieser Form aufgebaut, im Einklang mit den darunterliegenden Zwickeln. Die Zwickel sind nicht nur Ecken und Winkel; sie bestimmen die Bildwelt der ganzen Kuppel. Genauso verhält es sich mit dem Gehirn des Menschen:

Die meisten seiner Tätigkeiten sind vermutlich Zwickel, das heißt, das Gehirn wurde durch die natürliche Selektion aus wenigen Gründen groß, und diese Gründe hatten mit dem Nutzen zu tun, die ein großes Gehirn in der afrikanischen Savanne mit sich bringt. Aber mit Hilfe dieser Verarbeitungskapazität kann es Tausende von Dingen tun, die nichts mit den Gründen zu tun haben, aus denen die natürliche Selektion es anfangs groß gemacht hat, und das sind seine Zwickel.

Da ich meinen Vortrag mit einem Beispiel aus der Architektur begonnen hatte, widersprach niemand, denn es war keine Bedrohung für ihre hergebrachte Denkweise. Hätte ich einen Fall aus der Welt des Lebendigen als Einleitung benutzt, hätte ich die Angriffe all derer auf mich gezogen, die strenge Darwinisten sein wollen.

Die Zusammenfassung der ganzen Sitzung besorgte Arthur Cain. An einer Stelle in Durrells *Alexandria Quartet* sagt Pursewarden, der Erzähler, er sei Protestant im einzig bedeutsamen Sinn des Wortes – er protestiere gern. Nun, ich vermute, Moderatoren sollen eine moderate Stimmung erzeugen. Arthur Cain tat das nicht. Er widmete seine gesamte Zusammenfassung der Konferenz einer ätzenden Attacke auf meinen Beitrag. Im wesentlichen sagte er, Dick und ich wüßten, daß die Anpassung stimme, weil wir es wissen müßten und weil es offensichtlich sei. Nach Arthurs Ansicht hatten wir sie gegen besseres Wissen angegriffen, weil wir die politischen Konsequenzen der darauf gegründeten Soziobiologie so verabscheuten, daß wir dafür unseren wissenschaftlichen Ruf opferten.

Das war so abwegig, daß es mich völlig verblüffte. Als ich aufstand, um meine Erwiderung vorzutragen, stand der zweite Vorsitzende der Tagung am Rednerpult, auf dem das Motto der Royal Society – »Nullius in Verba« – zu lesen war, und ich bat ihn, beiseite zu treten. Er war empört: Warum ich ihn bäte, Platz zu machen, das sei nicht fair. Später wurde ihm klar, warum ich es getan hatte. Nun, ich kenne mich sicher in manchen Dingen nicht aus, bei denen man es von einem Wissenschaftler erwartet. Ich kann rechnen, aber ich bin nicht sehr innovativ. Und ich bin kein großer Experimentator. Aber ich bin stolz darauf, mich intensiv mit der abendländischen Kultur beschäftigt und ein paar Sprachen gelernt zu haben und manche Seiten des Humanismus, die vielen Naturwissenschaftlern fremd sind.

Ich bat ihn also, zur Seite zu treten, und sagte, Arthur habe in meinen Augen völlig unrecht, er habe die Beweggründe meines Vortrages völlig mißverstanden, und ich versuchte nur, dem Motto der Royal Society zu folgen, die die Tagung finanziert habe. Das war deshalb eine wirkungsvolle Strategie, weil ich genau wußte, daß die meisten Leute und auch die meisten Mitglieder sich unter dem Motto »Nullius in Verba« nichts vorstellen konnten. Es hört sich an, als hieße es »Worte spielen keine Rolle« oder »Man sollte Worte nicht beachten«, denn *nullius* bedeutet »nichts« und *verba* sind Worte. Deshalb besagte das Motto nach Ansicht der meisten Anwesenden, Worte bedeuten nichts und man müsse Experimente machen.

Aber da *nullius* ein Genetiv Singular ist, kann es das nicht bedeuten. Es heißt »von nichts« oder »von niemandem«. Ich wußte, was mit dem Motto gemeint war. Ich wußte, daß es sich um ein berühmtes Zitat aus einem Gedicht von Horaz handelte, wo er sagt: »Ich bin nicht willens, irgendeinem Meister und seinen Dogmen den Untertaneneid zu leisten.« *Nullius addictus jurare in verba magister.* Es heißt »Nullius in verba« oder »nach den Worten keines Meisters«. Es ist nur Teil einer längeren Zeile. »Nichts anderes tue ich«, erklärte ich. »Ich sage, daß wir nicht willens sind, den Dogmen irgendeines Meisters ewige Treue zu schwören; ich bin hier, um eine abweichende Meinung vorzutragen, und das steht im Einklang mit Ihrer eigenen Gesellschaft. Wie können Sie mich also angreifen?«

Der Beitrag wurde oft zitiert, aber ich weiß nicht, inwieweit das bedeutete, daß er tatsächlich benutzt wurde. Wer das Spiel der Zitatenanalyse kennt, der weiß, daß eine bestimmte Anzahl von Zitaten in einem gewissen Sinn ehrenvoll ist; das heißt, jemand will einen Artikel schreiben und darin die Ansichten der Adaptionisten unterstützen, und er meint, er müsse fairerweise mindestens mit einem Zitat belegen, daß er auch die Literatur des anderen Lagers kennt. Der Beitrag über die Gewölbezwickel ist ein Klassiker, und deshalb zitiert man ihn. Ob man ihn wirklich ernst nimmt, weiß ich nicht. Aber er wurde zur maßgeblichen Quelle für eine umfassendere Sichtweise in bezug auf die Ursachen der Formentstehung in der Evolution.

Der Artikel lieferte einen Kontext für meine heutigen Ansichten über Beschränkungen – über die Bedeutung geometrischer und historischer Beschränkungen im Gegensatz zur strikt adaptionistischen Weltsicht. Die Vorstellung von der »Exaptation« ergibt sich zwingend aus dem Prinzip der Zwickel, und ich wünschte, ich hätte den Begriff bereits bei der Niederschrift des Beitrages entwickelt. Es gibt eine Schwierigkeit – die meisten Darwinisten bemerken sie nicht, denn sie stellt sich für sie nicht als solche dar –, weil das Wort »Anpassung« in zwei völlig verschiedenen Bedeutungen gebraucht wird. Es bezeichnet den Vorgang, durch den eine Struktur von der natürlichen Selektion zu einem bestimmten Zweck gestaltet wird, aber oft verwendet man es auch für die Struktur selbst. Das hier ist mein Fuß. Er funktioniert gut. Ist er eine Anpassung, nur weil er gut funktioniert? Die strengen Darwinisten benutzen das Wort ohne Schwierigkeiten sowohl für die Struktur, die gut funktioniert, als auch für den Vorgang, der zu ihr führt, denn nach ihrer Auffassung ist sie der einzige Vorgang, durch den die funktionierende Struktur entstehen kann.

Nach dem Zwickelprinzip kann man eine Struktur vor sich haben, die ausgebildet ist, die gut funktioniert und sich zu etwas eignet, ohne daß sie jedoch von der natürlichen Selektion für ihren derzeitigen Zweck gestaltet worden wäre. Die Zwikkel sind architektonische Nebenprodukte. Sie wurden nicht von der natürlichen Selektion gebaut, aber sie werden in wunderbarer Weise genutzt – um die Evangelisten zu beherbergen. Aber man kann nicht sagen, man habe sie dazu angepaßt, Evangelisten zu zeigen; das war nicht der Fall. Deshalb entwickelten Elizabeth Vrba und ich den Begriff »Exaptation«. Elizabeth ist Paläontologin an der Yale University; sie hat mit Niles Eldredge und mir zusammengearbeitet, und von ihr stammen die interessantesten Arbeiten über das unterbrochene Gleichgewicht. Exaptationen sind nützliche Strukturen, die als Nebenprodukte entstanden sind – deshalb »ex-apt«: sie sind zu etwas geeignet [eng. *apt*], weil sie aus anderen Gründen zu dem wurden, was sie sind. Sie wurden von der natürlichen Selektion nicht für ihre heutige Funktion konstruiert. Das Prinzip können auch strenge Darwinisten nicht leugnen. In der Regel erwidern sie, so etwas sei nebensächlich, und Exaptationen seien selten, unwichtige Winkel und Ecken. Aber nur weil etwas als Nebeneffekt entsteht, heißt das nicht, daß es zu einer nebensächlichen Stellung verdammt ist.

Arthur Cain brachte die politischen Folgerungen aufs Tapet. In einem gewissen Sinne hatte ich sie selbst angesprochen, aber ich möchte erklären, wie es dazu kam. Niles Eldredge und ich schrieben 1972 den ersten Aufsatz über das unterbrochene Gleichgewicht. Ich verfaßte 1977 eine Fortsetzung und versuchte darin, einige gesellschaftliche und psychologische Quellen der Theorie zu analysieren. Solche Quellen gibt es in jeder Theorie des Gradualismus, und der Gradualismus, so versuchte ich darzulegen, sei ein Kernbegriff des viktorianischen Liberalismus. Ich hielt es für lächerlich und – um einen biblischen Ausdruck zu benutzen – für eitel und nichtig, wenn ich einerseits behauptete, der Gradualismus sei zumindest teilweise kein Naturphänomen, sondern spiegele einen gesellschaftlichen Zusammenhang wider, und dann andererseits argumentiert hätte, das unterbrochene Gleichgewicht sei eine Wahrheit, eine schlichte Tatsache der Natur. Ganz offensichtlich mußte auch die Theorie des unterbrochenen Gleichgewichts in einem gesellschaftlichen Zusammenhang stehen. Ich hielt es nur für fair, darüber zu schreiben, was die Hintergründe dieser Theorie sein könnten, und da Theorien des plötzlichen Wandels in der Hegelschen und marxistischen Gedankenwelt eine lange Tradition haben, war es sicher nicht ohne Bedeutung, daß ich von einem marxistischen Vater großgezogen wurde. Ich hatte über diese Dinge etwas erfahren.

Aber das ist nicht der Grund, warum es die Theorie des unterbrochenen Gleichgewichts gibt – und sei es nur, weil die meisten Ideen von Niles stammten, der keinen derartigen Hintergrund hatte. Von Bedeutung ist aber, daß ich und nicht irgend jemand anderes darauf kam, denn dafür war meine Herkunft wahrscheinlich wichtig. Es war mir ein Bedürfnis, es auszusprechen; die Behauptung, der Gradualismus sei politisch beeinflußt, aber das unterbrochene Gleichgewicht sei ein Naturphänomen, wäre absurd gewesen. An dieser einen Aussage beißen sich die Leute fest.

Wissenschaftshistoriker unterscheiden zwischen dem, was sie den Kontext der Rechtfertigung nennen, und dem Kontext der Entdeckung, und das ist auch richtig so. Es gibt eine Logik der Rechtfertigung, die nicht von den politischen und gesellschaftlichen Ansichten derer abhängt, die die Ideen entwickeln. Aber wenn man fragt, warum manche Leute bestimmte Ideen haben und andere nicht, und warum sie in diesem Jahrzehnt und nicht in einem anderen darauf kommen – solche Fragen betreffen den Zusammenhang der Entdeckung und nicht den Zusammenhang der Rechtfertigung –, dann ist dafür die persönliche Seite sicher von großer Bedeutung; man muß sie erforschen und verstehen. Aber das hat sehr wenig damit zu tun, ob die Idee richtig ist. Die Tatsache, daß ich durch meinen Vater den Marxismus kennengelernt habe, hat in mir vielleicht eine positive Grundeinstellung gegenüber den Ideen geschaffen, die im unterbrochenen Gleichgewicht kulminierten; das hat absolut nichts damit zu tun, ob das unterbrochene Gleichgewicht stimmt oder nicht – diese Frage muß man, ganz unabhängig davon, anhand der Natur überprüfen.

Innerhalb eines Berufsstandes können manche Themen, denen man es von außen nicht ansieht, sehr an Bedeutung gewinnen. In der Evolutionstheorie geht es zum Beispiel, von außen betrachtet, nur um die Frage, ob es die Evolution gibt oder nicht. Das ist die Hauptfrage! Intern weiß natürlich jeder, daß es die Evolution gibt; die Frage ist nur, wie sie abläuft. Die wichtigsten Meinungsverschiedenheiten zwischen Richard Dawkins und mir betreffen die Triebkraft der natürlichen Selektion, ihren Einfluß und das Ausmaß an Anpassung, das sie hervorbringt. Innerhalb des Fachgebietes bestimmen solche Fragen das Wesentliche des Darwinismus; außerhalb mögen sie ziemlich klein erscheinen. Es ist schlicht eine Sache der Wahrnehmung.

Richard möchte die natürliche Selektion eigentlich zu etwas Allmächtigem erklären, zumindest wenn man es mit dem Phänotyp zu tun hat, also der äußeren Form der Lebewesen. Er will, daß die Gene der Ort der Selektion sind. Ich dagegen behaupte, daß die Selektion gleichzeitig auf mehreren hierarchischen Ebenen wirkt, von denen eine die der Gene und eine andere die der Lebewesen ist. Außerdem gibt es nach meiner Auffassung auch Einheiten höherer Ordnung wie Populationen und Arten, auf welche die Selektion ebenfalls starken Einfluß hat; das Endergebnis ist dann keineswegs immer Anpassung – insbesondere wenn man sich ansieht, wie sich der Vorgang in den Jahrmillionen der geologischen Zeitrechnung abgespielt hat.

Die Veränderung durch Anpassung mag heute noch so wirksam sein, aber wenn man versucht, sie und andere Vorgänge auf Jahrmillionen zu übertragen, ergibt sich keineswegs, daß die Geschichte des Lebens von der Anpassung gelenkt wird, denn dann muß man die vorwiegend zufälligen und höchst unberechenbaren Ereignisse des Massenaussterbens ebenso berücksichtigen wie die Entstehung neuer Arten durch das unterbrochene Gleichgewicht. Langfristig ist der Erfolg größerer systematischer Gruppen eine Funktion der Häufigkeit der Artenbildung, und die hat sehr wenig mit der von der natürlichen Selektion aufgebauten Morphologie zu tun. Deshalb haben Richard und ich über die gesamte Mechanik der Evolution sehr unterschiedliche Vorstellungen, aber für einen Außenstehenden, der sich vielleicht nur dafür interessiert, ob Evolution stattfindet oder nicht, erscheinen wir vermutlich recht ähnlich, weil wir beide Evolutionsforscher sind.

Ich würde Richards Ansatz als Hyperdarwinismus bezeichnen. Seine Argumentation ist so geistreich und gleichzeitig so radikal, weil sie das Schwergewicht der Erklärung verschiebt. Vor Darwin glaubte man, die Lebewesen seien sinnvoll strukturiert, weil die höchste Kraft unmittelbar dafür gesorgt habe. Es gab einen wohlwollenden Schöpfergott, der es so eingerichtet hatte. Darwins Leistung bestand darin, daß er die Erklärungsebene hinunter zu den Lebewesen verlegte und behauptete, die sinnvolle Struktur der Organismen sei ein Nebeneffekt ihres Kampfes um den individuellen Fortpflanzungserfolg. Es ist eine köstlich radikale Überlegung. Statt mit einem allwissenden, gütigen, absichtsvoll handelnden Gott hatte man es nun mit Lebewesen zu tun, die um ihren persönlichen Vorteil kämpfen – was moralisch das Gegenteil zu sein scheint, nur daß es in der Natur keine Moral gibt –, und als Nebeneffekt entsteht eine sinnvolle Struktur der Organismen.

Richard hat die Haltung aufgegriffen, wonach man die Erklärungsebene nach unten verlegen soll, und hat dieses Prinzip bis ins Extrem getrieben: Nicht einmal die Lebewesen kämpfen ums Überleben, sondern die Gene. Die Lebewesen sind »Vehikel«. Das ist sein abwertender Begriff; die meisten Fachleute sprechen von »Interaktoren«, was weniger negativ klingt. In Richards Weltbild sind Gene die einzigen, die aktiv handeln. Und damit irrt er. Seine Idee, so meint die britische Philosophin Helena Cronin in ihrem Buch *The Ant and the Peacock*, habe das ganze Fachgebiet verändert. Unabhängig von meiner persönlichen Ansicht ist ihre Behauptung in einem soziologischen oder demoskopischen Sinn falsch. Es gibt nicht viele, die solche Thesen ernst nehmen. Für viele Leute ist sie eine willkommene Erklärungsmetapher. Aber ich glaube, kaum jemand in unserem Fach ist wirklich davon überzeugt, denn sie ist logisch und empirisch falsch, was viele – sowohl Philosophen als auch Biologen – nachgewiesen haben, von Elliott Sober über Richard Lewontin bis zu Peter Godfrey Smith. Richard irrt grundsätzlich, weil es die Organismen sind, die in der Natur kämpfen. Könnte man ein Lebewesen als die Summe dessen beschreiben, was seine Gene tun, dann könnte man sagen, der Organismus repräsentiere die Gene, aber so ist es nicht. Lebewesen haben eine Fülle neu auftauchender Eigenschaften, oder anders ausgedrückt: Gene treten nicht linear in Wechselwirkung. Die Wechselwirkungen definieren einen Organismus, und wenn diese Wechselwirkungen in einem technischen Sinn nichtadditiv sind – das heißt, wenn man nicht einfach sagen kann, es sind soundsoviel Prozent von diesem und soundsoviel von jenem Gen –, dann lassen sich die Wechselwirkungen auch nicht auf die Gene reduzieren. Das ist eine philosophische Fachfrage. Sobald neue Eigenschaften durch nichtadditive Wechselwirkungen zwischen Einheiten niedrigerer Ordnung entstehen, kann man sie nicht auf diese Einheiten niedrigerer Ordnung zurückführen, eben weil nichtadditive Merkmale aufgetaucht sind. Diese Merkmale existieren erst dann, wenn man sich auf die höhere Ebene begibt. Seine Argumentation ist falsch. Es geht nicht darum, daß sie unzulänglich ist. Sie ist falsch.

Zugegebenermaßen ist sie aber – wiederum in einem soziologischen Sinn – sehr reizvoll. Wenn man sich klarmacht, was Darwin geleistet hat, indem er die Erklärung von dem gütigen Gott auf das kämpfende Lebewesen zurückschraubte, dann hat die Vorstellung, man könne die Erklärung noch weiter – nämlich bis zum kämpfenden Gen – nach unten verlegen, einen gewissen reduktionistischen Reiz. Wenn man aber unter den Fachkollegen herumfragt, dann würde zwar nicht jeder mit meiner Meinung von der hierarchischen Selektion übereinstimmen, aber die meisten würden sagen, daß Darwin recht hatte und daß die Selektion vorwiegend auf die Organismen wirkt, und das war auch immer die traditionelle Sichtweise.

Die Lehre von der Genselektion hatte nie viele Anhänger. Allerdings vertrat die Generation vor Dawkins, die 1959 auf dem Höhepunkt stand, einen sehr strikten Darwinschen Adaptionismus, das heißt eine eher klassisch-darwinistische Sichtweise, die keineswegs völlig falsch, wohl aber viel zu eingeschränkt war. Damals entstand in der Evolutionsforschung eine vorherrschende Ansicht, gegen die wir teilweise noch heute ankämpfen, wenn wir darüber sprechen, daß sich die beobachteten großen Veränderungen der Makroevolution nicht vollständig auf den Anpassungskampf der Lebewesen und Populationen übertragen lassen.

Ich befinde mich vielleicht am Rande der orthodoxen Lehrmeinung, aber ich bin fest davon überzeugt, daß die natürliche Selektion eine höchst wirksame Kraft ist. Nur kann Darwins kanonische Form, nach der die natürliche Selektion über den Kampf um Fortpflanzungserfolg auf einzelne Lebewesen wirkt, nicht alle strukturgebenden Kräfte in der Geschichte des Lebens durch Extrapolation erklären. Im strengen Darwinismus ist es aber unverzichtbar, daß man genau diese Ansicht vertritt. Natürlich gibt es immer hier und da ein wenig andere Einflüsse, aber wenn man nicht behaupten kann, die Darwinsche Selektion einzelner Organismen lasse sich auf größere Gruppen übertragen und sei die Ursache der großen Evolutionsrichtungen und der großen Muster des Werdens und Vergehens, dann hat man keine vollständig darwinistische Erklärung für die Geschichte des Lebens.

Ich sehe Dawkins in einem doppelten Sinn. Einerseits kann er besser als jeder andere erklären, was das Wesentliche am Darwinismus ist. In dieser Hinsicht ist er sehr gut. Er ist der Typ des altmodischen, fast atheistischen wissenschaftlichen Rationalisten des 19. Jahrhunderts. Die andere Seite ist der streng darwinistische Vorkämpfer, nach dessen Überzeugung alles in der Natur mit Anpassung zu tun hat und alles eine Folge kämpfender Gene ist. Das ist schlicht und einfach falsch, und zwar aus einer ganzen Reihe vielschichtiger Gründe. Es gibt Selektion auf der Ebene der Gene, aber es gibt auch die Ebenen der Organismen und der Arten. Das sind seine beiden Seiten: der orthodoxe Vertreter seines Faches und der ausgezeichnete Erklärer einer Weltanschauung.

Ich würde Richard nach der Selektion auf der Ebene der Gene fragen und warum er glaubt, daß organisierte Komplexität durch Anpassung das einzige sei, was zählt. Wenn es um die sogenannte organisierte Komplexität durch Anpassung geht, bin ich recht darwinistisch, aber es gibt in der Natur auch noch so viel anderes. Warum glaubt er, man könne in der Geschichte des Lebens alles und jedes mit dieser Art von Anpassung erklären? Warum besteht er darauf, große paläontologische Regelmäßigkeiten so zu interpretieren, als handele es sich schlicht um riesige Darwinsche Konkurrenzkämpfe? Das sind sie nicht. Nach seiner eingeschränkten Sichtweise wird die klassisch darwinistische Frage der Anpassung irgendwie auf die gesamte Evolutionstheorie ausgeweitet.

Richard und ich sind die beiden Autoren, die am meisten über Evolution schreiben. Er behandelt die Mikroevolutionstheorie auf eine Art, mit der ich nicht einverstanden bin. Ich konzentriere mich auf die Gesetzmäßigkeiten in der Geschichte des Lebens und ihren Zusammenhang mit der Evolutionstheorie. Ich beschreibe Fossilfunde und äußere mich über die Makroevolutionstheorie, die er nicht mag. Er schreibt über das Wesen der Anpassung und die Evolutionstheorie in ihrer herkömmlichen, kleinmaßstäblichen Unmittelbarkeit, und ich schreibe über die großen Aspekte in der Geschichte des Lebens.

Ob Darwin heute ein Darwinist im derzeitigen Wortsinn wäre, ist schwer zu sagen, denn dazu müßte man Vermutungen über seine geistige Flexibilität anstellen. Angesichts der Thesen, die er selbst verbreitete, glaube ich, er wäre einer, denn er neigte in seiner Argumentation immer dazu, die Vorstellung von der natürlichen Selektion einzelner Organismen zu erweitern und auf möglichst viele Fälle anzuwenden. Er war allerdings bereit, einige genau umschriebene Ausnahmen einzuräumen, zum Beispiel als er Gruppenselektion für die Evolution des moralischen Verhaltens der Menschen annahm – sicher eine wichtige Ausnahme, denn das moralische Verhalten der Menschen ist für uns sehr bedeutsam. Aber er grenzte es so ab, daß man es nicht auf andere Arten anwenden konnte, denn der Mechanismus, den er für die Gruppenselektion unterstellte, konnte nur mit einer sehr hohen kognitiven Fähigkeit funktionieren: bei Arten, die für »Lob und Tadel ihrer Kameraden« – so seine Worte – empfänglich seien, und die einzige derartige Spezies sind wir. Er gestaltete die Ausnahme also so, daß er sie zu einer Randerscheinung erklären konnte; sie ist zwar wichtig, weil sie uns betrifft und weil wir über uns selbst nachdenken, aber im Gesamtzusammenhang der Natur ist sie ohne Bedeutung.

Andererseits kann man aber auch psychologische Spekulationen anstellen: Darwin war ein äußerst vielseitiger, scharfsinniger und radikaler Denker; deshalb vermute ich, daß er für neue Ideen zugänglich gewesen wäre, wenn er etwas über Asteroideneinschläge, Massenaussterben oder auch über das unterbrochene Gleichgewicht erfahren hätte. Ich bezweifle, daß er damit gerechnet hätte, hundert Jahre nach seinem Tod noch alles so vorzufinden, wie er es zurückgelassen hat.

Stuart Kauffman: Stephen ist ein höchst brillanter Kopf, ein schöpferischer Gelehrter. Er kennt sich in der Paläontologie ebenso gründlich aus wie in der Evolutionsbiologie. Er hat uns enorme Dienste erwiesen, als er uns dazu brachte, über das unterbrochene Gleichgewicht nachzudenken, denn den Wechsel von Stillstand und plötzlicher Veränderung kann man sehen, und er ist ein Rätsel. Es ist das Ausbleiben von Veränderung über lange Zeiträume hinweg. Mutationen finden dauernd statt – warum also ist nicht alles dauernd im Wandel? Entweder muß man behaupten, die jeweilige Form sei sehr gut angepaßt, ja geradezu optimal, und befinde sich in einer stabilen Umwelt, oder man kann nichts anderes als sich wundern. Steve war in diesem Zusammenhang enorm wichtig.

Mit Steve zu sprechen oder einen Vortrag von ihm zu hören, ist ein wenig so, als ob man mit jemandem Tennis spielte, der besser ist als man selbst. Man selbst spielt besser, als es den eigenen Fähigkeiten entspricht. Eigentlich sucht Steve schon seit Jahren nach dem, was die Ordnung in der Biologie erklärt, ohne für alles und jedes die Selektion bemühen zu müssen – das heißt, die »kleinen Geschichten« der Evolution. Man kann immer irgendeine phantasievolle Geschichte darüber erzählen, warum irgend etwas, das man gerade betrachtet, nützlich ist und deshalb in der Evolution entstehen mußte. Es gibt keine Möglichkeit, so etwas nachzuprüfen. Wir sind natürliche Verbündete, denn ich versuche, Ursachen dieser Ordnung in der Natur zur finden, ohne auf die Selektion zurückzugreifen, obwohl wir alle wissen, daß die Selektion wichtig ist.

Marvin Minsky: Ich schätze an Stephen Gould die Fähigkeit, die möglichen Evolutionswege zu dem, was wir in bestimmten Fällen sehen, zu erforschen und zu erklären. Er entwickelt seine Erklärungen und Hypothesen aus den unterschiedlichsten Belegen, wobei er allgemeine Prinzipien und bestimmte Einzelheiten aus vielen verschiedenen Fachgebieten kombiniert. Es ist erstaunlich, wie viele verschiedene Aspekte in dieser Synthese berücksichtigt werden – und es erstaunt einen vielleicht noch mehr, daß sie mit solcher Schönheit und Klarheit beschrieben sind.

Niles Eldredge: Steve und ich sind wie Brüder. Wenn wir uns treffen, sprechen wir meist über die Dinge, in denen wir unterschiedlicher Meinung sind, aber die übrige Welt hat natürlich große Schwierigkeiten, überhaupt Meinungsverschiedenheiten bei uns zu erkennen. Aber die haben wir. Sie sind für uns das Interessanteste. Als wir die ersten Artikel über das unterbrochene Gleichgewicht schrieben, hatte es nach meiner Ansicht mehr mit der Art und Weise und nach Steves Auffassung mehr mit Tempo zu tun, verwendeten wir doch beide Begriffe nach George Simpsons *Tempo and Mode in Evolution*. Wir sahen die Bedeutung des Ganzen unterschiedlich, und ich glaube, bis zu einem gewissen Grade gilt das bis heute.

Steve ist großartig; ich habe nie jemanden kennengelernt, der so klug ist, der so hart arbeitet. Er ist ein wunderbarer Gelehrter. Ich bin auch noch nie jemandem begegnet, der das Wesentliche einer Sache so schnell begreift. In unserer Doktorandenzeit wirkte er inspirierend auf mich, denn er demonstrierte, daß junge Leute in der Lage sind – und eigentlich fast verpflichtet –, kritisch zu denken, theoretisch zu denken und zu publizieren. Er zeigte den Weg. Natürlich hat es auch eine Kehrseite, wenn man mit Steve in Verbindung steht: Man hat manchmal das Gefühl, in seinem Schatten zu stehen und ein Versager zu sein. Aber mich hat der Kontakt mit Steve viel mehr bereichert als beeinträchtigt, und ich glaube, wir stehen uns heute näher denn je.

<u>Murray Gell-Mann:</u> Stephen Jay Gould und ich arbeiteten zusammen bei der Beratung und Unterschriftensammlung für ein Gutachten im Verfahren *Edwards gegen Aguillard*, dem Kreationistenprozeß von Louisiana vor dem Obersten Gerichtshof. Wir plädierten dafür, das Gericht solle es für verfassungswidrig erklären, wenn naturwissenschaftliche Lehrer in Louisiana gezwungen werden, der Doktrin des Kreationismus ebensoviel Zeit zu widmen wie der Evolutionstheorie, denn die Evolutionstheorie sei die wissenschaftliche Erklärung für die Entwicklung des Lebens auf der Erde, während an den Kreationismus heute niemand glaube, der nicht von einer Form des fundamentalreligiösen Dogmatismus ausgehe. Unsere Seite gewann das Verfahren mit sieben zu zwei Richterstimmen.

<u>Francisco Varela:</u> Ich stehe vielen grundlegenden Ideen, die Steve Gould geäußert hat, sehr nahe, und aus der Kritik am Adaptionismus in dem berühmten Artikel, den er mit Lewontin verfaßt hat, habe ich eine Menge gelernt.

Ich selbst beschäftige mich mit der Funktionsweise des Gehirns und verfechte seit vielen Jahren die Auffassung, daß das Gehirn keine Informationsmaschine ist, die Eindrücke aufnimmt und die Außenwelt optimal abbildet. Der Sachverhalt ist ein ganz anderer. Es gibt eine direkte Parallele zur Evolution. Nach der herkömmlichen, einfachen darwinistischen Sichtweise ist Anpassung eine Art optimale Eignung für eine vorhandene Umwelt. Nach Goulds Aussage ist die adaptionistische Vorstellung von einer Idealwelt, zu der die Arten passen, purer Unsinn; statt dessen gebe es eine innere Gesetzmäßigkeit der Evolution – heute spricht man von intrinsischen Faktoren –, welche die Form der ökologischen Nische und die Form der Art gleichermaßen stark gestalte. Das gleiche behaupte ich vom Gehirn – oder auch vom Immunsystem. Seine Kritik der postdarwinistischen Ansichten des Adaptionismus stimmt in vielem mit meinen eigenen Arbeiten überein.

Davon abgesehen, bewundere ich etwas anderes sehr an Gould: seine Fähigkeit, Ideen der breiten Öffentlichkeit zu vermitteln. Wer zum Beispiel *Zufall Mensch* gelesen hat, der weiß, daß Gould etwas Dunkles, Schwerverständliches nehmen kann und imstande ist, es nicht nur für die Öffentlichkeit interessant zu machen, sondern gleichzeitig eine neue Lesart für ein grundlegendes Kapitel der Biologie zu schaffen.

Was die Debatte zwischen Dawkins und Gould angeht, so würde ich, wollte ich brutal sein, sagen: Gould hat recht, und Dawkins hat unrecht.

J. Doyne Farmer: Stephen Jay Gould ist ein hervorragender Schriftsteller und scharfsinniger Denker; er besitzt eine echte Begabung, über wissenschaftliche Themen zu schreiben und dabei soviel Persönlichkeit und Dramatik einzubringen, daß Nichtwissenschaftler seine Aussagen aufregend finden: Vielleicht ist er der Herbert Spencer unserer Zeit. Er kennt die Komplexitätstheorie nicht, und es macht ihm nichts aus. Ich vermute, er würde in so etwas wie künstlichem Leben nicht viel Sinn sehen.

Gould ist ein Vertreter der alten Schule. Er ist Biologe und hat keine mathematische Ausbildung. Er mag eine völlig klare Vorstellung davon haben, was Physik ist, aber mit Sicherheit versucht er auf keinerlei Weise, für Evolution oder Evolutionsbiologie den Grad an Abstraktion oder Allgemeinheit zu erreichen, zu dem man in der Physik gelangt ist.

Steve Pinker: Ernst Mayr weist in seiner maßgeblichen Geschichte des biologischen Denkens auf die ironische Tatsache hin, daß die Paläontologen die Biologen sind, die der Evolutionstheorie am skeptischsten gegenüberstanden. Das liegt vermutlich daran, daß Paläontologen sich erst dann mit den Lebewesen beschäftigen, wenn diese zu Stein geworden sind, und deshalb gilt ihr erstes Interesse nicht der Frage, wie der

Magen, die Augen oder das Sehzentrum im Gehirn funktionieren. Nach Ansicht des Evolutionsgenetikers John Maynard Smith gehört Gould mit vielen seiner Schriften in diese Tradition, denn die natürliche Selektion ist keine Antwort auf die ersten Fragen, denen ein Paläontologe gegenübersteht: Welches sind die großen Regelmäßigkeiten in der Geschichte des Lebens? Warum tritt eine Tierart im Laufe von zigmillionen Jahren an die Stelle einer anderen?

Gerechterweise muß man sagen, daß die Vorstellung, man könne genau diese Tatsachen mit der natürlichen Selektion erklären, weit verbreitet war. Die Säugetiere lösten danach die Reptilien ab, weil sie angeblich irgendwie besser angepaßt oder geeigneter waren. Gould hat sehr beredt auf einige Probleme hingewiesen, die sich aus dieser Anwendung der Selektionstheorie ergeben. Aber nach Ansicht moderner Darwinisten wie Maynard Smith, Richard Dawkins und George Williams steht das nicht im Vordergrund. Sie werden gerne einräumen, daß sich manche Phänomene der Makroevolution nicht mit der natürlichen Selektion erklären lassen – ein eindeutiges Beispiel sei das Verschwinden der Dinosaurier aufgrund eines Asteroiden- oder Kometeneinschlags auf der Erde. Aber außerhalb der Paläontologie untersuchen die Biologen komplexe Funktionen einzelner Organismen, und deshalb können sie den Einfluß der natürlichen Selektion wahrscheinlich viel eher einschätzen.

Wissenschaftliche Diskussionen verlaufen oft wie die Geschichte von den Blinden und dem Elefanten: Verschiedene Leute interessieren sich für unterschiedliche Gesichtspunkte des Problems. Wissenschaftler werden sich einbilden, sie stünden in scharfem Gegensatz zu jemand anderem, nur weil sie etwas anderes untersuchen. Ein wenig verhält es sich so auch mit Goulds Kritik an Dawkins, Cronin und denen, die er als Soziobiologen bezeichnet: Diese Leute versuchen, Fragen nach komplexen Formen und Verhaltensweisen, für die natürliche

Selektion erforderlich ist, mit Hilfe der natürlichen Selektion zu erklären, und er weist auf biologische Themen wie das Massenaussterben oder die Streifenmuster von Schneckenhäusern hin, bei denen sie nichts zu suchen hat. Dawkins würde sogar als erster einräumen, daß es bestimmte Dinge gibt, für die natürliche Selektion nicht die beste Erklärung ist. Dawkins sagt – und zwar nach meinem Eindruck sehr überzeugend –, daß die Fragen, für die man sich als Physiologe oder Anatom oder Verhaltensforscher oder Kognitionswissenschaftler interessiert, genau diejenigen sind, für die man die natürliche Selektion braucht.

Ich bewundere Steve Goulds Schriften sehr und habe daraus eine Menge über Biologie gelernt. Ich bin auch mit einigen seiner Leitmotive einverstanden, so mit dem Fehlen von Fortschritt in der Evolution, mit der wichtigen Erkenntnis, daß Stammesgeschichte keine Leiter, sondern ein Baum sei, und mit der Vorstellung, daß unvorhersehbare historische Ereignisse für die Evolution bedeutsam sind. Aber mit anderen habe ich Probleme. Zum einen glaube ich nicht, daß er die Komplexität der tagtäglichen unbewußten geistigen Vorgänge in ihrem Umfang richtig einschätzt. Er hat irreführende Vergleiche zwischen dem Gehirn und einem Computer oder einem Allzweck-Lerngerät angestellt. Er meinte, so wie ein Computer nicht nur in einer Firma die Gehälter berechnen, sondern auch Tic-Tac-Toe spielen könne, sei auch das Gehirn vielleicht für einen bestimmten Zweck angelegt und könne dennoch auch für anderes verwendet werden. Aber das stimmt nicht ganz. Man kann einen Computer nicht aus der Kiste nehmen und ihn dann die Gehälter berechnen und Tic-Tac-Toe spielen lassen. Irgend jemand hat ihn gezielt für beide Aufgaben programmiert, also hinkt der Vergleich sogar beim Computer. Noch auffälliger hinkt er im Fall des Gehirns. Damit es alle die intelligenten Aufgaben erfüllen kann, die es ausführt, muß es die natürliche Entsprechung des Konstruierens gegeben haben. Man kann nicht einfach ein paar Milliarden Nervenzellen zusammenwerfen und sie dann so unglaubliche Dinge tun lassen, wie zum Beispiel Wörter zu sinnvollen Sätzen zusammenzustellen, Gesichter zu erkennen oder die Bahnen bewegter Gegenstände zu berechnen.

Wir neigen zu der Ansicht, daß alltägliche geistige Vorgänge nichts Besonderes sind, weil sie so gut funktionieren. Genau wie wir die Komplexität der Verdauung unterschätzen, solange wir ihre Biochemie nicht untersucht haben, so unterschätzen wir in der Regel aus unserer Perspektive des gesunden Menschenverstandes auch die Komplexität des Gehirns — eben weil es dazu angelegt ist, ohne unsere bewußte Wahrnehmung zu funktionieren. Manchmal glaube ich, daß Gould, der in seiner alltäglichen Arbeit nie vor der Notwendigkeit stand, gewöhnliche Wahrnehmungen und Verhaltensweisen zu erklären, ebenfalls dazu neigt, sie zu unterschätzen und mit der natürlichen Selektion kurzen Prozeß zu machen, obwohl sie die einzige Kraft ist, die einen solchen Grad an Komplexität erklären kann.

Nicholas Humphrey: Teilweise ist das, worum es in dem Streitgespräch zwischen Richard Dawkins und Steve Gould geht, ein alter Hut, und sie sollten damit aufhören. Seit dem *Egoistischen Gen* und Goulds ersten Büchern sind neue Erkenntnisse aufgetaucht. Wir befinden uns heute auf neuem Terrain. Die Evolution der Evolutionsfähigkeit hängt davon ab, ob es eine Selektion in bezug auf die Fähigkeit gibt, sich unter veränderten Bedingungen weiterzuentwickeln. Wir haben immer mehr Beweise dafür, daß es Umstände gibt, unter denen biologische Systeme mehr oder weniger gut angepaßt sein können, um eine Evolution durchzumachen.

Ein sehr einfaches Beispiel ist die Sexualität. Lebewesen, die sich sexuell fortpflanzen, können sich viel besser weiterentwickeln. Das gleiche gibt es auf vielen anderen Gebieten, mit viel interessanteren Mechanismen auf biochemischer Ebene, wo bestimmte Arten der DNA eine Evolution besser durchmachen können als andere. Mit solchen neuen Ideen könnten die Meinungsverschiedenheiten zwischen Gould und Dawkins größtenteils beigelegt werden.

Brian Goodwin: Stephen Jay Gould – ja, das ist ein Name, der Wunder wirkt, was? Ich finde Stephens Einstellung widersprüchlich, denn unter dem Strich ist er Darwinist. Er glaubt, daß die natürliche Selektion der letzte Schiedsrichter, die letzte Ursache der Evolution sei. Aber für mich läßt sich mit der natürlichen Selektion sehr wenig erklären. Stephen ist sich dessen sehr wohl bewußt. Er redet vom Morphoraum und ist wie ich der Meinung, daß wir den Morphoraum kennenlernen müssen. Dort sind nach meinem Dafürhalten die Erklärungen für Form und Taxonomie zu finden; die natürliche Selektion erklärt sehr wenig.

Ich habe gewaltige Achtung vor Stephen, vor dem breiten Spektrum und der Qualität seiner Ideen, aber in der Frage der Gewichtung scheiden sich unsere Geister. Stephen hält die Biologie für eine historische Wissenschaft, und die natürliche Selektion ist für ihn der Schiedsrichter, der bestimmt, wer überlebt und wer nicht. Aber das ist nicht die interessanteste Frage. Die lautet vielmehr: Was entsteht? Er ist sich dessen durchaus bewußt. Ich glaube, er findet, daß ich die Fragen der Neuentwicklung, der Morphologie und Morphogenese zu sehr in den Vordergrund stelle.

Steve Jones: Steve Gould ist, um es ein wenig schnodderig auszudrücken, ein Schneckengenetiker, der auf die schiefe Bahn geraten ist. Auch die schlimmsten Stürme finden im Wasserglas statt, und die Terrinen der Evolutionsforschung sind durch seine Ansichten über Schnecken und andere Dinge nun wirklich ausreichend mit Metaphernsuppe gefüllt.

Manchmal haben seine Aussagen fast etwas Gebetsmühlenartiges, aber sie sind immer lesenswert, auch wenn ich am Ende anderer Meinung bin. Irgendwie kommt in seinen Artikeln viel zuviel Baseball vor – allegorischer Baseball, hübsch geschriebene Spekulationen auf der Grundlage von Daten, die, um es rundheraus zu sagen, die Spekulation nicht so belegen, wie es wünschenswert wäre. Aber solche Streifzüge passen hervorragend in populärwissenschaftliche Aufsätze. Bei manchen seiner Artikel über Evolution macht mir das Lesen großen Spaß; einige davon sind wirkliche Meisterwerke, das ist keine Frage – echte Kunstwerke in ihrer wissenschaftlich-literarischen Form. Aber wer diese Methode in der eigentlichen Wissenschaft anwendet, läuft ständig Gefahr, daß die Form über den Inhalt siegt.

George C. Williams: Ich verstehe nicht ganz, warum Gould ständig versucht, die Bedeutung der natürlichen Selektion, der von ihr geschaffenen Anpassungen und ihrer anderen Wirkungen so weit wie möglich herunterzuspielen. Sie verlangt ihren Tribut und läßt Spielraum für die Entstehung vieler zufälliger Folgen aus den anpassungsbedingten Veränderungen. Diese muß man durch strikt kausale Schlußfolgerungen auf die Anpassung beziehen. Wenn etwas zufällig geschieht – zum Beispiel durch Gendrift –, stellt sich sofort die Frage, warum die Drift in diesem besonderen Fall stärker war als die natürliche Selektion.

Es ist offenbar richtig, daß es auf allen Ebenen der Evolution eine Menge Zufall gibt. Auf den höheren Ebenen hat man im allgemeinen einfach geringere Stichprobengrößen – das heißt, es gibt zum Beispiel nicht so viele Arten in einer Gattung wie Individuen in einer Art. Unter solchen Umständen ist das Überleben der einen Gruppe und das Aussterben der anderen viel stärker von Zufallsereignissen bestimmt.

Die Evolution wirkt auf alles, was sie vorgesetzt bekommt.

Einen Neuanfang gibt es nicht; sie gestaltet nichts neu, sondern experimentiert nur mit dem bereits Vorhandenen herum. Vielleicht spielt das Vorhandene für das Leben bereits eine unentbehrliche Rolle, und das Leben eines Organismus könnte sich zufällig für irgend etwas anderes als nützlich erweisen. Wenn das wichtig ist, erfährt es unter Umständen die Veränderung für diese Funktion, die es zusätzlich zu seiner ursprünglichen übernimmt. Steve hat Großartiges geleistet, als er die Rolle des Zufalls in der Makroevolution und seine Abhängigkeit von historischen Gegebenheiten untersuchte. Vielleicht gibt es noch ein paar Wissenschaftler, die ebenso gut sind wie Steve Gould, aber kaum einer kann so gut wie er für ein großes Lesepublikum schreiben.

Er oder irgend jemand anderes führt als ein Beispiel die Flügel der Vögel an, die ganz offensichtlich Gliedmaßen zur Fortbewegung darstellen. Es gibt einen Reiher, der mit dem Flügel einen Schatten auf das Wasser wirft, wenn er auf der Futtersuche hineinspähen will, genau wie wir es mit der Hand tun würden. Das ist ein gutes Beispiel dafür, wie eine Struktur, die für eine Aufgabe vervollkommnet wurde, zufällig auch für etwas anderes nützlich ist. Ob der Flügel sich nun so wandelt, daß er als Sehhilfe noch nützlicher wird, ist eine andere Frage. Knochen, die ursprünglich zum Kiefer gehörten, liegen heute im Ohr und dienen zum Hören. In diesem Fall haben sie die ursprüngliche Funktion völlig verloren und sich ganz auf die neue Aufgabe eingestellt.

Der Vogelflügel ist ein Beispiel für das, was Gould »Exaptation« nennt; so etwas geschieht dauernd. Aber es gibt ein semantisches Problem, selbst wenn man den Flügel des Reihers Flügel nennt. Die Struktur war ursprünglich eine Flosse, die sich zufällig auch als nützlich zum Gehen an Land erwies, und dann zeigte sich zufällig, daß derartige Gliedmaßen sich auch zum Fliegen eignen. Man muß die Funktion nur enger fassen. Man kann einen Flügel als Anpassung zum Fliegen bezeichnen, aber er ist auch eine Exaptation zum Fliegen, wenn man von seinem Ursprung als Gehwerkzeug spricht.

Daniel C. Dennett: Wenn ich mir die Kontroversen um die Evolutionstheorie seit Darwin ansehe, erkenne ich ein immer wiederkehrendes Schema: Neue Theoretiker tauchen auf, manchmal einzeln, manchmal in Gruppen, und wenn sie zum erstenmal aufkreuzen, meinen sie, sie hätten die Widerlegung des Darwinismus gefunden; sie glauben, sie hätten die Bestie erlegt oder zumindest eine wichtige Ausnahme von dem entdeckt, was sie für die unerträglichen Implikationen ihrer Aussagen halten. Wie John Maynard Smith deutlich gemacht hat, sahen sich die ersten Genetiker, die Anfang unseres Jahrhunderts Mendel wiederentdeckten, als Antidarwinisten. Sie hielten die Mendelsche Lehre für das Mittel, Darwin im Keim zu ersticken, und sahen nicht, daß sie in Wirklichkeit die Rettung des Darwinismus bedeutete. Sie bildet ungefähr die Hälfte der heutigen Synthese. Der deutsche Chemiker und Nobelpreisträger Manfred Eigen stellt in seinem Buch *Stufen zum Leben* fest, daß das, was er getan habe, revolutionär sei; aber er weiß es besser: Dem Epilog gibt er die Überschrift »Darwin ist tot; lang lebe Darwin!« Dabei gesteht er ein, daß seine Erkenntnis letztlich überhaupt nicht revolutionär sei, sondern nur einen neuen Wink gebe. Es rettet Darwin wieder für einige Zeit. Das gleiche sagt Stuart Kauffman. Er hält sich zunächst für einen ausgemachten Antidarwinisten und entdeckt am Ende, daß er zu einem Teilbereich des Darwinismus eine hübsche Verbesserung beigetragen hat.

Jeder von uns würde gern für einen Revolutionär gehalten. In diese Kategorie gehört auch Stephen Jay Gould. Er strebt danach, eine bestimmte Art des Darwinismus in die Knie zu zwingen. Er hat eine Reihe von Revolutionen gegen den in seinen Augen orthodoxen Darwinismus angezettelt. Aber wenn sich der Staub legt, sind es gar keine Revolutionen. Sie haben ein paar interessante Beiträge geliefert – manche davon sehr wichtig –, aber die Öffentlichkeit bemerkt das nicht. Sie sieht den Darwinismus meist auf dem Sterbebett, »wie Stephen Jay Gould es uns gezeigt hat«. Das ist ein Fehler. Es ist eine schwerwiegende Täuschung auf seiten der Öffentlichkeit.

Die eigentliche Entdeckung Darwins ist die, so behaupte ich, daß Evolution letztlich nach einem Algorithmus abläuft – sie ist ein ungerichteter, aber verblüffend wirksamer Auswahlvorgang, der allmählich alle Wunder der Natur entstehen läßt. Diese Auffassung ist nur insofern reduktionistisch, als sie besagt, daß es keine Wunder gibt. Keine Versuchsballons. Alles Erhebende, was die Evolution im Laufe der Jahrmillionen geleistet hat, brachte sie mit keineswegs wundersamen, ortsfesten Hebegeräten zuwege – mit Kränen. Steve sehnt sich immer noch nach den Ballons. Beständig hält er Ausschau nach einem Ballon – einem Phänomen, das aus der Sicht des von ihm so genannten Ultra- oder Hyperdarwinismus unerklärlich ist. Zwei Themen hat er im Laufe der Jahre besonders oft erwähnt: »Gradualismus« und »durchdringende Anpassung«. Beide sind in seinen Augen an die Vorstellung vom Fortschritt gebunden, an die Idee, daß Evolution die Welt der Natur im globalen und lokalen Rahmen nach einem einheitlichen Prinzip unaufhaltsam *besser* macht.

Nehmen wir diese drei Begriffe: Fortschritt, Gradualismus, Anpassung. Ich kenne auf Anhieb keinen Evolutionsforscher, der sie jemals so zusammengefaßt hätte. Das ist ein Produkt der Phantasie Steves. Aber er versucht, diese drei Themen immer zusammenzuhalten. Wenn er jemandem eines davon vorwirft, folgen die beiden anderen meist mit dem nächsten und übernächsten Schlag. Das ist nicht konstruktiv, denn er würde sicher einräumen, daß jemand zum Beispiel Gradualist sein könnte, ohne Adaptionist zu sein, oder aber Adaptionist, ohne an Fortschritt zu glauben, und so weiter. Tatsächlich sind seine gleichzeitigen Angriffe auf alle drei völlig fehl am Platz.

Steve ist selbst Gradualist; er muß es sein. Kurze Zeit hat er mit dem echten Nichtgradualismus geliebäugelt – mit den durch Sprungmutationen entstandenen »hopeful monsters«. Er probierte es, er strengte sich wirklich an, aber als es nicht funktionierte, gab er auf. Am Gradualismus ist nichts Falsches.

Steve schrieb zusammen mit Richard Lewontin einen klassischen, berüchtigten Artikel über die Gewölbezwickel im Markusdom. Es sollte – vermutlich – ein Angriff auf die »durchdringende Anpassung« und die Lehre des Adaptionismus sein. Der Schuß ging völlig daneben. Der Adaptionismus ist nicht der Popanz, zu dem sie ihn erklären, und sie entgehen ihm auch selbst nicht. Steve ist selbst Adaptionist, wenn es ihm in den Kram paßt.

Die Frage ist: Bin ich auch der Meinung, daß Richard Dawkins' Version des Darwinismus – oder auch die von John Maynard Smith – am Ende ist? Sie sind heute die beiden Erzadaptionisten, und ich muß sagen, daß sich mir das Ende bisher nicht gezeigt hat. Mit Sicherheit hat Steve es mir mit seinen Schriften nicht gezeigt.

Jedes der drei Themen Steves ist auf seine begrenzte Art nicht übel. (Daß er sich in jüngerer Zeit mit der Bedeutung des Massenaussterbens beschäftigt, sieht mir sehr nach Spätzündung aus.) Aber keines dieser Themen stammt ursprünglich von ihm; sie sind in der Evolutionstheorie seit Darwin im Schwange. Manche Leute haben sie ernst genommen und andere nicht. Keines davon ist revolutionär.

RICHARD DAWKINS

Eine Überlebensmaschine

W. Daniel Hillis: Begriffe wie egoistisches Gen, Mem und erweiterter Phänotyp sind aussagekräftig und aufregend. Sie veranlassen mich, anders zu denken. Leider muß ich viel Zeit auf Diskussionen mit Leuten verwenden, die diese Ideen überinterpretiert haben. Man mißversteht sie leicht und glaubt dann, sie könnten mehr erklären, als es der Fall ist. Sehen Sie, deshalb ist Dawkins ein gefährlicher Bursche. Wie Marx. Oder Darwin.

Richard Dawkins ist Evolutionsbiologe und Dozent für Zoologie an der Universität Oxford; Fellow des New College; Autor von *The Selfish Gene* (1976, 2. Auflage 1994) [*Das egoistische Gen*, 1994], *The Extended Phenotype* (1982), *The Blind Watchmaker* (1986) [*Der blinde Uhrmacher*, Neuausgabe 1996] und *River Out of Eden* (1995) [*Und es entsprang ein Fluß in Eden*, 1996].

Richard Dawkins: Vor einiger Zeit hatte ich ein seltsam bewegendes Erlebnis. Ich wurde von einem japanischen Fernsehsender interviewt, der zu diesem Zweck einen englischen Schauspieler engagiert und ihn als Darwin verkleidet hatte. Während der Filmaufnahmen öffnete ich eine Tür, um »Darwin« zu begrüßen. Dann begannen wir eine unzeitgemäße Diskussion. Ich legte moderne neodarwinistische Vorstellungen dar, und »Darwin« tat erstaunt, entzückt und überrascht. Es gibt tatsächlich Hinweise, daß Darwin sich über die heutige Sicht seiner Ideen freuen würde, denn wir wissen, daß er sich zeit seines Lebens viel Gedanken um die Genetik machte. Zu Darwins Zeit verstand außer Mendel niemand etwas von Genetik, aber Darwin hat Mendel nie gelesen; praktisch las niemand Mendel.

Hätte Darwin doch nur Mendel gelesen! Dann wäre ein riesiger Stein des Puzzles an seinem Platz eingerastet. Darwin schlug sich mit der Frage der Vererbung durch Vermischung herum. Zu seiner Zeit glaubte man, jeder von uns sei eine Mischung seiner Eltern, genauso wie das Mischen von Schwarz und Weiß Grau ergibt. Es wurde darauf hingewiesen, daß, wenn diese Vermutung stimmte, was jeder annahm, die natürliche Selektion nicht wirken könnte, weil die Variationen sich erschöpfen würden. Wir alle würden nur zu dem gleichen einheitlichen Grau werden.

Darwin setzte immer wieder alles daran, dieses Problem zu lösen. Jeder konnte erkennen, daß etwas nicht stimmte. Die Menschen nahmen keine einheitliche Grauschattierung an. Enkel sind einander in ihrer Generation nicht ähnlicher als die Großeltern in der ihren. Mendels Genetik und die Populationsgenetik der dreißiger Jahre waren die entscheidenden Mosaiksteine, die Darwin gebraucht hätte. Die Populationsgenetik, der Neodarwinismus der dreißiger Jahre, hätte ihn begeistert und verblüfft. Auch daß er sich über Verwandtenselektion und egoistische Gene gefreut hätte, ist ein angenehmer Gedanke.

Ich betrachte die Evolution aus der »Genperspektive«, und zwar nicht weil ich Genetiker bin oder mich besonders für Genetik interessiere, sondern aus einem ganz anderen Grund: Als ich den Darwinismus und insbesondere die Evolution des Tierverhaltens lehren wollte, geriet ich in Konflikt mit Sozialverhalten, Elternverhalten und Paarungsverhalten, die oft so übereinstimmend wirken. Wie mir schnell klarwurde, besteht die phantasievollste Betrachtung der Evolution und die anregendste Methode, sie zu lehren, darin, daß man sagt, es liege alles an den Genen. Die Gene manipulieren zu ihrem eigenen Nutzen den Körper, dessen sie sich bedienen. Das einzelne Lebewesen ist eine Überlebensmaschine für seine Gene.

Dieses Vokabular entwickelte ich seit 1966, nachdem ich gerade promoviert hatte. Damals bat mich der Verhaltensforscher Niko Tinbergen, in Oxford eine Vorlesungsreihe abzuhalten. Zu jener Zeit hatte W. D. Hamilton gerade seine Theorie der Verwandtenselektion veröffentlicht, und das regte mich an. Ich verallgemeinerte Hamiltons Denkansatz auf das gesamte Sozialverhalten und brachte meinen Studenten bei, Tiere als Maschinen zu betrachten, die ihre Anweisungen mit sich herumtragen. Das Ganze kreiste um den Gedanken, daß einzelne Lebewesen Werkzeuge sind, Mittel zum Zweck. Ihre Gliedmaßen, Finger und Füße sind Krafthebel, welche die Gene in die nächste Generation befördern.

Etwa zehn Jahre später schrieb ich *Das egoistische Gen*, und damit wurde ich bekannt. Viele Leute hielten es für eine neue These, aber es war nicht neu. Nach meiner Auffassung war diese Betrachtungsweise eine phantasievolle, lebendige Art, den hergebrachten Darwinismus darzustellen. Es war eine neue, etwas andere Sichtweise.

Die These vom egoistischen Gen stammt nicht von mir, aber ich habe am meisten dafür getan, sie unter die Leute zu bringen, und ich habe die entsprechende Sprache dafür entwickelt. Unausgesprochen gab es die Vorstellung schon um die Jahrhundertwende bei dem Biologen August Weisman und in der neodarwinistischen Synthese der dreißiger Jahre. Weiterentwickelt wurde die Idee in den sechziger Jahren von W. D. Hamilton (der damals in London war und heute mein Kollege in Oxford ist) und von George C. Williams in Stony Brook. Mein Beitrag zur These vom egoistischen Gen bestand darin, daß ich sie sprachlich faßte und ihre Folgerungen offen aussprach.

Die Idee vom egoistischen Gen besagt, daß das Tier eine Überlebensmaschine für seine Gene ist. Das Tier ist ein Roboter mit Gehirn, Augen, Händen und so weiter, aber es trägt auch seinen eigenen Bauplan, seine eigenen Anweisungen in sich. Das ist wichtig, denn wenn das Tier gefressen wird, wenn es stirbt, ist auch der Bauplan tot. Von einer Generation zur nächsten gelangen nur diejenigen Gene, die ihren Roboter dazu veranlassen können, nicht gefressen zu werden und so lange zu leben, daß er sich fortpflanzen kann.

Man kann es auch anders sagen: Die Welt ist voller Gene, die durch eine ununterbrochene Reihe erfolgreicher Vorfahren weitergelebt haben, denn wenn sie keinen Erfolg gehabt hätten, wären sie keine Vorfahren, und es gäbe die Gene nicht mehr. Jedes einzelne unserer Gene bestand nacheinander in unseren Urgroßeltern, unseren Großeltern und unseren Eltern – in jeder einzelnen Generation. Von Neumutationen abgesehen, hat jedes einzelne Gen in uns es geschafft, es war in einem erfolgreichen Körper. Es gab eine Menge erfolgloser Körper, die es nie geschafft haben, und von ihren Genen ist kein einziges mehr da. Die Welt ist voller erfolgreicher Gene, und Erfolg bedeutet, daß man eine gute Überlebensmaschine baut.

Der reduktionistische Aspekt dieser auf das Gen gerichteten Auffassung der natürlichen Selektion erzeugt bei manchen Menschen Unbehagen. Reduktionismus ist in bestimmten Kreisen zu einem Schimpfwort geworden. Es gibt eine offenkundig dumme Form des Reduktionismus, die kein vernünftiger Mensch anerkennen würde – Dan Dennett nennt ihn »gefräßigen Reduktionismus«. Mein eigener Begriff dafür ist »Reduktionismus des Abgrundes«. Betrachten wir zum Beispiel einen Computer: Wir wissen, daß sich im Prinzip alles, was er tut, mit Elektronen erklären läßt, die sich durch Drähte oder an Halbleiterbahnen entlang bewegen. Aber nur ein Verrückter würde versuchen, anhand der Elektronen zu erklären, was vor sich geht, wenn man zum Beispiel die Textverarbeitung *Word* benutzt. Das zu tun wäre gefräßiger Reduktionismus.

Genauso wäre es, wenn man versuchen wollte, Shakespeares Dichtung auf der Ebene der Nervenimpulse zu erklären. In Wirklichkeit bedient man sich einer Hierarchie von Erklärungsebenen. Beim Computer erklärt man die oberste Ebene der Software – so etwas wie Microsoft *Word* – mit den Begriffen der nächsttieferen Softwareebene, das heißt mit Abläufen, Unterprogrammen, Subroutinen, und dann erklärt man, wie die funktionieren, wieder eine Ebene tiefer. Man pflegt die Ebene der Maschinensprache zu durchschreiten und von dort zur Ebene der Halbleiterchips zu gelangen, und dann steigt man hinab und erklärt auf der Ebene der Physik. Dieser Weg, der Schritt für Schritt verläuft – ich nenne ihn hierarchischen Reduktionismus – ist die richtige Methode für die Weiterentwicklung der Wissenschaft.

Reduktionismus ist Erklärung. Man muß alles reduktionistisch erklären. Aber man muß es auch hierarchisch und Schritt für Schritt erklären. Gefräßiger Reduktionismus, oder Reduktionismus des Abgrundes, besteht darin, daß man vom obersten Punkt der Hierarchie mit einem Satz ganz nach unten springt. Das kann man nicht tun, denn dann würde man mit seinen Erklärungen niemanden zufriedenstellen.

Die Feststellung, das Gen sei eine Abstraktion, ist gerechtfertigt. Auf einer bestimmten Ebene ist ein Gen ein Stück DNA. Der Biologe Seymour Benzer vom Caltech* klassifizierte das Gen; er unterteilte es und sagte, wir dürften nicht mehr über »das Gen« reden. Er zerlegte es in das »Recon«, die Einheit der Rekombination, das »Muton«, die Einheit der Mutation, und das »Cistron«, das er in bestimmter Weise definierte – es entspricht ungefähr dem DNA-Abschnitt, der eine Polypeptidkette codiert.

Wenn man über das Gen als Einheit der Selektion redet, könnte ein Kritiker also fragen: »Von welchen Genen sprechen Sie?« Wie ich in *Das egoistische Gen* gesagt habe, bin ich ebenfalls der Meinung, daß wir nicht über eine bestimmte Einheit reden, sondern über ein Kontinuum. Es gibt nur einen Grund, warum es wichtig ist, daß es sich bei der Einheit der Selektion um das Gen handelt: das Gen bleibt immer erhalten. Es lebt über viele Generationen hinweg weiter. Erfolgreich sind diejenigen Kommunikationseinheiten, die sich durch viele Generationen fortpflanzen. Und erfolgreich sind sie aufgrund der Wirkungen, die sie auf den Phänotyp ausüben. Die Einheit der Selektion muß nicht das Cistron sein. Es kann sich auch um einen Abschnitt mit beliebig vielen Cistrons handeln – das ist strenggenommen kein Gen, aber für meine Zwecke kann man es als solches betrachten, wenn es zum Beispiel über viele Generationen hinweg als Gruppe erhalten bleibt und so für die Wirkung der natürlichen Selektion zugänglich ist.

* Kurzbezeichnung für das California Institute of Technology in Pasadena. Anm. d. Übers.

Wenn überhaupt, dann würde sich mein Hauptaugenmerk auf den erweiterten Phänotyp richten. Das Gen ist die Einheit der Selektion, weil es sich auf den Phänotyp auswirkt. Erfolgreich sind Gene, die einen Effekt auf den Körper haben. Sie sorgen zum Beispiel dafür, daß der Körper scharfe Krallen hat und Beute fangen kann. Wenn man logisch verfolgt, was dabei vor sich geht, dann gibt es eine gerichtete Kausalbeziehung, die von einer Genveränderung zu einem veränderten Phänotyp führt. Ein Gen wandelt sich, und die Folge ist eine Kaskade von Wirkungen, die sich durch die ganze Embryonalentwicklung ziehen. Am Ende dieser Kaskade werden die Krallen schärfer, und das Individuum fängt mehr Beute. Deshalb gelangen die Gene, die für die schärferen Krallen gesorgt haben, letztlich in mehr Nachkommen. Das ist der übliche Darwinismus.

Der erweiterte Phänotyp schafft die Möglichkeit, daß die gerichteten Kausalketten auch über die Grenzen des Körpers hinausreichen. Erweiterte Phänotypen sind zum Beispiel Vogelnester oder die Lauben der Laubenvögel. Der Pfau hat einen Schwanz, mit dem er die Weibchen betört. Ein männlicher Laubenvogel baut im Gebüsch eine Laube aus Gras und tanzt darum herum, und genau das zieht das Weibchen an. Die Graslaube erfüllt genau den gleichen Zweck wie der Schwanz des Pfaus. Gene, die für eine gute, hübsche Laube sorgen, werden an die nächste Generation weitergegeben. Die Laube ist der phänotypische Ausdruck von Genen, ein erweiterter Phänotyp.

Es gibt Gene für unterschiedlich geformte Lauben. Der Köcherwurm baut ein Gehäuse aus Steinen. Manche bauen vielleicht eine Behausung aus Stöcken, andere aus abgestorbenen Blättern. Das ist zweifellos eine Darwinsche Anpassung. Es muß demnach Gene für Form und Farbe der Steine sowie für alle Eigenschaften des Hauses geben; soweit es sich um Darwinsche Anpassung handelt, müssen es genetische Wirkungen sein. Das sind nur Beispiele; ich möchte damit zeigen, daß die

Kaskade der Kausalbeziehungen nicht an der Körperoberfläche aufhört. Sie erstreckt sich über den Körper hinaus und betrifft auch Steine, Gras und vieles andere.

Der erweiterte Phänotyp ist etwas völlig Logisches. Er bedeutet, daß jeder Teil der Außenwelt eine phänotypische Auswirkung meiner Gene sein könnte. In der Praxis ist das meist nicht der Fall, aber dafür gibt es keinen prinzipiellen Grund. Ein Biberdamm sorgt zum Beispiel für eine Überschwemmung und läßt einen See entstehen, was für den Biber nützlich ist. Der See ist eine Anpassung des Bibers, ein erweiterter Phänotyp. Es gibt Gene für große Seen und für tiefe Seen: See-Phänotypen haben genetische Ursachen. Man kann sich ein Bild mit Kausalbeziehungen ausmalen, die von den Genen ausgehen und die ganze Welt betreffen.

Unsere Gene sind wie eine Kolonie von Viren – sozialisierte Viren, im Gegensatz zu anarchischen Viren. Sozialisiert sind sie in dem Sinne, daß sie in gemeinsamer Arbeit einen Körper aufbauen und dafür sorgen, daß dieser Körper das leistet, was für sie alle gut ist. Das tun sie nur aus einem Grund: sie sind alle dazu bestimmt, den derzeitigen Körper zu verlassen und auf dem gleichen Weg über Ei- oder Samenzellen in die nächste Generation zu gelangen. Könnten sie aus dieser Route ausbrechen und die nächste Generation erreichen, indem sie ausgeniest und vom nächsten Opfer eingeatmet werden, dann würden sie genau das tun.

Solche Gene nennen wir anarchische Viren. Das sind diejenigen, die uns niesen lassen und sich untereinander nicht einig sind. Sie kümmern sich nicht darum, ob wir sterben, sondern sie wollen nur eines: daß wir niesen oder – im Falle des Tollwutvirus – daß der Hund Speichel produziert und uns beißt. Aber unsere meisten Gene sind sozialisierte Viren, sozialisierte Replikatoren. Sie sind diszipliniert und kooperativ, und zwar aus einem einzigen Grund: weil sie den derzeitigen Körper nur über die Ei- oder Samenzelle verlassen können.

Bevor die genzentrierte Auffassung der natürlichen Selektion modern wurde, sagte man meist, wenn etwas gut sei, werde es auch geschehen. Das führte manchmal zu der Ansicht, der Adaptionismus sei ein einfaches Spiel. Es wurde behauptet, man könne leicht eine darwinistische Theorie aufstellen und damit alles erklären. Wenn man dagegen den Darwinismus auf der Ebene der Gene richtig versteht, ist man stark eingeschränkt, weil nur bestimmte Erklärungen möglich sind. Die Feststellung, etwas werde sich weiterentwickeln, weil es irgendwie vorteilhaft sei, reicht nicht. Man muß sagen können, daß es gut für die Gene sei, die es hervorgebracht haben. Damit ist eine Fülle einfacher Erklärungsmöglichkeiten von vornherein ausgeschlossen.

Computer sind für vieles bei weitem der beste Vergleich, weil sie so unwahrscheinlich kompliziert sind. Sie ähneln in vielerlei Hinsicht den Lebewesen. Die ganze Idee, das Verhalten eines Mechanismus im voraus zu programmieren, ist entscheidend für das Verstehen lebender Organismen. Aus der Perspektive des egoistischen Gens sind wir automatische Überlebensmaschinen, und da Gene nicht selbst etwas aufheben, fangen oder essen und auch nicht herumlaufen können, müssen sie dazu Stellvertreter haben; sie müssen Maschinen bauen, die es für sie tun. Das sind wir. Diese Maschinen sind im voraus programmiert.

Ich habe Metaphern benutzt wie die von fremden Wesen aus dem Weltraum, die zu einer entfernten Galaxie reisen wollen und nicht dazu in der Lage sind, weil sie nicht so schnell fliegen können. Deshalb schicken sie Anweisungen mit Lichtgeschwindigkeit, und aufgrund dieser Anweisungen bauen Wesen auf einem entfernten Planeten einen Computer, der Programme ausführen kann. Um eine Lebensform wiedererstehen zu lassen, braucht man nur das Programm. Kann man die täglichen Abläufe nicht programmieren, muß man die Programmierung im voraus steuern. Die andere Galaxie ist zu weit entfernt; man kann keine Anordnungen schicken und sagen: »Jetzt tu dies, und jetzt tu das!«, denn jeder Befehl kommt erst nach Jahrmillionen an. Also schickt man ein Programm, das alle Eventualitäten vorwegnimmt und später keine Anweisungen mehr braucht, weil alle Anweisungen schon vorhanden sind. Das sind die Gene. Evolutionserfolg ist die Schaffung von Programmen, die nicht abstürzen. Ein Programm, das zusammenbricht, pflanzt sich nicht fort. Das einzelne Lebewesen betrachtet man am besten als automatische Überlebensmaschine, die ihren eigenen Bauplan mit sich herumträgt.

Den Begriff des »kulturellen Mems« habe ich entwickelt, um hervorzuheben, daß Gene in der Welt des Darwinismus nicht alles sind. Die Tatsache, daß Wissenschaftler verschiedener Fachgebiete die Metapher aufgegriffen haben, legt die Vermutung nahe, daß die Idee selbst ein gutes Mem ist. Das Mem, die Einheit der kulturellen Vererbung, bezieht die Vorstellung vom Replikator als Grundeinheit des Darwinismus mit ein. Als Replikator kann alles fungieren, das sich verdoppelt und auf die Umwelt Einfluß ausübt, um die Wahrscheinlichkeit seiner eigenen Verdoppelung zu steigern oder zu senken. Die DNA tut das zufällig besonders gut, aber sie ist grundsätzlich nicht das einzige Gebilde, das dazu in der Lage ist. Das Leben auf anderen Planeten besitzt vermutlich keine DNA, aber es hat sicher irgendeine Form von Replikator. Das Mem ist ein weiteres Beispiel für etwas, das hier auf der Erde den Darwinismus ausüben könnte. Vielleicht brauchen wir gar nicht auf fremden Planeten zu suchen, um eine andere Art des Darwinismus zu beobachten. Vielleicht springt er uns in Form der kulturellen Replikatoren geradezu ins Gesicht.

Wenn ich die ultradarwinistische Einstellung vertrete, dann verfolgt Brian Goodwin einen ganz anderen Ansatz. Er hält sich für einen Antidarwinisten, aber das kann er nicht sein, weil er gar keine andere Erklärung hat. Er interessiert sich vorwiegend für Embryologie, also für die Frage, wie das, was besteht, gemacht wird, während ich mich damit beschäftige, wie das, was besteht, sich entwickelt. Das Interessante an den Lebensformen ist für ihn fast eine besondere Art von Physik. Er nennt als Vergleich den Wasserwirbel mit seiner hübschen Spiralform, die durch die Gesetze der Physik entsteht. Aber die Gesetze der Physik gestatten zwei stabile Zustände: entweder einen Wirbel im Uhrzeiger- oder einen im Gegenuhrzeigersinn.

In Goodwins Augen können Gene den Wirbel im wesentlichen vom Uhrzeiger- in den Gegenuhrzeigersinn umdrehen, aber zu etwas anderem seien sie nicht in der Lage. Alles, was an dem Wirbel elegant und schön ist, gehe auf physikalische Gesetze zurück. Genau das tun die Gene nach seiner Ansicht in uns. Das ist bei einem Schneckenhaus oder dem Horn eines Widders leicht nachzuvollziehen, denn die sehen wie ein Wirbel aus, aber Goodwin glaubt, daß es für alles gilt. Nach seiner Auffassung ist die Physik für den Ernst des Lebens zuständig, und die Gene tun nichts anderes, als zwischen den physikalisch zulässigen stabilen Zuständen auszuwählen.

Für Goodwin ist Evolution nur so etwas wie ein Durchlavieren von einem stabilen Zustand zum anderen. Das könnte stimmen; es widerspricht meiner Sichtweise nicht, abgesehen von den Einzelheiten. Zwischen einer extrem Goodwinschen Meinung und meinen extremen Ansichten besteht ein Kontinuum. Meines Erachtens gibt es kaum etwas, das Gene, auf der Grundlage des bereits Vorhandenen, nicht durch kleine, allmähliche, stufenweise Veränderungen bewerkstelligen könnten. Wenn es ein Nashorn mit einem großen Horn gibt und die natürliche Selektion daraus ein kurzes Horn, ein spitzeres, stumpferes, dickeres oder dünneres Horn machen will, so ist das in meinen Augen ein Kinderspiel. Ich bin sicher, daß es geschehen könnte, aber Goodwin ist wahrscheinlich der Ansicht, daß nur bestimmte Formen des Horns zulässig sind. Das ist eine offene Frage. Es könnte in dem, was die Embryologie zuläßt, schwerwiegende Einschränkungen geben. Ich lehne diese Vorstellung nicht ab; sie ist nicht antidarwinistisch.

Der beste Olivenzweig, den ich Goodwin und seinen Kollegen reichen kann, ist das, was ich »kaleidoskopische Embryologie« nenne. Man stelle sich ein Kaleidoskop vor: einen kleinen Haufen farbiger Stückchen in einem Rohr, die rein zufällig angeordnet sind; aber man betrachtet sie durch eine Reihe von Spiegeln, und plötzlich erscheinen sie als hübsches, symmetrisches Muster, das beispielsweise einer Blume ähnelt. Wenn man seitlich an das Kaleidoskop klopft, geschieht in Wirklichkeit nur wenig: Die Farbsteine rutschen herum und ändern ihre Lage, aber beim Hineinsehen erkennt man, wie sich das symmetrische Muster auf elegante Art und Weise wandelt. In einem gewissen Sinn funktioniert die Keimesentwicklung wie ein Kaleidoskop, denn Mutationen können komplizierte Wirkungen auslösen. Die Keimesentwicklung ist selbst ein komplizierter Vorgang, und deshalb zeigt sich eine zufällige Veränderung – die Mutation – wie das Bild, das beim Klopfen an ein Kaleidoskop entsteht. In manchen Fällen handelt es sich bei der Komplikation buchstäblich um eine Frage der Symmetrie – man denke nur an den Seestern mit seinen fünf Armen, die alle gleich aussehen. Die verschiedenen Seesternarten sind in der Evolution eindeutig durch normale Mutationsvorgänge entstanden. Aber eine Mutation, die zum Beispiel die Form aller fünf Arme verändert, wirkt an fünf verschiedenen Stellen gleichzeitig. Ganz ähnlich ist es auch beim Regenwurm mit seinem langen Körper aus vielen Segmenten, die im wesentlichen gleich gebaut sind, oder beim Tausendfüßler mit seinen vielen Körperabschnitten. Eine Mutation, die für längere oder kürzere, schwärzere oder braunere Beine sorgt, wirkt auf alle Beine gleichermaßen. Das sind zwei Beispiele für kaleidoskopische Embryologie. Die Mutation wird durch die bestimmten Vorgänge der Keimesentwicklung gefiltert und wirkt sich auf komplizierte Weise aus. Das meine ich mit kaleidoskopischer Embryologie.

Auf kurze Sicht begünstigt die natürliche Selektion ganz offenkundig diejenigen Mutationen, die überleben. Aber möglicherweise gibt es auch eine Selektion höherer Ordnung zugunsten von Keimesentwicklungen, die auf produktive Weise nach dem Kaleidoskopprinzip ablaufen. Phänomene wie die fünffache Symmetrie der Seesterne und Seeigel gehen vermutlich auf eine Entwicklung zurück, die sich besonders gut für die Evolution eignet. Vielleicht führt die Evolution in ihrem weiteren Verlauf nicht nur zur kurzfristigen Selektion von Individuen, die gut überleben und sich fortpflanzen können, sondern hier und da auch zu einer größeren Veränderung in der Keimesentwicklung; eine solche Mutation könnte sich nach dem Kaleidoskopprinzip auswirken und würde dann von einer Selektion höherer Ordnung begünstigt, weil bestimmte neue Formen der Keimesentwicklung sich besonders gut für die Evolution eignen. Vielleicht geschieht das vor allem dann, wenn ein Kontinent durch ein Massenaussterben leergefegt wird, so daß ein Vakuum entsteht, das gefüllt werden will; den leeren Raum nimmt dann möglicherweise eine Tiergruppe ein, die sich aufgrund ihrer Keimesentwicklung besonders gut ausbreiten und zu einem ganzen Spektrum neuer Abstammungslinien entwickeln kann.

Das Phänomen des Aussterbens gibt es mehrfach, und es ist für die Evolutionsgeschichte von gewaltiger Bedeutung. Wären die Dinosaurier nicht ausgestorben, hätte die gesamte Geschichte des Lebens ohne Zweifel einen anderen Verlauf genommen. Zum Beispiel gäbe es dann vermutlich keine Säugetiere. Höchstwahrscheinlich verschwanden die Dinosaurier vor etwa fünfundsechzig Millionen Jahren aus einem Grund, der absolut nichts mit natürlicher Selektion zu tun hatte, sondern mit einer Naturkatastrophe zusammenhing. Ähnliches geschah in der Geschichte des Lebens mehrmals, und dabei entstanden Umweltbedingungen für das Wirken der natürlichen Selektion. Aber für den Aufbau komplexer Anpassungen ist ausschließlich die natürliche Selektion verantwortlich, die kurzfristige Auswahl kurzfristiger Vorteile und der allmähliche Wandel. Das Aussterben schafft reinen Tisch und ermöglicht es einer neuen Lebensform – in diesem speziellen Fall den Säugetieren –, sich zu entfalten.

Meine Ansicht zu diesem Thema habe ich in dem Begriff »Evolution der Evolutionsfähigkeit« zusammengefaßt. Manche Formen der Keimesentwicklung eignen sich wahrscheinlich besser für die weitere Evolution als andere. Vermutlich gibt es eine Selektion höherer Ordnung für Lebensformen, die nicht nur gut überleben können, wie es dem herkömmlichen Darwinismus entspricht, sondern die sich auch gut für die Evolution eignen. Nach jedem Aussterben beginnt die Ausbreitung und Evolution einer neuen Lebensform, die im wahrsten Sinne des Wortes die Erde erbt. Als die Dinosaurier verschwanden, erbten die Säugetiere die Erde. In ihrer Entwicklung gibt es vielleicht etwas, das ihren Körperbauplan besonders geeignet macht für die plötzliche Evolution, so daß sie die saubergewischte Tafel ausnutzen konnten. Wenn die Schiefertafel leer ist, gibt es einen gewaltigen Wettlauf der Lebensformen, die eine Evolution beginnen und all die vielfältigen Merkmale ausbilden: Fleischfresser, Pflanzenfresser, große Fleischfresser, große Pflanzenfresser, kleine Fleischfresser, kleine Pflanzenfresser und so weiter. Manche Formen der Keimesentwicklung eignen sich vielleicht weniger gut dazu, sich auszubreiten und alle diese leeren Nischen zu besetzen. Andere sind dagegen unter Umständen sehr wandelbar, sie eignen sich gut für die Evolution und können Klimaveränderungen ausnutzen, um sich weiterzuentwickeln und stark auszubreiten.

Auf den ersten Blick unterscheidet sich diese These stark von den Ansichten, mit denen ich normalerweise in Verbindung gebracht werde. Ich stieß darauf, als ich mit meinen Computer-Biomorphen spielte – dem Computerprogramm

Der blinde Uhrmacher. Dabei lernte ich, daß manche Computeralgorithmen sich in dem biomorphen Programm des blinden Uhrmachers besser für die Evolution eignen als andere. Nun konnte ich mir eine Selektion höherer Ordnung vorstellen, die eine gute Evolutionseignung begünstigt.

Stephen Jay Gould spricht sich gegen den Fortschritt in der Evolution aus. Wir sind uns alle darin einig, daß es keinen Fortschritt gibt. Wenn wir uns fragen, warum manche großen Gruppen aussterben und andere nicht, warum die Fauna von Burgess nicht mehr existiert, dann wird die Antwort sicher lauten: Pech gehabt. Wer hätte je anders gedacht? Das ist nichts Neues. Auf der anderen Seite ist die kurzfristige Evolution innerhalb einer Gruppe, die auf eine verbesserte Anpassung zielt – zum Beispiel im Rüstungswettlauf zwischen Räuber und Beute oder zwischen Parasiten und Wirtsorganismen –, durchaus von Fortschritt geprägt, aber nur für kurze Zeit. Nicht alles in der Evolution muß Fortschritt sein, aber es wird eine Phase von einer Million Jahren geben, in der sich eine Abstammungslinie von Raubtieren zusammen mit einer Linie von Beutetieren entwickelt, und alle werden immer schneller, ihre Sinnesorgane verfeinern sich, der Blick wird schärfer, und die Krallen werden spitzer: das ist Fortschritt. Die Beutetiere werden besser, weil die Räuber besser werden.

Ich stimme der Meinung zu, daß sich die Evolution in keinerlei Hinsicht auf die Menschheit als fernes Ziel zubewegt hat. Das wäre lächerlich. Kein ernstzunehmender Evolutionsforscher hat jemals an so etwas geglaubt. Gould sagt Dinge, die radikaler erscheinen, als sie sind. Er täuscht. Er baut Windmühlen auf, gegen die er kämpfen kann, denn ernsthafte Angriffspunkte bietet er nicht.

Die »pluralistische« Auffassung der Evolution mißversteht meine Unterscheidung zwischen Replikatoren und Vehikeln. Die natürliche Selektion wirkt auf der Ebene der Replikatoren, das heißt, die Welt füllt sich mit erfolgreichen Replikatoren, und die erfolglosen Replikatoren verschwinden. Erfolg oder Mißerfolg der Replikatoren sind abhängig von ihrer Fähigkeit, Vehikel zu bauen, das heißt phänotypische Wirkungen zu erzielen. Die Vehikel bilden ihrerseits eine Hierarchie von Individuen, Gruppen, Arten und so weiter. Über den unterschiedlichen Erfolg der Vehikel kann man auf allen Ebenen der Hierarchie sprechen. Solange man über die Hierarchie der Vehikel spricht, gibt es auch eine Hierarchie der Selektionsebenen. Hat man es aber mit Replikatoren zu tun, gibt es sie nicht. Wir kennen nur einen Replikator, es sei denn, man bezieht die Meme ein.

Das versteht Steve nicht. Er redet weiter von Hierarchien, als ob sich das Gen auf der untersten Stufe der Hierarchie befände. Aber das Gen hat mit der untersten Stufe der Hierarchie nichts zu tun. Es steht daneben.

Gould und ich sind nicht nur populärwissenschaftliche Vermittler. Unsere Ideen beeinflussen und verändern das Leben von Menschen – sie bestimmen mit darüber, wie andere Wissenschaftler denken, und regen sie zu neuen, konstruktiven Überlegungen an. Es besteht die Neigung, die populäre Vermittlung herunterzuspielen. Ich möchte uns beide nicht als populärwissenschaftliche Autoren bezeichnen. Die Grenze zwischen dem Kreativen und dem Populären ist schwer zu ziehen. Mich selbst betrachte ich gern als kreative Kraft in unserem Fachgebiet. Das ist etwas anderes, als wenn man nur berichtet, indem man ein Buch schreibt und darin die gegenwärtige Lehrmeinung so darstellt, daß die Leute sie verstehen. Das tun wir nicht. Wir leisten etwas Kreatives und verändern das Denken der Menschen.

Andererseits stimmt es nicht, wenn man uns als die beiden führenden Köpfe der Evolutionsforschung bezeichnet. Die großen kreativen Persönlichkeiten der heutigen Evolutionswissenschaft sind W. D. Hamilton, John Maynard Smith und George Williams. Hamilton ist der Erfinder der Verwandtenselektion. Heute beschäftigt er sich vor allem mit der Sexualität, denn die ist in der Evolutionstheorie ein großes Problem. Wozu dient sie, und warum gibt es sie? Er formulierte die neueste und vermutlich vielversprechendste Theorie über den eigentlichen Zweck der Sexualität. Die Ursache der Sexualität ist nach seiner Ansicht Anpassung zwecks Abwehr von Parasiten. Das ist eine sehr aufregende, umwälzende Betrachtungsweise: Die Evolution ist danach ein dynamisches, ununterbrochenes, rasend schnelles Vorwärtsdrängen. Hamilton war während seiner Laufbahn originell und anregend; er hat ganze Forschungsgenerationen zu neuen Anstrengungen angespornt.

Manche Leute halten mich für einen Fanatiker. Das liegt zum Teil an meinem leidenschaftlichen Widerwillen gegen einfältige religiöse Vorurteile, die nach meiner Überzeugung von Übel sind. Was mich als Wissenschaftler betrifft, so stammt mein Fanatismus aus einem tiefsitzenden Interesse an der Wahrheit. Ich hasse jede Art von Vernebelung und Täuschung. Wenn ich jemanden für einen Scharlatan halte, wenn es jemandem nicht wirklich um die Wahrheit geht und er statt dessen aus einem anderen Motiv heraus handelt, wenn jemand versucht, wie ein Intellektueller zu wirken oder sich kenntnisreicher oder geheimnisvoller zu geben, als er ist, dann stehe ich ihm sehr ablehnend gegenüber. Bis zu einem gewissen Grade ist das bei der Religion der Fall. Das Universum ist ohnehin schwer genug zu verstehen, auch ohne daß man etwas Mystisch-Geheimnisvolles einführt, das in Wirklichkeit nicht vorhanden ist. Ein anderer Fall ist die Ästhetik: Das Universum ist an sich geheimnisvoll, großartig, schön, ehrfurchtgebietend. Die Betrachtungsweisen, mit denen religiöse Menschen sich dem Universum nähern, waren von jeher kleinlich, pathetisch und schäbig im Vergleich zu dem, was das Universum tatsächlich ist. Das Universum ist nach Darstellung der institutionalisierten Religionen ein lumpiges, kleines mittelalterliches Universum in ganz engen Grenzen.

Ich bin Darwinist, weil es dazu nach meiner Überzeugung nur zwei Alternativen gibt: den Lamarckismus oder Gott, und beide erfüllen die Aufgabe als erklärendes Prinzip nicht. Das Leben im Universum ist entweder darwinistisch oder etwas ganz anderes, das bisher noch nicht gedacht wurde.

Es gibt in der Biologie nur ein allgemeines Prinzip, und das ist natürlich der Darwinismus. Die Bedeutung der Evolutionstheorie stellt niemand in Frage; niemand zweifelt daran, daß die Darwinsche Evolution die zentrale biologische Theorie ist. Aber es muß noch eine ganze Menge getan werden, um die Allgemeinheit davon zu überzeugen. Wie Sie wissen, glauben fünfzig Prozent der amerikanischen Bevölkerung noch nicht einmal an die Evolution, vom Darwinismus ganz zu schweigen. Die Angriffe auf den Darwinismus, die ja aus einem Zustand der Unwissenheit kommen, erzeugen meist eine Reaktion. Daß die Evolution sich abgespielt hat, ist ohne jeden Zweifel; das abzustreiten, ist so, als leugnete man, daß die Erde rund ist. Deshalb ist es möglich, daß Evolutionsbiologen arrogant wirken. Physiker müssen sich damit nicht herumschlagen.

Ich interessiere mich immer stärker für Computermodelle und künstliches Leben, denn der Darwinismus fesselt mich als allgemeines Phänomen: Wie muß er prinzipiell und überall im Universum aussehen? Wir können nicht dahin reisen, wo es außerdem noch Leben gibt. Nach meiner Überzeugung existiert anderswo im Universum Leben, aber wir wissen es nicht genau und werden es mit ziemlicher Sicherheit auch nie wissen. Es gibt viele Darwinismen im Universum, aber wir haben nur einen, den wir untersuchen können. Unserer Forschung stehen eine Menge Tiere, Pflanzen, Tier- und Pflanzengruppen zur Verfügung, aber nur ein Darwinismus.

Die zweitbeste Lösung nach der Reise zu einem anderen Planeten ist der Aufbau einer künstlichen Welt, und der Ort, der sich dafür anbietet, ist der Computer. In seine Siliziumwelt kann man eine Menge hineinpacken, und dann ist in ihr noch immer Platz für irgendwelche Abläufe. Man kann der Modellwelt jede beliebige Eigenschaft geben und dann versuchen, den Darwinismus in dieser Welt zum Laufen zu bringen; mit ein wenig Glück läßt sich auf diese Weise feststellen, welche wesentlichen Bestandteile des irdischen Darwinismus in der Modellwelt unverzichtbar und welche nur zufällig sind, und umgekehrt.

George C. Williams: Ich habe die Dawkinssche Vorstellung vom Replikator, die er in *Das egoistische Gen* dargelegt hat, zwar kritisiert, aber sie war mit Sicherheit ein wichtiger begrifflicher Fortschritt. Ich hege für Dawkins nur Respekt und Bewunderung.

Lynn Margulis: Richard Dawkins verkörpert all das, was ich über die Art der Rationalisierung bei Wissenschaftlern gesagt habe. In seiner vom Fernsehen übertragenen Antwort auf die Gaia-Hypothese sagte er wörtlich: »Die These ist nicht gefährlich oder beunruhigend, außer für Wissenschaftler, die Wert auf die Wahrheit legen.« In diesem Zitat äußert sich Dawkins' Arroganz. Ich lud ihn ein, zu kommen und die Gaia-Thesen mit Lovelock und mir zu diskutieren, aber er lehnte sogar eine Unterhaltung am Telefon ab. Ich hätte mit Vergnügen eine solche Reise und einen inhaltsreichen Gedankenaustausch mit Jim organisiert, und Dawkins wußte das. Er schießt lieber aus dem Hinterhalt, statt die Einzelheiten von Gaia zu erörtern. Wenn er sagt, Gaia sei »gefährlich für Wissenschaftler, die Wert auf die Wahrheit legen«, dann spricht er von sich selbst. Gaia sei für ihn gefährlich und beunruhigend, weil *er* – angeblich im Gegensatz zu uns anderen – Wert auf die Wahrheit lege. Seine Aussage zeigt nur den hier zugrundeliegenden Solipsismus.

Marvin Minsky: Ich bewundere Richard Dawkins' Konzeption der Meme, das heißt, strukturierter Wissenseinheiten, die mehr oder weniger fähig sind, sich fortzupflanzen, indem sie sich von einem Bewußtsein zum anderen kopieren. Vor ein paar Millionen Jahren entwickelten einige unserer Vorfahren einen Gehirnapparat, der darauf spezialisiert war, Wissen weniger parallel und »implizit« als vielmehr seriell und »explizit« darzustellen. Diese primatenartigen frühen Vorfahren erlangten allmählich die Fähigkeit, die Früchte ihrer Erfahrung durch Stimmsignale weiterzugeben. Das führte schließlich zu schnellen Fortschritten sowohl bei den bereits vorhandenen Fähigkeiten zum Lernen und zur Wiedergabe von Wissen als auch – was vielleicht noch wichtiger war – bei der sozialen Evolution neuer Ideen. Da sich die Möglichkeit jedes Gehirns zur seriellen Verarbeitung verbesserte, wurde die Gesamtgesellschaft in den Stand gesetzt, Wissen parallel anzusammeln. Damit änderte sich das eigentliche Wesen der Evolution. Nach dem Darwinschen Prinzip können wir uns nur auf der Ebene der Gene entwickeln; mit den Memen kann sich ein Ideensystem jedoch allein weiterentwickeln, ohne daß eine biologische Veränderung eintritt. Doch man erkennt vielfach noch die gleichen Erscheinungen bei den Evolutionskämpfen um die Eignung und so weiter – zum Beispiel wenn eine philosophische Richtung ein neues, überzeugendes Argument entwickelt, warum die Konkurrenten unrecht haben. Die Wechselwirkung zwischen der Fortpflanzung der Meme und der Darwinschen Evolution hat eine neue Ordnung entstehen lassen. Insbesondere macht sie Phänomene wie die »Gruppenselektion« möglich, die bei einfacheren Arten weniger gut belegt sind. Ich kann nicht erkennen, daß andere Evolutionstheoretiker dies ausreichend berücksichtigen, aber viele meiner Freunde und ich halten es für eine ungeheuer wichtige These.

Brian Goodwin: Richard Dawkins und ich sehen die Dinge sehr verschieden, denn er hat sich selbst zum Befürworter des Darwinismus erklärt. Für ihn war Darwin eine Offenbarung. Dawkins war Zoologe, Verhaltensforscher, und dann kam Darwin plötzlich über ihn, und er dachte: Mein Gott, das ist die Wahrheit, und diese Wahrheit soll jeder wissen! Er wurde so etwas wie ein Prediger.

Was die Ansichten über Biologie angeht, könnten Richard und ich sicher nicht weiter voneinander entfernt sein. Er ist ein höchst scharfsinniger Vertreter des biologischen und neodarwinistischen Reduktionismus, der sich zu den Genen und Replikatoren hinunter begibt. Großartig finde ich an ihm, daß er unmißverständlich deutlich gemacht hat, warum die Organismen aus dem Neodarwinismus verschwunden sind. Er glaubt, er habe mit den Genen und Replikatoren die Ebene der biologischen Wirklichkeit erreicht. Lebewesen sind aus seiner Sicht nur die Verpackung der Gene; Organismen sind zweitrangige Gebilde. Für mich stehen sie an erster Stelle, genau wie für Darwin. An diesem Punkt führen Richard und ich unsere leidenschaftlichsten Auseinandersetzungen. Ich halte ihn für den extremsten Vertreter eines in meinen Augen unglücklichen Trends in der Biologie.

Um kurz zusammenzufassen, wie er den Neodarwinismus in *Das egoistische Gen* und *The Extended Phenotype* darstellt, möchte ich vier seiner Kernaussagen erwähnen: 1. Organismen werden von Gengruppen aufgebaut, die das Ziel haben, möglichst viele Kopien von sich selbst herzustellen. 2. Dies führt zu der Metapher von dem Erbmaterial, das im Grundsatz egoistisch ist. 3. Dieser im Erbmaterial angelegte Egoismus spiegelt sich in den Konkurrenzkämpfen der Lebewesen wider, die in dem Überleben der besser geeigneten Varianten resultieren, die von den erfolgreicheren Genen hervorgebracht wurden. 4. Daraus ergibt sich, daß die Lebewesen ständig versuchen, besser und geeigneter zu werden und – um es mit einer mathematisch-geometrischen Metapher auszudrücken – die Gipfel der Eignungslandschaft zu ersteigen.

Die interessanteste Erkenntnis taucht am Ende von *Das egoistische Gen* auf, wenn Richard sagt, die Menschen könnten als einzige Spezies ihrem egoistischen Erbteil entgehen und durch Erziehung zu echten Altruisten werden. Ich stellte plötzlich fest, daß die vier zuvor genannten Punkte seine Neufassung von vier sehr vertrauten Prinzipien des christlichen Fundamentalismus waren, welche so lauten: 1. Der Mensch ist als Sünder geboren. 2. Wir haben ein egoistisches Erbe. 3. Deshalb ist die Menschheit zu einem aus Kampf und ständiger Mühsal bestehenden Leben verdammt. 4. Aber es gibt eine Erlösung.

Damit hat Richard völlig klargemacht, daß der Darwinismus eine Art Umwandlung der christlichen Theologie darstellt. Das ist Ketzerei, denn Darwin verlegt die Triebkraft der Evolution in die Materie, aber alles andere bleibt, wie es war. Ich habe den Verdacht, daß Richard in irgendeinem Stadium seines Lebens recht religiös war; dann machte er eine Art Bekehrung zum Darwinismus durch, und jetzt wünscht er inbrünstig, daß andere sich das als Lebensweise zu eigen machen.

Wir stimmen in puncto Evolution überein, wo es um Veränderungen im kleinen Maßstab geht. Ich bin seiner Ansicht, daß Anpassung und natürliche Selektion innerhalb der Arten kleine Veränderungen herbeiführen können – daß man zum Beispiel verschiedene Hunderassen selektionieren kann. Aber sie bleiben immer noch Hunde. Die Frage ist: Wie kann man aufhören, ein Hund zu sein, und zu etwas anderem werden? Dazu braucht man ein neues Prinzip. Der Darwinismus befaßt sich nur mit kleinen Veränderungen. Er beschäftigt sich nicht mit der Frage, wie die großen Formunterschiede zustande kommen, die in der Evolution auftauchen.

Der Darwinismus hat noch in einem anderen Sinn recht. Die

natürliche Selektion betrifft die Stabilität verschiedenartiger Lebenszyklen in unterschiedlichen Lebensräumen. Damit eine Spezies überlebt und erhalten bleibt, muß sie in einem bestimmten Lebensraum dynamische Stabilität besitzen. In diesem Sinn ist der Darwinismus auf eine triviale Weise wahr.

Aber der wichtige Punkt ist, wie die Dynamik funktioniert, wie die Evolution tatsächlich diese verschiedenen Formen hervorbringt. Nach Richards Auffassung läßt die Häufung der Unterschiede, die durch Genveränderungen erzeugt werden, etwas deutlich Neues entstehen, und deshalb kann man Arten, Gattungen, Ordnungen und Familien erklären – den ganzen taxonomischen Kram. Aber es gibt verschiedene Formkategorien, und hier kommen Physik und Mathematik ins Spiel. Ich glaube, daß es natürliche Sorten von Organismen gibt, so daß Gattungen und Arten eher den Elementen der Physik ähneln, beispielsweise dem Wasserstoff, Sauerstoff, Stickstoff und Kohlenstoff – verschiedenen Formen, die möglich sind. Und dann gibt es die Isotope, viele verschiedene Formen des Kohlenstoffs. Aber die Qualität Kohlenstoff bleibt in den Isotopen erhalten; sie haben immer noch die chemischen Eigenschaften dieses Elements. Genauso ist es mit den biologischen Spezies: Es gibt viele Abwandlungen einer Spezies, aber sie sind eine natürliche Sorte. Um das zu verstehen, braucht man eine Theorie der biologischen Form, die Physik und Mathematik einbezieht.

Steven Pinker: Die Lektüre der drei Bücher und vieler Artikel von Richard Dawkins stellte einen Wendepunkt in meiner geistigen Entwicklung dar. Als Student war ich von Gould und Lewontin überzeugt; ihre Ansicht war in Cambridge, Massachusetts, akademisch korrekt – teilweise weil sie in dem Ruf stand, einer linksgerichteten Politik nahezustehen, teilweise weil sie mittlerweile als moderne, niveauvolle Einstellung zur Evolution galt: Man sollte nicht einfach nette kleine Geschichten über die Entstehung von Merkmalen erzählen. Ich verspürte bei den Argumenten gegen den Adaptionismus immer ein leichtes intellektuelles Unbehagen, aber ich glaubte, ich wüßte einfach zu wenig über Evolution. Als ich Dawkins' Bücher und insbesondere *The Extendet Phenotype* las, war ich beeindruckt davon, wie strikt und scharfsinnig er den Begriff der natürlichen Selektion mit ihren Stärken und Schwächen darlegte.

Daß ich die Sichtweise von Dawkins und Williams sofort zu schätzen wußte, lag unter anderem daran, daß sie einen Gesichtspunkt der Biologie zu erklären versuchten, mit dem ich mich ebenfalls beschäftigte, nämlich die Anpassung zur Komplexität. Ich untersuche geistige Vorgänge, die man allgemein als gegeben hinnimmt, weil sie so gut funktionieren. Wenn ich den Geist erforsche, interessiere ich mich nicht dafür, wie Mozart eine Symphonie schrieb oder wie Einstein auf die Relativitätstheorie kam, und was dergleichen intellektuelle Höhepunkte mehr sind. Ich kümmere mich eher um die prosaischen Dinge, zum Beispiel darum, wie man durch ein Zimmer geht, eine einfache Frage stellt oder ein Gesicht erkennt.

Sehen wir uns einmal an, was hinter diesen Fähigkeiten steckt. Wie würde man eine Maschine bauen, die ein Gesicht ebenso leicht erkennt wie wir? Oder wie würde man einen Computer programmieren, damit er gewöhnliche Sätze hervorbringt und erkennt? Dazu ist ein gewaltiger Aufwand von hochentwickelter Technik erforderlich. Wenn es um das Sehen oder die Sprache geht, ist es Softwaretechnik, beim Augapfel oder der Hand handelt es sich dagegen um körperliche Technik. Aber man braucht auch Dutzende höchst diffizil angeordneter Subroutinen und Algorithmen, nur um etwas zu tun, was uns selbstverständlich ist. Williams und Dawkins weisen darauf hin, daß man zur Erklärung unwahrscheinlicher, gut konsturierter Eigenschaften die natürliche Selektion heranziehen muß. Da das Gehirn zum größten Teil aus gut konstruierten, unwahrscheinlichen Schaltkreisen besteht, ist der natürliche Schluß, daß jeder, der das Bewußtsein erforscht, es mit Anpassung zu tun hat: mit komplexen Produkten der natürlichen Selektion, die entstanden sind, weil sie irgendein Problem lösen konnten, dem unsere Hominidenvorfahren in ihrem täglichen Leben gegenüberstanden. Wenn man das normale Bewußtsein als selbstverständlich betrachtet und seine normalen Tätigkeiten geringschätzt, dann kann man sich die Vorstellung leisten, es sei ein zufälliges Nebenprodukt des großen Gehirns, eine Folge der Gendrift oder das Ergebnis einer zufälligen Mutation. Wenn man aber gewissermaßen den Frosch aufgeschnitten hat und all die hübsch angeordneten Organe in seinem Inneren sieht, ist man viel weniger geneigt, das alles einem recht ziellosen oder relativ einfachen Vorgang zuzuschreiben, und man wird viel eher nach den biologischen Kräften suchen, die komplexe Organe hervorbringen können.

Niles Eldredge: Ich lernte Richard 1994 endlich kennen. Vorher hatte ich nur ein einziges Mal mit ihm zu tun gehabt: Er teilte mir in einem Brief mit, er wolle die neuen *Oxford Surveys in Evolutionary Biology* herausbringen, und ob es mir etwas ausmachen würde, dafür einen Beitrag zu schreiben. Zufällig hatte ich gerade ein Manuskript, das ich zusammen mit Stan Salthe verfaßt hatte und das kurz zuvor von der Zeitschrift *Evolution* abgelehnt worden war mit dem Kommentar, man wolle weder Philosophie noch Theorie veröffentlichen, sondern nur empirische Befunde. Ich schrieb an Richard: »Das wird Dir nicht gefallen, es handelt nur von Hierarchie.« Er antwortete: »Wie kommst Du darauf, daß ich Hierarchien nicht mag?« Eine recht witzige Bemerkung, denn er ist ein auf Gene fixierter Reduktionist. Er redet durchaus von Hierarchien, aber er geht anders damit um.

Er stellt eine große Bereicherung für das Fachgebiet dar. Er kann unglaublich komisch sein. Selbst wenn er uns aufspießt, glaube ich manchmal, er schreibt von allen die besten Kommentare über uns. Der klügste stammte allerdings nicht von Richard, sondern von Brian Taylor, einem Genetiker da drüben, der das unterbrochene Gleichgewicht einmal als »ruckartige Evolution« bezeichnete. Darüber mußte ich lachen – obwohl er mich damit natürlich anpinkelte.

Richard ist nicht nur ein guter Vermittler, sondern er denkt auch originell. Deshalb hege ich Sympathie für ihn. Und nicht nur das; die ganze reduktionistische Richtung, die Williams in der Evolutionsbiologie eingeschlagen hat – der Ultradarwinismus –, hat einen menschenfreundlichen Zug: Sie hat Arbeit für eine Menge Leute geschaffen, insbesondere durch die Soziobiologie. Aber die ganze genoriertierte Richtung wurde zu einer Metapher und auch zu einem Allerweltsthema, und diese Verbreitung haben wir vor allem Dawkins zu verdanken.

W. Daniel Hillis: Ich habe an Dawkins nur eines auszusetzen: Er erklärt seine Gedanken zu verständlich. Wer seine Bücher liest, bei dem bleibt oft die Illusion, die Dinge seien einfacher, als sie in Wirklichkeit sind. Genau wie Marx seinen Lesern das Gefühl vermittelt, sie seien plötzlich Experten mit genauen Kenntnissen in Geschichte und Wirtschaft, so läßt auch Dawkins sein Publikum glauben, es befinde sich in Sachen Biologie in einer Sonderstellung. Das ärgert die Biologen, insbesondere weil Dawkins sehr gute Ideen hat. Begriffe wie egoistisches Gen, Mem und erweiterter Phänotyp sind aussagekräftig und aufregend. Sie veranlassen mich, anders zu denken. Leider muß ich viel Zeit auf Diskussionen mit Leuten verwenden, die diese Ideen überinterpretiert haben. Man mißversteht sie leicht und glaubt dann, sie könnten mehr erklären, als es der Fall ist. Sehen Sie, deshalb ist Dawkins ein gefährlicher Bursche. Wie Marx. Oder Darwin.

Stuart Kauffman: Richard und ich stehen so ziemlich an den beiden äußersten Enden des Spektrums. Richards ist ein Erbe der reinen darwinistischen Lehre, möchte aber die Selektion als Erklärung für alles ansehen. Er ignoriert die Ordnung, die von selbst entsteht, einfach weil sie nicht in die darwinistische Tradition paßt, obwohl sie dem Darwinismus in keiner Weise widerspricht. Richard ist ein sehr beredter Fürsprecher der konservativsten Interpretation Darwinscher Evolution – konservativ in dem darwinistischen Sinne, daß alles auf Selektion zurückgeht. Darwin selbst war da wesentlich eklektischer.

In seinem Buch *Der blinde Uhrmacher* beschreibt Richard ein von ihm entwickeltes Computerprogramm, das Morphologie entstehen läßt. Ich habe zugesehen, wie er damit gearbeitet hat; es ist interessant und macht Spaß, aber es steckt weniger dahinter, als man meinen könnte. Ich glaube, ich bin sowohl aufgeschlossen als auch ein wenig kritisch. Es ist klar, daß man morphologische Varianten erzeugen kann, wenn man etwas hat, das man Genotyp nennt und das etwas hervorbringt, das man dann eine Morphologie nennt. Man spielt mit einem Genotyp herum, führt Mutationen ein und läßt auf diese Weise eine andere Morphologie entstehen. Man kann zweifellos eine Abstammungslinie der morphologischen Formen selektionieren, und, so gesehen, ist es gut, denn es stimmt die Intuition auf die Vorstellung ein, wie die verzweigte Stammesgeschichte aussehen könnte. Aber einen Teil seiner Arbeiten mag ich nicht: An den Entwicklungsmechanismen und morphologischen Eigenschaften, die Richard postuliert, ist nichts Natürliches oder Selbstorganisiertes oder Kraftvolles. Er hat einfach nur Computerprogramme, die willkürlich Stäbchenfiguren oder irgend etwas anderes zeichnen. So funktioniert die Entwicklung in Wirklichkeit nicht.

Wenn man sich Richards Computerprogramm »Blinder Uhrmacher« ansieht, dann hat man es, soweit ich es verstehe, mit einem Programm zu tun, bei dem kleine Unterprogramme

123

tierähnliche Figuren auf den Bildschirm zeichnen. Darin muß es kleine Anweisungen geben wie »Beinlänge: 7 Zots« oder »Mach 7 Zots«. Eine Mutation würde befehlen: »Mach X minus ein oder X plus ein Zots.« Was ein Zot auch sein mag – zum Beispiel die Länge. Diesen Entwicklungsmechanismus läßt Richard auf dem Computer ablaufen. Es ist ein kleiner Algorithmus, der eine Linie zeichnet. Führt man in den Algorithmus eine Mutation ein, verändert man die Morphologie, die das Ding zeichnet.

Das Problem dabei ist die völlige Willkür beim Schreiben eines Computerprogramms, das Linien auf den Bildschirm zeichnet. Mit »Willkür« meine ich dabei etwas ganz Bestimmtes. Nehmen wir zum Vergleich ein Beispiel aus der wirklichen Morphologie: Wenn man Lecithin oder Cholesterin in Wasser bringt, bildet es Lipidvesikel, Bläschen mit einer Doppelschichtmembran, die man auch Liposome nennt. Man bekommt ein hohles, kugelförmiges Liposom, das einer Zellmembran ähnelt. Das ist das spontane Verhalten von Lipiden in Wasser. Es ist eine energiearme Form, die sich selbst aufbaut. Es gibt eine Morphologie. Es ist nicht willkürlich. In Physik und Chemie existieren Funktionsprinzipien, die für die Ausbildung einer Doppelschichtmembran sorgen. Eine solche Membran ist robust. Verändert man den Lipidtyp, die Temperatur, die gelösten Substanzen oder das Lösungsmittel, bekommt man immer noch Lipidvesikel. Sie bilden sich über ein breites Spektrum von Veränderungen und Bedingungen hinweg. Diese Morphologie hat eine innere Widerstandskraft, und das ist ein entscheidendes Merkmal von Morphologie.

Man könnte das gleiche auf einem Computer nachvollziehen, aber es steckt nicht von sich aus in einem Programm, das willkürliche »Morphologien« zeichnet. Ich kann in Richards Ansatz kein Indiz für die Annahme entdecken, er betrachte tatsächlich, welche natürlichen Formen von selbst herauskommen können.

124

Daniel C. Dennett: Ich lernte Richard kennen, nachdem ich *Das egoistische Gen* gelesen hatte. Es ist manchmal komisch und manchmal geradezu unheimlich, wie ähnlich wir denken. Wir haben in so vielen Fragen fast die gleichen Ansichten, daß ich allmählich der Meinung bin – und ich scherze mit ihm darüber –, wir sollten uns sehr davor hüten, einander zuviel zuzuhören, denn wir heizen uns nur gegenseitig an. Was auch unsere Schwächen sein mögen, wir haben sie gemeinsam und tolerieren sie beim anderen. Über unsere Arbeit sagen wir uns gegenseitig: »Ja, gut, weiter so!« Es ist sehr befriedigend, jemandem zu begegnen, der, was Herkunft, Wissen und Ziele angeht, so ganz anders ist und dennoch auch aus meiner Sicht den Nagel so unfehlbar auf den Kopf trifft!

Manche Leute halten Dawkins entgegen, er sei das, was ich heute einen gefräßigen Reduktionisten nenne – das heißt, er vereinfache zu stark und versuche, mit viel zu wenig differenzierten Erklärungen auszukommen. Dieser Einwand mag in mancher Hinsicht sogar gerechtfertigt sein, aber das ist kein Beinbruch. Die Algorithmenmethode, wie Dawkins sie darstellt, ist absichtlich stark vereinfacht. Aber er läßt genügend Spielraum, um sie komplizierter zu machen. Er baut zahlreiche Warnungen ein, daß er eine übermäßig simple Version präsentiert. Der Vorwurf des »gefräßigen Reduktionisten« ist ein Sturm im Wasserglas. Dawkins ist nicht im Irrtum – er ist nur schon manchmal zu optimistisch gewesen.

Wenn man die Meinungsverschiedenheiten zwischen Gould und Dawkins im wesentlichen als eine Frage der Strategie betrachtet, stellt sich heraus, daß sie sinnvoll sind. Es ist eine konstruktive Art, die Fehde zu betrachten, und Gould hat sogar ein wenig recht. Leben und Evolution – und insbesondere die Evolutionsfähigkeit – sind komplizierter, als Dawkins zugeben möchte. Das ist nichts Weltbewegendes, aber es ist interessant; selbst Dawkins könnte zu diesem Punkt eigentlich ohne weiteres sagen: »Danke, Steve, ich hab' das gebraucht.«

Maynard Smith hat etwas sehr Kluges über die unterschiedlichen Einstellungen zur Natur gesagt. Es gibt eine städtische und eine ländliche Sicht der Natur. Gould drückt sicher die städtische Perspektive aus, Dawkins und Maynard Smith vertreten die ländliche. Machen wir einmal ein Gedankenexperiment. Angenommen, wir hätten Aristoteles mit einer Zeitmaschine in die Gegenwart befördert und mitten im Berufsverkehr an einer Autobahn abgesetzt. Natürlich wäre er verblüfft. Was würde ihn mehr in Erstaunen versetzen? Daß es überhaupt Autos und Lastwagen gibt? Oder daß sie in so vielen Variationen vorkommen? Würde er sagen: »Warum sind sie nicht alle schwarz? Warum haben nicht alle die gleiche Form?« Oder wäre er eher davon beeindruckt, daß sie überhaupt existieren? Vermutlich sind beide Tatsachen verblüffend und erklärungsbedürftig. Dawkins und Maynard Smith sind mehr von der hervorragenden Qualität der Konstruktion beeindruckt, von der Erkenntnis, daß so etwas überhaupt möglich ist – und daß es Umstände gibt, unter denen solche Wunder der Formgebung entstehen konnten. Gould wundert sich mehr über die bloße Tatsache der Verschiedenheit der Formen.

Beides ist wichtig, und beides hängt natürlich zusammen. Gäbe es keine Vielfalt in der Konstruktion, dann wäre auch die besondere Qualität der Konstruktion nicht gut möglich. Man kann sich sehr gut einen Planeten vorstellen, der Milliarden von Jahren nur von sehr wenigen einfachen Lebensformen besiedelt war und sonst nichts. Keine nennenswerte Vielfalt, vielleicht nur ein paar photosynthetische Lebewesen. Immerhin sah es auf unserem Planeten die meiste Zeit, seit es Leben gibt, auch so aus. Adaptionisten wie Dawkins und Maynard Smith müßten Dummköpfe sein, wollten sie leugnen, daß Vielfalt eine Triebkraft der Optimierung ist. Natürlich ist sie das! Die Vielfalt ist der Motor dessen, was sie Rüstungswettlauf nennen, die Schaffung von Formverbesserungen. Gleichzeitig schafft der Rüstungswettlauf auch die Gelegenheit zu weiterer Zunahme der Vielfalt, das heißt, das System treibt sich selbst an. Der Gedanke, es könne zwischen den beiden Vorstellungen einen Konflikt geben, ist witzlos. Sie gehören zusammen wie Eier und Schinken.

Steve Jones: Mit *Der blinde Uhrmacher* hat Dawkins das beste Buch über Evolution seit dem Zweiten Weltkrieg geschrieben. Es ist einfach und läßt manches aus – er selbst würde das als erster einräumen –, aber es erklärt, worum es geht, und hat ein Gespür für das Thema wie kein anderes Buch. Ich nehme mir dafür viel Zeit. Als Dawkins anfing, hatte er, bildlich gesprochen, kalte Füße, weil er Experimente mit dem Freßverhalten von Hühnern anstellte. Einer allgemeinen Regel zufolge, werden Wissenschaftler erst dann berühmt, wenn sie keine Experimente mehr machen, und Richard ist dafür ein hervorragendes Beispiel.

Ich würde sagen, er ist der beste populärwissenschaftliche Vermittler von allen. Er eignet sich gut für das Thema und machte es vielen Menschen zugänglich, die sonst nichts darüber erfahren hätten – Leuten, die die Rechnungen bezahlen. Und er war bereit, brutal einfache Thesen – zum Beispiel die vom egoistischen Gen, die so einfach ist, daß sie eigentlich nicht stimmen dürfte – auf den unwahrscheinlichsten Gebieten anzuwenden, und dann stellte sich heraus, daß sie meistens stimmten.

Richards Dawkins war in mancherlei Hinsicht der Martin Luther der Biologie. Er ist der Bursche, der den ganzen theologischen Mystizismus im Umfeld der evolutionswissenschaftlichen Kirche durchforstete und fragte: »Was ist die große Frage?« Die großen Fragen sind diejenigen, die man beantworten kann. Ist das nicht möglich, ist die Frage definitionsgemäß winzig und uninteressant.

BRIAN GOODWIN

Biologie ist nur ein Tanz

Francisco Varela: Man sollte Brian als theoretischen Biologen bezeichnen. Er war von Anfang an in der Biologie tätig, aber in letzter Zeit nimmt er einen eher strukturalistischen Standpunkt ein und sucht nach grundlegenden Gesetzmäßigkeiten, durch die sich das Lebendige ausdrückt. In diesem Sinne hat er einer Biologie, die mehr oder weniger auf Einzelbestandteile und Moleküle fixiert ist, neue Inhalte vermittelt.

Brian Goodwin ist Biologe; er arbeitet als Professor für Biologie an der Open University in der Nähe von London und ist Autor des Buches *How the Lion Changed Its Spots.*

Wie der leopard seine Flecken
verliert

129

Brian Goodwin: Die »neue Biologie« ist Biologie in Form einer exakten Wissenschaft von komplexen Systemen, die mit Dynamik und dem Auftauchen von Ordnung zu tun haben. Damit ändert sich in der Biologie alles. Statt der Metaphern von Konflikt, Konkurrenz, egoistischen Genen und dem Besteigen von Gipfeln in einer Eignungslandschaft zeigt sich die Evolution als Tanz. Sie hat kein Ziel. Wie Stephen Jay Gould sagt: Es gibt keinen Zweck, keinen Fortschritt, keinen Sinn für eine Richtung. Es ist ein Tanz durch den Morphoraum, den Spielraum für die Formen von Lebewesen.

Wird die Biologie sich mit der Physik vereinigen, ihre Vorstellung von Regeln, Organisation, Regelmäßigkeit und Ordnung übernehmen? Die neue Bewegung verwandelt die Biologie, weg von einer historischen Wissenschaft, die sie zur Zeit ist, wo der Darwinismus das Ziel hat, die Geschichte des Lebens auf der Erde nachzuzeichnen. Physik dagegen handelt von Gesetzen, von den Ordnungsprinzipien der Materie. In der Biologie tun wir das gleiche: Wir betrachten die Organisationsprinzipien, die Dynamik der Lebensvorgänge. Wenn man das verstanden hat, kann man sagen: »Aha! Die Geschichte hat diesen oder jenen Verlauf genommen und die subtile Ordnung in diesem besonderen Organisationszustand der Materie ausgedrückt, den wir Leben nennen.« Als erstes muß man also den Zustand des Lebens verstehen.

Ich interessiere mich für die Organisation des lebendigen Zustandes, denn das ist das Thema der theoretischen Biologie. Wie definiert man den Zustand des Lebens als dynamisches System?

Mein erster Beitrag bestand in dem Nachweis, daß Lebewesen im wesentlichen rhythmisch arbeitende Systeme sind – das erklärt, warum biologische Uhren allgegenwärtig sind. Ich interessierte mich für das Frequenzspektrum, das zeigt, daß Steuerungssysteme oszillieren; diese haben einen Rhythmus, der ganze Organismus ist ein verflochtenes, dynamisches System, das mit vielen verschiedenen Frequenzen arbeitet. Das führt zu der Vorstellung einer Homöodynamik anstelle der Homöostase. Statt der immer gleichen physiologischen Variablen hat man rhythmische Variablen: Temperatur, Konzentration verschiedener Substanzen im Blut, Herzschlag, Atmung, Tagesrhyhtmus und Menstruationszyklus – alles, was man heute als Chronobiologie bezeichnet. Ich habe den Begriff nicht erfunden, aber ich gab der Vorstellung, daß Organismen rhythmisch organisierte Gebilde sind, großen Auftrieb.

In der Medizin gilt die Chronobiologie als neue Welle der Behandlung für alle möglichen Krankheiten, weil man in das System im richtigen Stadium, zum richtigen Zeitpunkt eingreifen können muß. Und dann gibt es den Begriff von der Dynamik der Krankheiten. Diese Ideen hat der theoretische Biologe Arthur Winfree entwickelt. Er zeigte zum Beispiel, warum manche völlig gesunden Menschen plötzlich an Herzversagen sterben. Es liege daran, daß das Herz in einen anderen dynamischen Betriebszustand übergehe: zum Kammerflimmern, das für das Herz völlig natürlich ist; es ist einer der dynamischen Zustände, die ihm zur Verfügung stehen. Das Flimmern ist ein regelmäßiger, rhythmischer Vorgang, nur das Blut wird dabei nicht besonders gut gepumpt. Der Mensch fällt um und stirbt an Sauerstoffmangel. Der Organismus ist ein sehr robustes System, weil alle Bestandteile untereinander in Wechselwirkung stehen und einander verstärken. Aber manchmal schaltet er plötzlich in einen anderen Zustand um. Was im Sinne der Dynamik des Systems völlig natürlich ist, kann für den Menschen, der es erlebt, schlimme Folgen haben. Ganzheitliche Behandlungsmethoden wirken wahrscheinlich gerade deshalb, weil sie dafür sorgen, daß die verschiedenen rhythmischen Systeme stets aufeinander abgestimmt bleiben.

Nachdem ich mich mehrere Jahre lang mit biologischen Rhythmen beschäftigt hatte, wechselte ich zur Untersuchung der biologischen Form über. Das Studium der Formen führt in der Evolutionstheorie zu einer Verlagerung des Schwerpunktes. Man befaßt sich nicht mehr mit Genen, sondern mit ganzen Organismen, ihren Umwandlungen, ihrer Gestalt. Wir kehren zum Ausgangspunkt der modernen Biologie zurück, zu Linnaeus und dem System zur Klassifizierung der verschiedenen Arten, der Beziehungen zwischen Ähnlichkeit und Verschiedenartigkeit. Wir entdecken den ganzen Organismus wieder als die eigentliche Existenz, die dem entwicklungsgeschichtlichen Wandel unterliegt. Er ist nicht die einzige; es gibt auch Ökosysteme und andere Ebenen. Aber der Organismus steht absolut im Vordergrund. Wir haben ihn verloren und müssen ihn wiederfinden. Wir müssen ihn in der Medizin ebenso wiederentdecken wie für Umweltstudien, Ökosysteme, Planetendynamik und das ganze Interessenspektrum von Gaia. Mir scheint, daß hier die Musik spielt. Eines dieser allgegenwärtigen Worte, das ich nicht besonders liebe, obwohl es eine gewisse Verbreitung gefunden hat, lautet »Holismus«. Wir kehren heute wieder zu einer holistischen Sicht der biologischen Systeme zurück.

Die kleineren Abwandlungen und die genaue Anpassung der Organismen an ihren Lebensraum lassen sich mit dem Neodarwinismus sehr gut erklären, aber die globale Frage nach der Evolution im großen Maßstab ist damit nicht beantwortet. Wie kommt es zu entwicklungsgeschichtlichen Neuerungen? Wie entsteht Ordnung? Der Unterschied zwischen Kraken und Fischen und Pinguinen? Damit beschäftigt sich die Erforschung der Komplexität jetzt immer stärker – um zu zeigen, wie sich aus der Komplexität neue Eigenschaften entwickeln können, so daß sich Ordnung einstellt. Die Schwierigkeit besteht darin, die theoretischen Arbeiten mit den biologischen Befunden zu verknüpfen. Die meisten Computermodelle sind heute noch sehr abstrakt, und es gibt kaum genaue Hinweise darauf, wie sie sich auf die tatsächlichen Vorgänge in den Organismen übertragen lassen.

Ich hatte immer den Eindruck, daß die Genetik mir auf die Fragen, die mich wirklich interessieren, keine Antwort geben könne. Ich kannte die Arbeit von Dobzhansky, R. A. Fisher und Ernst Mayr. Ich besuchte Tagungen, die der britische Embryologe, Genetiker und Wissenschaftsphilosoph C. H. Waddington organisierte. Dort traf ich Ernst Mayr und erörterte diese Themen mit ihm. Ich habe größte Hochachtung vor seinen Thesen. Er hat wichtige Schritte unternommen und bedeutende Beiträge geliefert, aber er konnte meines Erachtens das Problem nicht klären, das mich beschäftigt, nämlich die Frage nach der biologischen Form. Sie geht auf die ursprüngliche Fragestellung zurück: Wie entstehen die verschiedenen Typen von Organismen während der Evolution? Das ist die Frage, die mich fesselt. Ich glaube nicht, daß einer von diesen Leuten eine Antwort darauf hat. Sie reden nur über die kleinen, der Anpassung dienenden Veränderungen, die wir bei den Organismen beobachten.

Das war Darwins Ausgangspunkt. Er beobachtete, wie die Leute Schweine, Katzen, Hunde und Pferde züchteten. Er wies darauf hin, daß sie aus spontan entstandenen Varianten auswählten und ein breites Formenspektrum produzierten. Man braucht sich nur die Vielfalt der Hunde anzusehen. Aber immer sind es Hunde. Ihre typischen Eigenschaften können sie nicht hinter sich lassen. Die Frage lautet: Wie gelangt man zu etwas anderem? Nach der üblichen Annahme müssen sich nur genügend genetische Unterschiede ansammeln, damit etwas qualitativ Neues entsteht. Das ist eine durchaus vernünftige Hypothese, aber bisher hat niemand gezeigt, wie sie funktioniert. Etwas Grundlegendes scheint zu fehlen. Und genau das interessiert mich.

An der University of Sussex hatte ich das Glück, mit John Maynard Smith in Kontakt zu kommen, der bei J. B. S. Haldane, einem der Gründer der modernen Synthese, gearbeitet hatte. John war ursprünglich Ingenieur. Zu Beginn seiner Laufbahn hatte er Flugzeuge entworfen, aber das fand er langweilig, und deshalb wurde er Biologe und ging nach London zu Haldane. John erzählte über seine gelegentlichen Gespräche mit Haldane. Wie sich dabei herausstellte, hatte dieser auch über das Problem nachgedacht, für das William Hamilton in Oxford berühmt wurde, und dazu einen der ersten Lösungsvorschläge gemacht. Das ist keineswegs eine Abwertung Hamiltons, sondern es bedeutet nur, daß Haldane die Grundthese bereits antizipiert hatte. Hamilton arbeitete nicht mit Haldane zusammen, sondern kam unabhängig auf die Idee der Verwandtenselektion und Gesamteignung, die er dann weiterentwickelte. Das Thema lag einfach in der Luft. Hamiltons Arbeiten gehören nicht zu einem Gebiet, dessen Entwicklung ich genau verfolge. Ich messe der Theorie der Verwandtenselektion für die Fragen, die mich interessieren, keine besondere Bedeutung bei. Selbst wenn es um die Organisation bei staatenbildenden Insekten geht, halte ich sie nicht für sehr wichtig.

Man sagt oft, soziale Insekten – Ameisen, Bienen, Termiten, Wespen oder was auch immer – seien nur deshalb so auf Zusammenarbeit aus, weil sie alle verwandt seien. Sie hätten gemeinsame Gene, und deshalb kooperierten sie. Wenn man nicht zur gleichen Familie gehöre, tue man das nicht. Das ist der Grundgedanke in Hamiltons Theorie von der Gesamteignung. Sie liefert aber keine befriedigende Erklärung für kooperatives Verhalten, denn sie sagt nichts darüber, wie das Phänomen entsteht. Es ist ein ähnlich gearteter Vorschlag wie die genetische Erklärung der Form.

Weil Gene die Form verändern können, nimmt man an, sie seien auch ihre Ursache. Aber damit hat man nicht erklärt, wie die Form überhaupt entsteht. Ganz ähnlich ist es mit den Verhaltensmustern der staatenbildenden Insekten: Es reicht nicht, wenn man einfach sagt, sie seien verwandt und arbeiteten deshalb zusammen. Das ist eine etwas zu triviale Beschreibung von Hamiltons Hypothese, aber soweit ich weiß, hat niemand aus der Arbeitsgruppe in Oxford jemals gezeigt, wie die Erscheinungsformen der Kooperation sich tatsächlich aus der Dynamik des Gruppenverhaltens entwickeln.

George Williams ist wegen seiner Untersuchungen zur Evolution der Sexualität von großer Bedeutung. Die Sexualität ist für die Neodarwinisten ein großes Problem, denn Organismen, die sich asexuell fortpflanzen – zum Beispiel Erdbeeren, bei denen neue Pflanzen aus Ablegern entstehen –, setzen ihre Energie viel effektiver ein, als wenn zwei Pflanzen oder andere Organismen erst zusammentreffen müssen, damit ein Nachkomme entsteht. Warum gibt es die Sexualität, wenn die Fortpflanzung ohne sie effektiver ist?

Williams erklärt mit höchst ausgeklügelten Argumenten, wie es dazu kam und welche Vorteile für Vielfalt und Abwandlung sich daraus ergeben – wenn sich die Gene in der Population vermischen. Es ist der genetische Algorithmus. Die Organismen können den möglichen Spielraum ihrer Gene besser ausloten, wenn sich verschiedene Genome vermischen. Dawkins wurde ebenso wie Maynard Smith stark von Williams' Überlegungen beeinflußt. Im Rahmen der neodarwinistischen Axiome liefert Williams plausible Argumente.

Niles Eldredge und Stephen Jay Gould haben die Aufmerksamkeit wieder auf die großen entwicklungsgeschichtlichen Veränderungen gelenkt. Wie kommt es zu einer neuen Art?

Ihre Theorie vom unterbrochenen Gleichgewicht behandelt ein sehr reales Problem. Eldredge und Gould sahen sich die Fossilfunde an. Und was geschieht? Es ist höchst verblüffend! Man sieht nicht, wie eine Art in eine andere übergeht. Eine Spezies entsteht, bleibt ein paar Millionen Jahre lang erhalten und verschwindet wieder. Bei manchen Arten sind es fünfhundert Millionen Jahre, bei anderen nur wenige Millionen. Neue Arten treten nicht allmählich auf, sondern plötzlich. Mit dieser Frage der Neuentstehung beschäftigt sich die Theorie vom unterbrochenen Gleichgewicht. Natürlich ernteten Eldredge und Gould eine Menge Sperrfeuer; man warf ihnen vor, sie seien Marxisten. Sie redeten über große Veränderungen, die sich tatsächlich abgespielt hatten, über biologische Revolutionen. Eldredge ist kein Marxist, aber Gould hat einen solchen Hintergrund. Ich wünschte ihm mehr Einfluß. Man beschuldigte ihn, er schmuggelte eine revolutionäre Doktrin in die Biologie. So ein Quatsch! Er hat sich nur die tatsächlichen Befunde angesehen.

Ähnliche Anfeindungen erlebten in Großbritannien auch die Kladisten, die aufgrund detaillierter Computeranalysen der Merkmalsverteilung bei Arten Taxonomien bildeten. Sie argumentierten folgendermaßen: Wenn man die Zusammenhänge der Ähnlichkeiten und Unterschiede zwischen Organismen verstehen will, muß man streng logische, von der Geschichte unabhängige Kriterien anwenden. Das galt als Ketzerei, denn nach der allgemeinen Lehre gründete sich die gesamte Taxonomie beziehungsweise Klassifikation der Lebewesen auf Geschichte, auf die Abstammung mit Veränderung. Man warf den Kladisten vor, sie hätten den Darwinismus aufgegeben, genau wie man Gould und Eldredge beschuldigt hatte, sie hätten die Grundprinzipien des Darwinismus über Bord geworfen, deren Basis die Anhäufung kleiner Anpassungen ist. Aber der Darwinismus allein kann entwicklungsgeschichtliche Neuerungen nicht erklären.

Auch was die Bedeutung der Physik für die Biologie angeht, gibt es ein Mißverständnis. Man konzentriert sich auf die Gene und ihre Wandlungen im Laufe der Zeit, und dabei neigt man dazu, die räumliche Dimension der Lebewesen zu vernachlässigen. Aber Organismen sind räumlich organisierte Systeme, und um ihre Bauprinzipien zu beschreiben, braucht man Feldtheorien wie die, mit denen man in der Physik räumliche Ordnung erklärt. In der Entwicklung eines Organismus sind das die morphogenetischen Felder, die eine Form entstehen lassen, während der Embryo von der befruchteten Eizelle zum ausgewachsenen Organismus heranreift. Die Biologen kommen durchaus mit diesem Feldbegriff in Berührung, aber er ist nicht gut entwickelt, weil die Biologenausbildung sehr wenig Physik und Mathematik umfaßt; beides ist aber notwendig, wenn man verstehen will, wie aus einem relativ einfachen Ausgangsmaterial – der befruchteten Eizelle – komplexe Formen hervorgehen können. Hier spielen bestimmte Gesetzmäßigkeiten – die Prinzipien der Morphogenese – eine Rolle.

Zwischen diesen Formgesetzen und den Prinzipien der Technik besteht ein Unterschied. Technische Prinzipien sind Strukturprinzipien; sie sagen nichts darüber aus, wie sich die Dinge von selbst verändern und entwickeln, sondern legen fest, wie man Teile so zusammensetzt, daß das Ganze bestimmte Eigenschaften hat. Um zu verstehen, wie in einem sich entwickelnden Organismus die Form entsteht, braucht man eher so etwas wie die physikalische Theorie vom Ursprung des Universums – etwas wie die Ideen von Hawking. Oder die Ursprünge des Planetensystems: Am Anfang steht eine Gasmasse, und allmählich kondensieren sich daraus die Planeten, die die Sonne umkreisen. Das ist ein echtes evolutionäres Problem der Form. Wie entsteht die elliptische Form der Planetenumlaufbahnen? Mit solchen Fragen hat man es bei der Entwicklung von Organismen zu tun, nur daß lebende Organismen viel komplexer aufgebaut sind als Planetensysteme.

Um die Morphogenese zu begreifen, braucht man Feldtheorien, die sich mit den räumlichen und zeitlichen Zusammenhängen zwischen Abläufen und Strukturen sowie mit ihren Veränderungen beschäftigen. Das ist der Grund, warum ich die Physik für absolut grundlegend halte. Aber ich habe lange gebraucht, um zu begreifen, was dazu notwendig ist, und ich habe es nicht allein geschafft. Es gibt eine alte Tradition, Biologie auf diese Weise zu betreiben. Der Ansatz gewinnt heute durch die leistungsfähigen Computer neue Triebkraft, denn dieser Teilbereich der Biologie ist mathematisch sehr kompliziert.

Als Einführung in die Fragestellung vergleiche ich die Morphogenese gern mit der Hydrodynamik. Angenommen, man hat eine Flüssigkeit und möchte wissen, warum sie bestimmte Formen annimmt: Wenn der Wind darüberstreicht, bilden sich Wellen, und am Boden von Wasserfällen entstehen Strudel. Warum bilden Flüssigkeiten solche Formen aus? Man braucht eine physikalische Theorie der Flüssigkeiten, die ja ein Organisationszustand der Materie sind. Die gleiche Frage erhebt sich bei den Organismen, bei den Zellen und bei ihren Wechselwirkungen; das alles kann man in Regeln oder Gleichungen festhalten, und wenn man die Gleichungen dann mit dem Computer löst, stellt sich heraus, welche Formen entstehen; man macht es genauso wie bei den Flüssigkeiten.

Hier lautet die Hypothese: Leben ist ein bestimmter Organisationszustand, ein physikalisches und chemisches System. Das Problem besteht darin, herauszufinden, wie die Regeln aussehen, die für diesen Organisationszustand lebender Systeme gelten.

Ich halte mich selbst weniger für einen Techniker als vielmehr für einen Physiker, der an einer neuen Synthese von Physik und Biologie mitwirkt. Das gleiche haben früher schon andere versucht, insbesondere der schottische Zoologe D'Arcy Thompson mit seinem 1917 erschienenen Buch *On*

Growth and Form – eine erstaunliche Leistung. Er definierte das Problem der biologischen Form ohne fremde Hilfe mit mathematischen Begriffen. Es hat sich inzwischen verändert, weil wir neue mathematische Hilfsmittel und eine Menge neuer Kenntnisse über Organismen besitzen.

Die Metaphern, die ich verwende, haben mit Neuentstehung und Kreativität sowie mit der Vorstellung von einem kreativen Universum zu tun. Ein Aspekt dieser Kreativität ist die Evolution. Ein Philosoph, der sich in hervorragender Weise mit Abläufen und Kreativität beschäftigt hat, war Alfred Norton Whitehead. Die meines Erachtens zentrale Metapher, die in der neuen Biologie auftaucht, ist ganz und gar mit Kreativität verknüpft. Der genetische Reduktionismus ist demnach ein Musterbeispiel für den von Whitehead angeführten Trugschluß der unangebrachten Konkretheit. Gene sind von sich aus nicht kreativ, sondern sie wirken im Zusammenhang des Organismus, der diese Eigenschaft hat.

Whitehead umschreibt die Evolution als »kreativen Fortschritt ins Neuartige«. Dieser Tanz der Schöpfung endet nie, sondern drückt sich einfach selbst aus. Im postmodernen Zeitalter können wir den Fortschritt vernachlässigen und über das Fortschreiten als kreativen Tanz reden. Darum geht es in der Evolution. Sie hat keinen springenden Punkt, keine Bedeutung und keine Richtung. Sie ist einfach sie selbst. Das feiert Gould in seinem Buch *Zufall Mensch*. Er treibt es dabei in mancherlei Hinsicht zu weit, aber seine grundlegende Aussage ist eine Hymne auf die unbezähmbare Kreativität des Lebens.

In meinen Augen hat jede Spezies ihr eigenes Wesen. Die Lebewesen sind der Ausdruck einer bestimmten Art von Ordnung und Organisation, die tief in ihrem Sein verankert ist. Grundsätzlich sind alle Organismen gleichwertig, weil wir alle Teile des gleichen, von Darwin beschriebenen Vorganges sind. Eine Vorstellung aber kommt im Darwinismus nicht klar zum Ausdruck: In der Evolution prägen die Organismen ihr eigenes

Wesen aus, so daß man sie nicht nach ihrer Funktion, sondern nach ihrem Sein beurteilen muß.

Der Darwinismus betont Konflikt und Konkurrenz; das steht nicht mit den Befunden im Einklang. Viele Organismen, die überleben, sind in keinerlei Weise denjenigen überlegen, die ausgestorben sind. Es ist keine Frage des »besser als«, sondern entscheidend ist, ob ein Lebewesen einen Platz findet, um es selbst zu sein. Darum geht es in der Evolution. Deshalb kann man sie als Tanz ansehen. Sie führt nirgendwohin, sondern erkundet nur den Raum der Möglichkeiten.

Daß der Darwinismus sich auf den Wettbewerb konzentriert, liegt an den Vorstellungen von Fortschritt und Kampf. Damit kommen wir zur Theologie und zu der Frage, wie sie den Darwinismus beeinflußt, vor allem durch die calvinistische Sichtweise, nach der Menschen, die mehr Güter angesammelt haben, sich im Wettlauf des Lebens als überlegen erwiesen haben. Das ist für mich ausgemachter Blödsinn, den man vergessen kann. Wenn man ihn los ist, kommt man zu anderen Metaphern, die mit Kreativität, mit Neuartigkeit um ihrer selbst willen und mit dem Tun des natürlich Kommenden zu tun haben. Statt des Bildes von Lebewesen, die sich zu den Gipfeln einer Eigungslandschaft durchkämpfen – eine sehr calvinistische Arbeitsmoral –, ergibt sich die Vorstellung vom kreativen Tanz.

Kampf gibt es dennoch, und zwar in dem Sinne, daß man nur dann kreativ ist, wenn man an seine eigenen Ideen glaubt und für sie streitet. Jede einzelne Spezies hat ihren Kampf. Aber da es zwischen den Arten ebensoviel Kooperation wie Konflikt gibt, besteht der Kampf darin, das eigene Sein, das eigene Wesen auszudrücken. Über solche Metaphern kann die Naturwissenschaft Beziehungen zur Kunst herstellen: Die Menschen sind kreativ und spielen. Am Spielen ist nichts Triviales. Es ist die wesentlichste menschliche Tätigkeit; man kann die ganze Kultur als Spiel ansehen.

Es gibt in unserer Kultur zuviel Arbeit und eine zu große Anhäufung von Gütern. Das ganze kapitalistische Getue ist eine schreckliche Tretmühle, die höchst destruktiv wirkt. Dazu muß es ein Gegengewicht geben. Deshalb erkennt man heute allmählich den Wert der Eingeborenenkulturen − weil sie keine Reichtümer angehäuft haben, sondern in Harmonie lebten. Sie drückten als Kulturen ihr eigenes Wesen aus. Dann verbinden sich Natur und Kultur. Ich bezeichne das als Wissenschaft der Qualitäten im Gegensatz zur Wissenschaft der Quantitäten − das heißt, im Gegensatz zur Anhäufung von Dingen, Genen, Genprodukten, zu dem Ausgleich von Kosten und Gewinnen und dem Versuch, immer noch mehr anzuhäufen. Statt solcher Bilder haben wir Vorstellungen von Qualitäten wie Ästhetik, Beziehungen, Kreativität, Gesundheit und Lebensqualität.

Solche Erkenntnisse ergeben sich aus dem Versuch, Biologie, Spiel und Mathematik zu vereinigen. Mathematik ist ein Hilfsmittel, wenn man herausfinden will, was das Wesen einer Sache ausmacht. Wenn man sich für die Natur interessiert, ist Mathematik ungeheuer nützlich, um das Wesen von irgend etwas in einer bestimmten Form aufzuklären. Aber es ist eine »objektive« Sicht aus der Perspektive der dritten Person; der erfahrungsmäßige Bestandteil der ersten Person hat mit dem Spiel zu tun. Mathematik ist das Mittel zur Erforschung allgemeiner, natürlicher Formen, sie bietet einen Weg, sich ihre Stabilität und Dynamik, ihre Veränderungen und so weiter anzusehen. Aber das muß man mit dem inneren, erfahrungsmäßigen Aspekt der Kreativität verknüpfen. Darum geht es in der postmodernen Wissenschaft der Qualitäten.

Mit »postmodern« meine ich in diesem Zusammenhang, daß man keine konkurrierenden, sondern schlicht verschiedene Paradigmen hat. In der postmodernen Wissenschaft gibt es alternative Paradigmen, und man hat einen Sinn für Werte. Je nachdem, was man in der Welt bewirken will, sucht man sich das eine oder andere Paradigma aus. Deshalb kommen bei der Wahl der Paradigmen die Werte ins Spiel – Werte, die von den eigenen Zielen bestimmt werden.

Zum Postmodernismus gehören noch viele andere Eigenschaften. Ich betone diejenige, die am stärksten mit der Wissenschaft der Qualitäten zu tun hat: eine biologische Sichtweise, die den inneren Wert der Lebewesen erkennt. In Zusammenhang damit steht das Verhalten in der Umwelt, mit dem man andere Lebewesen und andere Arten respektiert. Das führt zur Wertschätzung biologischer Vielfalt, zu Umweltschutz sowie zur Unterstützung einheimischer Kulturen und ihrer Art der Landwirtschaft anstelle der Monokultur-Mentalität unseres landwirtschaftlichen Systems. Monokultur steht im Widerspruch zur Landwirtschaft der Eingeborenen, welche die biologische Vielfalt schützt und produktiver ist; in einer sich wandelnden Umwelt wird die Vielfalt nämlich mit den von Jahr zu Jahr auftretenden Abweichungen besser fertig.

Dieser Wertewandel in der Biologie stellt eine Alternative zum Neodarwinismus dar. Ich möchte den Neodarwinismus – die Ansicht, daß Evolution sich durch zufällige genetische Abwandlungen und natürliche Selektion der überlegenen Varianten vollzieht – nicht beseitigen. Konkurrenz, das Ersteigen von Eignungsgipfeln in einer Eignungslandschaft, Monokultur – immer geht es darum, was das Beste ist, wie die beste Art aussehen muß. Wenn man den Neodarwinismus will, ist er da. Und man benutzt ihn. Ich mag das nicht. Ich bevorzuge die Alternative, die aus einer Wissenschaft der Qualitäten erwächst.

Stuart Kauffman ging nach Santa Fé und lud mich dorthin ein. Ich lernte Doyne Farmer kennen, und in Los Alamos traf ich mit einer Reihe weiterer Leute zusammen. Das war, kurz bevor das Santa-Fé-Institut gegründet wurde. Man sprach schon darüber, aber der Ort stand noch nicht fest. Dann kam ich im ersten Jahr des neuen Instituts zu Besuch und dachte: Das war wirklich eine ausgezeichnete Idee! Stuart bat mich, im wissenschaftlichen Beirat mitzuarbeiten, und das tat ich mit Vergnügen. Von da an kam ich ein- oder zweimal im Jahr nach Santa Fé und beteiligte mich an diesem Unternehmen. Es handelte sich um eine große Vision. Sie stammte von Murray Gell-Mann, und der Chemiker George Cowan war derjenige, der sie in die Tat umsetzte – sozusagen der erdverbundene Teil. George machte seine Sache großartig, denn er verband eine visionäre Sichtweise mit praktischer Veranlagung und wußte, wie man etwas zuwege bringt. Es ist ein Glück, daß so viele unterschiedliche Menschen in Santa Fé aufeinandertreffen. Ich habe in meinem Leben sonst noch nie erlebt, daß etwas so schnell Erfolg hat.

Bemerkenswert finde ich an dem neuen Denkansatz, daß er mathematisch strikter ist und dennoch besser zu den biologischen Beobachtungen paßt als der Neodarwinismus, der die Entwicklung und die Organismen außer acht läßt. Heute haben wir mathematische Modelle, mit denen wir zeigen können, wie sich Entwicklung vollzieht. Jeder räumt ein, daß Evolution auch die Evolution der Entwicklung einschließen muß, denn ohne Entwicklung gibt es keine Lebewesen. Wenn man das in die Evolution einbringt, ändert sich das ganze Bild. Man erlebt einen Perspektivenwechsel, denn die Organismen werden wieder zu realen Gebilden, die in ihrem eigenen Raum leben. So erkennt man plötzlich, daß sie mit einem selbst gleichwertig sind, nicht nur weil wir alle die Produkte der gleichen Evolutionsvorgänge sind, sondern auch wegen ihrer inneren Werte. Die Folge ist, daß man Natur genauso bewertet wie Kunstwerke.

Murray Gell-Mann: Brian Goodwin interessiert sich besonders für Entwicklungsbiologie. Er möchte wissen, welche Grenzen die physikalisch-chemischen Gesetze der Funktionsweise biologischer Systeme auferlegen. Eines ist mittlerweile deutlich geworden: Wenn die biologische Evolution, die sich auf im wesentlichen zufällige Abweichungen im genetischen Material und auf natürliche Selektion gründet, auf den Aufbau vorhandener Organismen einwirkt, dann tut sie das nach den Gesetzen der Physik, die für die möglichen Strukturen der Lebewesen enge Grenzen ziehen. Wenn Brian aber die Bedeutung dieses Themas betont, deutet er damit indirekt auch an, die Arbeiten über die Informationsaspekte der Evolution und anderer komplexer, angepaßter Systeme seien nicht besonders wichtig. Ich finde das etwas seltsam. Vielleicht glaubt er in Wirklichkeit nicht, was er sagt, sondern ist nur ein wenig boshaft.

Stephen Jay Gould: Brians Hauptüberzeugung widerspricht der Norm im England des 20. Jahrhunderts: Er repräsentiert eine der großen abendländischen Denktraditionen, den biologischen Strukturalismus, der sich weder auf Selektion noch auf die Historie stützt. Sein wesentliches Argument lautet: Die Form- und Strukturgesetze der Materie schränken die Möglichkeiten für den Bau der Organismen stark ein, und deshalb muß es sich bei den wichtigsten Gestaltungsmerkmalen des Lebendigen nicht notwendigerweise um gezielte, von der Selektion eingebaute Anpassung handeln (wie es die entgegengesetzte Lehre des Funktionalismus behauptet), noch sind sie historische Zufälle (wie ich in vielen Fällen annehmen würde), sondern sie stellen den Ausdruck innerer natürlicher Gesetzmäßigkeiten dar.

Die wichtigste Darlegung dieser Denkrichtung in der englischen Literatur ist *On Growth and Form* von D'Arcy Thompson. Es ist eine große Tradition. Ich befürworte sie nicht so wie Brian, weil ich selbst eher an historische Zufälligkeiten glaube. Aber ich interessiere mich sehr für den Strukturalismus. Es ist eine Art, über Form nachzudenken, die in vielen Fällen funktioniert. Er ist eine weitere Methode der Kritik am reinen Funktionalismus der adaptionistischen Lehre.

Steve Jones: Ich habe ein wenig von Brian Goodwins Sachen gelesen, aber es fiel mir sehr schwer, ihm zu folgen. Vielleicht lag es daran, daß ich dumm bin. Aber ich habe mich mit Embryologie und Entwicklung beschäftigt und über Molekularbiologie gelesen: das ist leichter zu verstehen. Goodwin macht es einem schwer. Sein Ansatz gefällt mir nicht. Ich halte Goodwin für einen Mystiker. Jeder, der nach Santa Fé geht – dort liegt etwas in der Luft, das einen anzieht. Komplexität ist anziehend – das ist das Ärgerliche.

Richard Dawkins: Als Brian Goodwin in Sussex war und bei John Maynard Smith arbeitete, fanden wir es ganz gut, daß er ein wenig von der Norm abwich, denn Maynard Smith ist so vernünftig. Als er zur Open University ging, wo sie alle verrückt sind, dachten wir, Brian Goodwin würde eine Kehrtwendung machen und Vernunft annehmen. Ich glaube nicht, daß das eingetreten ist. Er hat einen interessanten Standpunkt, und ich habe mich in gedruckter Form damit auseinandergesetzt. Die Idee, daß der natürlichen Selektion nicht ein so ununterbrochenes Spektrum möglicher Variationen zur Verfügung steht, wie manche extremen Darwinisten uns glauben machen wollen, ist wirklich interessant. Sonst müßte fast jede Abwandlung der vorhandenen Morphologie möglich sein, vorausgesetzt, es handelt sich um eine kleine, abgestufte Veränderung eines quantitativen Merkmals.

Es ist eine wirklich interessante Möglichkeit, daß die morphologischen Grundregeln nur ein begrenztes Formenspektrum zulassen. Meines Erachtens gibt es kaum stichhaltige Belege, die diese Ansicht stützen, aber es ist wichtig, daß jemand wie Brian Goodwin so etwas sagt, denn es ist das andere Extrem, und die Wahrheit liegt wahrscheinlich irgendwo in der Mitte zwischen Goodwins Extrem und dem hypothetischen Extrem, und vernünftige Menschen können sich irgendwo in diesem Spielraum bewegen.

145

Nicholas Humphrey: Ich habe Brian erst vor kurzem kennengelernt. Auf einer von Waddingtons Tagungen hörte ich einen Vortrag von ihm und war verblüfft. Ich fragte mich: Wovon redet der Mann eigentlich? Er formulierte eine Theorie, mit der er die natürliche Selektion als Triebkraft der Evolution ablösen wollte. Sein Argument besagte, daß wir die natürliche Selektion nicht brauchen. Die ganzen schönen Strukturen, die wir in der Welt sehen, seien nur dazu da, zu gefallen; sie entstünden einfach aus komplexen dynamischen Systemen, weil die Welt voller »Attraktoren« sei. Ich dachte: Das kann er doch nicht ernst meinen. Vielleicht ist so etwas mathematisch möglich, aber er kann doch nicht glauben, daß kein anderes Organisationsprinzip notwendig ist. Wir hatten ein großes Streitgespräch, und er meinte genau das.

Als ich hörte, worauf Goodwin hinauswollte, war ich nicht nur überrascht, sondern auch ziemlich verärgert. Aber dann reiste ich ab und las einige Sachen von Stuart Kauffman; außerdem sprach ich mit dem Mathematiker Ian Stewart, der ebenfalls auf der Tagung war, und mir wurde klar, daß hier eine Revolution stattfand, von der ich nichts wußte.

Ohne Frage bietet die Idee von den Attraktoren in manchen Fällen eine einfachere Erklärung für die Entstehung biologischer Strukturen als die natürliche Selektion. Das Schlimme dabei ist nur, daß man kaum Kritik anbringen kann. Nachdem etwas abgelaufen ist, kann man immer sagen, es müsse einen Attraktor für das Geschehene gegeben haben – wenn die Welt am Ende eine bestimmte Konstellation hat, muß sie zu dieser Konstellation hingezogen worden sein!

Nachdem ich einem Gedankenaustausch zwischen Ian Stewart und seinem Freund, dem Fortpflanzungsbiologen Jack Cohen, zugehört hatte, entstand bei mir der Eindruck, daß sie bereit sind, Attraktoren für praktisch alles zu postulieren. Das menschliche Gehirn kann zum Beispiel etwa sieben Dinge im Kurzzeitgedächtnis behalten – die »magische Zahl 7«. Ich fragte Ian und Jack, ob das bedeuten könne, daß im Gehirn ein Attraktor für die Zahl 7 aktiv sei. Sie erwiderten: Warum nicht? Oder, um ein anderes Beispiel zu nennen, wir haben fünf Sinne, fünf qualitativ unterschiedliche Wege, die Welt zu erleben. Entspricht jede dieser Ausprägungsformen der Sinne einem Attraktor, und sind nur fünf solche Attraktoren möglich? Warum nicht? meinten sie. Mir schien es ein leichtes Spiel zu sein. Für jedes stabile Muster, das wir beobachten, können wir auch Attraktoren finden.

Daniel C. Dennett: Seit ich Brian Goodwin kennengelernt habe, halte ich ihn für einen Archetypus, für einen Menschen ohne Eigenheiten. Ich sehe ihn als Bannerträger eines bestimmten Standpunktes im Spielraum der logischen Möglichkeiten. Daß dieser eingenommen wird, wundert mich nicht, aber ich halte ihn im wesentlichen für falsch.

Brian Goodwin ist ein Romantiker; er möchte leugnen, daß Biologie letztlich Technik ist. Eine Vorstellung davon kann man durch eine Parodie gewinnen (die zugegebenermaßen, wie jede Parodie, ein wenig unfair ist). Ich glaube nicht, daß der folgende Standpunkt vertreten wird, aber möglicherweise doch. Vielleicht sagt jemand aus der Welt der Technik: »Ihr denkt alle, die Ingenieure hätten diese ganzen Artefakte sorgfältig *entworfen*: Autos, Fernsehgeräte und so weiter – aber in Wirklichkeit haben sie nur die wenigen möglichen Geräte *entdeckt*, die schon da waren. Sie sind nicht in irgendeinem interessanten Sinn entworfen; die Gesetze der Physik lassen Fernseher und Autos zu, aber das Spektrum der Alternativen ist viel kleiner, als man glaubt.« Einen analogen Standpunkt vertritt Goodwin im Hinblick auf die biologischen Konstruktionen – das heißt, auf die Organismen.

Wahrscheinlich glaubt niemand, daß es tiefgreifende, grundlegende Gesetze der Automobilkonstruktion gibt, aber wenn Goodwin von biologischen Formgesetzen spricht, stellt er in meinen Augen eine ebenso unplausible Behauptung auf. Alle Regelmäßigkeiten in der Biologie stimmen für mich auffällig genau mit den Regelmäßigkeiten der Technik überein. Bei Autos ist das Lenkrad zum Beispiel immer so angebracht, daß der Fahrer nach vorn sehen kann und nicht nach hinten. Autos unterliegen einer tiefgreifenden Regelmäßigkeit. Es handelt sich dabei nicht um ein Naturgesetz, sondern es wäre nur einfach dumm, es anders zu machen. Lebewesen, die sich fortbewegen, haben Augen und Mund in der Regel am Vorderende, und zwar im wesentlichen aus dem gleichen Grund. Es ist kein tiefschürfendes Naturgesetz, sondern schlicht ein Konstruktionsprinzip für ein Gebilde, das sich allein durchbringen muß. Goodwin mag solche Erklärungen nicht und würde das alles lieber mit tiefergehenden Gesetzen der Physik begründen. Das ist eine Vorstellung, die ich wohl verstehen kann – aber überhaupt nicht für richtig halte.

Lynn Margulis: Brian Goodwin kritisiert ernsthaft und zutreffend das neodarwinistische Denken und die modischen Ideen der heutigen Biologie. Er trifft mit seiner Kritik genau ins Schwarze, und das bewundere ich. Außerdem wirft er in der Entwicklungsbiologie interessante, wichtige Fragen auf. Leider kann er darauf möglicherweise keine Antworten finden, denn die liegen in einem Bereich, mit dem er sich nicht beschäftigt. Dieser Bereich ist die Mikrobiologie, einschließlich der Stoffwechselchemie und der Erforschung der Lebensgemeinschaften aus Bakterien und Protisten. Ich habe meine Zweifel, ob ihm klar ist, daß es auch woanders Antworten auf seine notwendigen Fragen gibt.

Francisco Varela: Man sollte Brian als theoretischen Biologen bezeichnen. Er war von Anfang an in der Biologie tätig, aber in letzter Zeit nimmt er einen eher strukturalistischen Standpunkt ein und sucht nach grundlegenden Gesetzmäßigkeiten, durch die sich Leben ausdrückt. In diesem Sinne hat er einer Biologie, die mehr oder weniger auf Einzelbestandteile und Moleküle fixiert war, neue Inhalte vermittelt.

Zwischen Brian und mir gibt es einige wichtige Meinungsunterschiede, aber einig sind wir uns in einer bestimmten Forschungsrichtung. Brian fühlt sich dazu inspiriert, nach Methoden zu forschen, die es ermöglichen, über den Organismus als einheitliches Gebilde zu sprechen. Er arbeitet mehr mit embryologischen Mustern – mit *basic morphs*, wie er sie nennt. Es ist ein Königsweg – und in diesem Sinne gefällt mir das sehr –, wenn man nach grundlegenden Mustern und Formen sucht, und es steht im Zusammenhang mit René Thoms Katastrophentheorie.

STEVE JONES

Warum gibt es eine so große genetische Vielfalt?

<u>Stephen Jay Gould:</u> Die Arbeiten von Steve Jones sagen mir zu. Ich habe die meisten seiner Fachartikel gelesen. Ich beschäftige mich mit Lungenschrecken, und auf diesem kleinen Gebiet ist er einer der besten. Persönlich kenne ich ihn nicht sehr gut. Er ist ein ausgezeichneter Wissenschaftler. Er hat den Weg eines Medienmenschen eingeschlagen, aber in meinem beruflichen Umfeld – der Biologie der Schnekken – betreibt er hervorragende Wissenschaft.

<u>Steve Jones</u> ist Biologe und Professor für Genetik am Galton Laboratory des University College in London; Autor des Buches *The Language of the Genes: Biology, History, and the Evolutionary Future* (1993) [Die Botschaft der Gene, 1995] und Mitherausgeber (mit Robert Martin und David Pilbeam) der *Cambridge Encyclopedia of Human Evolution.*

151

Steve Jones: Ich beschäftige mich schon lange mit Schnecken. Das scheint eine seltsame Tätigkeit zu sein, aber sie erinnert uns an eine nach wie vor unbeantwortete Frage, die viele Biologen sogar vergessen haben: Warum ist die Vielfalt so groß? Ohne sie gäbe es keine Genetik, keine Evolution und – vermutlich – überhaupt keine Biologie. Es ist eine Frage, die immer wieder einmal aufkommt und dann wieder in Vergessenheit gerät; es ist wie mit einem politischen Thema, es taucht auf, verschwindet und bleibt ohne Antwort. Wir haben erste Ansätze einer Antwort auf die Frage, warum eine einzige Schnekkenart an manchen Orten so variabel ist, aber wir haben eigentlich keine Ahnung, warum es bei allen Arten an allen Orten und zu allen Zeiten zwei völlig identische Individuen gibt. Das ist eine Grundfrage der Evolution. Aus ihr leiten sich alle anderen ab.

Ich bin Evolutionsforscher. Seit Darwin ist für die meisten von uns das Lebewesen, mit dem man arbeitet, zweitrangig. Die erste Frage lautet: Was spielt sich in der Evolution ab? Dennoch redet man dabei zwangsläufig am Ende nicht mehr vom Allgemeinen, sondern vom Besonderen. Schnecken sind ein Mikrokosmos dessen, was nach der üblichen Ansicht der Viktorianer die Evolution ausmacht, denn sie unterscheiden sich in ihrem Aussehen untereinander und oft auch von Art zu Art auffallend stark. Vielleicht eignen sie sich schon aus diesem Grund gut für Untersuchungen – und außerdem sind sie natürlich einfach zu fangen.

Ich glaube nicht, daß irgendein Wissenschaftler ehrlich sagen kann, wie er an sein Forschungsthema geraten ist. Nach meiner Theorie geschieht das bei den meisten durch irgendeinen Zufall, gleichgültig, was sie später behaupten. Ich kam jedenfalls zufällig zur Evolutionsforschung. Mein Lehrer damals hieß Bryan Clarke, ein sehr fähiger Wissenschaftlicher, der sich mit der Genetik der Schnecken beschäftigte. In jener Zeit vor der Molekulargenetik gehörten die Schnecken zu den wenigen Tieren, deren Vielfalt man leicht studieren konnte, deshalb war das nicht so merkwürdig, wie es heute scheinen mag. Ich wurde seiner Studentengruppe aufgrund des Anfangsbuchstabens meines Vornamens zugeteilt und fing zwangsläufig an, über das gleiche Thema zu arbeiten. Glücklicherweise erwies es sich als faszinierend (zumindest für mich) und ist bis heute mein wissenschaftliches Hauptinteresse geblieben – aber man kann mich nicht als Fachidioten bezeichnen, denn immerhin habe ich mich jetzt den Egelschnecken zugewandt.

Der Entschluß, mit Weichtieren zu arbeiten, war vielleicht die schlimmste Wende in meiner beruflichen Laufbahn, denn die Leute aus meinem Umfeld sind heute bekannte Größen der biologischen Forschung – Leute wie Ed Southern, der das Southern Blotting entwickelte, eine unentbehrliche Methode in der neuen Genetik. Ich hätte mich ohne weiteres ebenfalls auf dieses Gebiet begeben können und wäre dann vielleicht nicht so unbekannt geblieben, wie ich es heute bin. Aber ich habe es nicht getan, und eigentlich bereue ich das auch nicht.

Steve Gould hat sich vorwiegend auf die unterschiedlichen Gehäuseformen bei der Bahamaschnecke konzentriert, die er erforscht – eine umfangreichere und schwierigere Fragestellung. Ich beschäftige mich eher mit Farb- und Musterunterschieden – und zunehmend stelle ich die gleichen Fragen über Vielfalt auf der Ebene der DNA. Die Variationen im Gehäusemuster sind ein klassisches Thema der Evolutionsbiologie. Sie wurden zum erstenmal im 19. Jahrhundert untersucht. Heute haben wir Daten von über einer Million Exemplaren, die aufgrund ihres Erscheinungsbildes beurteilt wurden – eine schreckliche Masse von Informationen über Unterschiede.

Um ausführliche Untersuchungen kurz zusammenzufassen: ganz offensichtlich unterscheiden sich die Gene der Schnekken quer durch Europa aus Gründen, die mit Wärmemenge und Sonneneinstrahlung zu tun haben. Dunkle Gegenstände – dazu gehören auch Schnecken, die aus genetischen Gründen dunkel sind – heizen sich in der Sonne stärker auf, und solche Gene sind im Süden seltener. Das gleiche gilt auch in kleinerem Maßstab über Strecken von wenigen Kilometern. Ich habe lange an der Grenze zwischen Bosnien und Kroatien gearbeitet. Vor ein paar Monaten sah ich in den Nachrichten, wie die Stadt, in der ich damals mein Quartier hatte, niedergebrannt wurde.

Damit bleibt die schwierige Frage: Wenn an unterschiedlichen Orten Individuuen mit unterschiedlichem Genotyp begünstigt sind, warum sind dann in einer bestimmten Population nicht alle Schnecken gleich?

Ich glaube, wir haben es herausgefunden. Ich benutzte die Schnecken selbst als ökologische Monitoren. Dazu entwikkelte ich eine Farbe, die an der Sonne mit bekannter Geschwindigkeit verblaßt. Man malt damit kleine Flecken auf die Gehäuse von Schnecken mit unterschiedlichem Genotyp, setzt sie wieder aus und kommt nach einem Monat wieder; dann zeigt die Farbe an, wieviel Sonnenenergie das Tier aufgenommen hat. Zwischen Tieren mit unterschiedlicher Genausstattung gibt es dabei starke Abweichungen. Sie suchen sich für ihre Aktivität unterschiedliche Tageszeiten oder verschiedene Stellen des Habitats aus; man kann also vermuten, daß ein ökologisch komplexer Lebensraum mehr genetische Vielfalt begünstigt.

Um das zu überprüfen, entwickelte ich eine andere Methode, die unter dem Namen »Jones-Kugeln« bekannt wurde. Es sind Kunststoffkugeln von der Größe einer Schnecke, die man in ein Habitat wirft. Dann tut man, um es einmal naiv auszudrücken, als wäre man die Sonne: Man nimmt den billigsten Satelliten der Welt – eine Leiter – und überwacht den Lebensraum von Sonnenaufgang bis Sonnenuntergang. Auf diese Weise kann man messen, nach welchen Gesetzmäßigkeiten Gegenstände von der Größe einer Schnecke zu verschiedenen Tageszeiten der Sonne ausgesetzt oder unter Pflanzen versteckt sind. Man gewinnt so eine Art Weltsicht aus der Schneckenperspektive. Das ist vermutlich eine banale Idee, aber sie funktioniert. Man mißt damit die Vielfalt des Habitats, wie eine Schnecke sie erlebt. Zwischen der genetischen Vielfalt, der ökologischen Vielfalt und der individuellen Auswahl des Mikrolebensraumes besteht dabei eine gute Übereinstimmung.

Der Versuch, die Ökologie gewissermaßen durch die Augen des untersuchten Lebewesens zu betrachten, ist eine recht neue Methode. Das gleiche ist uns auch mit Taufliegen gelungen. Früher bestand die Genetik ausschließlich aus *Drosophila,* und diese Fliege ist auch heute noch ein wichtiges Tier, weil man über sie im Labor so viel weiß. Meine Kollegin Linda Partridge, Jerry Cone von der University of Chicago und ich wollten versuchen, die ökologischen Beziehungen von *Drosophila* mit genetischen Mitteln zu beurteilen. Dazu bedienten wir uns einer temperatursensitiven Mutation: Die Augenfarbe war abhängig von der Temperatur während der Entwicklung der Fliege. Das Experiment machten wir in Maryland, wo es heiß und feucht war. Wir ließen Millionen Fliegen mit dieser Mutation frei und sammelten dann ihre Nachkommen ein, die sich in freier Wildbahn entwickelt hatten.

Die Fliegen wirkten als lebende Thermometer. An der Augenfarbe konnten wir erkennen, bei welcher Temperatur sie herangewachsen waren. Es war ein bemerkenswert großes Temperaturspektrum. Da Fliegen, die bei unterschiedlicher Temperatur heranreifen, auch unterschiedlich groß werden, war allein damit ein riesiger Teil der Form- und Größenvariationen erklärt, die man zuvor für genetisch bedingt gehalten hatte. Und das wiederum trägt dazu bei, eine andere große und im wesentlichen unbeachtete Frage der Evolution zu beantworten. Für die meisten Lebewesen zahlte es sich aus, groß zu sein. Man ist dann ein besserer Paarungspartner, kann Feinde erfolgreicher bekämpfen und wird mit Hitze und Kälte leichter fertig. Warum gibt es dann aber Größenschwankungen? Vielleicht liegt es daran, daß die meisten Unterschiede – zumindest bei Taufliegen – umweltbedingt sind und keinerlei genetische Ursachen haben.

Ich habe auch ein indirektes Interesse an Sexualität. Immerhin ist sie ein Mechanismus zur Erzeugung von Vielfalt – von Unterschieden zwischen Eltern und Nachkommen. Warum es die sexuelle Fortpflanzung eigentlich gibt, weiß niemand genau. Fast die einzige Methode, sie zu untersuchen, ist die Beobachtung von Lebewesen, die sie aufgegeben haben. Die meisten Egelschnecken sind Hermaphroditen, aber fast alle gehen relativ anständig damit um: Junge-Mädchen begegnet Mädchen-Junge, und die Natur nimmt ihren Lauf. Manche haben aber auch den Weg des geringsten Widerstandes gewählt. Sie befruchten sich selbst und geben damit den Sex praktisch ganz auf. Wie man an ihren Genen erkennt, stellen solche Arten eigentlich eine Menge eineiiger Zwillinge dar, und zwar ohne jeden Unterschied. Warum das so ist, wissen wir noch nicht; es gibt nur eine echte Gesetzmäßigkeit: Offensichtlich lohnt es sich bei Kälte, die Sexualität aufzugeben – zum Beispiel in Norwegen im Unterschied zu Spanien.

Die entscheidenden Einflüsse auf meine Arbeit stammen von Bryan Clarke und Dick Lewontin. Als ich meine Promotion beendet hatte, schrieb ich nach Chicago an Lewontin und bat ihn um Rat, wo ich eine Postdoc-Stelle annehmen sollte. Er antwortete fast postwendend und schrieb: »Vielen Dank für Ihre Bewerbung. Sie ist angenommen. Wir rechnen damit, daß Sie zum nächsten Ersten bei uns anfangen.« Ich hatte mich gar nicht beworben, aber ich ging sofort dahin und lernte dort vor allem, wie wenig ich bisher wirklich wußte.

Lewontin befaßte sich damals gerade mit der Frage, die mich seitdem ständig beschäftigen sollte: Warum gibt es die genetische Vielfalt? Dick ist ein unglaublich lebhafter, begeisterungsfähiger Mensch und besitzt die Fähigkeit, andere mit seinen Ideen anzuspornen, so gut, so schlecht oder so unwichtig sie auch sein mögen. Ich muß gestehen, daß ich von einer seiner schlechten Ideen hingerissen war: Danach sollte es möglich sein, eine isolierte Taufliegenpopulation draußen in der kalifornischen Wüste als Freilandlabor zu benutzen, in dem man die Gene der Fliegen mit genetisch andersartigen Fliegen überschwemmte und dann ihre Evolution über mehrere Jahre hinweg beobachtete.

Es war eine großartige Zeit. Ich bereiste alle Wüsten in Kalifornien bis nach Mexiko, um nach isolierten Fliegenpopulationen zu suchen. Nach drei Jahren, die uns eine Menge Unkosten und eine tiefbraune Haut bescherten, hatten wir hauptsächlich festgestellt, daß diese Populationen keineswegs isoliert waren. Ständig kamen Fliegen hinzu, und andere flogen weg. Das war auf andere, eng begrenzte Weise interessant für die *Drosophila*-Genetik, aber es würde mit Sicherheit nicht den Lauf der Evolutionsforschung verändern.

Lewontin begeisterte mich mehr für Wissenschaft als jeder andere. Die gleiche Wirkung übte er auf viele aus. Wenn man den Stammbaum der Evolutionsforscher auf der ganzen Welt betrachtet, dann führt eine verdächtig große Anzahl geradewegs zu ihm. Er nimmt auf dem Gebiet eine Schlüsselstellung ein.

Manchmal hatte er aber auch einen schädlichen Einfluß, in

einem ähnlichen Sinn wie Marx oder Augustinus. Beide mögen unrecht gehabt haben, aber das Leben wäre erheblich uninteressanter, hätte es sie nicht gegeben. Sie zwangen die Menschen zumindest, über ihre Ideen nachzudenken. Dick ist der Störenfried der Evolutionsforschung – er greift jedes Dogma an, das gerade im Schwange ist. Er verkörpert eine Einstellung, nach der die Wissenschaft die Kunst des Widerlegbaren ist. Er hat eine Menge Theorien zerstört, und das ist nützlich. Darin ist er ganz groß, aber die Wissenschaft braucht nicht nur Bilderstürmer. Es sind auch ein paar Leute nötig – Arbeitspferde wie ich –, die die Bilder aufrichten, selbst wenn sie dazu bestimmt sind, von den Lewontins dieser Welt umgestoßen zu werden. Dennoch wäre ich froh, wenn es mehr Leute wie ihn gäbe.

Über Schneckengenetik weiß ich eine Menge. Es ist mein enges, begrenztes, unintellektuelles Arbeitsgebiet. In vielerlei Hinsicht ist es aber auch ein Mikrokosmos der Evolutionsbiologie in ihrer schlimmsten Form. Die Fachliteratur ist voll von den großen Unwägbarkeiten der Evolution – mit Ausdrücken, die, wenn man sie auseinandernimmt, nur Schaumschlägerei sind; sie besagen nicht viel. »Coadaptation«, »Anpassungslandschaft«, »unterbrochenes Gleichgewicht« – das mutet mich manchmal wie theologische Populationsgenetik an. Solche Begriffe helfen einem kein bißchen weiter, wenn man entscheiden muß, welches Experiment man als nächstes macht.

In solchen Begriffen spiegelt sich die Ansicht wider, daß ein Gen irgendwie da ist, weil es sich an andere, bereits vorhandene Gene angepaßt hat. Daß die Welt irgendwie einen wunderschön harmonischen Aufbau hat, ist die Sichtweise des Optimisten: Alles paßt hübsch zusammen, und wenn man das ganze Gebäude sieht, braucht man sich nicht darum zu kümmern, wie es zusammengesetzt wurde; es steht einfach da.

Das ist eine gefährliche, antiintellektuelle Einstellung nach dem Motto: Der Herrgott wird's schon richten, und mein Name ist Hase. Einmal hatte ich offenbar große Langeweile, denn ich las damals ein Buch des südafrikanischen Generals Jan Smuts mit dem Titel *Holism*. Smuts war ein seltsamer, interessanter Typ, der sich aus Liebhaberei mit Philosophie befaßte. In seinen Augen gehörte alles, was man auf der Welt sieht, zu einem großen Plan, und es sei witzlos, wenn man herausfinden wolle, wozu die einzelnen Teile da sind, denn ein Sinn ergebe sich nur, wenn man das Ganze betrachte. Er war ein recht schwacher Philosoph. Aber seine Vorstellung zieht sich durch weite Bereiche des biologischen Denkens. Evolution ist etwas Magisches, dem eine eigene Schönheit innewohnt, und man kann nicht darauf hoffen, sie bis in die einzelnen Gene zu zerlegen, die sie entstehen lassen. Mit anderen Worten, der Reduktionismus hat seine Grenzen.

Nun ja, das mag sein; aber das Schöne am Reduktionismus ist, daß er einem immer sagt, was man als nächstes tun kann. Wenn man einmal behauptet, etwas sei unerklärlich, dann ist es sinnlos, wenn man es zu erklären versucht. Steve Gould und Dick Lewontin haben einen berühmten und sehr komischen Angriff auf den Reduktionismus unternommen; er zeigt aber in mancherlei Hinsicht die Schwäche dessen, was man, wie ich finde, als Smuts-Argument bezeichnen kann. Es war der Vortrag über die Gewölbezwickel des Markusdoms bei der Royal Society. Er enthielt eine wichtige Aussage über die allzu adaptionistischen Ansichten, wonach man den Zustand aller Dinge mit einfachen biologischen Begriffen begründen kann. Ein extremer Reduktionist könnte gelehrte Bücher über die Schule der Gewölbezwickelmaler schreiben – über die tiefschürfenden Gründe, warum der Künstler seinen Gemälden gerade diese Form gab, und über die Frage, was er damit sagen wollte, daß er sie nicht viereckig gestaltete. Aber der Grund für die Form der Bilder hat nichts mit Malerei zu tun. Gould und Lewontin erregten Aufsehen mit ihrem Vergleich zwischen den Gewölbezwickelmalern und jenen Evolutionsforschern, nach deren Ansicht jede Eigenschaft jedes Tieres aus Gründen der

Anpassung vorhanden ist, so daß man nur intensiv suchen muß, um diese Gründe zu finden.

Ihre Argumentation enthält eine gewisse Wahrheit, aber sie als die einzige Wahrheit anzuerkennen, bedeutet eigentlich, daß man aufgibt und sich abwendet – man wird vom Ornithologen zum Vogelbeobachter. Man analysiert nicht mehr, sondern beobachtet nur noch. Vielen Biologen sagen sie: »Lasset alle Hoffnung fahren, gehet hin und werdet Kunstexperten!« Vielleicht gehe ich mit meiner Kritik an Gould und Lewontin zu weit; beide sticheln gern mit spitzen Äußerungen, und die Gewölbezwickel waren eine besonders gelungene Stichelei. Aber was geschah als Folge des berühmten Zwickel-Artikels? Eigentlich nicht viel.

Nehmen wir im Gegensatz dazu die Ansichten von Richard Dawkins, der eindeutig nicht auf seiten der Engel von San Marco steht. Seine Sicht ist, um es vereinfacht auszudrücken, simplifizierend. Man kann alles bis hinunter auf eine Reihe von Einheiten – den Genen – zerlegen; allerdings würde sogar Dawkins einräumen, daß es naiv wäre, Lebewesen ausschließlich als Vehikel zu betrachten, die die DNA umhertragen und alles nur im Interesse ihrer »egoistischen Gene« tun. Aber seine Metapher hat sich als außerordentlich produktiv und nützlich erwiesen, denn sie bringt einen auf alle möglichen Ideen, wie man sie überprüfen kann. Wieder liefert der Reduktionismus dem Wissenschaftler das Rohmaterial, und damit leistet er mehr als der Gewölbezwickelismus. Das ist das Schöne an der Theorie vom egoistischen Gen. Man kann sie anpacken und überprüfen. Man kann sich die Theorie ansehen, und man kann sich die Gene ansehen. Es ist durchaus möglich, daß die Theorie sich als falsch erweist, aber sie spornt zu wesentlich mehr interessanter Arbeit an. Nach der heute vorherrschenden Ansicht sind die biologischen Grundgesetze – sogar die Mendelschen Regeln – der Ausdruck einer Waffenruhe im Kampf der egoistischen Gene. Das ist ein bemerkenswert interessanter Gedanke, der zu einigen überprüfbaren Voraussagen führt.

Wenn ich durch meine Arbeit mit den Schnecken eines gelernt habe, dann ist es dieses: Realität bedeutet, daß man sich die Hände schmutzig machen muß. Die Wahrheit über Schnecken oder über irgend etwas anderes erfährt man nur, wenn man hinausgeht und die Arbeit tut. Den Glauben an die eigene Unfehlbarkeit sollten wir dem Papst überlassen. Das mag trivial klingen, aber es ist wichtig. Naturwissenschaft wird von Daten gelenkt, nicht von Theorien. Ich habe nie das Gefühl einer nützlichen wissenschaftlichen Beschäftigung, außer wenn ich Daten sammle. Leider sorgt das System insgeheim dafür, daß man damit aufhört; statt dessen gebe ich Interviews wie dieses, oder ich schreibe harmlose Artikelchen für den *Daily Telegraph*. Alter, Faulheit, Verwaltungskram, magere Forschungsmittel – alle diese schrecklichen Dinge sind auch nicht gerade hilfreich.

Ich stelle mir heute die gleichen Fragen wie vor dreißig Jahren. In der Genetik hat sich in dieser Zeit nur eines geändert: Die Menschen sind zu den neuen Taufliegen geworden – zu Lebewesen, die technisch zugänglich sind, so daß man Fragen über ihre Gene stellen kann. Wie verschieden sind zwei Menschen? Warum unterscheiden sich Menschengruppen? Wie hat sich die Vielfalt der Menschen in der Vergangenheit entwickelt? Auf solche Themen habe ich mich verlegt, aber ich bin immer weniger ein Tätiger der Wissenschaft und werde immer mehr zu einem Voyeur der Wissenschaft.

Wegen meiner umfangreichen Tätigkeit in Presse, Funk und Fernsehen bin ich als Genetiker der breiten Öffentlichkeit besser bekannt als den anderen Genetikern. Über Humangenetik schreibe ich zwar viel, aber ich habe selbst nie ernsthaft auf diesem Gebiet gearbeitet, das heißt, ich bin Zuschauer und nicht Beteiligter. Ich bin meinen Kollegen dankbar, daß sie in dieser Hinsicht etwas weniger zynisch sind, als es ihnen zustünde. Ich glaube, sie haben erkannt, daß es in der Wissenschaft einen Platz für Berichterstatter gibt. Immerhin kann ich mich mit dem Gedanken trösten, daß ich einer der sechs führenden Schneckengenetiker auf der Welt bin, auf einem Fachgebiet mit vielleicht einem halben Dutzend Leuten.

<u>Richard Dawkins</u>: Steve Jones' neues Buch *Die Botschaft der Gene* hat mir viel Spaß gemacht. Er ist wegen der widerwärtigen Vergangenheit der Genetik ein wenig zu sehr darauf bedacht, politisch respektabel zu erscheinen, und macht ziemliche Umwege, um politisch mißliebige Themen zu meiden. Nach meiner Überzeugung ist das jetzt aus und vorbei; wir können es vergessen und weitermachen, aber er ist meines Erachtens unnötig stark darauf aus, sich von den negativen Gesichtspunkten in der Geschichte der Genetik zu distanzieren. Aber ich nehme mir eine Menge Zeit für ihn und schätze ihn sehr.

<u>Stephen Jay Gould</u>: Die Arbeiten von Steve Jones sagen mir zu. Ich habe die meisten seiner Fachartikel gelesen. Ich beschäftige mich mit Lungenschnecken, und auf diesem kleinen Gebiet ist er einer der besten. Persönlich kenne ich ihn nicht sehr gut. Er ist ein ausgezeichneter Wissenschaftler. Er hat den Weg eines Medienmenschen eingeschlagen, aber in meinem beruflichen Umfeld – der Biologie der Schnecken – betreibt er hervorragende Wissenschaft.

NILES ELDREDGE

Ein Kampf der Worte

Daniel C. Dennett: Niles Eldredge wollte etwas beweisen, und zusammen mit Stephen Jay Gould ist ihm das mit dem berühmten Fachartikel von 1972 über das unterbrochene Gleichgewicht auch gelungen: Die vorherrschende Annahme ihrer Kollegen von der Paläontologie, daß Fossilfunde in jedem Zeitraum immer bruchlose, allmähliche Veränderungen zeigen, ist falsch. Daß sie darauf hingewiesen haben, ist von großer Bedeutung. Noch wichtiger war, daß es sich nicht um die gleiche Erklärung handelte, die Darwin schon gegeben hat.

Niles Eldredge ist Paläontologe und Kurator der Abteilung für wirbellose Tiere am American Museum of Natural History in New York; Autor der Bücher: *Times Frames: The Rethinking of Darwinian Evolution and the Theory of Punctuated Equilibria* [Wendezeiten des Lebens, 1994] sowie von *Unfinished Synthesis* (1985), *The Miner's Canary* (1991), *Fossils* (1991) und *Reinventing Darwin* (1995) [Quantensprünge des Lebens, 1996].

Niles Eldredge: Die Theorie vom unterbrochenen Gleichgewicht gründet sich auf die empirische Beobachtung, daß eine Art, die einmal vorhanden ist, sich in der Regel nicht mehr stark verändert. Wenn man von wirbellosen Meeresbewohnern spricht, meint man damit fünf oder zehn Millionen Jahre. Dennoch findet die Evolution natürlich statt; die Veränderungen scheinen in einem formalen Sinn mit der Artenbildung verknüpft zu sein. Dafür ist auf den ersten Blick kein Grund zu erkennen, denn Artenbildung ist die Entstehung neuer Reproduktionsgemeinschaften und sollte nichts mit Anpassung zu tun haben; und doch scheint dies der Fall zu sein.

Meine Forschung betrifft das unterbrochene Gleichgewicht und die hierarchische Struktur biologischer Systeme, jene Doppelhierarchie der Ökologie und Abstammung, die ich mit Inhalt gefüllt habe. Das ist grundlegende Ontologie. Beim unterbrochenen Gleichgewicht ging es darum, zwei Themenkreise zusammenzuführen: einerseits die Arbeiten von Theodosius Dobzhansky und Ernst Mayr über das Wesen der Arten und die Brüche zwischen ihnen, die im Verlauf der Artenbildung auftreten, und andererseits George Simpsons Frage nach Gesetzmäßigkeiten der Evolution in den Fossilfunden. Die Folgerungen, die sich daraus ergeben – unter anderem das allgemeine Wesen umfassender biologischer Systeme – haben den größten Teil meiner Aufmerksamkeit beansprucht.

Allein der Begriff des unterbrochenen Gleichgewichts wirft einige bedeutsame Widersprüche auf. Einer davon hat mit langfristigen Evolutionstrends zu tun. Sieht man sich innerhalb einer Organismengruppe die langfristigen Abläufe an, beispielsweise die zunehmende Gehirngröße der Menschen über vier oder fünf Millionen Jahre hinweg, dann wird das größere Gehirn nach der alten Vorstellung von der natürlichen Selektion begünstigt, und deshalb nimmt seine Masse im Laufe von vier oder fünf Millionen Jahren immer stärker zu. Betrachtet man die Fossilfunde, findet man im zeitlichen Verlauf immer größere Gehirne, aber das sind stufenweise Veränderungen, keine bruchlosen Übergänge. Die Grundannahme beim unterbrochenen Gleichgewicht beseitigt das alte, bequeme Element der erkennbaren Richtung langfristiger Entwicklungen in den Fossilfunden. Wenn man aber einräumt, daß es über die Zeit hinweg eine Orientierung gibt, was ist dann die Erklärung dafür?

Wir sagen: Arten sind Einheiten. Sie haben jeweils eine Geschichte, einen Ursprung, ein Ende und können Folgearten hervorbringen oder auch nicht. Arten sind Individuen in dem Sinn wie Menschen Individuen sind, allerdings sind sie Individuen eines ganz anderen Typs. Sie sind umfangreiche Systeme mit einem Element der Realität – das ist eine große Abweichung von der Lehre der Evolutionsbiologie. Es gibt einige Vorahnungen davon, aber es ist sicher nicht die herkömmliche Sichtweise. Unsere Theorie, die manchmal auch »Artenselektion« oder »Artenaussortieren« (ein besserer Begriff) genannt wird, sieht das abgestufte Entstehen und Aussterben der Arten als wichtiges zusätzliches Element, das die Geschichte des Lebens gestaltet, einschließlich der Schaffung langfristiger Evoltutionstrends.

Arten sind reale, räumlich und zeitlich begrenzte Entitäten, und es sind Informationsgebilde. Andersartige Entitäten tun etwas. Ökologische Populationen besetzen zum Beispiel Nischen; sie funktionieren. Arten funktionieren nicht auf diese

Weise. Sie tun nichts, sondern sie sind Informationsspeicher. Eine Art ist überhaupt nicht wie ein Organismus, aber sie ist dennoch ein Gebilde, das im Evolutionsverlauf eine wichtige Rolle spielt.

Das ist eine ontologische Verschiebung. Die Genetiker stehen der Vorstellung, daß Arten reale Entitäten sind, gleichgültig gegenüber, einfach weil sie glauben, ihre Daten (Wandel von Generation zu Generation innerhalb der Populationen) verlangten diese Vorstellung nicht. John Maynard Smith zum Beispiel, den ich sehr schätze, würde auf die Grundbehauptung, Arten seien reale Entitäten, überhaupt nicht eingehen, einfach weil es ihn persönlich nicht interessiert. Richard Dawkins versucht, alles in eine auf Gene gegründete Erklärung zu zwängen. Es ist, als ob Schiffe in der Nacht vorbeiführen. Wenn man nur den Übergang von einer Generation zur nächsten betrachtet und den Algorithmus der natürlichen Selektion ablaufen läßt, braucht man solche Vorstellungen überhaupt nicht. Ich mache denen, die sich nicht dafür interessieren, keinen Vorwurf. Es ist unsere Aufgabe, ihnen klarzumachen, daß eine solche Deutung des Artbegriffs der Evolutionstheorie ein wichtiges, interessantes Element hinzufügt.

Leute wie Steve und mich bezeichne ich als »Naturalisten«, im Gegensatz zu unseren genfixierten Kollegen, den Ultradarwinisten. Wir versuchen, die Mitte zu besetzen. Die drei wichtigsten Gestalten des ultradarwinistischen Lagers sind Maynard Smith, George Williams und Richard Dawkins. Einig sind wir uns alle über die Grundzüge der evolutionären Veränderung: anpassende Abwandlung durch natürliche Selektion. Die Ultradarwinisten haben nur eine neue Nuance entwickelt. Danach ist der Konkurrenzdrang, möglichst viele Gene zu hinterlassen, die grundlegende Triebkraft alles lebendigen Wesens. Wenn man dafür sorgt, daß Informationsstückchen – die Gene – untereinander konkurrieren, sieht die Evolutionsbiologie ein wenig mehr nach Physik aus; wenn ich den Ultradarwinisten Physikneid unterstelle, ist das also wahrscheinlich das Frechste, das ich über sie sagen kann.

Das unterbrochene Gleichgewicht macht im Diskurs über Evolution die Bedeutung der Diskontinuität erneut geltend. Gewöhnlich treten zwar die Ultradarwinisten in der Rolle des Defensor fidei auf, aber in Wirklichkeit gelang es Dobzhansky und Mayr, den Begründern der »modernen Synthese«, als ersten, ein Element der Diskontinuität in die evolutionstheoretische Debatte einzuführen. Eigentlich sind also wir Naturalisten diejenigen, die ein Stück orthodoxe Lehrmeinung verteidigen. Dobzhansky formulierte es so: Darwin wies die Bedeutung der natürlichen Selektion nach, und die natürliche Selektion bringt ein Spektrum der kontinuierlichen Variation hervor. Aber die Natur ist diskontinuierlich. Sie ist (wie Dobzhansky 1937 sagte) diskontinuierlich auf der Ebene der Gene und ebenso auf der Ebene der Arten. Die meisten Evolutionsforscher sind Populationsgenetiker, und deshalb erkennen sie, wie ich gerade erwähnt habe, die Bedeutung der Diskontinuität innerhalb der Arten nicht. Die Daten, mit denen sie zu tun haben, betreffen die Ebene innerhalb der Arten nicht. Sie sind es nicht gewohnt, über solche Fragen nachzudenken, und deshalb dringt ein Teil dieser frühen, schwer umkämpften und hart erarbeiteten Erkenntnisse über die Unterschiede zwischen Arten, die als getrennte Reproduktionsgemeinschaften definiert sind, nicht in ihre Gedankenwelt. Das ist in einem gewissen Sinn auch ganz gut so, denn was soll's – man spricht über den Kram, der einem einfällt, und über die eigenen Befunde. Und über die Kräfte, welche die Genfrequenzen innerhalb der Populationen von Generation zu Generation beeinflussen, gibt es noch eine Menge zu sagen. Aber wenn man die Erörterung auf einzelne Arten beschränkt, ignoriert man andere Elemente der biologischen Organisation, und die Ultradarwinisten tun das auf eigene Gefahr. Ihre Beschreibung der Natur des Lebendigen ist unvollständig, und deshalb bleibt auch ihre Theorie unvollständig und simplifizierend. Beunruhigend ist, daß George Williams in seinem neuen Buch *Natural Selection* seine bisherige Richtung verläßt und ausdrücklich betont, Arten seien keine besondere Kategorie biologischer Entitäten.

Die Ultradarwinisten streiten in der Regel ab, genetischen Reduktionismus zu betreiben, aber nach der Definition aller tun sie das ganz und gar. Sie versuchen, die Struktur und Geschichte großer Systeme ausschließlich unter dem Gesichtspunkt der Genhäufigkeiten zu erklären. Sozialsysteme, Wirtschaftssysteme, Ökosysteme und so weiter, alle entspringen angeblich dieser angenommenen Konkurrenz zwischen den Organismen – oder, noch schlimmer, zwischen den Genen. In Wirklichkeit spielen sie schnell und unbedacht mit einer Menge Forschungsarbeit aus den letzten fünfzig Jahren herum, durch die das wirkliche Wesen großer biologischer Systeme festgestellt wurde, beispielsweise der Arten, der Ökosysteme – und schließlich auch der Sozialsysteme; und das alles nur, weil ihre Sichtweise zu sehr auf die Gene fixiert ist.

Ich glaube, das ist nicht unredlich, aber in einem gewissen Sinn intellektuell unzulänglich. Ich war immer der Ansicht, wenn man jemanden kritisiert, sollte man wissen, welches Lied er eigentlich singt, und ich denke, ich habe viel Zeit darauf verwendet, das Lied dieser Leute zu lernen. Ich kann aber nicht erkennen, daß sie im Gegenzug auch das Lied gelernt hätten, das Steve und ich, Elisabeth Vrba und Steven Stanley gesungen haben. Ich glaube, sie sind so in ihrer eigenen, genfixierten Welt vergraben, daß sie nur über eine unvollständige Ontologie der biologischen Natur verfügen.

George Williams machte die Evolution als erster von einem passiven Vorgang zu etwas Aktivem. Anders ausgedrückt, heißt das, die Lebewesen da draußen konkurrieren, und obwohl es so aussieht, als konkurrierten sie um Nahrung, streiten sie in Wirklichkeit um die Gelegenheit, möglichst viele Gene zu hinterlassen. Auf der Ebene der Fortpflanzungsbiologie ist das eine gute Beschreibung der Natur. Aber als Anweisung für die Erklärung der Natur im allgemeinen und insbesondere großer biologischer Systeme versagt es – und zwar um so mehr, je größer das betrachtete System ist, vor allem dann, wenn man es nicht mit Fortpflanzung, sondern mit Phänomenen der Ökonomie zu tun hat.

Dawkins sagt in *Das egoistische Gen*, man werde letztlich die ganze innere Funktionsweise der Ökosysteme – die Regeln ihres Aufbaus und die Kräfte, die sie zusammenhalten – auf der Grundlage dieses Prinzips der Genkonkurrenz verstehen können. Das ist ein Appell an das reduktionistische Denken und der Versuch, aus einem Prinzip, das Darwin guten Gewissens passiv sein ließ, ein aktives Prinzip zu machen.

Dies ist ein heikler Punkt. Ultradarwinisten sind Reduktionisten, aber nur bis hinunter zur Ebene der Gene in Populationen. Vor den noch tiefer liegenden Ebenen haben sie Angst. Die meisten Evolutionsbiologen flippen aus, wenn sie Molekularbiologen wie Gabriel Dover über Evolution reden hören! Wir sagen, daß es mehr Ebenen gibt – höhere und niedrigere –, als im traditionellen Blickfeld der Populationsgenetik existieren. Die Dinge sind ein wenig komplexer, und wir können bis zu einem gewissen Grad erläutern, worin diese Komplexität besteht.

Man braucht nur Dawkins' Buch *Der blinde Uhrmacher* zu lesen. Es enthält eine scheinbar zutreffende Theorie zu der Frage, warum Lebewesen offenbar so gut in ihre Umwelt passen – mit anderen Worten, es zeigt, wie die natürliche Selektion die Anpassung des Organismus gestaltet. Bei näherem Hinsehen findet man aber absolut nichts zu der Frage, warum anpassende Veränderung in der Evolution stattfindet. In dem Buch steht nichts über den Kontext einer Anpassungsveränderung. Das wird einfach nicht behandelt; es ist nicht einmal ein Problem. Der Text ist nur eine prinzipielle Beweisführung. Der

Algorithmus wird liebevoll und in allen Einzelheiten beschrieben, und es wird unterstellt, daß man den Motor einfach laufen läßt, und dann fällt alles heraus: die ganze dreieinhalb Milliarden Jahre alte Geschichte, die zehn Millionen Arten, die es heute auf der Erde gibt. Der Rest ist Kleinkram. Wichtig ist, den Mechanismus dingfest zu machen.

Wie ich schon sagte, stimmen wir alle drei grundsätzlich darin überein, daß der von Darwin formulierte Mechanismus wirksam ist. Dem würde niemand widersprechen. Der Versuch, Steve Gould zu einem Gegner des Adaptionismus zu stempeln, ist unsinnig. Maynard Smith hielt 1978 eine Tagung ab, und das Greifbarste, was dabei herauskam, war nach seinen eigenen Worten ein Artikel von Steve Gould und Dick Lewontin mit dem Titel »Die Gewölbezwickel von San Marco und das Pangloss-Prinzip«; seine Hauptaussage lautet: Nach der Theorie des Adaptionismus wurde jede biologische Struktur, die wir betrachten, sorgfältig von der natürlichen Selektion ausgewählt. Das ist nur eine Annahme, die sich kaum im strengen Sinne beweisen läßt, und es gibt erschreckend viele andere Möglichkeiten. Wegen dieser Behauptung drängte man Steve Gould in die Rolle des Antiadaptionisten.

Den Adaptionismus von Maynard Smith, Williams und Dawkins kann man so beschreiben: In der Natur gibt es Gestaltung, die Lebewesen sehen aus, als wären sie recht gut für ihre jeweilige Umgebung geeignet, und sie funktionieren dort draußen sehr schön. Von der Vorstellung eines Schöpfers abgesehen, gibt es für diesen Stand der Dinge nur eine sinnvolle Erklärung: die Evolution, insbesondere durch natürliche Selektion, bei der die am besten geeigneten Varianten in der Population im Durchschnitt mehr Kopien ihrer Gene hinterlassen als die weniger angepaßten Formen. Im Laufe der Generationen sucht die Natur aus und treibt die Dinge voran, so daß die erforderlichen Varianten entstehen. Das sind die Grundregeln, die jeder anerkennt. Wir Naturalisten sagen aber: Die natürliche Selektion bringt Anpassungsveränderungen offenbar vorwiegend in Verbindung mit echter Artenbildung hervor – bei der Aufteilung einer ursprünglichen Reproduktionsgemeinschaft (»Art«) in zwei oder mehr nachfolgende Arten.

Die Debatte zwischen Dawkins und Gould besteht zu einem großen Teil darin, daß beide zeigen wollen, wer der Intelligentere und Raffiniertere ist. Manchmal glaube ich, sie mißverstehen sich absichtlich. Es ist ein Kampf der Worte und das Bestreben, der belesenen Öffentlichkeit zu zeigen, wer den besseren Zugang zur Natur hat.

Steve war immer bereit, willens und in der Lage, sich hineinzustürzen und sich mit den Dawkins' und Maynard Smiths dieser Welt zu messen. Bei mir hat es länger gedauert, bis ich soweit war. Anfangs konzentrierte ich mich darauf, die Verteilung von Stabilität und Veränderung bei den Fossilfunden mit den Ansichten meiner unmittelbaren Vorgänger zu vereinbaren – das waren natürlich der Paläontologe Simpson, aber auch Mayr, der Systematiker, und seltsamerweise sogar Dobzhansky, der vollendete, zum Naturalisten gewandelte Genetiker. Ich mußte mich davon lösen, Simpson, Mayr und Dobzhansky in einem öpidalen Sinn zu sehen – als Vaterfiguren, deren Befunde ich korrigieren mußte. Ich mußte verstehen, daß die Theorie vom unterbrochenen Gleichgewicht tatsächlich einige schwerwiegende Widersprüche zwischen Simpson auf der einen Seite und Mayr und Dobzhansky auf der anderen auflöst. Nachdem ich das geschafft hatte, traten die tiefgreifenden Folgerungen der Theorie vom unterbrochenen Gleichgewicht deutlicher hervor, und ich konnte mich ganz den modernen Ultradarwinisten widmen. Erst jetzt bin ich bereit, es mit Leuten wie Richard Dawkins, Maynard Smith und George Williams aufzunehmen.

George Williams macht in *Natural Selection* eine interessante, gleichzeitig aber auch deprimierende Beobachtung. Er sagt, zahlreiche Probleme seien so wenig gelöst, daß die Leute aufhörten, sich damit zu beschäftigen, und einander statt dessen überzeugten, daß sie gut genug gelöst seien. Wir neigen dazu, wissenschaftliche Probleme nicht zu lösen, sondern fallenzulassen. Das ist ein wenig beunruhigend, aber es ist eine gute Beschreibung der wirklichen Situation. Damit will ich sagen, daß es für die derzeitigen Diskussionen keine endgültige Entscheidung gibt. Die Jahrtausendprobleme der Überbevölkerung, der umfassenden Umweltzerstörung und des Artensterbens werden uns vermutlich von den weniger drängenden Fragen der reinen Evolutionstheorie ablenken – und vielleicht ist das auch gut so. Eines Tages werden die Themen wieder aufgegriffen, aber erst durch unsere geistigen Nachkommen.

Stephen Jay Gould: Niles Eldredge ist in der Wissenschaft mein engster und liebster Kollege. Wenn zwei Menschen so eng verbunden sind, wie es bei uns durch die Theorie vom unterbrochenen Gleichgewicht der Fall ist, versuchen andere zwangsläufig, Keile dazwischenzutreiben; es hat mehrere derartige Versuche gegeben, aber gelungen ist keiner.

Ich werde mehr attackiert, und die Leute greifen häufig auch andere Dinge an, für die ich stehe, weil ich in der Öffentlichkeit bekannter bin. Aber Niles und ich sind nicht um jeden Preis einer Meinung. Er ist zum Beispiel Kladist, und ich bin es nicht. Wir haben mit Sicherheit konträre Ansichten über verschiedene technische Gesichtspunkte der Theorie von der hierarchischen Selektion. Ihn reizt zum Beispiel der Begriff von den parallelen Hierarchien, der stammesgeschichtlichen und der von ihm so genannten ökonomischen, die mit der tatsächlichen, offenkundigen Konkurrenz in der Natur zu tun hat. Ich dagegen glaube aus verschiedenen theoretischen Überlegungen heraus, daß wir uns auf die stammesgeschichtlichen Hierarchien konzentrieren sollten, in denen die Kausalität herrscht. Aber Niles und ich arbeiten in solchen Fragen seit zweiundzwanzig Jahren zusammen, und wir sind uns heute ebenso nahe wie früher. Wir kannten uns schon als Doktoranden. Er hat eine der weltweit besten Sammlungen viktorianischer Kornette zusammengetragen. Er bläst Kornett und Trompete. Auf dem Kornett spielt er einen ganz ordentlichen Jazz.

Daniel C. Dennett: Niles Eldredge wollte etwas beweisen, und zusammen mit Stephen Jay Gould ist ihm das mit dem berühmten Fachartikel von 1972 über das unterbrochene Gleichgewicht auch gelungen: Die vorherrschende Annahme ihrer Kollegen von der Paläontologie, daß Fossilfunde in jedem Zeitraum immer bruchlose, allmähliche Veränderungen zeigen, ist falsch. Daß sie darauf hingewiesen haben, ist von großer Bedeutung. Noch wichtiger war, daß es sich nicht um die gleiche Erklärung handelte, die Darwin schon gegeben hat. Darwin hatte sich ebenfalls Gedanken gemacht um das Problem, daß viele Übergangsformen bei den Fossilien nicht zu finden sind. Er erklärte es mit der Unvollständigkeit der Fossilfunde: Wenn wir mehr Daten sammeln und nicht gerade Pech haben, so meinte er, werden wir schließlich sämtliche Zwischenformen aufspüren, und alles ist paletti.

Eldredge und Gould zeigten vielmehr zum erstenmal, daß man auch bei noch so vollständigen Fossilfunden mit plötzlichen Übergängen rechnen muß. Wie Darwin selbst bereits betont hatte, befinden sich die meisten Arten – und die meisten Abstammungslinien – die meiste Zeit über ohnehin in einem gleichbleibenden Zustand. Der Wandel läuft nicht kontinuierlich ab, sondern während kurzer Zeitabschnitte, in denen sich viel verändert. Das sind auch die Phasen, in denen sich das Verbreitungsgebiet von Populationen verschiebt, weil diese ihre angestammte Heimat verlassen und neue Gegenden besiedeln. Irgendwann ist dann wieder ein Punkt des Gleichgewichts erreicht, und eine neue lange Phase der Stagnation schließt sich an. Wenn man sich die Fossilfunde ansieht, die ja einen räumlichen und zeitlichen Querschnitt darstellen, wirkt Veränderung – wenn man sie überhaupt erkennt – wie etwas plötzlich Aufgetauchtes.

Aber viele Leute wollten noch mehr hineininterpretieren; sie wollten behaupten, der Beweis für das unterbrochene Gleichgewicht – in der Annahme, dieser Beweis sei erbracht – bedeute die Widerlegung des Darwinschen Gradualismus. Aber das stimmt keineswegs. Eldredge weiß das und streitet es auch nicht ab. Gould ist sich da nicht so sicher; er hat im Laufe der Jahre verschiedene Wege untersucht, auf denen die Abläufe beim unterbrochenen Gleichgewicht deutlich nichtdarwinistisch sein könnten. Ich glaube, ich kann nachweisen, daß solche Wege immer falsch sein müssen. Eines ist ziemlich klar: Wenn man die Probleme ausklammert – und das ist keine wirklich umstrittene Meinung –, dann gibt es in der Frage, was beim unterbrochenen Gleichgewicht geschieht, keine revolutionäre Hypothese, die man verteidigen müßte. Aber so nehmen Außenstehende die Theorie vom unterbrochenen Gleichgewicht im allgemeinen nicht wahr.

George C. Williams: Eldredge ist ein bedeutender Paläontologe, und seine Erkenntnis, daß die Stagnation manche Vorstellungen in Frage stellte, war ein großer Fortschritt. Stagnation ist die häufig beobachtete Stabilität von Eigenschaften, von denen man denken könnte, daß sie einer schnellen Evolution unterliegen. Dagegen beeindrucken mich seine neueren Arbeiten mit Marjorie Grene nicht; ich glaube, er produziert hier ein begriffliches Durcheinander von Themen wie zum Beispiel sexuelle Selektion und Selektionsebenen.

Gould und Eldredge, die beiden geistigen Väter des unterbrochenen Gleichgewichts, werden natürlich oft in einem Atemzug genannt. Gould neigt viel stärker dazu – und ist auch vielleicht besser dazu begabt –, sich mit den großen theoretischen Problemen zu beschäftigen.

Lynn Margulis: Niles Eldredge, ein umfassend gebildeter Geologe und Biologe, ist auch ein ausgezeichneter Interpret der Fossilfunde. Sein prachtvoll bebildertes Buch *Fossils* ist eine glänzende Einführung in die Fossilien von Wirbeltieren und Meeresbewohnern. Außerdem kennt Eldredge die Einflüsse und Einwirkungen der modernen Biologie auf das tägliche Leben mit seinen »alltäglichen Mythen«, seinen »Erkenntnissen des gesunden Menschenverstandes« und anderen vorgefaßten Meinungen, die man so oft für selbstverständlich hält. Was in unserem Kulturkreis als selbstverständlich gilt, steht oft in diametralem Gegensatz zu dem, was die Wissenschaft und insbesondere die Biologie uns lehrt. Eldredge gehört zu den wenigen Menschen, die bereit und in der Lage sind, zwischen allgemeinen anerkannten Wahrheiten zu vermitteln – nach seiner und meiner Meinung handelt es sich dabei um große Mißverständnisse über das, was die Wissenschaft eigentlich lehrt. Er ist ein Autor, der wirklich etwas mitteilt, und ich wünsche mir, daß er noch viel schreibt.

W. Daniel Hillis: Eine meiner ersten Erkenntnisse bei Computersimulationen der Evolution war, daß diese nicht allmählich ablief. Vielmehr geschah lange Zeit nichts, und dann organisierte sich alles plötzlich neu, und es trat eine große Veränderung ein. Diese Art der Beschreibung verbindet sich ganz offensichtlich mit einer Gruppe von Biologen, zu deren führenden Köpfe Eldredge gehört – mit dem Lager der »unterbrochenen Equilibristen«. Wie man aber bei genauerem Hinsehen feststellt, geschehen in der Biologie so viele Dinge auf so vielen verschiedenen Ebenen, daß nicht genau zu klären ist, ob meine Beobachtungen genau dem Gegenstand seiner Beschreibung entsprechen. Er spricht davon, daß das unterbrochene Gleichgewicht in großem Maßstab auf ganze Ökosysteme einwirkt, aber vielleicht spielt es sich auch in kleinerem Umfang ab – sogar innerhalb einer einzigen, sich weiterentwickelnden Art.

Für mich ist das unterbrochene Gleichgewicht völlig unumstritten; es spielt sich auf allen möglichen verschiedenen Ebenen ab. Es gehört zu den Dingen, die einem sofort einleuchten, wenn man die Gelegenheit hatte, mit ein paar Millionen Generationen der Evolution zu spielen.

Gaia ist ein zähes Weibsstück

Richard Dawkins: Ich bewundere Lynn Margulis sehr für ihren großen Mut und die Hartnäckigkeit, mit der sie an der Theorie der Endosymbiose festhielt und sie von einem Ketzerglauben zur anerkannten Lehrmeinung machte. Damit meine ich die Theorie, nach der die Eukaryontenzelle eine symbiotische Lebensgemeinschaft einfacher Prokaryontenzellen darstellt. Diese Idee ist eine der großen evolutionsbiologischen Errungenschaften des 20. Jahrhunderts, für die ich Lynn sehr bewundere.

Lynn Margulis ist Biologin und Professorin für Biologie an der University of Massachusetts in Amherst; Autorin der Bücher *The Origin of Eukaryotic Cells* (1970), *Early Life* (1981) und *Symbiosis in Cell Evolution* (2. Aufl. 1993); als Coautorin (mit Karlene V. Schwartz) ist sie beteiligt an *Five Kingdoms: An Illustrated Guide to the Phyla of Life on Earth* (2. Aufl. 1988) und (mit Dorion Sagan) an *Microcosmos* (1986), *Origins of Sex* (1986) und *Mystery Dance* (1991) [Geheimnis und Ritual, 1993].

<u>Lynn Margulis:</u> In jedem guten naturhistorischen Museum — zum Beispiel in New York, Cleveland oder Paris — findet der Besucher einen Saal mit uralten Zeugen des Lebens, eine Evolutionsausstellung, die mit den versteinerten Trilobiten beginnt und über den Riesen-Nautilus, die Dinosaurier, die Höhlenbären bis zu anderen ausgestorbenen Tieren geht, von denen Kinder fasziniert sind. Die Evolutionforscher waren meist auf die Evolution der Tiere in den letzten fünfhundert Millionen Jahren fixiert. Wie wir aber heute wissen, entwikkelte sich das Leben in Wirklichkeit viel früher. Die Fossilfunde reichen fast vierhundert Millionen Jahre weit zurück! Bis in die sechziger Jahre zogen die Wissenschaftler zum Nachzeichnen der Evolution keine Fossilien heran, weil man sie für nicht interpretierbar hielt.

Ich arbeite an der Evolutionforschung, aber mit Zellen und Mikroorganismen. Richard Dawkins, John Maynard Smith, George Williams, Richard Lewontin, Niles Eldredge und Stephen Jay Gould stammen aus der zoologischen Tradition, und das bedeutet für mich, um es mit den Worten unseres Kollegen Simon Robson zu sagen: Sie beschäftigen sich mit Daten, die um etwa drei Milliarden Jahre verspätet sind. Eldredge, Gould und ihre vielen Kollegen neigen zur Festschreibung einer unglaublichen Unkenntnis darüber, wo das eigentliche Wirken der Evolution stattfindet, denn sie beschränken ihr Interessengebiet auf Tiere – natürlich einschließlich des Menschen. Das ist alles sehr interessant, aber Tiere sind auf der Bühne der Evolution erst mit großer Verspätung erschienen und liefern kaum Einblicke in die wichtigen Quellen der evolutionären Kreativität. Es ist, als wollte man ein vierbändiges Werk über die Weltgeschichte schreiben, und dann begänne man im Jahr 1800 in Fort Dearborn und mit der Gründung von Chicago. Man würde dann vielleicht sehr korrekt das 19. Jahrhundert und die Verwandlung von Fort Dearborn in eine pulsierende Metropole am Seeufer beschreiben, aber Weltgeschichte wäre das wohl kaum.

Mit »Festschreibung der Unkenntnis« meine ich unter anderem, daß sie vier der fünf Reiche des Lebens unberücksichtigt lassen. Tiere stellen nur eines dieser Reiche dar. Sie übergehen Bakterien, Protisten, Pilze und Pflanzen. Sie nehmen ein kleines, interessantes Kapitel im Buch der Evolution und schließen daraus auf die gesamte Enzyklopädie des Lebens. Mit ihrer schiefen, eingeschränkten Sichtweise haben sie oft nicht einmal unrecht, sie sind nur weitgehend uninformiert.

Worüber sind sie in Unkenntnis? Vor allem über Chemie, denn die Sprache der Evolutionsbiologie ist die Sprache der Chemie, und die meisten von ihnen ignorieren die Chemie. Ich möchte sie nicht alle in einen Topf werfen, denn vor allem Gould und Eldredge haben sehr klar herausgearbeitet, daß die allmählichen evolutionären Veränderungen in langen Zeiträumen, deren Dokumentation durch die Fossilfunde Darwin erwartet hatte, sich in Wirklichkeit so nicht abgespielt haben. Fossilien bleiben morphologisch über längere Perioden hinweg gleich, und nach einer solchen Phase der Stabilität beobachtet man Diskontinuitäten. Ich glaube nicht, daß man über diese Beobachtungen überhaupt noch diskutieren muß. John Maynard Smith ist von seiner Ausbildung her Ingenieur und hat die meisten seiner biologischen Kenntnisse aus zweiter Hand. Mit lebenden Organismen beschäftigt er sich kaum. Er rechnet und liest. Nach meiner Vermutung dürfte es für ihn sehr schwierig sein, Kenntnisse über irgendeine Gruppe von Organismen zu gewinnen, wenn er sich nicht unmittelbar mit ihnen beschäftigt. Insbesondere Biologen brauchen den unmittelbaren sinnlichen Kontakt mit den Lebewesen, die sie untersuchen und über die sie schreiben.

Die Paläontologie, also das Nachzeichnen der Evolutionsgeschichte anhand von Fossilien, ist meines Erachtens eine stichhaltige Methode, aber die Paläontologen müssen sich gleichzeitig mit den entsprechenden heutigen Organismen beschäftigen und mit den »Neontologen« – den Biologen – zusammenarbeiten. Gould, Eldredge und Lewontin haben auf diesem Gebiet sehr wertvolle Beiträge geleistet. Aber die Tradition von Dawkins, Williams und Maynard Smith erwächst aus einer Vergangenheit, die sie nach meiner Vermutung in ihrem angelsächsischen gesellschaftlichen Zusammenhang nicht erkennen. Darwin behauptete, daß Populationen sich im Laufe der Zeit allmählich verändern, weil ihre Mitglieder ausgemerzt werden – das ist die Grundidee der Evolution durch natürliche Selektion. Mendel entdeckte die Gesetze für die Vererbung genetischer Merkmale von einer Generation zur nächsten und machte damit sehr deutlich, daß diese Merkmale zwar neu verteilt werden, sich aber im Laufe der Zeit nicht ändern. Kreuzt man eine weiße und eine rote Blume, entstehen rosafarbene Nachkommen, und wenn man diese mit einer weiteren rosafarbenen Blume kreuzt, sind die Nachkommen genauso weiß, rot oder rosa wie die Eltern oder Großeltern. Arten von Organismen, so Mendels Feststellung, ändern sich mit der Zeit nicht. Die Vermischung, die zu der Rosafärbung führt, ist nur vordergründig. Die Gene werden einfach durcheinandergewürfelt und kommen in unterschiedlichen Kombinationen wieder zum Vorschein, aber gleiche Kombinationen bringen immer genau das gleiche Erscheinungsbild hervor. Mendels Beobachtungen sind unbestreitbar.

So begründeten J. B. S. Haldane, zweifellos ein hochintelligenter Mann, und der Mathematiker R. A. Fisher eine ganze Schule der angelsächsischen Evolutionsforschung, als sie die neodarwinistische populationsgenetische Analyse entwickelten, um zwei unvereinbare Ansichten unter einen Hut zu bringen: Darwins Evolution und Mendels pragmatische, gegen die Evolution gerichtete Vorstellungen. Um diese beiden Gebiete vernünftig zu bearbeiten, schufen sie in den zwanziger bis in die fünfziger Jahre eine Sprache der Populationsgenetik, die sie Neodarwinismus nannten. Sie mathematisierten ihre Arbeit und glaubten allmählich selbst daran, indem sie ihre Lehre in Großbritannien, den Vereinigten Staaten und darüber hinaus verbreiteten. In Frankreich und anderen Ländern widersetzte man sich dem Neodarwinismus, aber einige Wissenschaftler in Japan und anderswo beteiligten sich an dieser »Erklärungs«tätigkeit.

In dieser Tradition stehen sowohl Dawkins als auch Lewontin, auch wenn sie meinen, sie seien weit auseinander. Lewontin ging vor einigen Jahren als Gast an die University of Massachusetts und hielt vor Studenten in einem wirtschaftswissenschaftlichen Kurs einen Vortrag. In einer Art neodarwinistischem Manöver sagte er, evolutionäre Veränderungen seien auf die Fisher-Haldane-Mechanismen zurückzuführen: Mutation, Emigration, Immigration und so weiter. Am Ende der Rede erklärte er, keine der aus den Einzelheiten seiner Analyse gezogenen Konsequenzen sei empirisch belegt. In seiner raffinierten mathematischen Behandlung von Kosten und Nutzen fehlten die Chemie und die Biologie. Ich fragte ihn, warum er so darauf versessen sei, eine Kosten-Nutzen-Erklärung zu präsentieren, die sich aus einer unechten sozioökonomischen »Theorie« ableite, wenn man nichts davon experimentell oder in der Praxis belegen könne. Warum wolle er solchen Unsinn lehren, wo er doch selbst auf schwerwiegende Schwachpunkte der Grundannahmen hingewiesen habe? Er erwiderte, dafür gebe es zwei Gründe: Der erste sei »P. E.« »P. E.?« fragte ich. »Was ist das? Bevölkerungsexplosion [Population explosion]? Unterbrochenes Gleichgewicht [Punctuared equilibrium]? Leibeserziehung [Physical education]?« »Nein«, entgegnete er, »P. E. ist Physikneid [Physics envy].« Damit meinte er ein Krankheitsbild bei Wissenschaftlern anderer Fachgebiete, die sich nach den mathematisch eindeutigen Modellen der Physik sehnen. Sein zweiter Grund war heimtückischer: Wenn er seine Untersuchungen nicht in den neodarwinistischen Denkstil kleidete (eine altertümliche und meines Erachtens völlig unpassende Sprache), würde er keine Forschungsmittel für seine Arbeiten bekommen.

Die Tradition der neodarwinistischen Populationsgenetik erinnert in meinen Augen an die Phrenologie; sie ist eine Form von Wissenschaft, die genau das gleiche Schicksal erleiden kann. Im Nachhinein wird sie lächerlich aussehen, weil sie lächerlich ist. Ich war immer dieser Meinung, auch als gute Studentin der Populationsgenetik bei einem hervorragenden Lehrer – James F. Crow an der University of Wisconsin in Madison. In der allerletzten Woche des Semesters diskutierten wir über die tatsächlichen Beobachtungen und experimentellen Untersuchungen im Zusammenhang mit den Modellen, aber die Ergebnisse der Experimente stimmten in keinem Fall mit der Theorie überein.

Ich stehe dem mathematischen Neodarwinismus seit Jahren kritisch gegenüber; er erschien mir nie besonders sinnvoll. Immer erzählt man uns, zufällige Mutationen – von denen die meisten bekanntermaßen schädlich sind – seien die Hauptursache des evolutionären Wandels. Ich weiß noch, wie ich eines Morgens mit der Erleuchtung aufwachte: Ich bin keine Neodarwinistin! Es erinnerte mich an ein früheres Erlebnis, bei dem mir bewußt wurde, daß ich keine humanistische Jüdin bin.

Ich bewundere Darwins Leistung sehr und stimme seinen

theoretischen Analysen zum größten Teil zu, das heißt, ich bin *Darwinistin*, aber keine *Neodarwinistin*. Eine von Darwins wichtigsten Errungenschaften war die Erkenntnis, daß alle Lebewesen durch ihre gemeinsame Abstammung verwandt sind. Heute gibt es dafür überwältigend viele unmittelbare Belege – genetische, chemische und andere. Die Geschwindigkeit, mit der Populationen von Lebewesen wachsen und sich fortpflanzen können, läßt sich in der tatsächlichen Welt nicht aufrechterhalten, und deshalb ist die Zahl derer, die sterben oder sich nicht fortpflanzen, viel größer als die jener anderen, die ihren Lebenszyklus vollenden. Die Tatsache, daß meist nicht alle Organismen, die geboren werden oder schlüpfen oder abgeschnürt werden, überleben und überleben können, *ist* bereits natürliche Selektion. Erbliche Variationen beobachtet man bei allen Organismen, die geboren werden, schlüpfen, sich abschnüren oder durch Zellteilung entstehen, und manche Varianten überflügeln in Wachstum und Fortpflanzung die anderen. Das sind die Grundprinzipien der Darwinschen Evolution und der natürlichen Selektion. Alle vernünftigen Wissenschaftler stimmen mit diesen grundlegenden Vorstellungen überein, die durch eine Riesenmenge von Belegen gestützt werden.

Der Neodarwinismus ist der Versuch, die Mendelsche Genetik, derzufolge sich Organismen mit der Zeit nicht verändern, mit dem Darwinismus zu vereinbaren, der genau das Gegenteil behauptet. Er ist eine Überlegung, die zwei ein wenig fragwürdige Traditionen auf mathematische Weise verknüpft, und das ist der Anfang vom Ende. Der neodarwinistische Formalismus bedient sich einer Arithmetik und Algebra, die sich für die Biologie nicht eignet. Die Sprache des Lebens ist nicht gewöhnliche Arithmetik und Algebra; die Sprache des Lebens ist die Chemie. Den praktizierenden Neodarwinisten fehlen unter anderem Kenntnisse in Mikrobiologie, Zellbiologie, Biochemie, Molekularbiologie und cytoplasmatischer Genetik. Sie meiden die biochemische Cytologie und die mikrobiologische Ökologie. Es ist vergleichbar mit dem Versuch, eine kritische Analyse von Shakespeares elisabethanischem Stil und Idiom auf chinesisch vorzunehmen, ohne die Bedeutung der englischen Sprache zu berücksichtigen.

Die Neodarwinisten sagen, Variationen entstehen durch zufällige Mutationen, und definieren als Mutation jede beliebige genetische Veränderung. Mit »zufällig« meinen sie, daß Eigenschaften im Hinblick auf die Selektion bei den Nachkommen zufällig auftauchen: Wenn ein Tier seinen Schwanz braucht, entwickelt es den Schwanz nicht, weil es ihn benötigt, sondern es entstehen zufällig alle mögliche Veränderungen, und die Individuen mit einem Schwanz überleben und bringen mehr Nachkommen hervor. Wie H. J. Muller in den zwanziger Jahren entdeckte, steigern Röntgenstrahlen zwar die Mutationsrate bei Taufliegen, aber auch wenn man die Fliegen völlig von Röntgenstrahlen, Sonnenlicht und anderen umweltbedingten Störungen abschirmt, kann man eine spontane Mutationsrate messen. Erbliche Variationen treten spontan auf; sie haben nichts damit zu tun, ob sie für den Organismus, in dem sie auftreten, gut sind. Jetzt pries man die Mutationen als Ursache der Variationen an, auf welche die natürliche Selektion wirkt, und man erklärte die neodarwinistische Theorie für vollständig. Was nun für die Wissenschaft noch blieb, war das Füllen von Lücken in einer »Theorie« mit sehr wenigen Löchern.

Aus vielen Experimenten weiß man, wie sich Mutagene – beispielsweise Röntgenstrahlen oder bestimmte Chemikalien – auf Taufliegen auswirken: Behandelt man die Tiere damit, erhält man kranke oder tote Fliegen. Neue Fliegenarten entstehen nicht – da liegt der Hase im Pfeffer. Alle sind sich einig, daß solche Mutagene erbliche Variationen erzeugen. Und ebenso ist man sich einig, daß die natürliche Selektion auf diese Varianten einwirkt. Es stellt sich die Frage: Woher kommen die nützlichen Variationen, auf die die Selektion einwirkt? Diese Frage ist bisher nicht beantwortet. Aber ich behaupte: Die bedeutsamsten erblichen Abwandlungen entstehen durch Verschmelzung, durch einen Vorgang, den die Russen und insbesondere Konstantin S. Mereschowsky als *Symbiogenese* bezeichnen und den der Amerikaner Ivan Emanuel Wallin *Symbiontizismus* genannt hat. Wallin meinte damit die Aufnahme der genetischen Systeme von Mikroorganismen in die Vorläufer von Tier- oder Pflanzenzellen. Das neue genetische System, ein Fusionsprodukt aus Mikroorganismus und Tierzelle oder Mikroorganismus und Pflanzenzelle, unterscheidet sich deutlich von der Vorläuferzelle ohne Mikroorganismus.

Eine Analogie findet sich in der Computertechnik: Die Theorie der Symbiose besagt, daß man nicht alle Module von Grund auf neu konstruiert, sondern vorhandene Module neu zusammensetzt. Aus der Verschmelzung gehen neue, komplexere Lebewesen hervor. Daß neue Arten einfach durch Zufallsmutationen entstehen können, bezweifle ich.

Symbiose ist die körperliche Verbindung von Organismen, das Zusammenleben von Organismen unterschiedlicher Arten an demselben Ort zu derselben Zeit. Der Ausgangspunkt meiner Untersuchungen zur Symbiose waren die cytoplasmatischen genetischen Systeme. Man hat uns immer beigebracht, daß die Gene im Zellkern liegen und daß der Zellkern die Schaltzentrale der Zelle sei. Während meiner Forschung auf dem Gebiet wurde mir aber schon sehr früh klar, daß es auch andere genetische Systeme mit abweichenden Vererbungsregeln gibt. Diese eigentümlichen Gene, die nicht im Zellkern liegen, erregten von Anfang an meine Neugier. Das berühmteste war ein cytoplasmatisches Gen namens »Killer«, das bei dem Einzeller *Paramecium aurelia* nach bestimmten Regeln vererbt wird. Wie sich nach zwanzig Jahren intensiver Forschung und wechselnder Lehrmeinungen herausgestellt hat, gehört das Killer-Gen zu einem Virus im Inneren eines symbiontisch lebenden Bakteriums. Fast alle Gene, die nicht im Zellkern liegen, stammen von Bakterien oder anderen Mikroorganismen ab. Als ich zu erkunden suchte, wie die Gene außerhalb des Zellkerns wirklich aussehen, wurde mir immer deutlicher bewußt, daß sie Mitbewohner sind, also lebende Wesen. Im Inneren der großen Zellen leben kleinere Zellen. Diese Erkenntnis veranlaßte mich und andere, die modernen Symbiosen zu untersuchen.

Symbiose hat nichts mit Kosten oder Nutzen zu tun. Diejenigen, die nur von Kosten-Nutzen-Rechnungen reden, haben die Wissenschaft mit boshaften ökonomischen Analogien verfälscht. Der Streit geht nicht um die heutigen Symbiosen, die einfach das Zusammenleben ungleichartiger Organismen darstellen; er geht vielmehr um die Frage, ob die »Symbiogenese« – langfristige Symbiose, die zu neuen Lebensformen führt – stattgefunden hat und noch stattfindet. Die Bedeutung der Symbiogenese als wichtige Ursache der evolutionären Veränderung ist umstritten. Ich behaupte: Die Symbiogenese ist die Folge langfristigen Zusammenlebens – man bleibt zusammen, insbesondere mit Mikroorganismen –, und sie ist die wichtigste Triebkraft für Neuerungen in allen Abstammungslinien größerer Lebewesen, die keine Bakterien sind.

Im Jahr 1966 schrieb ich über Symbiogenese einen Artikel mit dem Titel »The Origin of Mitosing (Eukaryotic) Cells« [Der Ursprung von Eukaryontenzellen mit Mitoseteilung]. Es handelte von der Entstehung aller Zellen mit Ausnahme der Bakterien: (Die Entstehung der Bakterien ist die Entstehung des Lebens selbst.) Der Aufsatz wurde von etwa fünfzehn Fachzeitschriften abgelehnt, weil man Schwächen und Fehler darin entdeckte; außerdem war er zu neuartig, und niemand konnte ihn richtig beurteilen. James. F. Danelli, der Herausgeber des *Journal of Theoretical Biology*, nahm ihn schließlich an und machte mir Mut. Ich war zu jener Zeit völlig unbekannt, und unerhörterweise wurden achthundert Sonderdrucke von dem Artikel angefordert. Später wurde er an der Universität Boston als in dem Jahr beste Veröffentlichung der Fakultät ausgezeichnet. Ich war damals nur Lehrbeauftragte, und deshalb gaben meine Kollegen aus der biologischen Fakultät eine Party, um das große Ereignis zu feiern. Aber es klang alles mehr nach »Ist das nicht nett« oder »Es ist so absonderlich, daß ich es nicht begreifen kann, aber andere halten es für beachtenswert«. Auch heute nehmen die meisten Wissenschaftler die Symbiose als Evolutionsmechanismus nicht ernst. Würden sie die Symbiogenese für voll nehmen, müßten sie ihr Verhalten ändern. Für Verhaltensänderungen gibt es in der Wissenschaft nur einen Weg: Manche Leute sterben, und an ihre Stelle treten solche, die sich anders verhalten.

Als nächstes erweiterte ich den Zeitschriftenartikel: Nach zehn Jahren harter Arbeit und sechs Wochen fleißigen Schreibens hatte ich das Buch *The Origin of Eukaryotic Cells* erstellt. Obwohl ich einen Vertrag hatte, lehnte Academic Press es ab. Schließlich erschien es 1970 in überarbeiteter und verbesserter Form bei Yale University Press. Die neueste Version heißt *Symbiosis in Cell Evolution* und ist die zweite – das heißt, eigentlich die dritte – Auflage. Dieses Buch, das 1993 bei W. H. Freeman erschien, ist mein Lebenswerk. Es beschreibt im einzelnen die Bedeutung der Symbiose für die Evolution der Zellen, die dann unmittelbar zur Zellteilung durch Mitose und zur Sexualität mit der Meiose führt. Es geht vor allem darum, wie verschiedene Bakterien Gesellschaften bilden, die unter ökologischem Druck zusammenrücken und sich genetisch sowie mit ihrem Stoffwechsel so verändern, daß ihre eng verflochtenen Lebensgemeinschaften zu Individualität auf einer komplexeren Organisationsebene führen. Der springende Punkt ist die Entstehung der kernhaltigen Zellen (das heißt der Zellen von Protisten, Tieren, Pilzen und Pflanzen) aus Bakterien.

Gould und andere neigen zu der Ansicht, daß Arten nur durch Aufspaltung auseinander hervorgehen. Ich dagegen behaupte, daß etwas anderes für die Entstehung von Variationen wichtiger ist: Arten bilden durch Verschmelzung neue, zusammengesetzte Gebilde. Die Symbiogenese ist ein äußerst wichtiger Evolutionsmechanismus. Ihre Analyse wirkt sich auf die Entwicklungsbiologie ebenso aus wie auf Taxonomie, Systematik und Zellbiologie; sie betrifft etwa dreißig Teilgebiete der Biologie und sogar die Geologie. Die Symbiogenese läßt viele Folgerungen zu, und das ist zum Teil der Grund, warum sie umstritten ist. Die meisten Leute hören nicht gern, daß sie mit dem, was sie die ganzen Jahre über getan haben, auf dem falschen Dampfer waren.

Meine Argumentation ist nur in einer Hinsicht radikal: Sie regt die Wissenschaftler dazu an, in vielen Fragen den Status quo zu verändern. Wenn man unsere Vorstellung von den fünf Reichen der Organismen ernst nimmt (das Buch von Karlene V. Schwartz und mir gründet sich auf Arbeiten von Robert H. Whittaker und Herbert F. Copeland), müssen Hochschulen ihre Vorlesungsverzeichnisse und Verlage ihre Kataloge ändern. Ein Lieferant muß alle Schubladen und Schränke neu beschriften. Abteilungen müssen ihre Haushaltsposten neu organisieren, und NASA, National Science Foundation sowie verschiedene Museen müssen Planstellen und Programmkommissionen ändern. Der Wechsel von »Pflanzen versus Tiere« zu den fünf Reichen (Bakterien, Protisten, Tiere, Pilze und Pflanzen) hat so tiefgreifende Auswirkungen auf sämtliche Bereiche, in denen Biologie gesellschaftliche Aktivität bedeutet, daß es an allen Ecken und Enden Widerstand gibt. Wissenschaftler und die, von denen sie bezahlt werden, müssen diese potentielle Neuorganisation ablehnen oder ignorieren, denn die Verschiebung der Grenzlinien und die neuen Verbindungen anzuerkennen, ist ungewohnt und kostspielig. Es fällt viel leichter, bei überholten geistigen Kategorien zu bleiben.

Über mehr als eine Milliarde Jahre bestand das Leben auf der

Erde ausschließlich aus Bakterienzellen, die man Prokaryonten oder prokaryontische Zellen nennt, weil sie keinen Zellkern besitzen. Sie sehen sich alle sehr ähnlich und erscheinen aus der auf den Menschen zentrierten Sicht langweilig. Aber Bakterien sind der Ausgangspunkt der Fortpflanzung, der Photosynthese, der Bewegung – eigentlich aller interessanten Eigenschaften des Lebens, vielleicht mit Ausnahme der Sprache! Sie begleiten uns auch heute in großer Zahl und Vielfalt. Sie beherrschen immer noch die Erde. Irgendwann erschien dann eine neue komplexere Zellenart auf der Bildfläche, die Eukaryontenzelle, aus der Pflanzen- und Tierkörper aufgebaut sind. Diese Zellen enthalten eine Reihe von Organellen, unter anderem den Zellkern. Eukaryontenzellen mit einem abgegrenzten Zellkern sind die Bausteine aller allgemein bekannten großen Lebensformen. Wie kam es zu diesem Umbruch in der Entwicklung? Wie trat die Eukaryontenzelle in Erscheinung? Anfangs handelte es sich vermutlich um eine Invasion von Räubern. Es könnte begonnen haben, als ein bewegliches Bakterium in ein anderes eindrang – natürlich auf der Suche nach Nahrung. In manchen Fällen wurde aus der Invasion jedoch ein Burgfrieden; die anfangs feindselige Beziehung wandelte sich zum Guten. Als die schwimmenden bakteriellen Möchtegern-Eindringlinge sich in ihren trägen Wirtszellen niederließen, entstand durch diese Vereinigung der Kräfte ein neues Ganzes, das letztlich viel besser war als die Summe seiner Teile. Es entwickelten sich schnellere Schwimmer, die eine große Zahl von Genen transportierten. Einige dieser Neuankömmlinge besaßen einzigartige Fähigkeiten für den Evolutionskampf. Weitere Verbindungen mit Bakterien kamen hinzu, während sich die heutige Zelle entwickelte.

Ein Beleg für die Symbiogenese während der Zellentstehung sind die Mitochondrien, Organellen in den meisten Eukaryontenzellen, die ihre eigene DNA besitzen. Neben der DNA im Zellkern, die beim Menschen das Genom ausmacht, besitzt jeder von uns auch Mitochondrien-DNA. Unsere Mitochondrien stellen eine vollkommen andere Abstammungslinie dar und werden ausschließlich von der Mutter weitervererbt. Kein Teil unserer Mitochondrien-DNA stammt vom Vater. In allen Pilzen, Tieren und Pflanzen (und auch in den meisten Protisten) existieren also mindestens zwei verschiedene Abstammungslinien nebeneinander. Schon das ist ein Hinweis, daß diese Organellen getrennte Mikroorganismen waren, die ihre Kräfte vereinigt haben.

David Luck und John Hall, zwei Genetiker der Rockefeller University, machten vor kurzem eine verblüffende Entdeckung, die ich mehr oder weniger schon vor fünfundzwanzig Jahren vorausgesagt hatte. Mit hochentwickelten Methoden stießen sie auf etwas, wonach sie überhaupt nicht gesucht hatten: auf eine seltsame DNA, die außerhalb des Zellkerns, außerhalb des Chloroplasten und außerhalb der Mitochondrien lag. Diese DNA, diese außerhalb des Zellkerns gelegenen Gene, kann man als Überreste alter, eingedrungener, beweglicher Bakterien deuten, deren aggressive Anlagerung der Verschmelzung vorausging.

Wenn die Entdeckung von Hall und Luck sich bestätigt — und mindestens drei Forschungsteams haben daran Zweifel angemeldet —, dann wäre dieses außerhalb des Zellkerns gelegene genetische System, das Hall und Luck bei Grünalgen erkannt haben, vielleicht der bruchstückhafte Überrest von Bakterien, die wir alle in uns tragen. Wachstum, Fortpflanzung und Kommunikation dieser beweglichen, Verbindung eingehenden Bakterien liefen parallel mit unserem Denken, unserem Glück, unseren Empfindlichkeiten und Reizungen. Wenn meine Sichtweise zutrifft, bringt sie viele Erkenntnisse in ein System. Die Hauptpunkte lassen sich eindeutig überprüfen. Die stillschweigende Folgerung ist: Wir sind von höchst beweglichen Überresten einer alten Bakterienart buchstäblich besiedelt, und diese Bakterien sind in jeder Hinsicht zu einem

Teil unserer selbst geworden. Diese gut gedeihenden partiellen Lebewesen sind die stoffliche Grundlage der *anima*, also von Seele, Leben, Fortbewegung; ein Plädoyer für den Materialismus im krassesten Sinne des Wortes. Sagen wir so: Man präpariert aus dem Gehirn eine reine chemische Substanz und bringt sie mit einer anderen gereinigten Substanz zusammen. Diese beiden Substanzen – zwei verschiedene Bewegungsproteine – kriechen zusammen davon, sie bewegen sich von selbst fort. Biochemiker und Zellbiologen können uns den kleinsten gemeinsamen Nenner für die Fortbewegung zeigen. *Anima.* Seele. Ich sehe in diesen beweglichen Proteinen die Überreste schwimmender Bakterien, die später von anderen Geschöpfen aufgenommen wurden, und diese Geschöpfe waren unsere Vorfahren und wurden zu uns.

Das Minimal-Bewegungssystem läßt sich physikalisch und chemisch genau analysieren; deshalb ist man sich völlig einig, daß »Bewegungsproteine« aus typischen Kohlenwasserstoff-Verbindungen bestehen, und so weiter.

Zellbiologen und Biochemiker sind sich in allen Einzelheiten einig. Meines Erachtens muß man aber auch berücksichtigen, in welchem Umfang die Symbiogenese nach heutiger Kenntnis zur evolutionären Entstehung beigetragen hat. Das würde zu einem völlig neuen Bewußtsein in bezug auf die stofflichen Grundlagen des Denkens führen. Denken und Verhalten der Menschen erscheinen viel weniger geheimnisvoll, wenn man sich klarmacht, daß Auswahl und Aufnahmefähigkeit bereits in den Mikroorganismen, die zu unseren Vorfahren wurden, gut entwickelt waren. Sogar für Philosophen wird es ein Anreiz sein, etwas über Bewegungsproteine zu erfahren. Es wird Wissenschaftler und Nichtwissenschaftler motivieren, soviel Chemie, Mikrobiologie, Evolutionsbiologie und Paläontologie zu lernen, daß sie die Bedeutung dieser Fachgebiete für ihre tiefgreifenden Fragen verstehen.

Meine Hauptarbeit gilt seit jeher der Evolution der Zellen,

aber seit langer Zeit bin ich auch mit James Lovelock und seiner Gaia-Hypothese verbunden. Anfang der siebziger Jahre versuchte ich, Bakterien anhand ihrer Stoffwechselwege einzuteilen. Dabei fiel mir auf, daß alle möglichen Bakterienarten Gase produzieren. Sauerstoff, Schwefelwasserstoff, Kohlendioxid, Stickstoff, Ammoniak – die Bakterien, deren Evolutionsgeschichte ich nachzeichnen wollte, geben insgesamt über dreißig verschiedene Gase ab. Warum hielt jeder Wissenschaftler, den ich fragte, den Sauerstoff für ein biologisches Produkt, die anderen Gase der Atmosphäre – Stickstoff, Methan, Schwefel und so weiter – dagegen nicht? »Unterhalte dich mal mit »Lovelock«, schlugen mir mindestens vier Wissenschaftler vor. Nach Lovelocks Ansicht sind die Gase in der Atmosphäre biologischen Ursprungs. Er hatte damals eine recht gute Vorstellung davon, welche Lebewesen vermutlich die fraglichen Gase »ausatmen«. Diese Gase sind in der Atmosphäre in so großen Mengen enthalten, daß sie unmöglich allein durch chemische und physikalische Vorgänge entstanden sein können. Er hielt die Atmosphäre nicht nur für ein chemisches, sondern auch für ein physiologisches System.

Nach der Gaia-Hypothese werden die Temperatur der Erdoberfläche sowie der Oxidationszustand und andere chemische Eigenschaften der Gase in den unteren Schichten der Atmosphäre (mit Ausnahme von Helium, Argon und anderen reaktionsunfähigen Elementen) durch die Gesamtheit des Lebens hervorgerufen und aufrechterhalten. Wir untersuchten, wie es dazu kommen kann. Wie konnten die Lebewesen die Temperatur auf der Erde steuern? Und wie konnte die lebende Materie die Gaszusammensetzung der Atmosphäre – die zwanzig Prozent Sauerstoff und die ein bis zwei je Million Teile Methan zum Beispiel – aktiv aufrechterhalten?

Ich brauchte mehrtägige Gespräche, um Lovelocks Denkweise auch nur ansatzweise zu verstehen. Meine erste Reaktion war die gleiche wie die der Neodarwinisten: Business as usual. Ich sagte: »Ach, Sie meinen, daß Lebewesen sich an ihre Umwelt anpassen.« Und er erwiderte sehr liebenswürdig: »Nein, das meine ich nicht.« Geduldig erklärte mir Lovelock, was er wirklich meinte, und das Zuhören fiel mir recht schwer. Da seine Idee neu war, hatte er noch keine geeigneten Begriffe dafür entwickelt. Vielleicht half ich ihm, seine Erklärungen auszuformulieren, aber sonst tat ich kaum etwas.

Die Gaia-Hypothese ist eine biologische Vorstellung, aber der Mensch steht dabei nicht im Mittelpunkt. Diejenigen, die Gaia zu einer Erdgöttin für eine angenehme, sanfte Umwelt der Menschen machen wollen, finden darin keinen Trost. Solche Leute stehen ihr meist kritisch gegenüber, oder sie verstehen das Ganze nicht. Sie können sich mit der Theorie nur abfinden, wenn sie sie falsch interpretieren. Manche Kritiker machen sich Sorgen, weil die Gaia-Hypothese besagt, die Umwelt werde auf alle ihr zugefügten Schäden reagieren, und die natürlichen Systeme würden mit den Problemen schon fertig werden. Das, so die Behauptung, sei für die Industrie ein Freibrief für Umweltverschmutzung. Ja, Gaia wird sich zu helfen wissen; ja, sie wird Umweltschäden beseitigen, aber diese Wiederherstellung der Umwelt wird wahrscheinlich zu einer Welt ohne Menschen führen.

In Lovelocks Augen ist die ganze Welt ein Lebewesen. Ich bin mit dieser Formulierung nicht einverstanden. Kein Lebewesen frißt seine eigenen Abfälle. Ich bezeichne die Erde lieber als großes, zusammenhängendes Ökosystem, das aus vielen kleineren Ökosystemen zusammengesetzt ist. Lovelock möchte die Menschen glauben machen, die Erde sei ein Lebewesen, denn wenn sie darin nur einen Haufen Steine sehen, dann treten sie mit den Füßen darauf, mißachten und mißhandeln sie. Wer die Erde als Organismus sieht, wird sie in der Regel mit mehr Respekt behandeln. Für mich ist es eine hilfreiche Umschreibung, aber keine Wissenschaft. Dennoch bin ich mit Lovelock der Ansicht, daß das meiste, was Wissenschaftler tun, auch keine Wissenschaft ist. Außerdem ist mir völlig klar, daß er mit seinem Standpunkt die Idee von Gaia weit wirksamer vermitteln kann als ich.

Wenn die Wissenschaft nicht in das kulturelle Umfeld paßt, wird sie abgelehnt, aber das kulturelle Umfeld lehnen die Leute nie ab! Wenn wir uns mit einer Wissenschaft befassen, die in manchen Aspekten nicht mit dem kulturellen Umfeld vereinbar ist, sagt man uns, unsere Wissenschaft habe Mängel. Ich nehme an, alle Menschen haben kulturelle Vorstellungen, zu denen die Wissenschaft passen muß. Ich versuche zwar, diese Voreingenommenheit bei mir selbst zu erkennen, aber ich weiß nicht, ob ich sie gänzlich vermeiden kann. Ich versuche, mich auf die unmittelbar beobachtbaren Gesichtspunkte der Wissenschaft zu konzentrieren.

Gaia ist ein zähes Weibsstück – ein System, das über drei Milliarden Jahre lang ohne Menschen funktioniert hat. Die Oberfläche unseres Planeten, seine Atmosphäre und seine Umwelt werden auch dann noch weiter die Evolution durchlaufen, wenn Menschen und Vorurteile längst verschwunden sind.

Daniel C. Dennett: Eine der schönsten Theorien, denen ich je begegnet bin, ist die von Lynn Margulis über die Geburt der Eukaryontenzelle durch die Umwandlung aus einem Zustand, in dem ursprünglich eine Zelle als Parasit in eine andere eingewandert war. Als sie dies zum erstenmal äußerte, wurde sie verspottet und ausgelacht; es ist schon köstlich, daß ihre Theorie heute als höchst wichtiger theoretischer Fortschritt gilt. Für mich ist sie eine der großen Gestalten in der Biologie des 20. Jahrhunderts.

Einige ihrer populärwissenschaftlichen Bücher aus jüngerer Zeit beunruhigen mich, denn meines Erachtens versucht sie, ihre hervorragende Idee zu politischen Zwecken einzusetzen, indem sie Kooperation höher einstuft als Konkurrenz. Das

194

scheint mir ein Fehler zu sein. Ja, im Fall der eukaryontischen Revolution wurde eine Beziehung, die als Konkurrenz begann, zu einem grundsätzlich kooperativen Miteinander. Deshalb ist diese Neuerung so schön, aber damit ist nicht bewiesen, daß Zusammenarbeit die Norm ist oder daß sie sich immer als gut oder möglich erweist. Sie ist das seltene, großartige Phänomen, das den Beginn des vielzelligen Lebens möglich machte. Aber man kann nicht die Aussage hineininterpretieren, daß die Natur sich grundsätzlich kooperativ verhält; das tut sie nicht.

George C. Williams: Vielleicht ist es unfair, aber in meinen Augen leidet Lynn Margulis an einem »Gott-ist-gut-Syndrom«. Wenn sie sich in der Natur umsieht, möchte sie etwas Gutartiges und Wohlwollendes entdecken, das letztlich nützlich und erstrebenswert ist. Ich dagegen sehe eher mit Tennysons Augen und entdecke alles mögliche mit rotgefärbten Zähnen und Klauen. Mit anderen Worten, da draußen herrscht ein blutiges Durcheinander.

Sie möchte beim Betrachten der Natur gern Kooperation beobachten und sehen, wie alle nett zueinander sind. Diese Sichtweise kulminiert in der Gaia-Theorie. Wir wollen den Begriff lediglich als Metapher betrachten und dieses Gebilde nicht zu einem Gott oder einer Göttin machen. Aber genau das möchte sie gern, und deshalb wird sie es auch so sehen, komme, was da wolle. Das gleiche könnte sie über mich sagen – daß ich Gott für böse halte und nur Schlechtes entdecke, wenn ich mir Seine Schöpfungen ansehe. Die Zeit wird zeigen, wer recht hat, und dabei wird sich herausstellen, daß meine Betrachtungsweise fruchtbarer ist und mehr Voraussagen über zukünftige Entdeckungen erlaubt.

Lee Smolin: Lynn Margulis ist schon seit vielen Jahren eine meiner Heldengestalten der Wissenschaft. In meinen Augen gehört sie zu den größten lebenden Wissenschaftlern in Amerika. Sie besitzt eine Fähigkeit, die ich für das charakteristische Kennzeichen der besten Wissenschaftler in der amerikanischen Tradition halte: Sie denkt in größeren Dimensionen, und ihre Ideen sind originell. Dennoch bleibt sie dicht an der Natur – sozusagen auf dem Erdboden. Ähnlich war auch Richard Feynman. Mit ihm konnte man nicht über Physik reden, ohne gleichzeitig auch über die Natur zu sprechen. Wie sie auf Biologen wirkt, kann ich nicht beurteilen, abgesehen davon, daß die meisten von ihnen nach meinem Eindruck bis heute nicht mit ihr Schritt halten können. Als Physiker kann ich aber mit Sicherheit sagen, daß sie mein Denken über Biologie entscheidend beeinflußt hat. Drei Aspekte ihrer Vorstellungen – die Bedeutung der Symbiose für die Evolution, die Gaia-Hypothese und die Auffassung, daß die gesamte Welt des Lebendigen eine Weiterentwicklung des mikrobiellen Lebens darstellt – sind nach meiner Überzeugung äußerst wichtig, wenn man die Beziehungen zwischen der Welt des Lebendigen und der physikalischen Welt im großen und ganzen verstehen will.

Schon seit Jahren bewundere ich sie wegen ihrer Bücher und allem, was ich über sie gehört habe. Vor zwei Jahren hatte ich nun das Glück, sie persönlich kennenzulernen. Bei einem Abendessen wurde ich Zeuge, wie sie die Gaia-Hypothese gegenüber einem anderen anwesenden Biologen verteidigte, der sie in seinen Schriften kritisiert hatte. Sie trieb den armen Mann in die Enge; aus dem Gedächtnis zitierte sie Wort für Wort, was er geschrieben hatte, und es war ihr sehr daran gelegen, daß er erkannte, warum er unrecht hatte. Als ich dieses Gespräch hörte, fielen mir die Berichte über Galileis Ankunft in Rom ein, wo er das kopernikanische Weltbild bei Abendgesellschaften in reichen Familien verteidigt haben soll. Bei ihr erlebte ich das gleiche Zutrauen in die eigene Vision, gepaart mit der gleichen Ungeduld gegenüber denen, die nicht genauso aufgeschlossen und weit denken können und die neuen Ideen lieber mißverstehen. Ich glaube schon seit Jahren, daß wir die

Implikationen der Darwinschen Entdeckung, wonach wir uns durch natürliche Selektion weiterentwickeln, noch kaum verstehen. Nach meiner festen Überzeugung hat Lynn Margulis klarer als die meisten anderen vorausgesehen, was das für unsere Sicht der natürlichen Welt und für unser Verhältnis zu ihr bedeutet.

Was ich nicht verstehen kann, sind die Empfindlichkeiten zwischen den Evolutionstheoretikern wie Lynn Margulis, Richard Dawkins und anderen. Die Vorstellung, daß die Welt sich durch Variation und Selektion entwickelt hat, steht, soweit ich es beurteilen kann, in völliger Übereinstimmung sowohl mit der Idee, daß Symbiose ein wichtiger Evolutionsmechanismus ist, als auch mit der Theorie von der Biosphäre als großem Organismus, der Mechanismen zur Selbstregulation des Klimas und verschiedene Stoffkreisläufe besitzt. Mir scheint, das ist kein Widerspruch, sondern beide Gesichtspunkte sind notwendig. Damit die Welt des Lebendigen überhaupt existieren kann, muß sie ein einziges, selbstorganisiertes Gebilde sein, und der einzige Weg, auf dem diese Komplexität und höchst verblüffende Neuerungen entstehen können, führt über zufällige Variation und natürliche Selektion. Nach meinem Eindruck als Physiker weisen die wenigen Beobachtungen, die wir bisher über die Funktionsweise selbstorganisierter Systeme sammeln konnten, auf die Notwendigkeit beider Gesichtspunkte hin. Die Biologen diskutieren zum Beispiel offenbar endlos darüber, in welchem Maßstab die natürliche Selektion wirkt. Wirkt sie auf das Ökosystem, die Spezies, das Individuum oder das Gen? Die Physiker haben über selbstorganisierte Systeme eine entscheidende Erkenntnis gewonnen: Sie sind das, was wir kritische Systeme nennen, das heißt, bedeutsame Beziehungen entwickeln sich in ihnen auf allen Ebenen, die möglich sind. Nach meiner Vorstellung muß die Antwort also lauten, daß die Evolution sich gleichzeitig auf vielen verschiedenen Ebenen vollzieht. Die Information ist natürlich auf einer einzigen Ebene gespeichert – auf der Ebene der Gene. Sie drückt sich aber auf allen Stufen aus, von der einzelnen Zelle bis hin zur gesamten Biosphäre. Die Wahrscheinlichkeit, daß ein Gen sich fortpflanzt, wird also von seinen Wirkungen auf allen Ebenen beeinflußt, und das bedeutet, daß die Evolution auf allen Ebenen stattfinden kann.

Natürlich wäre es gut, wenn man eine allgemeine Theorie selbstorganisierter Systeme hätte, die als Ausgangspunkt für eine solche Diskussion dienen könnte – und natürlich auch für ein allgemeines Verständnis der biologischen Welt und ihrer Evolution. Das ist seit langem ein Traum der Physiker. Sicher ist es auch mein Traum und der vieler anderer Leute. Ich glaube, in allernächster Zeit können wir behaupten, daß wir einige Begriffe zu entdecken beginnen, die in einer solchen Theorie eine Rolle spielen könnten, beispielsweise die selbstorganisierte Kritikfähigkeit.

Marvin Minsky: Die Tiere, die wir heute kennen, sind nicht aus dem Nichts entstanden, sondern mit Ausnahme der Bakterien sind sie praktisch alle aus der Verschmelzung von drei oder vier einfacher gebauten Tieren hervorgegangen. Auf diese Weise sind wir zu dem geworden, was wir sind.

Niles Eldredge: Lynn ist großartig. Ich hoffe, ich bin nicht zu euphorisch, aber ihre Idee von der symbiontischen Herkunft der Eukaryontenzellen war vermutlich die bedeutendste Theorie der modernen Biologie. Man machte Lynn nieder, als hätte sie einen wirklich verrückten Einfall gehabt, und natürlich können wir das nachvollziehen. Heute wird es in allen Lehrbüchern als selbstverständliche Wahrheit verkündet. Es war phantastisch.

Umstrittener ist ihr Engagement für Gaia, jene Theorie von James Lovelock, die – zumindest in ihrer »starken« Form – besagt, die ganze Erde sei ein Lebewesen. Ihre Kommentare zur

Evolutionsbiologie gehen manchmal am Kern der Sache vorbei. Sie ist wie ich und viele andere überzeugt, daß die Metapher von der Konkurrenz um Fortpflanzungserfolg in der neodarwinistischen Lehre überstrapaziert wird; auf der anderen Seite steht aber außer Frage, daß es in der Natur Konkurrenz gibt, und sie versucht, den Schwerpunkt auf die Kooperation zu legen.

<u>Richard Dawkins:</u> Ich bewundere Lynn Margulis sehr für ihren großen Mut und die Hartnäckigkeit, mit der sie an der Theorie der Endosymbiose festhielt und sie von einem Ketzerglauben zur anerkannten Lehrmeinung machte. Damit meine ich die Theorie, wonach die Eukaryontenzelle eine symbiontische Lebensgemeinschaft einfacher Prokaryontenzellen darstellt. Diese Idee ist eine der großen evolutionsbiologischen Errungenschaften des 20. Jahrhunderts, für die ich Lynn sehr bewundere.

Ich lernte Lynn vor einigen Jahren auf einer Tagung in Südfrankreich kennen, und ich denke, wir kamen recht gut miteinander klar. Bei späteren Begegnungen fand ich sie in Diskussionen sehr halsstarrig. Nach meinem Eindruck gehört sie zu den Menschen, die von der Richtigkeit der eigenen Meinung überzeugt sind und nicht auf die Argumente anderer hören. Ich glaube, ich höre wirklich zu – und vielleicht ändere ich auch meine Meinung, wenn jemand ein überzeugendes Argument anführt –, aber mir kommt es so vor, als ob sie das nicht täte. Das mag unfair sein, und als es um die Theorie zur Entstehung der Eukaryontenzelle ging, hatte sie mit ihrer Halsstarrigkeit recht. Es stellte sich heraus, daß ihre Ansicht vermutlich stimmt, aber das heißt nicht, daß sie immer stimmen muß. Und ich vermute, sie hat nicht in allen Punkten recht.

Die Gaia-Hypothese ist dafür ein gutes Beispiel. Nach meiner Überzeugung hatte Lovelock – zumindest in seinem ersten Buch – keine klare Vorstellung von dem Prozeß der natürlichen Selektion, der die Anpassungseinheit – in diesem Fall die ganze Erde – zusammenfügt. Wenn man eine Einheit auf irgendeiner Ebene in der Hierarchie des Lebendigen als Gegenstand der Anpassung bezeichnet, muß es eine irgendwie geartete Selektion einer selbstverdoppelnden Information geben. Wir müssen uns fragen: Was ist das Äquivalent zur DNA? Welches sind die Codierungseinheiten? Welches sind die Einheiten des kopierfähigen Codes, die sich verdoppeln sollen?

Ich glaube nicht einen Augenblick lang, daß Lovelock auf die Idee kam, sich solche Fragen zu stellen. Deshalb stehe ich der Rhetorik der Gaia-Hypothese kritisch gegenüber, wenn es um ihre Anwendung auf Einzelfragen geht, beispielsweise um Erklärungen für die Methanmenge in der Atmosphäre oder um die Aussage, Bakterien würden ein für die ganze Welt nützliches Gas produzieren, und deshalb würden die Bakterien zum Wohle der gesamten Erde diese Mühe auf sich nehmen. In einer Darwinschen Welt kann es so etwas nicht geben, solange man annimmt, daß die natürliche Selektion auf der Ebene einzelner Bakteriengene verläuft. Wenn es natürlich den einzelnen Bakterien, die das Gas produzieren, durch diese Tätigkeit bessergeht, wobei das Gas nur ein zufälliger Nebeneffekt ist, habe ich keine Einwände, aber dann braucht man zur Erklärung keine Gaia-Hypothese. Man erklärt es auf der Ebene des Nutzens für die einzelnen Bakterien und ihre Gene.

Francisco Varela: Ich halte Lynn Margulis für eine der scharfsinnigsten und wichtigsten Persönlichkeiten in der Biologie seit den zwanziger Jahren, als Genetiker wie Thomas H. Morgan und J. B. S. Haldane dazu beitrugen, die Basis der Evolutionsbiologie auf die Ebene der Zellen zu verlegen.

Seitdem gab es nur eine interessante Figur, die alle Ebenen der Biologie von der Geologie über Zell- und Molekularbiologie bis zur Evolutionsforschung zusammenführte, und das war Lynn. Eine ihrer entscheidenden Thesen, die sie in den siebzi-

200

ger Jahren formulierte, war die Evolution durch Symbiose. Damals glaubte ihr niemand. Heute hat sich ihre Theorie ziemlich durchgesetzt, und das eröffnete neue Denkmöglichkeiten für die Beziehungen, die man zwischen Mikroorganismen beobachtet. Außerdem hilft es uns, die Bedeutung der mikroskopischen Welt zu begreifen. Lynn ist sehr originell. Ihr Buch *Symbiosis in Cell Evolution* ist ein klassisches Werk in der Biologie des 20. Jahrhunderts.

Dennoch habe ich einige Kritikpunkte. In den letzten Jahren hat sie einige ihrer bedeutenden wissenschaftlichen Vorstellungen auf den kulturellen Bereich übertragen, insbesondere auf die Interpretation der menschlichen Kultur. Das ist schlecht. Ihr Bericht über die Entstehung der Sexualität in dem Buch *Geheimnis und Ritual*, das sie zusammen mit Dorion Sagan geschrieben hat, ist zum Beispiel naiv, voller Klischees und ohne historische Perspektive. Ich habe den berühmten Angriff in der Rezension von Richard Dawkins in *Nature* gelesen und muß sagen, daß ich ausnahmsweise einmal völlig seiner Meinung bin. Es ist schade, daß sie in ein so sonderbares zweites Stadium abgedriftet ist.

Ich lernte sie unter anderem deshalb kennen, weil sie in den siebziger Jahren als eine der ersten in der Biologie meine Arbeiten mit Humberto Maturana anerkannte, die sich mit der grundlegenden zellbiologischen Organisation selbstentwickelnder Systeme beschäftigten. Sie griff unsere Ergebnisse sofort auf und baute sie in ihre Arbeiten ein. Das war für mich sehr wichtig, denn es bedeutete, daß ich nicht, wie wir auf spanisch sagen, völlig außerhalb des Topfes stand.

W. Daniel Hillis: Wissenschaft spielt sich meist innerhalb starrer Regeln ab. Man weiß genau, wer auf dem gleichen Gebiet arbeitet, und die Beurteilung erfolgt nach strikten Maßstäben. Das funktioniert, solange man die Strukturen nicht verändern will. Es funktioniert bei dem, was Stephen Gould »Zuwachs-

Wissenschaft« nennt. Wenn man aber versucht, die Strukturen umzuwerfen, eignet sich ein solches System nicht. Will man etwas tun, das nicht in ein Fachgebiet oder eine Standardtheorie paßt, macht man sich in der Regel Feinde. Lynn Margulis ist ein gutes Beispiel für jemanden, der sich nicht an die Regeln hält und einer Menge Leute auf den Schlips tritt.

Ihre Ansichten über Symbiose paßten nicht zu den üblichen Theorien und Strukturen. In den Augen vieler umging sie die herrschenden Autoritäten und brachte ihre Theorien unmittelbar an die Öffentlichkeit, und darüber waren alle erbost. Besonders ärgerte es sie, weil sich herausstellte, daß Lynn recht hatte. Wenn es eine Sünde ist, Theorien an die Öffentlichkeit zu bringen, dann ist es eine doppelte Sünde, sie an die Öffentlichkeit zu bringen und auch noch recht zu haben.

ZWEITER TEIL

Eine Sammlung von Provisorien

Eine zentrale Metapher für die dritte Kultur ist das Berechnen. Ein Computer stellt Berechnungen an, und das Gehirn stellt Berechnungen an. Wenn man verstehen will, warum Vögel fliegen, kann man sich Flugzeuge ansehen, denn Fliegen und Aerodynamik folgen allgemeinen Prinzipien, die auf alles Fliegende zutreffen. Auf genau diese Weise wird die Idee des Berechnens zu einem Bestandteil der neuen Denkweise, mit der Naturwissenschaftler komplizierte Systeme untersuchen.

Wer sich wissenschaftlich mit dem Geist beschäftigen wollte, versuchte es anfangs, wie in der Physik, mit der Suche nach den Grundlagen. Es gab mehrere Wellen der sogenannten mathematischen Psychologie, und davor suchten die Psychologen nach einem einfachen Baustein, einem »Atom«, mit dessen Hilfe sie den Geist rekonstruieren wollten. Diese Methode schlug fehl. Wie sich herausstellte, ist der Geist und damit auch das Gehirn ein äußerst kompliziertes Produkt der natürlichen Selektion, und als solches hat er zahlreiche neue Eigenschaften, die man am besten aus technischer Sicht versteht.

Wir entdecken auch, daß die Welt selbst »voller Macken« ist; sie besteht aus seltsamen, bunt zusammengewürfelten Mechanismen, die raffinierte Tricks ausführen. Das paßt all denen nicht, die sich eine kristallklare, präzise Naturwissenschaft nach der Art von Newtons reiner Mathematik wünschen. Die

Vorstellung, daß die Natur aus improvisierten Apparaten bestehen könnte, ist eine tiefe Beleidigung für all jene, die einen starken ästhetischen Hang haben – für diejenigen, die behaupten, Naturwissenschaft müsse schön und rein, alles müsse symmetrisch sein und sich aus Urprinzipien ableiten lassen. Diese Ästhetik ist in der Wissenschaft seit Platon eine starke Triebfeder.

Ihr entgegengesetzt ist die Ästhetik, die sich aus diesem Buch ergibt – die Ästhetik, die besagt, daß die Schönheit der Natur durch die Wechselwirkungen zwischen Gebilden von sinnverwirrender Komplexität entsteht und daß Komplexität die Natur zum größten Teil ausmacht. Die vom Computer geprägte Sichtweise – Maschinen, die Maschinen herstellen, die Maschinen herstellen – ist auf dem Vormarsch. Es wird in diesem Buch noch viel von Maschinen die Rede sein.

Marvin Minsky ist der führende Kopf auf dem Gebiet der künstlichen Intelligenz (KI). Er sieht das Gehirn als Myriaden von Strukturen. Nach Ansicht der Wissenschaftler, die die Welt wie Minsky stark aus der Perspektive der KI sehen, wird man mit einem Computermodell alles erklären können, was wir über die kognitiven Fähigkeiten des Gehirns wissen. Minsky setzt Bewußtsein mit abstraktem Denken auf hohem Niveau gleich und glaubt, daß Maschinen im Prinzip alles tun können, wozu auch ein bewußt denkender Mensch in der Lage ist.

Roger Schank, ein Computerwissenschaftler und Kognitionspsychologe, arbeitet seit zwanzig Jahren auf dem Gebiet der KI. Wie Minsky sieht er die Welt stark aus dieser Perspektive, aber er will keine denkende Maschine bauen, sondern statt dessen das menschliche Gehirn auseinandernehmen. Insbesondere möchte er wissen, wie die natürliche Sprache – also die Muttersprache eines Menschen – verarbeitet wird, wie das Gedächtnis funktioniert und wie das Lernen abläuft. Schank sieht das menschliche Gehirn als Lernapparat und glaubt, daß es falsch unterrichtet wird. Er ist so etwas wie ein Störenfried;

er bedauert die an Lehrplänen und Drill orientierten Methoden der heutigen Schulen, und seine letzten wissenschaftlichen Beiträge betrafen die Ausbildung: Unter anderem sucht er nach Wegen, wie man den Computer zum Zwecke des effektiveren Lernens einsetzen könnte.

Der Philosoph Daniel C. Dennett interessiert sich für das Bewußtsein und identifiziert es, ähnlich wie Minsky, mit abstraktem Denken auf hohem Niveau. Er ist als führender Vertreter einer vom Computer geprägten Bewußtseinstheorie bekannt. Deshalb geriet er mit Philosophen wie John Searle aneinander, nach deren Ansicht sich die wichtigsten Elemente des Bewußtseins, nämlich absichtsvolles Handeln und subjektives Empfinden, niemals durch Berechnungen erzeugen lassen. Er ist der bevorzugte Philosoph der KI-Gemeinschaft. In seinen jüngeren Arbeiten hat er sich dem zugewandt, was er als »Darwins gefährliche Idee« bezeichnet; er gehört eindeutig zum ultradarwinistischen Lager von George C. Williams und Richard Dawkins und hat viel Energie darauf verwendet, eine umfassende Kritik an den wissenschaftlichen Thesen von Stephen Jay Gould zu formulieren.

Nicholas Humphrey ist in der psychologischen Forschung tätig; vor zwanzig Jahren belebte er das neu entstehende Gebiet der Evolutionspsychologie mit seiner Theorie über »die soziale Funktion des Intellekts«. Auf den folgenden Seiten diskutiert er seine neueren Vorstellungen über die Bewußtseinsphänomene. Im Gegensatz zu Dennett, nach dessen Ansicht die Philosophen die Aufgabe haben, die Menschen von ihren »primitiven« Vorstellungen vom Bewußtsein zu befreien, vertritt Humphrey die Meinung, man solle diese primitiven Eingebungen für bare Münze nehmen. Wenn jemand sagen würde, die eigentliche Frage sei, wie es sich anfühle, ein Bewußtsein zu haben, dann bestünde das Problem tatsächlich darin, das »Anfühlen« zu erklären. Humphrey und Dennett sind Gegenpole. Humphrey wird manchmal als »Wissenschaftsromantiker« bezeichnet, der sich mehr für das Geschichtenerzählen als für greifbare Tatsachen interessiere. Er selbst wäre wahrscheinlich nicht der Ansicht, daß es zwischen Tatsachen und Geschichten eine klare Trennlinie gibt.

Francisco Varela, experimenteller und theoretischer Biologe, untersucht etwas, das er »neu entstehendes Selbst« oder »virtuelle Identität« nennt. Er hat eine immanente Sicht der Realität, die sich auf Metaphern der Selbstorganisation und eine vom Buddhismus angeregte Erkenntnistheorie gründet und nicht auf Begriffe aus Technik und Informatik. Er stellt die herkömmliche Sichtweise auf dem Gebiet der KI in Frage, wonach die Welt unabhängig von den Lebewesen existiert, während die Lebewesen die Aufgabe haben, ein genaues Abbild der Welt zu schaffen und zu »befragen«, bevor sie handeln. Varelas nichtdarstellende Welt – man könnte sie vielleicht auch »Welt, wie wir sie erleben« nennen – besitzt keine eigenständige Existenz, sondern ist selbst ein Produkt der Wechselwirkungen zwischen Lebewesen und Umwelt. Ursprünglich wurde er durch seine Theorie der Autopoese (»Selbstproduktion«) bekannt; sie befaßt sich mit der aktiven Selbsterhaltung lebender Systeme, die ihre Identität behalten, obwohl sich ihre Bestandteile ständig ändern. Varela ist schwer einzuordnen. Er ist ein Neurowissenschaftler, der zum Immunologen wurde. In der Kognitionswissenschaft kennt er sich gut aus und kritisiert sie hart, weil er an das »Neuentstehen« glaubt – nicht an die vitalistische Idee der zwanziger Jahre (nach der aus einfacheren mechanischen Abläufen zwangsläufig eine magische neue Eigenschaft entsteht), sondern an die Vorstellung, daß das Ganze sich aus der Dynamik seiner Teile ergibt. Nach seiner Ansicht ist die herkömmliche, am Computer orientierte Kognitionswissenschaft zu einfältig-mechanistisch. Er verfügt über umfangreiches Wissen und ist gleichzeitig ein Romantiker.

Der experimentelle Psychologe Steven Pinker ist ein Vereinheitlicher, der zahlreiche große Theorien zusammenführt –

von der Evolutionstheorie über das Bewußtsein bis zum Sprach»instinkt«. Er beschäftigte sich im Labor mit visueller Kognition und Spracherwerb. Als einer der ersten entwickelte er Computermodelle, um darzustellen, wie Kinder die Wörter und Grammatik ihrer Muttersprache erlernen. Er verschmolz die Vorstellungen Chomskys vom angeborenen Wesen der Sprache mit darwinistischen Begriffen wie Anpassung und natürliche Selektion. Pinker schrieb eine der einflußreichsten Kritiken über Modelle für das Gehirn, die vom neuralen Netzwerk ausgehen. Er vertritt den Standpunkt, daß schon die einfachsten Tätigkeiten der Menschen – das Greifen nach einem Bleistift, die Reaktion auf eine Farbe oder das Erkennen eines vertrauten Gesichts – außerordentliche technische Leistungen sind, die jenseits der Fähigkeiten aller heutigen Softwareentwickler liegen. Nach seiner Überzeugung muß das Gehirn über eine Reihe spezieller Werkzeuge verfügen, und es gibt keine Allzweck-Lernmaschine, die an seine Leistungen herankäme.

Der mathematische Physiker Roger Penrose versucht, die klassische Physik und die Quantenphysik zu verknüpfen. In seinen Augen könnte man vieles von dem, was im Gehirn abläuft, auch auf einem Computer nachvollziehen; aber er postuliert, daß die Tätigkeit des Bewußtseins etwas anderes sei. Damit das Gehirn die Fähigkeit hat, mathematische Wahrheiten zu erkennen, muß es nach seiner Überzeugung ein nicht berechenbares Element enthalten, und dieses Element wird nach seiner Vermutung aus einer Theorie der Quantengravitation deutlich werden. Das veranlaßte viele seiner Kollegen zu der Frage, ob er als Physiker auf Abwege geraten sei. Sein internationaler Bestseller *The Emperor's New Mind* [dt.: Computerdenken] halten manche von ihnen für *The Emperor's New Book*. Aber das Lesepublikum reagierte ganz anders – das Buch erreichte den siebten Platz auf der Bestsellerliste der *New York Times*. Warum? Es ist eine Gewalttour durch die Teilgebiete der Physik und enthält ganze Seiten mit mathematischen

Formeln und Gleichungen. Mit seiner Behauptung, das Bewußtsein des Menschen sei nicht mit einer Maschine gleichzusetzen, sagte Penrose offenbar etwas, das viele Menschen hören wollten: Vielleicht kauften sie das Buch als Talisman, damit es so sei, wie sie es sich wünschten.

Unter seinen Wissenschaftlerkollegen findet er weniger Unterstützung für seine Theorien, die viele für radikal halten. Dennoch schätzen sie Penrose nach wie vor wegen seiner uneingeschränkten Ehrlichkeit und seines scharfen Verstandes. In seinem Fortsetzungswerk *Shadows of the Mind* beschäftigt er sich peinlich genau mit den wissenschaftlichen Argumenten, die sich auf seine Bewußtseinstheorien beziehen.

Kluge Maschinen

Roger Schank: Marvin Minsky ist der klügste Mensch, den ich in meinem Leben kennengelernt habe. Er steckt voller Ideen und ist noch keine Spur langsamer oder träger geworden. Phantastisch ist an Marvin Minsky unter anderem, daß er nie zu alt wurde. Er ist wunderbar kindlich. Ich glaube, das ist eine wichtige Erklärung dafür, daß er ein so guter Denker ist. Er hat einige Eigenschaften, die ich mir zum Vorbild nehmen möchte. Manche Wissenschaftler sind nämlich irgendwann so von ihrer Macht und Bedeutung eingenommen, daß sie aus dem Konzept kommen und zu keinen großen Ideen mehr fähig sind. Das ist Marvin nie passiert.

Marvin Minsky ist Mathematiker und Computerwissenschaftler; er ist Toshiba-Professor für Medienkunst und Medienwissenschaft am Massachusetts Institute of Technology, Mitbegründer des Labors für künstliche Intelligenz am MIT sowie der Firmen Logo Computer Systems und Thinking Machines, Preisträger des Japan Prize, der höchsten japanischen Auszeichnung für Wissenschaft und Technik, und Autor von acht Büchern, darunter *The Society of Mind* (1986) [Mentopolis, 1990].

<u>Marvin Minsky</u>: Wie alle Menschen hege ich die meiste Zeit irgendwelche Gedanken. Aber am meisten denke ich über das Denken selbst nach. Wie erkennt man Dinge? Wie treffen wir unsere Entscheidungen? Wie kommen wir auf neue Ideen? Wie lernen wir aus Erfahrung? Natürlich beschäftige ich mich nicht nur mit Psychologie. Ich löse gern Probleme in anderen Fachgebieten: in Technik, Mathematik, Physik und Biologie. Aber immer wenn mir ein Problem zu schwierig vorkommt, frage ich mich, warum es so schwierig erscheint, und da sind wir wieder bei der Psychologie! Natürlich haben wir alle unsere Selbsthilfemethoden. Wir fragen zum Beispiel: »Stelle ich das Problem nicht richtig dar?« oder »Versuche ich, eine ungeeignete Methode anzuwenden?« Ein anderer Weg besteht jedoch darin, daß man fragt: »Wie könnte man eine Maschine dazu veranlassen, ein solches Problem zu lösen?«

Vor etwa einem Jahrhundert konnte man an kluge Maschinen noch nicht einmal denken. Aber heute gibt es auf diesem Gebiet eine Menge guter Ideen. Ärgerlich ist nur, daß noch niemand ausreichend überlegt hat, wie alle diese Ideen zusammenzufügen sind. Darüber denke ich die meiste Zeit nach.

Das technische Forschungsgebiet, das zur maschinellen Intelligenz führte, begann in den vierziger Jahren mit der Entstehung einer Disziplin, die man zunächst als Kybernetik bezeichnete. Sie wurde schon bald zu einem Hauptthema verschiedener wissenschaftlicher Fächer, so der Computerwissenschaft, der Neuropsychologie, der Computerlinguistik, der Lenkungstheorie, der kognitiven Psychologie, der Künstlichen Intelligenz – und in jüngerer Zeit auch von Konnektionismus, virtueller Realität, intelligenter Agenten und künstlichem Leben.

Warum interessieren sich heute so viele Menschen für Maschinen, die denken und lernen? Daß das nützlich ist, steht außer Zweifel, denn wir verfügen bereits über so viele Maschinen, die so viele wichtige und interessante Probleme lösen. Aber ich glaube, wir sind auch aus einem negativen Grund motiviert: aus dem Gefühl, daß unsere herkömmlichen psychologischen Konzepte uns nicht mehr ausreichend dienen. Die Psychologie entwickelte sich in den ersten Jahren unseres Jahrhunderts schnell und brachte vor allem auf ihren Randgebieten viele gute Theorien hervor – insbesondere was verschiedene Aspekte der Wahrnehmung, des Lernens und der Sprache angeht. Aber die experimentelle Psychologie hat uns nie befriedigende Antworten auf Fragen von grundlegender Bedeutung gegeben – über Denken, Meinen, Bewußtsein oder Gefühle.

Die Frühgeschichte der modernen Psychologie brachte auch einige Entwürfe höheren Ranges hervor, die – zumindest im Prinzip – sehr viel mehr zu erklären versprachen. Dazu gehörten zum Beispiel die Theorien von Freud, Piaget und den Gestaltpsychologen. Aber diese Ideen waren so kompliziert, daß man sie durch die Beobachtung von Versuchspersonen unter kontrollierten Bedingungen nicht untersuchen konnte. Da es also keinen Weg gab, solche Vorstellungen zu bestätigen oder zu widerlegen, lagen diese potentiell angemesseneren Theorien außerhalb jenes Bereiches, den die meisten Forscher als eigentliche Domäne der Wissenschaft betrachteten. Heute dagegen haben wir so leistungsfähige Computer, daß wir ein künstliches Gehirn simulieren können, vorausgesetzt, wir beschreiben es so eindeutig, daß unsere Programmierer es programmieren können.

Die ersten modernen Computer entstanden um 1950. Aber erst, als es in den sechziger Jahren schnellere Rechner mit größerem Speicher gab, begann sich das Gebiet der künstlichen Intelligenz auszudehnen. Man erfand viele nützliche Systeme, die bis Ende der siebziger Jahre in vielen Bereichen Anwendung gefunden hatten. Aber obwohl die angewandten Methoden sich ausbreiteten, verlangsamten sich die theoretischen Fortschritte auf diesem Gebiet, und allmählich fragte ich mich, was schiefgelaufen war – und was man dagegen tun könnte. Das Hauptproblem schien darin zu bestehen, daß man die meisten unserer sogenannten »Expertensysteme« nur für eine einzige, spezialisierte Anwendung benutzen konnte. Keines von ihnen zeigte das, was man als allgemeine Intelligenz bezeichnen würde. Keines zeigte auch nur die geringsten Anzeichen des sogenannten gesunden Menschenverstandes.

Manche Leute entwickelten zum Beispiel Programme, die Schach und andere Spiele sehr gut beherrschten. Andere Programme schrieb man, um in der Mathematik bestimmte Theoreme zu beweisen. Wieder andere konnten bestimmte visuelle Muster gut erkennen – zum Beispiel gedruckte Buchstaben. Aber kein Schachprogramm konnte Texte erkennen, kein Erkennungssystem konnte Theoreme beweisen, und keine Maschine zur Lösung von Theoremen konnte gut Schach spielen. Mehrfach wurde vorgeschlagen, wir sollten alle diese Programme zu einem umfassenderen Ganzen vereinen, aber niemand hatte eine gute Idee, wie das zu bewerkstelligen sei. Auch heute noch ist es fast unmöglich, zwei verschiedene KI-Programme zusammenarbeiten zu lassen.

Genau dieses Problem versuche ich in *Mentopolis* zu lösen. Wir waren bereits in den sechziger Jahren darauf gestoßen, als Seymour Papert und ich uns daranmachten, optisch gesteuerte Manipulatoren zu bauen – also Roboter mit Augen und Händen. Damit ein Computer etwas »sehen« kann, muß er das Aussehen von Gegenständen und die Beziehungen zwischen

212

ihnen erkennen, aber wie sollte man das einem Computer beibringen? Nun, zunächst probierte jeder unserer wissenschaftlichen Mitarbeiter eine bestimmte Methode aus. In einem
solchen Projekt versuchte man vielleicht, zuerst die Kanten eines Gegenstandes zu erkennen und diese dann zu einem Ganzen zusammenzusetzen. Dabei ergab sich die Schwierigkeit,
daß manche Kanten in der Regel nicht zu sehen waren, einen
geringen optischen Kontrast bieten oder gar nicht die Kanten
des Gegenstandes selbst sind, sondern eine Verzierung auf seiner Oberfläche. Deshalb funktionierte die Entdeckung von
Kanten nie richtig. Ein anderer Forscher versuchte vielleicht,
statt dessen die Oberflächen jedes Gegenstandes zu lokalisieren – vielleicht indem er ihre Beschaffenheit und Schattierung
klassifizierte. Auch diese Methode funktionierte manchmal,
aber sie war nie wirklich zuverlässig. Schließlich gelangten wir
zu dem Schluß, daß keine dieser Methoden allein gut genug
funktionieren würde; wir mußten also Wege finden, um sie zu
kombinieren.

Warum war es so schwierig, verschiedene Möglichkeiten innerhalb desselben Computersystems zu kombinieren? Ich
glaube, es lag daran, daß man in unserem Fachgebiet nie versucht hatte, so etwas zu überlegen. Etwas Derartiges zu tun,
erschien fast unanständig – es widersprach dem Geist des »guten Programmierens«. Die anerkannte Lehrmeinung war und
ist noch heute: Finde einen guten Weg, um die Aufgabe zu erledigen, und dann arbeite so lange, bis du den letzten Fehler beseitigt hast! Klingt vernünftig, oder? Aber schließlich mußten
wir uns eingestehen, daß das eine grundsätzlich falsche Vorstellung war. Selbst wenn es gelang, ein Programm für eine Anwendung völlig fehlerfrei zu gestalten, würde irgendwann
jemand kommen, der es zu einem anderen Zweck oder in einem anderen Umfeld einsetzte – und dann würden mit Sicherheit wieder Fehler auftreten.

Das war die allgemeine Erfahrung mit Computerprogrammen. Die Programmierer machen darüber sogar ständig Witze; sie sprechen oft vom »Verfaulen der Software«, wenn ein Programm, das jahrelang einwandfrei arbeitete, plötzlich Fehler macht, obwohl sich scheinbar nichts verändert hat. Auch heute sind die Programmierer die meiste Zeit damit beschäftigt, die Programme von Fehlern zu befreien. Die Folge war ein allgemeiner Trend, alles genauer zu gestalten und das Programmieren von einer Kunst zu einer Wissenschaft zu machen, in der man alles mit logischer Genauigkeit tut. Meines Erachtens ist das eine fehlgeleitete Einstellung. Was bedeutet es denn schon, wenn etwas fehlerfrei funktioniert? Allein die Vorstellung hat nur in einer starren, unveränderlichen, völlig geschlossenen Welt einen Sinn, in einer Welt von der Art, wie die Theoretiker sie für sich selbst erschaffen. Wir können tatsächlich fehlerfreie Programme erstellen, die abstrakte mathematische Fragestellungen bearbeiten; sie gründen sich auf Annahmen, die wir einmal festlegen und die sich dann nie mehr ändern. Das Problem ist nur, daß man solche Annahmen über die wirkliche Welt nicht aufstellen kann, denn andere Menschen ändern immer irgend etwas.

Schließlich bauten wir den ersten etwas weniger fehleranfälligen Roboter, indem wir verschiedene Methoden installierten, aber weder er noch seine modernen Nachfolger waren wirklich zuverlässig. Wie wir schließlich erkannten, konnten wir solche Systeme nur dann vielseitiger und zuverlässiger – mit einem Wort, lebensnäher – gestalten, wenn wir verstanden, wie das menschliche Gehirn es schafft, so selten steckenzubleiben. Was ist am Denken der Menschen anders als an der Tätigkeit der heutigen Computer? Der auffälligste Unterschied besteht für mich darin, daß ein typisches Computerprogramm von fast jedem Fehler nahezu völlig lahmgelegt wird, während ein Mensch, dessen Gehirn an irgendeinem Versuch gescheitert ist, immer einen anderen Weg zum Weitermachen findet. Wir verlassen uns kaum einmal ausschließlich auf eine Methode.

Meist kennen wir mehrere Wege, um etwas zu tun, und wenn es auf dem einen nicht gelingt, gibt es immer noch einen anderen. Man kann zum Beispiel Freunde nicht nur am Gesicht erkennen, sondern auch an Stimme, Körperhaltung, Gang oder Haarfarbe. Bei dieser Vielfalt der Möglichkeiten ist es nur selten nötig, eine einzelne Methode völlig fehlerfrei zu gestalten. Statt dessen lernen wir, die Situationen zu erkennen, in denen die einzelnen Methoden in der Regel funktionieren, und wir lernen auch, unter welchen Umständen sie meistens versagen. Und wenn alle fehlschlagen, können wir immer noch versuchen, eine völlig neue Vorgehensweise zu erfinden.

Schon vor einem Jahrhundert wies Freud auf die Bedeutung der »negativen Erfahrung« hin – also der Kenntnis von dem, was man *nicht* tun sollte –, ein Thema, das von den Computerwissenschaftlern und ihren Programmierern völlig vernachlässigt wurde. Freud sprach von zensorischen Instanzen und anderen Mechanismen, die uns von Tätigkeiten abhalten, die wir zu vermeiden gelernt haben. Nach meiner Vermutung haben sich in unserem Gehirn solche Systeme entwickelt, und ein typisches Gehirnzentrum ist von Geburt an mit mehreren verschiedenen Lernmechanismen ausgestattet, von denen einige das negative Wissen ansammeln. Ein Teil sammelt also vielleicht Kenntnisse darüber, wann es eine bestimmte Methode einsetzen soll, und ein anderes lernt »Suppressoren« oder »Zensoren« zu bilden, die der Verwendung einer Methode entgegenwirken. Weitere Mechanismen lernen dann, was zu tun ist, wenn zwei oder mehrere Methoden in Konflikt geraten.

Eigentlich ist es eine einfache Vorstellung: Unser Geist besitzt für jede seiner Tätigkeiten eine ganze Sammlung verschiedener Vorgehensweisen. Aber das stellt unsere üblichen alten Vorstellungen von dem, was wir sind und wie wir funktionieren, in Frage. Insbesondere ist uns allen die Vorstellung gemeinsam, daß im Inneren jedes Menschen ein anderer lauert, den wir »das Ich« nennen und der unser Denken und Fühlen besorgt: Das Ich trifft unsere Entscheidungen, plant für uns und stimmt später zu oder bereut. Es ist im wesentlichen das, was Daniel Dennett, der vermutlich beste lebende Philosoph des Geistes, als Cartesianisches Theater bezeichnet – die allgemein übliche Phantasie, daß es irgendwo tief im Inneren des Bewußtseins einen besonderen Ort gibt, wo alle mentalen Erlebnisse zusammentreffen und erlebt werden. Das übrige Gehirn – alle bekannten Mechanismen für Wahrnehmung, Gedächtnis, Sprache, Informationsverarbeitung und motorische Kontrolle – ist nach dieser Auffassung reines Zubehör, welches das Ich gern für seine eigenen inneren Zwecke benutzt.

Das ist natürlich eine absurde Idee, denn es erklärt überhaupt nichts. Warum ist sie dennoch so beliebt? Die Antwort: Genau deshalb, weil sie nichts erklärt! Das macht sie für das tägliche Leben so nützlich. Sie trägt dazu bei, daß man sich nicht mehr fragt, warum man etwas so und nicht anders tut und warum man so empfindet, wie man empfindet. Sie befreit einen auf magische Weise sowohl von dem Verlangen als auch von der Verantwortung, zu verstehen, wie man seine Entscheidungen trifft. Man sagt einfach: »Ich habe mich entschieden«; und damit schiebt man alle Verantwortung auf das eingebildete innere Ich. In der Kindheit hat vermutlich jeder Mensch diese Vorstellung; sie stammt aus der wunderbaren Erkenntnis, daß man ein anderer ist, der den Menschen, die man in seiner nächsten Nähe erlebt, sehr ähnlich ist. Diese Erkenntnis hat auch eine positive Seite: Sie ist außerordentlich nützlich, weil man mit ihrer Hilfe auf der Grundlage der Erfahrungen mit diesen anderen Menschen voraussagen kann, was man wahrscheinlich tun wird.

Die Schwierigkeit mit dem Begriff des eigenständigen Ichs besteht darin, daß er die Entwicklung weiterführender Ideen behindert, wenn wir wirklich bessere Erklärungen brauchen. In Fällen, in denen die internen Modelle versagen, sind wir gezwungen, uns anderswo nach Rat und Hilfe für unser wirkliches Leben umzusehen. Dann gehen wir zu Eltern, Freunden oder Psychologen, nehmen Zuflucht bei Selbsthilfebüchern oder fallen jenen Wunderheilern in die Hände, die von sich behaupten, sie hätten psychische Kräfte. Wir müssen außerhalb unserer selbst suchen, weil der Mythos vom eigenständigen Ich nicht erklärt, was in einem Menschen vorgeht, wenn er Konflikte, Verwirrung oder widerstreitende Gefühle erlebt – oder was geschieht, wenn wir Freude oder Schmerz empfinden, uns zuversichtlich oder unsicher fühlen, deprimiert oder freudig erregt sind, zurückgewiesen oder angebetet werden. Es liefert keinen Hinweis, warum wir manchmal Probleme lösen können und bei anderen Gelegenheiten kaum etwas verstehen. Es erklärt weder das Wesen unserer rationalen noch unserer emotionalen Reaktionen – ja, es sagt noch nicht einmal etwas darüber aus, warum wir diese Unterscheidung treffen.

Was sind überhaupt Gefühle? Ich entwickle gerade größere Theorien zu den Fragen, was sie sind, wie sie funktionieren und wie wir lernen können, sie zu steuern und auszunutzen. Die Psychologen haben bereits viele kleinere Theorien zu verschiedenen Aspekten des Bewußtseins formuliert, aber seit Freud hat niemand mehr plausibel beschrieben, wie alle diese Systeme untereinander in Wechselwirkung treten könnten.

Man mag nun vielleicht fragen, warum diese neue Theorie zutreffen soll, nachdem so viele andere Erklärungsversuche fehlgeschlagen sind. Meine Antwort wäre, daß fast alle früheren Versuche in die falsche Richtung gingen. Die Zunft der Psychologen leidet unter einer schweren Form von Physikneid. Sie haben immer nach einem Minimalsystem psychologischer Grundprinzipien gesucht, einer sehr kleinen Sammlung ungeheuer aussagekräftiger Theorien, die ganz allein die Funktionsweise des Bewußtseins beschreiben. Sie wollten es Isaac Newton nachmachen, der drei einfache Bewegungsgesetze entdeckte und damit eine ganze Fülle von Problemen der Mechanik löste. Meine Methode ist genau das Gegenteil.

Die Funktionen des Gehirns beruhen schlicht und einfach nicht auf einem kleinen System von Grundprinzipien, sondern vielmehr auf Hunderten oder sogar Tausenden ihrer Art. Mit anderen Worten, jeder Teil des Gehirns ist meines Erachtens das, was die Techniker ein Provisorium nennen, das heißt, eine Notlösung für ein Problem, die durch das Hinzufügen kleiner Mechanismen an der Stelle erzielt wird, wo gerade Bedarf besteht, also ohne großen Gesamtplan. Daraus ergibt sich, daß man das menschliche Bewußtsein – die Tätigkeit des Gehirns – als Sammlung von Provisorien ansehen muß. Die Indizien, die dafür sprechen, sind eindeutig. Wenn man sich das Register eines großen Lehrbuches der Neurowissenschaft ansieht, wird man feststellen, daß das menschliche Gehirn Hunderte von Teilen hat, untergeordnete Computer, die unterschiedliche Aufgaben erledigen. Warum braucht unser Gehirn so viele Teile? Wenn unser Bewußtsein auf wenigen Grundprinzipien beruhen würde, hätten wir diese Komplexität nicht nötig.

Demnach ist unser Gehirn in der Evolution nicht nach wenigen genau definierten Regeln und den Erfordernissen entsprechend entstanden. Statt dessen hat es sich opportunistisch entwickelt, durch Selektion von Mutationen, die das Überleben unter den Bedingungen und Beschränkungen vieler verschiedener Umweltbedingungen während mindestens einer halben Milliarde Jahren der Variation und Selektion begünstigten. Was tun alle diese Teile im einzelnen? Wir fangen gerade erst an, das herauszufinden. Ich vermute, daß wir noch viel lernen müssen. Wenn wir das geschafft haben, werden wir feststellen, daß viele jener mentalen Organe sich entwickelt haben, um Mängel älterer Teile zu korrigieren – Mängel, die sich erst zeigten, als wir immer klüger wurden. Für die Evolution ist charakteristisch, daß es nach der Entstehung vieler neuer Strukturen kein Zurück mehr gibt; an den alten Systemen, auf die wir nach wie vor angewiesen sind, lassen sich keine großen Änderungen mehr vornehmen.

In einer solchen Situation kann es ein Fehler sein, wenn man sich zu sehr auf die Suche nach Grundprinzipien konzentriert. Wahrscheinlicher ist, daß das Gehirn nicht auf einem solchen Schema basiert, sondern eine aus der Not geborene Kombination vieler kleiner Vorrichtungen für verschiedene Aufgaben ist, mit zusätzlichen Vorrichtungen zur Korrektur der Mängel und noch mehr Zubehör, das die vielfältigen Fehler und unerwünschten Wechselwirkungen verhindert – also kurz gesagt, ein riesiges Durcheinander verschiedenartiger Mechanismen, die es gerade so eben schaffen, die anstehenden Aufgaben zu erfüllen.

Als Kind wollte ich immer unbedingt herausfinden, wie etwas funktioniert, und deshalb zerlegte ich alle Apparate, die mir in die Hände fielen. Ich bin in New York aufgewachsen. Mein Vater war Augenarzt, Spezialist für Augenoperationen, und bei uns zu Hause gab es immer interessante Freunde und Besucher – Wissenschaftler, Künstler, Musiker und Schriftsteller. Ich las alle möglichen Bücher, aber am liebsten waren mir die über Mathematik, Chemie, Physik und Biologie. Ich geriet nie in Versuchung, viel Zeit mit Sport, Politik, Belletristik oder Klatsch zu verschwenden, und die meisten meiner Freunde hatten ähnliche Interessen. Insbesondere faszinierten mich die frühen Meisterwerke der Science-fiction-Literatur; ich las alle Romane von Jules Verne, H. G. Wells und Hugo Gernsback. Später entdeckte ich Zeitschriften wie *Astounding Science fiction*, und dann verschlang ich die Werke von Pionieren wie Isaac Asimov, Robert Heinlein, Lester del Rey, Arthur C. Clarke, Harry Harrison, Frederick Pohl und Theodore Sturgeon – aber auch die Schriften ihres großartigen Redakteurs, des Schriftstellers John Campbell. Anfangs erschienen mir diese Denker wie mythische Helden; sie standen in einer Reihe mit Galilei, Darwin, Pasteur und Freud. Aber es gab einen Unterschied: Die Schriftsteller waren alle noch am Leben, und in späteren Jahren lernte ich sie ausnahmslos kennen; sie wurden zu guten Freunden, ebenso wie ihre Nachfolger, zum Beispiel Gregory Benford, Davin Brin und Vernor Vinge, die außerdem auch Wissenschaftskollegen sind. Mit solchen phantasievollen Denkern zusammenzuarbeiten, war eine tiefgreifende Erfahrung.

Natürlich las ich auch viel Fachliteratur. Aber von der Science-fiction abgesehen, finde ich normale Literatur ausgesprochen langweilig. Es erscheint alles so konventionell und ewig gleich. Die Science-fiction-Autoren sind in meinen Augen die wichtigsten originellen Denker in unserer Kultur. Die allgemeine Literatur scheint mir dagegen »steckengeblieben« zu sein: Sie dreht sich immer wieder um die gleichen Handlungsabläufe und Themen, kaut Ideen wider, die schon von Sophokles oder Aristophanes behandelt wurden, und wiederholt immer dieselben Beobachtungen von menschlichen Konflikten, Beziehungen, Verliebtheit und Betrug. Die allgemeine Literatur spielt immer wieder den alten Stoff durch, während die Science-fiction-Schriftsteller sich vorzustellen versuchen, was geschehen könnte, wenn unsere Technik, unsere Gesellschaft – und unser Gehirn selbst – anders aufgebaut wären.

Davon abgesehen, beschäftigte ich mich in meiner Jugend vor allem damit, Dinge zu konstruieren. Ich baute Apparätchen, komponierte Musik, entwarf neue Maschinen und malte mir neue Verfahren aus. Als ich 1946 in Harvard anfing, kam ich nicht in Versuchung, mit Computern herumzuspielen, weil es sie noch nicht gab. Das heißt, mit Ausnahme des Relaisrechners Mark I, der damals gerade gebaut wurde. Ich schenkte ihm fast keine Beachtung, aber Anthony Oettinger, ein Klassenkamerad aus der Bronx High School of Science, interessierte sich dafür. Es dauerte nicht lange, bis er der erste Professor für Computerwissenschaft an der Harvard University wurde, und um 1952 schrieb er die ersten Programme, um damit den Computer etwas lernen zu lassen.

Mein Hauptinteresse galt in Harvard der Physik, insbesondere der Mechanik und Optik, sowie der abstrakten Mathematik. Wenig später beschäftigte ich mich aber auch mit Neurophysiologie und Lernpsychologie. Ich hatte das Glück, daß ich zunächst bei dem großen B. F. Skinner und später bei einer außergewöhnlichen Gruppe junger Professoren arbeiten konnte; unter ihnen waren George Miller und Joseph Licklider, die damals an der vordersten Front der Kybernetik standen, jenem großen Zusammentreffen der traditionellen Psychologie mit den neuen Gebieten der Steuerungstechnik, die im Zweiten Weltkrieg entstanden waren. Vielleicht am wichtigsten war für mich aber ein anderes Ereignis: Als ich in der Wiedner Library in den Regalen mit naturwissenschaftlicher Literatur stöberte, fand ich das Buch *Mathematical Biophysics* von Nicholas Rashevsky. Es machte mir deutlich, wie man abstrakte Modelle realer Dinge herstellt. Dann fand ich in Rashevskys Hauszeitschrift, dem *Bulletin of Mathematical Biophysics*, die neueren Arbeiten von Warren McCulloch und Walter Pitts. Die erste war der ursprüngliche Artikel von McCulloch und Pitts aus dem Jahr 1943 über Schwellenneuronen und Zustandsmaschinen, in dem sie Wege zum Bau computerähnlicher Maschinen durch Verbinden idealisierter Neuronen vorschlugen. Dann erschien 1947 der unglaublich ideenreiche Aufsatz derselben Autoren über Sehen und Gruppentheorie; er war der Vorläufer des Gruppen-Invarianztheorems in dem Buch *Perceptrons*, das Seymour Papert und ich 1969 schrieben. Nach meiner festen Überzeugung waren es solche Arbeiten und die Ideenflut in den ersten Berichten über die Macy-Konferenzen, die mich weiter darüber nachdenken ließen, wie man lernfähige Maschinen bauen kann. Als 1949 Norbert Wieners bahnbrechendes Buch *Cybernetics* herauskam, erschien der Inhalt mir zu einem großen Teil wie ein alter Hut, obwohl ich daraus eine Menge Mathematik gelernt habe.

Während ich darüber nachdachte, wie man »Neuralnetz-Maschinen« veranlassen könnte, das Lösen von Problemen zu lernen, kam mir die Idee einer Struktur, die später nach dem Psychologen Donald Hebb aus Montreal als Hebb-Synapse bezeichnet wurde. Das inspirierte mich dazu, eine Maschine zu entwerfen, in der ein durch Zufallsverbindungen geknüpftes Netz solcher Synapsen Näherungsbeziehungen zwischen Reizen und Reaktionen berechnen würde. George Miller besorgte Forschungsmittel vom Office of Scientific Research der Air Force und stellte mir einen Etat zur Verfügung, damit ich diese Maschine bauen konnte. Ich nannte sie »Stochastischen Neuralanalog-Verstärkungsrechner« oder kurz SNARC [*Stochastic Neural Analog Reinforcement Calculator*]. Das Gerät enthielt etwa hundert Vakuum-Elektronenröhren und vierzig Magnetkupplungen, die automatisch Potentiometer regelten; diese wiederum steuerten die Wahrscheinlichkeit, daß jede Synapse ein Signal von einem stimulierten Neuron auf das nächste übertrug. Die Maschine funktionierte immerhin so gut, daß man damit das Lernverhalten einer Ratte im Labyrinth simulieren konnte. Ich beschrieb sie 1954 in meiner Doktorarbeit, aber wieviel Einfluß meine Dissertation auf andere Forscher hatte, weiß ich nicht. Ich habe nie gesehen, daß sie zitiert worden wäre, obwohl ich in einigen Abschnitten auch andere Lernmechanismen vorschlug, die bisher noch nie angewandt wurden.

Der SNARC konnte bestimmte Lernvorgänge vollziehen, aber er unterlag offenbar auch verschiedenen Beschränkungen. Bei schwierigeren Problemen dauerte das Lernen länger, und manchmal wurde es schlimmer, wenn man größere Netze verwendete. Bei manchen Fragestellungen schien er überhaupt nicht zu lernen. Das veranlaßte mich zu weiteren Überlegungen, wie man Probleme »von oben nach unten« lösen kann, und ich formulierte erste Theorien über Darstellungen und heuristische Problemlösung. Zu jener Zeit stellten nur wenige Leute theoretische Betrachtungen über neurale Netze an. Auf dem ganzen Gebiet – das heißt, im Bereich der »allgemeinen«

neuralen Netze einschließlich des rückgekoppelten, zeitabhängigen Verhaltens – geschah bis zu den Arbeiten von John Hopfield am Caltech Anfang der achtziger Jahre nicht viel Aufregendes. Wichtige Fortschritte gab es aber in der Theorie der rückkopplungsfreien oder »vorwärtsgekoppelten« Netze, insbesondere als Frank Rosenblatt Ende der fünfziger Jahre für Maschinen, die er »perceptrons« nannte, einen fehlersicheren Lernalgorithmus entdeckte. Rosenblatts Neuerung bestand darin, daß seine Maschine nur lernte, wenn sie Fehler korrigierte; sie erhielt keine Belohnung, wenn sie das Richtige tat. Diese Idee wurde in den meisten nachfolgenden Arbeiten nicht ausreichend gewürdigt.

Die wichtigste andere Forschungsrichtung – der Versuch, wirksame heuristische Prinzipien für die überlegte serielle Problemlösung zu formulieren – verfolgten bereits Allen Newell, J. C. Shaw und Herbert Simon. Sie hatten bis 1956 ein System entwickelt, das fast alle Theoreme von Russell und Whitehead über das Gebiet der Logik namens »Propositionskalkül« beweisen konnte. Ich selbst hatte eine kleine Gruppe von Regeln gefunden, mit denen sich viele Theoremen von Euklid beweisen ließen. Zur gleichen Zeit machte mein Studienfreund John McCarthy Fortschritte bei der Suche nach logischen Formulierungen für verschiedene Konzeptionen des gesunden Menschenverstandes.

Bald darauf machte das Gebiet der künstlichen Intelligenz mit den aufsehenerregenden Arbeiten von Larry Roberts über die Sehfähigkeit von Computern und von Jim Slagle über symbolisches Kalkül schnelle Fortschritte. Etwa seit 1963 finanzierte dann die ARPA, die Advanced Research Projects Agency des Verteidigungsministeriums, relativ großzügig mehrere derartige Labors. Rosenblatts Nachfolger planten für das Gebiet der neuronalen Netze ebenfalls ehrgeizige Projekte, und das führte zu einer gewissen Polarisierung. Zum Teil lag das daran, daß die begeisterten Anhänger der neuronalen Netze tatsächlich Gefallen an der Vorstellung fanden, sie verstünden nicht, wie ihre Maschinen die Leistungen bewerkstelligten. Als es Seymour und mir gelang, ein paar Gründe dafür zu entdekken, warum diese Maschinen manche Probleme lösen können und andere nicht, interpretierten viele dieser Neovitalisten das nicht als mathematischen Befund, sondern als politischen Angriff auf ihre Arbeit. Das Ganze entwickelte sich zu einer seltsamen Mythologie über das Wesen unserer Arbeit – aber das ist eine andere Geschichte.

Was kann man tun, wenn ein Problem sich offensichtlich nicht mit einem Schlag lösen läßt? In diesem Fall muß man Möglichkeiten finden, um es in Teilprobleme zu zerlegen und dann Lösungswege für jedes einzelne zu suchen. Ende der sechziger Jahre dachten ganz wenige Leute darüber nach, und ich versuchte, das Gebiet stärker zu konzentrieren und ein Buch darüber zu schreiben. Dabei ergab sich die Schwierigkeit, daß wir die neuen Methoden schneller fanden, als wir sie niederschreiben konnten; deshalb zog ich 1961 soviel Material wie möglich zusammen und veröffentlichte einen umfangreichen Aufsatz unter dem Titel »Steps Toward Artifical Intelligence« [Schritte zur künstlichen Intelligenz]. Er war keine Synthese im strengen Sinn, aber er legte eine ziemlich einheitliche Terminologie für das ganze Gebiet fest und etablierte das Thema als genau definiertes Forschungsgebiet. Manche Methoden, die in diesem Artikel vorgeschlagen wurden, sind bis heute nicht ausreichend erforscht.

Nachdem wir uns der Lösung des Problems, wie man künstliche Intelligenz erzeugen kann, auf mehreren Wegen genähert hatten – wobei wir zu entscheiden versuchten, welche Methode die beste ist –, wurde mir schließlich klar, daß es keine beste Methode gibt. Jede Vorgehensweise hat unter bestimmten Voraussetzungen ihre Vorteile. Das heißt, der Schlüssel zur Konstruktion einer klugen Maschine liegt in der Erfindung von Methoden, mit denen man verschiedene Ressourcen hand-

haben kann – und das führte zu dem, was Seymour und ich als
»Theorie der Bewußtseinsgesellschaft« bezeichneten. Wenn
man sich das Gehirn ansieht, erkennt man Hunderte verschiedenartige neurale Netze – Hunderte von verschiedenartigen
Strukturen. Verletzt man einzelne Teile des Gehirns, beobachtet man unterschiedliche Symptome. Das führte zu der Idee,
man könne etwas überhaupt nur verstehen, wenn man es auf
mehrere verschiedene Arten versteht, und die Suche nach der
einzigen Wahrheit – dem reinen, besten Weg zur Darstellung
von Wissen – sei von vornherein verfehlt.

Verfehlt ist sie aus folgendem Grund: Wenn man etwas nur
auf eine Weise versteht und die Welt ändert sich ein wenig, so
daß diese Verstehensweise nicht mehr funktioniert, hat man
sich festgefahren, und es geht nicht weiter. Stellt man etwas
aber auf drei oder vier verschiedene Arten dar, dürfte es kaum
eine Umweltveränderung geben, die sie alle ad absurdum
führt. Die Menschen kommen ständig in Situationen, die ein
wenig anders sind als bei früheren Gelegenheiten. Man muß
also verschiedene Standpunkte, verschiedene Vorgehensweisen und verschiedene Mechanismen sammeln. Wenn man mittels neuraler Netze Lernen veranlassen will, darf man nicht nur
eine einzige Art von Netzen verwenden, sondern man muß
wahrscheinlich mehrere entwerfen: zum Erinnern von Geschichten, zur Darstellung geometrischer Strukturen, für Kau-
salzusammenhänge, für logische Gedankenfolgen, für die se-
mantischen Zusammenhänge sprachlicher Ausdrücke, für die
zum Sehen erforderlichen zweidimensionalen Abbildungen
und so weiter. Das Geheimnis der Intelligenz besteht darin,
daß es kein Geheimnis gibt – keinen besonderen, magischen
Trick.

<u>Roger Schank:</u> Marvin Minsky ist der klügste Mensch, den ich
in meinem Leben kennengelernt habe. Er steckt voller Ideen
und ist noch keine Spur langsamer oder träger geworden.

Phantastisch ist an Marvin Minsky unter anderem, daß er nie zu alt wurde. Er ist wunderbar kindlich. Ich glaube, das ist eine wichtige Erklärung dafür, daß er ein so guter Denker ist. Er hat einige Eigenschaften, die ich mir zum Vorbild nehmen möchte. Manche Wissenschaftler sind nämlich irgendwann so von ihrer Macht und Bedeutung eingenommen, daß sie aus dem Konzept kommen und zu keinen großen Ideen mehr fähig sind. Das ist Marvin nie passiert.

Marvin hätte mein Doktorvater sein sollen. Ich würde mich nicht als seinen Schüler bezeichnen, aber ich schätze alles, was er tut. Sein Standpunkt ist mein Standpunkt. Mir sagen seine Thesen zu und ihm die meinen. Sie sind ähnlich. Insbesondere stimme ich mit seiner These überein, daß das Gehirn eine Ansammlung von Provisorien ist. Wir sehen die Welt auf die gleiche Weise.

Steven Pinker: Marvin ist ein höchst scharfsinniger Mann; ihm gebührt große Anerkennung dafür, daß er der Kognitionswissenschaft aus den Startlöchern verhalf und daß er die Frage aufwarf, ob die Psychologie die Umkehr der Softwareentwicklung sei. Ich bewundere ihn, daß er die Frage in dieser Form stellte. Aber wenn Marvin öffentlich Meinungen über die Struktur des Gehirns äußert, die seiner eigenen Intuition entstammen, trifft er nur manchmal ins Schwarze. Er ist zu einem Guru geworden, im Gegensatz zu denen, die in ganzer Breite die empirische Arbeit im Labor über verschiedene Aspekte des Gehirns verfolgen: wie das Sehen und Sprechen der Menschen funktioniert, wie sich die Sprachen unterscheiden und welche Logik der Sprache zugrunde liegt. Seine Arbeit besteht zu einem zu großen Teil aus Schreibtischerklärungen, im Gegensatz zur empirischen Beobachtung und Laborarbeit.

Francisco Varela: Minsky hat einige sehr interessante Erkenntnisse gewonnen, so zum Beispiel seine Theorie von der Gesellschaft des Bewußtseins. Als Wissenschaftler ist er einer der vielen, die grundlegende Einsichten über diese oder jene Ebene des kognitiven Systems äußern.

Menschlich halte ich ihn für eine Nervensäge, aber das steht auf einem anderen Blatt. Was er tut, ist interessant. Meine Zusammenstöße mit ihm sind immer auf zwei Dinge zurückzuführen. Zum einen ist er, wie ich schon sagte, eine Nervensäge, ein arrogantes Ekel. Minsky gehört zu denen, die schnell mit Angriffen bei der Hand sind, ohne die Arbeit des anderen zu kennen. Das weiß ich aus eigener Erfahrung, von einer Tagung, an der wir beide teilnahmen. Bevor ich auch nur den Mund aufmachen konnte, hatte er schon ein Bild von mir. Einmal sagte er sogar: »Ich ärgere mich über Sie, weil ich mich über Fernando Flores und Terry Winograd ärgere.« Offensichtlich liebt er Winograd, und deshalb ärgerte er sich über mich, weil ich Chilene und ein Freund von Flores bin, denn Flores verleitete Winograd in Minskys Augen, den reinen Weg der KI zu verlassen und etwas zu tun, was Minsky für Schwachsinn hielt. Das mag stimmen oder auch nicht, jedenfalls warf er mich in seiner Bestürzung in denselben Topf. Ehrlich gesagt, finde ich das nicht besonders interessant.

Richard Dawkins: Ich achte Marvin Minsky als Vater der künstlichen Intelligenz, denn dieses Thema hat mich sehr fasziniert. Ich stand immer eher am Rande und habe nie selbst auf dem Gebiet gearbeitet, sondern nur gelegentlich an einschlägigen Tagungen teilgenommen. Ich kenne ihn nur als Vaterfigur dieses Forschungsgebietes.

Daniel C. Dennett: Minsky und ich haben über eine Menge Themen ähnliche Ansichten, nur halte ich die Probleme für schwieriger als er. Marvin glaubt, er habe sie alle gelöst, und erwartet, daß jeder das versteht. In seinen Augen ist alles nicht so schwierig, wie die anderen glauben – sie brauchten nur auf ihn zu hören! Er hat angeblich die grundsätzlichen Lösungen und muß nur noch ein paar Einzelheiten ausarbeiten. Es ist schon seltsam: Selbst wenn das stimmen würde – und wenn man die Phantasie ein wenig strapaziert, stimmt es vielleicht –, geht Minsky von einer falschen Voraussetzung aus. Selbst wenn er recht hätte, könnte man sich nicht alles, was man braucht, allein dadurch verschaffen, daß man Minsky liest. Er schreibt zu komprimiert. Das macht ihn zu einem Philosophen; für diese Aussage wird er mir wahrscheinlich böse sein. Nichts ist bei philosophischen Gelehrten häufiger als die Entdeckung, daß sie spätere Entwicklungen aus den zufälligen oder den wenigen gut gewählten Bemerkungen eines früheren Philosophen herauslesen können. Die ganze Philosophie besteht nur in ein paar Fußnoten zu Platon, und so ähnlich. Auf einer bestimmten Abstraktionsebene kann das stimmen, aber es ist nicht sehr aufregend. Es stimmt, wenn man genügend Einzelheiten ignoriert und im Prinzip ein gutes Gespür dafür hat, wo die Wahrheit liegt, denn dann schafft man es vermutlich, nichts als die Wahrheit zu sagen. In einem gewissen Sinn hat man die Sache damit geklärt, aber man hat sie nicht soweit geklärt, daß es eine Hilfe wäre.

Marvin hat Hervorragendes geleistet. Einer seiner wichtigsten Beiträge bestand darin, daß er immer wieder gezeigt hat, wieviel man mit den einfachen Bausteinen der künstlichen Intelligenz erreichen kann. Wenn man Phantasie und die unheimliche Disziplin besitzt, schwierige Probleme nicht zu verdrängen, sondern zu lösen zu suchen, wird man ihn anregend finden, denn er zeigt, wie sich aus einer einfachen Idee eine ganze Reihe interessanter Folgerungen ergeben kann. Genau darum geht es bei der künstlichen Intelligenz. Der Preis dafür ist, daß man auch in ein paar Sackgassen gerät. Nicht alle Ideen von Minsky sind gut, aber viele sind es durchaus.

ROGER SCHANK

Information bedeutet Überraschung

Marvin Minsky: Roger Schank hat viele neue, bahnbrechende Thesen darüber aufgestellt, wie Wissen sich im
menschlichen Geist darstellen könnte. Anfang der siebziger
Jahre entwickelte er ein Konzept der Semantik, das er begriffliche Abhängigkeit nannte und das in meinem Buch
Mentopolis eine wichtige Rolle spielt. Er hat auch andere
Standardverfahren entwickelt, so die Darstellung von Wissen in Netzwerken verschiedener Typen, Skripten und geschichtenartigen Formen.

Roger Schank ist Computerwissenschaftler und Kognitionspsychologe; er leitet das Institute for the Learning Sciences
der Northwestern University, ist John Evans Professor für
Elektrotechnik und Computerforschung sowie Professor für
Psychologie, Erziehungswissenschaft und Sozialpolitik; er
hat vierzehn Bücher über Kreativität, Lernen und künstliche Intelligenz geschrieben, unter anderem *The Creative Attitude: Learning to Ask and Answer the Right Questions*
(mit Peter Childers, 1988), *Dynamic Memory* (1982), *Tell
Me a Story* (1990) und *The Connoisseur's Guide to the
Mind* (1991).

Roger Schank: In meiner Arbeit geht es um den Versuch, das Wesen des menschlichen Geistes zu verstehen. Insbesondere richtet sich mein Interesse auf den Aufbau von Computermodellen des menschlichen Geistes, und dabei geht es mir vor allem darum, Lernen, Gedächtnis und natürliche Sprachverarbeitung zu erforschen. Ich interessiere mich dafür, wie man Sätze versteht, wie man sich an etwas erinnert, wie uns bei einem Erlebnis ein anderes einfällt und wie man aus Erfahrungen Lehren zieht, die einem in anderen Situationen helfen. Die meisten, die auf diesem Gebiet tätig sind, bringen mich mit der Theorie in Verbindung, daß es mentale Strukturen gebe, sogenannte »Skripten«, die uns helfen, eine Abfolge von Ereignissen zu verstehen und aus diesen Ereignissen Schlüsse zu ziehen, die dann unsere Pläne und unser Verhalten im Laufe solcher Ereignisse bestimmen.

Information bedeutet Überraschung. Jeder von uns erwartet, daß die Welt in bestimmter Weise funktioniert, aber wenn sie es tut, sind wir gelangweilt. Daß etwas wissenswert wird, hat mit enttäuschter Erwartung zu tun. Skripten sind nicht interessant, wenn sie funktionieren, sondern wenn sie versagen. Wenn der Kellner das Essen nicht bringt, will man herausfinden, warum; ist das Essen schlecht oder außergewöhnlich gut, will man herausfinden, warum. Man lernt immer dann etwas, wenn die Dinge sich nicht so darstellen, wie man erwartet hat.

Die wichtigste Erkenntnis über das Gehirn ist die, daß es eine Vorrichtung zum Lernen ist. Wir versuchen ständig, etwas zu lernen. Wenn jemand sagt, er langweile sich, dann bedeutet das, daß es nichts zu lernen gibt. Und wenn man etwas lernen kann, verfliegt die Langeweile schnell. Wichtig ist, daß man nur auf einer Ebene lernen kann, die geringfügig über dem eigenen Niveau liegt. Man muß darauf vorbereitet sein.

Meine wichtigste Erfindung ist vielleicht die Theorie der MOPs und TOPs – der Gedächtnis-Organisationspakete [*memory organization packets*] und der Themen-Organisationspakete [*theme organization packets*] –, in der es vor allem darum geht, wie das menschliche Gedächtnis organisiert ist: Jede Erfahrung im Leben wird von irgendeinem begrifflichen Verzeichnis organisiert, das die wichtigen Punkte der Erfahrung kennzeichnet. Ich habe versucht zu verstehen, wie das Gedächtnis sich ständig neu organisiert, und habe sogenannte dynamische Gedächtnisse gebaut. Meine wichtigste Arbeit ist der Versuch, Computer dazu zu bringen, sich so erinnern zu lassen, wie Menschen durch etwas erinnert werden.

Außerdem stammen von mir einige der ersten Beiträge zum Forschungsgebiet der Entwicklung von Muttersprache. Dabei geriet ich mit den Linguisten aneinander, denn die arbeiteten im wesentlichen an syntaktischen Modellen für die natürliche Sprache, während ich mich eher für begriffliche Modelle interessierte. Mir ging es um die Frage, wie man aus einem Satz, den man versteht, unabhängig von der Sprache Sinn ableitet.

Immer wieder geriet ich in Diskussionen mit Linguisten, in deren Augen die syntaktische Struktur, die formalen Eigenschaften, die wichtigen Fragen in bezug auf Sprache sind. Ich bin das, was in der Literatur oft als »Schmuddelkind« gilt; ich interessiere mich für all die komplizierten, gar nicht so hübsch geordneten Phänomene des menschlichen Geistes. In meinen Augen ist der Geist ein Kuddelmuddel aus den verschiedensten seltsamen Dingen, die uns intelligent machen, im Gegensatz zu der umgekehrten Ansicht, wonach es hübsche, formale Prinzipien der Intelligenz gibt.

Als Beispiel führe ich in meinem Buch *Dynamic Memory* die Geschichte vom Steak und dem Haarschnitt an. Dies ist sie: Ich beklagte mich bei einem Freund, daß meine Frau das Steak nicht so brät, wie ich es gern mag – sie gart es immer zu lange. Mein Freund sagte: »Nun ja, das erinnert mich an die Zeit vor dreißig Jahren in England, als ich die Haare nicht so kurz geschnitten bekam, wie ich es gern gehabt hätte.« Für mich stellt sich hier die Frage: Wie kommt es zu einer solchen Erinnerung und warum? Das Wie ist offenkundig. Wo liegt die Verbindung zwischen Steak und Haarschnitt? Betrachtet man es auf der begrifflichen Ebene, findet man eine Übereinstimmung in den geistigen Verzeichnissen: Wir beide baten jemanden, der uns einen Dienst anbot, um diese Dienstleistung, und in beiden Fällen tat er es nicht so, wie wir es wollten. Nun kann man mehrere Fragen stellen. Erstens: Wie konstruieren wir solche Verzeichnisse? Mein Freund hatte ganz offensichtlich solch ein Verzeichnis konstruiert, um in seinem eigenen Gedächtnis eine Geschichte mit dem gleichen Etikett zu finden. Zweitens: Warum konstruieren wir sie? Die Antwort: Man versucht, das Universum zu verstehen, und dazu muß man neue Ereignisse mit früheren Erfahrungen in Einklang bringen. Das nenne ich »fallbegründetes Denken«. Die Vorstellung, daß man dann die Übereinstimmung herstellen kann, hat offensichtlich einen Zweck. Worin dieser Zweck besteht, ist leicht zu begreifen: Es ist das Lernen. Wie sollte man sonst aus neuen Erfahrungen eine Lehre ziehen?

Nach dem Modell des fallbegründeten Denkens verarbeitet man eine neue Erfahrung, indem man ein abstraktes Etikett dafür konstruiert, das zum Eintrag ins Gedächtnis wird. Viele Gedächtnisinhalte sind auf diese Weise gekennzeichnet; man findet sie wieder und stellt, fast wie ein Wissenschaftler, Vergleiche zwischen der alten und neuen Erfahrung an, um festzustellen, welchen Nutzen man aus der alten Erfahrung zum Verstehen der neuen ziehen kann. Wenn man diesen Vorgang abgeschlossen hat, kann man wieder in sein Gedächtnis zurückkehren und etwas hinzufügen, das dazu beiträgt, die Dinge zu regeln. Ich kann mir zum Beispiel vorstellen, wie mein Freund sagt: »Nun, ich vermute, mein Erlebnis in England war eigentlich nichts Besonderes; es kommt oft vor, daß die Leute etwas nicht tun, weil sie meinen, es wäre übertrieben.« Sicher werde ich mit meiner Frau sprechen, und es wird sich herausstellen, warum sie das Steak zu lange brät: sie glaubt, ich wolle es allzu roh essen.

In den ersten Jahren, als wir mit KI arbeiteten, also in den sechziger und siebziger Jahren, konnte man Programme herstellen, die recht aufregend erschienen. Man konnte zum Beispiel ein Programm zum Verständnis eines Satzes oder zur Übersetzung eines Satzes bekommen. Zwanzig Jahre später haben wir das Problem, daß so etwas nicht mehr aufregend ist. Jetzt muß man etwas Reales konstruieren, und dazu muß man mit realen Fragestellungen arbeiten. Es geht zum Beispiel um das Problem, zu verstehen, wie das Lernen abläuft, wenn Menschen einander Geschichten erzählen, wie jemand einen Satz bildet, wie man Schlußfolgerungen zieht oder wie man etwas erklärt: Für solche Fragen interessiere ich mich, aber auf dem Gebiet der KI lagen die Interessenschwerpunkte im allgemeinen eher beispielsweise bei den formalen Eigenschaften des Sehens, beim Bau automatischer Systeme, beim Beweis von Theoremen oder anderen mehr auf Logik beruhenden Phänomenen.

Unsere zwanzigjährige Arbeit auf diesem Gebiet hat uns gelehrt, daß künstliche Intelligenz ein sehr schwieriges Thema ist. Das mag seltsam klingen, aber immerhin haben wir nur eine bestimmte Anzahl von Jahren zu leben, und bis man sehr intelligente Maschinen bauen kann, wird mehr Zeit vergehen, als mir persönlich bleibt. Das Problem ist, daß solche Maschinen ein sehr umfangreiches Wissen und damit auch eine riesige Speicherkapazität besitzen müssen; für die Softwareentwicklung stellen sich dabei gewaltige Schwierigkeiten. Ich interessiere mich immer noch für KI als theoretisches Projekt – die Kognitionswissenschaft und der menschliche Geist fesseln mich noch immer sehr –, aber als Computerwissenschaftler möchte ich Dinge bauen, die funktionieren.

Eine Tatsache ist mir im Zusammenhang mit der künstlichen Intelligenz völlig klar, aber viele scheinen sie seltsamerweise nicht zu begreifen: Wenn man intelligente Maschinen bauen will, gibt es keine Patentlösungen. Alle Beteiligten und alle Zuschauer auf dem Gebiet der KI glauben, man könne Patentlösungen finden. Ich nenne es die Theorie von der magischen Kugel: Jemand entwickelt in seiner Garage eine magische Kugel und baut sie in seinen Computer ein, und siehe da, auf einmal ist der Computer intelligent. Journalisten glauben an so etwas. Auch manche, die auf dem Gebiet der KI arbeiten, glauben es; sie suchen ständig nach der magischen Kugel. Aber wir selbst sind zu intelligenten Wesen geworden, weil wir uns unser Wissen über eine längere Zeit mühsam angeeignet haben. Ein zehnjähriges Kind, das die Welt um sich herum entdeckt, leistet etwas Anstrengendes. Wenn man eine Maschine intelligent machen will, muß man dafür sorgen, daß sie langsam Informationen ansammelt, wobei jedes neue Stück Wissen liebevoll zu den bereits vorhandenen in Beziehung gesetzt werden muß. Jeder Schritt muß sich aus einem anderen ergeben; alles muß, entsprechend den Vorkenntnissen, seinen richtigen Platz finden. Wenn man eine kluge Maschine haben will, muß man ihr alle Tatsachen eingeben, die sie vielleicht brauchen könnte; das ist die einzige Möglichkeit, ihr die notwendigen Informationen zu vermitteln. Sie wird sich die Informationen nicht auf irgendeine geheimnisvolle Weise selbst verschaffen.

Man kann Maschinen bauen, die zu lernen in der Lage sind,

und eine solche Maschine würde auch sehr genau zu lernen versuchen, aber wie würde sie das tun? Sie müßte jeden Tag die *New York Times* lesen. Sie müßte Fragen stellen und Gespräche führen. Die Vorstellung, Maschinen könnten auch ohne solche Bedingungen intelligent sein, ist falsch. Menschen sind so gebaut, daß sie unendlich viele Informationen ansammeln und verzeichnen können; sich eine Information verschaffen und mit der nächsten verknüpfen – mehr tun wir Menschen nicht.

Eines der interessantesten Themen ist heute für mich die Ausbildung. Ich möchte wissen, wie das Schulsystem umzugestalten wäre. Man könnte sich ansehen, wie Menschen heute lernen und wie die Schulen heute arbeiten, und dann untersuchen, ob es da einen Zusammenhang gibt. In den heutigen Schulen müssen die Schüler eine Menge Stoff lesen, und sie hören Vorträge darüber. Oder sie sehen sich einen Film an. Dann lösen sie endlos Übungsaufgaben, oder man gibt ihnen einen Multiple-Choice-Test mit hundert Fragen. Die Schulen sagen: »Ihr müßt euch das alles merken. Wir bringen euch bei, wie man sich etwas merkt. Übt es, wir werden es euch einpauken, und dann prüfen wir euch.«

Man stelle sich einmal vor, ich wollte jemanden auf diese Weise über gutes Essen und Wein unterrichten. Wir lesen Bücher über Essen und Wein, ich zeige Filme über Essen und Wein, und dann lasse ich Übungsaufgaben über Essen und Wein lösen; ich frage zum Beispiel, wie man eine Flasche Wein dekantiert, welche Farbe optimal ist für einen Bordeaux und so weiter. Und dann halte ich eine Prüfung ab.

Würde man auf diese Weise lernen, Essen und Trinken zu schätzen? Würde man überhaupt etwas über gutes Essen und Wein lernen? Die Antwort lautet: nein. Denn um etwas über Essen und Trinken zu erfahren, muß man essen und trinken. Auch wenn man alle Regeln auswendig lernt oder über die Prinzipien des Kochens diskutiert, so nützt das überhaupt nichts, wenn man nicht ißt und trinkt. Es funktioniert genau andersherum: Wenn einer viel ißt und trinkt, kann ich bei ihm auch Interesse für jene anderen Themen wecken, aber das Umgekehrte ist nicht möglich.

Alles, was man in der Schule lehrt, ist darauf ausgerichtet, daß man es abfragen und so das Wissen der Schüler überprüfen kann, anstatt das Nächstliegende zu berücksichtigen, daß Menschen lernen, indem sie tun, was sie wollen. Je mehr sie tun, desto neugieriger werden sie, wie man es besser machen kann – wenn sie sich überhaupt für die jeweilige Tätigkeit interessieren. Man bringt einem jungen Menschen nicht das Autofahren bei, indem man ihm die Fragebögen für die theoretische Führerscheinprüfung in die Hand drückt, sondern indem man ihn häufig fahren läßt. Die meisten Schulen tun alles andere, als den Jugendlichen Lebenserfahrung zu verschaffen. Wenn ein junger Mensch lernen will, was in der wirklichen Welt vorgeht, muß er sich in die wirkliche Welt begeben, darin eine Rolle übernehmen und daraus seine Motivation zum Lernen beziehen. Fehler bei diesem praktischen Lernen führen zu Fragen, und aus Fragen erwachsen Antworten.

In der Highschool und im College lernen die jungen Leute das Anti-Lernen. Als ich in der neunten Klasse Dickens las, lernte ich, Dickens zu verabscheuen. Zehn Jahre später beschäftigte ich mich wieder mit Dickens, und jetzt fand ich ihn interessant, weil ich soweit war, daß ich ihn lesen konnte. In der Highschool hatte ich etwas Nutzloses gelernt – nämlich, daß Dickens schrecklich ist. Ein Schüler in der neunten Klasse hat dafür einfach nicht die Voraussetzungen. Warum unterrichtet man es dann? Weil es im 19. Jahrhundert die zeitgenössische Literatur war und weil damals die Lehrpläne erstellt wurden, die noch heute in parktisch allen Schulen gelten.

Meines Erachtens sollte es keinen Lehrplan geben. Die Jugendlichen sollten ihren Interessen nachgehen, mit einem ausgebildeten Berater an der Seite, der ihre Fragen beantworten

236

und sie auf Themen bringen könnte, die sich aus ihrem ursprünglichen Interesse ergeben. Man kann von jedem beliebigen Ausgangspunkt auf ganz natürliche Weise woandershin gelangen. Das Problem ist, daß die Schulen den Gleichschritt bevorzugen: Alle sollen heute dieses und morgen jenes lernen. Die Schule ist eine wunderbare Kinderbewahranstalt: Die Eltern können zur Arbeit gehen, ohne daß die Sprößlinge sich gegenseitig umbringen.

Das Lernen findet nicht in der Schule, sondern außerhalb davon statt, und wenn Kinder etwas wissen wollen, müssen sie es allein herausfinden, indem sie Fragen stellen, sich Material beschaffen und alles, was sie in der Schule gelernt haben, als unwichtig verwerfen.

Die meisten Lehrer fühlen sich durch Fragen bedroht. Gute Lehrer hören natürlich gern gute Fragen, aber die Bevölkerungsentwicklung erlaubt ihnen ohnehin nicht, alle Fragen zu beantworten. Hier kann der Computer helfen. Einzelunterricht ist wichtig. Zu früheren Zeiten engagierten die Reichen für ihre Kinder einen Privatlehrer. Das war Einzelunterricht, und es funktionierte. Der Computer könnte zum Retter des Schulsystems werden, weil er den Einzelunterricht ermöglicht. Leider ist heute ausschließlich dumme Lernsoftware auf dem Markt, die darauf ausgerichtet ist, den alten Lehrplänen zu folgen.

Am Institute for the Learning Sciences der Northwestern University entwarfen wir ein neues Computerprogramm für den Biologieunterricht, mit dem man selbst ein Tier gestalten kann. Die National Science Foundation sagte, das Programm passe nicht zum Lehrplan, weil Biologie in der sechsten Klasse nicht unterrichtet wird, und für diese Altersstufe ist es konzipiert. Und außerdem: wie man den Lernerfolg überprüfen solle, wo doch jedes Kind seinen eigenen Dialog mit dem Computer führe?

Das eigentliche Problem ist die Vorstellung, Wissen sei die

Wiedergabe einer Ansammlung von Tatsachen. Dem ist nicht so. Vielleicht möchte man die Tatsachen kennen, aber das Kennen ist nicht entscheidend. Wichtig ist, wie man sich das Wissen verschafft hat, was man auf diesem Weg nebenbei noch mitbekommen hat und welches Motiv hinter dem Wissenserwerb stand. Sonst lernt man nur eine beziehungslose Reihe von Tatsachen. Wissen ist etwas Zusammenhängendes; jedes Wissenselement ist von einem anderen abhängig. Um das zu berücksichtigen, muß man die Schule völlig umgestalten.

An dieser Stelle kann man mit dem Computer ansetzen, und zwar mit Programmen, die über ein großes Wissen verfügen und sich über alles unterhalten können, was die Kinder interessiert. Die Schüler können ein Gespräch über Biologie oder Geschichte oder jedes andere Thema anfangen, und ihr Interesse wird wachgehalten. Dazu braucht man Computerprogramme, die Einzelunterricht bieten wie ein guter Lehrer, der genügend Zeit hat.

Als ich mich vor nicht allzu langer Zeit auf eine Tagung vorbereitete, las ich Darwin. Das bestärkte mich in der Überzeugung, daß man nicht lesen soll, denn wenn ich Darwin zu einem anderen Zeitpunkt meines Lebens gelesen hätte, hätte ich ihn nicht verstanden. Ihn sinnvoll zu lesen, war für mich nur zu diesem speziellen Zeitpunkt möglich, denn jetzt verstand ich seine Argumentation im Zusammenhang mit dem, was ich selbst erörtern wollte. Ich konnte sie verinnerlichen. Darwin ist sehr klug. Er hat alle möglichen interessanten Dinge gesagt, die ich noch vor zwanzig Jahren für unwichtig gehalten hätte.

Wichtig ist, daß man etwas liest, wenn man innerlich dazu bereit ist. Jetzt im Augenblick denke ich zum Beispiel nicht über das Bewußtsein nach; wenn ich jetzt Dan Dennett lesen würde, könnte mir zweierlei passieren. Entweder würde er mich veranlassen, mich seiner Denkweise anzupassen, und das würde bedeuten, daß ich nun ständig in seinen Begriffen über das Bewußtsein nachdenke. Das nützt mir nichts, wenn ich kreativ sein will. Oder aber ich würde seine Theorien kurzerhand ablehnen und es nicht für wert halten, über das Buch und das ganze Thema nachzudenken. Das wäre ebenfalls schlecht. Ich sehe keinen Sinn darin, sein Buch zu lesen, solange ich mir nicht selbst Gedanken über das Bewußtsein gemacht habe und bereit bin, seine Überlegungen aufzunehmen. Das ist meine Ansicht über das Lesen. Leider sagen Intellektuelle ständig zueinander: »Was, Sie haben dieses oder jenes nicht gelesen?« Es ist akademische Kraftmeierei.

Der Linguist Noam Chomsky vom MIT verkörpert alles, was an Akademikern unangenehm ist. Er war mein wirklicher Feind. Vor zwanzig Jahren war dieses Thema für mich so emotionsgeladen, daß ich nicht einmal mehr darüber reden konnte, ohne mich zu ärgern. Auch heute weiß ich nicht genau, ob ich darüber hinweg bin. Ich mag weder seine intolerante Einstellung noch das, was ich für Taktik halte und das aus nichts anderem besteht als aus üblen intellektuellen Tricks. Chomsky war die große Führungsgestalt der Linguistik. Nach seiner Überzeugung ist die Syntax das Kernstück der Sprache. Linguistik handelt ausschließlich von der Untersuchung der Syntax. Sprache soll man demnach unter dem Gesichtspunkt ihrer von Chomskys so genannten »Tiefenstruktur« betrachten. Indem er diesen Begriff benutzte, tat Chomsky etwas besonders Schlaues: Er verwendete die wunderbaren Worte so, daß jeder sich darunter etwas anderes vorstellte, als er wirklich meinte.

Mit »Tiefenstruktur« meinte Chomsky, daß man sich die Oberflächenstruktur eines Satzes – Substantive, Verben und so weiter – nicht anzusehen braucht. Aber was jeder vernünftige Mensch unter »Tiefenstruktur« verstehen würde, das meinte er ausdrücklich nicht. Man würde sich doch vorstellen, die Tiefenstruktur bezöge sich auf die Gedanken, die dem Satz zugrunde liegen, also auf seinen Sinn. Aber Chomsky hielt die Leute davon ab, sich mit dem Sinn zu beschäftigen.

Ich war von diesem Dunstkreis so weit entfernt, daß ich aufschreien konnte und sagte, Bedeutung sei der Kern der Sprache. Ich nahm mir seine sämtlichen Aussagen nacheinander vor und machte mich über jede davon lustig. Er war immer eine leichte Zielscheibe, aber er hatte eine Truppe fanatischer akademischer Jünger hinter sich, die eigentlich keinem anderen zuhörten.

Ich möchte ein Beispiel dafür nennen, wie eine Diskussion mit ihm Ende der sechziger Jahre ausgesehen haben könnte. Der Satz »John mag Bücher« bedeutet, daß John gern liest. »Oh, nein«, könnte Chomsky sagen, »John hat zu Büchern ein Verhältnis der Zuneigung, aber er muß nicht unbedingt gern lesen.«

Beim sprachlichen Verstehen geht es unter anderem um das Verstehen von Sinn: was man für absolut wahr, manchmal für wahr und wahrscheinlich für wahr halten kann. Ich nenne das Folgerung. Chomsky würde sagen: »Nein, die Folgerung hat nichts mit Sprache zu tun, sondern mit Gedächtnis, und Gedächtnis hat nichts mit Sprache zu tun.«

Diese Aussage ist völlig absurd. Es geht hier um die Psychologie der Sprache. Sinn, Folgerung und Gedächtnis sind ein sehr grundlegender Teil von Sprache. In seinem wichtigsten Buch *Aspects of the Theory of Syntax* behauptet Chomsky ausdrücklich, Gedächtnis sei kein Teil der Sprache, und man solle Sprache abstrakt untersuchen. Sprache ist für Chomsky Gegenstand einer formalen Untersuchung, der Untersuchung ihrer Mathematik. Ich kann mir zwar vorstellen, daß man über Sprache aus der Sicht mathematischer Theorien diskutiert, aber nicht wenn man als Gründungsmitglied im Redaktionsbeirat von *Cognitive Psychology* sitzt und wenn Heerscharen von Psychologen auf der Grundlage dieser Arbeiten Artikel schreiben und Experimente anstellen. Chomsky wollte auf beiden Hochzeiten tanzen.

Nach Chomskys Ansicht soll sich der Geist nach bestimmten

Organisationsprinzipien verhalten, sonst hat er keine Lust, sich damit zu beschäftigen. Ich teile seine Meinung nicht. Ich untersuche den Geist und bin mit allem einverstanden, was dabei herauskommt. Vielleicht ist alles ein einziger Morast – na gut, wenn es nun einmal so ist! Viele Wissenschaftler wünschen sich, daß der Geist wissenschaftlich sei. Und wenn er das nicht ist, wenn er nicht säuberlich geordnet und mathematisch berechenbar daherkommt, dann wollen sie sich nicht damit beschäftigen. Chomsky hat sich immer die Wissenschaftsphilosophie eines Physikers zu eigen gemacht, nach der man Hypothesen aufstellt, die man überprüfen kann und die möglicherweise falsch sind. Das widerspricht völlig der Wissenschaftsphilosophie auf dem Gebiet der KI, die mehr der biologischen Sichtweise ähnelt. Die Wissenschaftsphilosophie der Biologen besagt: Der Mensch ist, wie er ist, man findet, was man findet, und dann versucht man, es zu verstehen, in Kategorien zu fassen, zu benennen und zu organisieren. Wenn man ein Modell formuliert, und es funktioniert nicht richtig, muß man es korrigieren. Es ist eher eine »entdeckende« Weltsicht, und deshalb kommen die Leute, die sich mit KI beschäftigen, und die Linguisten nicht miteinander zurecht. KI ist keine Physik.

Murray Gell-Mann: Ich kenne Roger Schank nur flüchtig, aber ich finde, seine Arbeit hat viele reizvolle Züge. Seine Arbeit auf der Grundlage der Konzeption von Skripten führte ihn zu einem großen erziehungswissenschaftlichen Projekt mit Computern. Als ich hörte, wie er die Ideen hinter diesem Projekt beschrieb, waren mir viele davon sehr sympathisch.

Seit der Erfindung der ersten primitiven Lernmaschinen war ich immer überzeugt, daß man intelligent programmierte, als Lernmaschinen fungierende Computer in der Ausbildung sehr wirksam einsetzen kann, denn mit ihrer Hilfe könnten die Schüler den Routineteil des Lernens erledigen, ohne die Zeit des Lehrers zu beanspruchen und ohne daß sie in die peinliche

Lage geraten, ihre vorläufigen Antworten öffentlich preisgeben zu müssen. Wie wir inzwischen wissen, gibt es so etwas wie Ausbildung in Wirklichkeit nicht. Man kann jemandem nur beim Lernen helfen, und der Lernprozeß ist ein komplexes Anpassungssystem: Man spinnt herum, macht Fehler, kommt in irgendeiner Form mit der Realität oder der Wahrheit in Kontakt, korrigiert die Fehler, sorgt für Widerspruchsfreiheit und so weiter. All das kann man mit Hilfe einer Maschine erledigen, ohne sich lächerlich zu machen. Gleichzeitig kann die Maschine gegebenenfalls die Denkvorgänge verfolgen; ist einer davon fehlerhaft, kann die Maschine das dem Betreffenden mitteilen, so daß er ihn verändern kann. Außerdem können diejenigen, die durch die Lehrmaschine von den Routineaufgaben befreit werden, sich anderen Aufgaben widmen – nämlich denjenigen, für die wirklich ein Mensch gebraucht wird.

Ich war immer der Ansicht, daß die Universitätsausbildung mit ihren Vorlesungsreihen über wohlbekannte Themen, zu denen es hervorragende Bücher gibt, schlicht ein Zeichen dafür ist, daß die Universitäten es fünfhundert Jahre lang versäumt haben, sich auf die Erfindung des Buchdrucks einzustellen. Für diejenigen, die lieber durch Zuhören und Zusehen lernen, gibt es Videobänder mit Vorlesungen von den besten Dozenten der Welt, oder es wird sie bald geben. Ähnlich langsam werden sich die Universitäten wahrscheinlich auch an andere moderne Erfindungen anpassen. Im Mittelalter stellte man Bücher her, indem ein *lector* das Manuskript einem ganzen Saal voller *scriptores* vorlas, die es dann aufschrieben. Die Studenten – beispielsweise in der Theologie – waren oft zu arm, um sich die nach diesem teuren Verfahren entstandenen Bücher zu kaufen, und deshalb las der Universitätsprofessor den Studenten sein Buch vor, so daß sie selbst als *scriptores* tätig werden und seine Ausführungen festhalten konnten.

Mit der Erfindung des Buchdrucks war dieses System überholt, aber das haben die Universitäten bis heute nicht gemerkt

– nach mehr als fünfhundert Jahren. Natürlich kann eine Vorlesung wichtigen Zwecken dienen: Sie kann brandneue Informationen und die mit ihnen verbundene Erregung vermitteln. Ein Dozent kann durch eine eindrucksvolle Vorlesung zum Vorbild für seine Zuhörer werden. Ich habe nichts gegen gelegentliche Vorlesungen. Aber die Vorstellung, daß an jedem College und jeder Universität irgendein Professor Vorlesungen über Themen wie die Theorie des Elektromagnetismus halten muß, erscheint mir völlig unsinnig. Wenn die Professoren wirklich das Lernen unterstützen wollen, können sie Fragen beantworten, wenn die Studenten irgendwo nicht weiterkommen, anregende Aufgaben stellen, fesselnde Literatur nennen und gelegentlich einen hochinteressanten Vortrag halten. Und natürlich können sie Lehrbücher sowie gegebenenfalls Reihen von Video-Vorlesungen auswählen. Kurz gesagt, sie können den Studenten, die an dem komplexen Anpassungsprozeß des Lernens beteiligt sind, Hilfestellung bieten.

Marvin Minsky: Roger Schank hat viele neue, bahnbrechende Thesen darüber aufgestellt, wie Wissen sich im menschlichen Geist darstellen könnte. Anfang der siebziger Jahre entwikkelte er ein Konzept, das er begriffliche Abhängigkeit nannte und das in meinem Buch *Mentopolis* eine wichtige Rolle spielt. Er hat auch andere Standardverfahren entwickelt, so die Darstellung von Wissen in Netzwerken verschiedener Typen, Skripten und geschichtenartigen Formen. Jede dieser Ideen legt ihrerseits eine neue Theorie des Gedächtnisses nahe. Auf diese Weise war Schank auf dem Gebiet der künstlichen Intelligenz unglaublich produktiv. Er hat seine Interessenschwerpunkte jedes Jahr verlagert, so daß er in jeder dieser Phasen einer neuen Studentengeneration andere Theorien beibringen konnte. Anschließend zwang er sie, Computermodelle dieser Theorien zu entwickeln, so daß wir anderen selbst sahen, was diese Modelle bewerkstelligten und was nicht. Die meisten

Modelle gründeten sich auf neue Wege, den Sinn verbaler Äußerungen auszudrücken.

Ironischerweise zog sich Schank die Gegnerschaft und fast die Verfolgung des Sprachtheoretikers Noam Chomsky zu, der selbst mehrere neue theoretische Systeme entwickelt hatte. In der Regel machte Chomsky sich über Schanks Verfahren lustig – manchmal, indem er einfach sagte, sie seien uninteressant –, außerdem nahm er die Bedeutung von Schanks Befunden überhaupt nicht zur Kenntnis. Ich sage »ironischerweise«, weil die Arbeiten von Schank und Chomsky sich verblüffend gut ergänzen. Chomsky befaßt sich offenbar fast ausschließlich mit der formalen Syntax der Sätze, und dabei klammert er beinahe völlig die Frage aus, wie man Wörter tatsächlich benutzt, um Gedanken auszudrücken und anderen mitzuteilen. Damit übergeht er alle Theorien, wonach die Syntax nur ein Hilfsmittel der Sprache ist. So versteht zum Beispiel jeder sofort, welche Geschichte hinter den drei Wörtern »Dieb, unvorsichtig, Gefängnis« steht, obwohl diese Äußerung keinerlei Syntax enthält. Schank und seine Studenten haben gezeigt, daß es mehrere Möglichkeiten gibt, wie man mit solchen kniffligen Bedeutungen umgehen kann. Wir konnten unsere Kollegen nur mit Mühe dazu bewegen, solche Theorien einmal näher zu betrachten. Manchmal scheint es, als könne man ihre Aufmerksamkeit nur wecken, wenn man sie schockiert. Das kann Roger Schank gut. In seiner ersten Erörterung der begrifflichen Abhängigkeit nannte er Beispiele wie »Jack drohte, Mary zu erwürgen, wenn sie ihm nicht ihr Buch gebe«. Die fachspezifische Darstellung des Gedankens sieht so aus: Jack überträgt in Marys Bewußtsein die begriffliche Vorstellung, daß er dann, wenn sie den Besitz des Buches nicht auf ihn überträgt, ihre Luftröhre verschließen wird, so daß sie nicht mehr genügend Luft zum Leben hat. Einmal fragte ich Roger, warum seine Beispielsätze oft so blutrünstig sind. Er erwiderte: »Aha, da sehen Sie mal, wie gut Sie sich daran erinnern können.«

Francisco Varela: Ich kenne Robert Schank nicht persönlich, aber ich weiß, worum es ihm geht. In gewisser Hinsicht ist er ein weiteres gutes Beispiel für jemanden, der, wenn es sich um das Verstehen des Geistes handelt, von mir aus gesehen auf der anderen Seite des Zauns steht. Schank geht von der Grundannahme aus, daß der Geist eine Art logisch aufgebauter Apparat ist – ein rationalistischer Geist. Meine Grundthese dagegen lautet: Das ist nur ein Überbleibsel der abendländischen Denktradition; Geist ist in Wirklichkeit nichts Rationales. Er ist kein softwareähnlicher Entscheidungsfindungsprozeß. In diesen Fragen ist Schank ein guter Sparringspartner.

Steven Pinker: Roger Schank ist in meinen Augen ein weiteres Beispiel dafür, wie Wissenschaftler auf eine Theorie mit »Was hast du zuletzt für mich getan?« reagieren. Roger hat mehr von einem Ingenieur als von einem Naturwissenschaftler. In der Frage, wie das menschliche Gehirn Sprache lernt und benutzt, hat er keine Theorie, die sich auf eingehende Untersuchungen an sprechenden Kindern und Erwachsenen stützt. Sein Ziel war es, Computerprogramme zu konstruieren, die Sprache verstehen, und das ist etwas ganz anderes. In den siebziger Jahren gab es zwischen ihm und den Chomsky-Anhängern einen recht erbitterten Streit. Zu einem großen Teil war das wahrscheinlich Kraftverschwendung, denn sie redeten aneinander vorbei.

Chomsky beschäftigte sich mit einem kleinen Teilaspekt des Verstehens von Sprache – nämlich mit der Frage, wie Kinder die Grammatik ihrer Muttersprache erwerben. Mit seiner Antwort stimme ich überein: Das Gehirn besitzt neben anderen Merkmalen besondere Schaltkreise für das Erlernen von Grammatik, und manche Teile der grammatischen Struktur sind fest darin eingebaut. Nach Chomskys Ansicht ist das eine der interessantesten Fragen im Zusammenhang mit Sprache, aber er würde als erster einräumen, daß es sich hier nur um einen kleinen Teil des wissenschaftlichen Problems handelt, wie die Menschen beim Verstehen von Erzählungen oder in Gesprächen Sprache verwenden – von dem Problem, wie man am besten einen Computer für solche Angelegenheiten baut, gar nicht zu reden. Roger hatte, was die Technik anging, ein viel ehrgeizigeres Ziel – nämlich Programme zu schreiben, die Geschichten verstehen können. Er sagte: »Theorien wie die von Chomsky nützen mir bei der Lösung meines Problems nichts; wenn ich die allgemeingültigen Beschränkungen in der Grammatik aller Sprachen kenne, hilft mir das nicht bei der Entwicklung eines Programms, das Geschichten auf englisch verstehen kann. Deshalb hatte Chomsky in Sachen Sprache unrecht.«

Das war schade. Die Debatte zwischen Chomsky und Schank ist über weite Strecken ein weiteres Beispiel für die Geschichte von den blinden Männern und dem Elefanten. Sie stellen unterschiedliche Fragen, und deshalb widersprechen sich ihre Antworten eigentlich nicht. Chomsky hat meines Erachtens recht mit seiner Behauptung, daß es ein eigenes mentales Organ für die Grammatik gibt und daß Kinder nur dann Grammatik erwerben können, wenn die Grundstruktur aller Sprachen der Welt irgendwie eingebaut ist. Roger hat recht damit, daß zum tatsächlichen Sprachgebrauch in Gesprächen oder beim Verstehen viel mehr gehört als nur Grammatik – wie zum Beispiel das Wissen, wie Menschen miteinander in typischen Situationen umgehen – und daß, wenn man umfassend darstellen will, wie ein Gespräch funktioniert, eine Theorie der Grammatik daher allein nicht ausreicht, sondern eingebettet sein muß in eine Theorie des Wissens über die Welt und die zwischenmenschlichen Beziehungen.

W. Daniel Hillis: Der Roger Schank, den ich kannte, war ein Stachel im Fleische aller – und zwar auf konstruktive Weise. Eine interessante Eigenschaft hat er mit Minsky gemeinsam:

Er hat eine unglaublich lange Reihe von Schülern hervorgebracht. Jeder, der so viele Schüler hat, muß eine konstruktive Nervensäge sein. Mit seinen Theorien hat er immer eine streitbare Haltung eingenommen. Er sagte nicht einfach: »Hier ist meine Theorie«, sondern er behauptete: »Hier seht ihr, warum ich recht habe und alle anderen Idioten sind.« Er hat oft recht.

Daniel C. Dennett: Ich habe Schanks Rolle als Störenfried und Neinsager immer zu schätzen gewußt. Er ist der Guerilla der Kognitionswissenschaft, der immer große Fragen stellt, stets bereit ist, seine früheren Bemühungen über Bord zu werfen, und zu behaupten, sie seien aus interessanten Gründen ganz unvollständig gewesen. Unter anderem vertritt er die Ansicht, der Geist sei eine verblüffende Ansammlung von Apparätchen, die von verschiedenen höchst interessanten Sicherheitsdrähten zusammengehalten werden. Mit solchen Ansichten kann man natürlich kein systematisches wissenschaftliches Forschungsprogramm betreiben, und deshalb versucht er es auch gar nicht erst. Er ist ein opportunistischer Forscher seiner eigenen Ideen. Dennoch gelangt er zu interessanten Ergebnissen. Einen großen Teil seiner Anstrengungen widmet er dem Versuch, andere in Richtungen zu lenken, die er für richtig hält, und irgendwelche Revolutionen anzuzetteln, statt einsam und allein die letzte Wahrheit einer Sache herauszufinden. Er ist ein Störenfried, und zwar ein guter.

Eine seiner bekanntesten Thesen ist die von den Skripten: immer gleichen Situationstypen oder Handlungsfragmenten, aus denen wir, seiner Behauptung zufolge, unsere kognitiven Fähigkeiten zum größten Teil oder sogar ausschließlich bilden. Vermutlich würde er der Ansicht zustimmen, daß seine Bemühungen im Zusammenhang mit den Skripten heute als unabsichtliche Widerlegung einer vordergründig vielversprechenden Theorie angesehen werden können. Es war etwas Richtiges daran, aber auf einmal hackten alle auf der These von den

Skripten herum, und je mehr wir erkannten, was man einbeziehen mußte, wenn sie funktionieren sollte, desto mehr erkannten wir, daß die Skripten allein die ihnen zugedachte Aufgabe nicht erfüllen konnten. Roger selbst war wahrscheinlich einer der scharfsichtigsten Kritiker der Skripten. Na gut! Wir hatten etwas gelernt, das nicht ohne weiteres zu erkennen war. Wer sagt, es sei von Anfang an offensichtlich gewesen, zeigt damit nur, daß er nicht ernsthaft über das Problem nachgedacht hat. Was Skripten können und was sie nicht können, war nicht von vornherein klar, sondern Roger mußte uns erst zwingen, die Theorie genau zu prüfen.

DANIEL C. DENNETT

Intuitionspumpen

<u>Marvin Minsky:</u> Dan Dennett ist unser bester lebender Philosoph. Er ist der neue Bertrand Russell. Im Gegensatz zu den traditionellen Philosophen ist Dan Experte für Neurowissenschaft, Linguistik, künstliche Intelligenz, Computerwissenschaft und Psychologie. Er definiert die Rolle des Philosophen neu und reformiert sie. Natürlich versteht Dan meine Theorie von der Gesellschaft des Geistes nicht, aber niemand ist vollkommen.

<u>Daniel C. Dennett</u> ist Philosoph; er leitet das Center for Cognitive Studies and Distinguished Arts and Sciences und ist Professor an der Tufts University; Autor der Bücher *Content and Consciousness* (1969), *Brainstorms* (1978), *Elbow Room: The Varieties of Free Will Worth Wanting* (1984) [dt.: Ellenbogenfreiheit. Die erstrebenswerten Formen freien Willens, 1985], *The Intentional Stance* (1987), *Consciousness Explained* (1991) [dt.: Philosophie des menschlichen Bewußtseins,1994] und als Coautor (mit Douglas R. Hofstadter) *The Mind's I* (1981) [Einsicht ins Ich, 1991].

Daniel C. Dennett: Wenn man sich die Geschichte der Philosophie ansieht, erkennt man, daß die großen, einflußreichen Werke, genaugenommen, viele Mängel aufweisen, und dennoch sind sie höchst einprägsam und lebendig. So etwas nenne ich »Intuitionspumpen« – herrliche Gedankenexperimente. Wie Platons Höhle, der Dämon des Bösen bei Descartes oder Hobbes' Vision vom Naturzustand und Gesellschaftsvertrag, und sogar Kants Idee des kategorischen Imperativs. Ich kenne keinen Philosophen, der irgend etwas davon als logisch stichhaltiges Argument für irgend etwas ansähe. Aber es sind wunderbare Phantasiemagneten, Klettergerüste für die Vorstellungskraft. Sie strukturieren das Nachdenken über ein Problem. Das ist das wirkliche Vermächtnis der Philosophiegeschichte. Viele Philosophen haben das vergessen, aber ich baue gern Intuitionspumpen.

Ich mag den Gedanken, daß ich mich wieder dem zuwende, was die Philosophie früher einmal war. In vielen Teilbereichen hat man das in den letzten dreißig oder vierzig Jahren vergessen, als die Philosophie für viele zu einer manchmal geradezu lächerlich technischen und trockenen Haarspalterei von Logik wurde – angewandte Logik, angewandte Mathematik. Für so etwas ist immer Raum, aber dieser Raum ist nirgendwo auch nur annähernd so groß, wie viele Leute meinen.

Ich habe den Begriff »Intuitionspumpe« geprägt und verwendete ihn anfangs abfällig. Ich wandte ihn auf John Searles »chinesisches Zimmer« an und sagte, es handele sich nicht um ein stichhaltiges Argument, sondern um eine Intuitionspumpe. Weiterhin sagte ich, Intuitionspumpen seien etwas Gutes, wenn man sie richtig benutze, aber man könne sie auch mißbrauchen. Sie sind keine Argumente, sondern Geschichten. Statt zu einer Schlußfolgerung zu führen, pumpen sie eine Intuition. Sie veranlassen einen zu dem Ausruf »Aha, ich hab's!«

Die Vorstellung, das Bewußtsein sei eine virtuelle Maschine, ist eine hübsche Intuitionspumpe. Es dauert eine Weile, bis sie in Gang kommt, weil der Jargon der Fachleute für künstliche Intelligenz und Computerwissenschaft den Philosophen und anderen nicht vertraut ist. Aber wenn man die Geduld aufbringt, ein paar solche Ideen nachzuvollziehen, kann man sagen: »He, denk doch mal über die Möglichkeit nach, daß wir Software im Kopf haben. Es ist eine virtuelle Maschine in dem gleichen Sinn, in dem ein textverarbeitender Rechner eine virtuelle Maschine ist.« Plötzlich geht einem ein Licht auf, und man sieht die Dinge aus einer etwas anderen Perspektive.

Eine der reizvollsten Ideen im Bereich der künstlichen Intelligenz sind die Variationen der ursprünglichen Pandämonium-Theorie von Oliver Selfridge. Damals, in der Frühzeit der KI, schrieb er ein wunderschönes Programm namens Pandämonium; der Name war gut gewählt, denn es handelte sich tatsächlich um eine Horde Dämonen. Pan-Dämonium. In seinem System gab es eine Reihe halbautonomer Dämonen, und wenn ein Problem auftauchte, hüpften sie auf und nieder und riefen: »Ich, ich, ich! Laß es mich machen! Ich kann es!« Dann gab es einen kurzen Kampf; einer von ihnen siegte und ging dann das Problem an. Wenn es nicht funktionierte, konnten andere Dämonen es versuchen.

Eigentlich war es das erste konnektionistische Programm. Seither gab es im Bereich der KI immer wieder Wellen der Begeisterung für Modelle, die letztlich evolutionäre Modelle waren. Konnektionistische Modelle sind eigentlich Evolutionsmodelle. Sie beinhalten die Entwicklung von Verbindungsstärken über eine gewisse Zeit hinweg. Man läßt eine Menge Vorgänge parallel ablaufen, und dabei ist wichtig, daß sie nach calvinistischer Betrachtungsweise eine Verschwendung darstellen. Diese Modelle sind scheinbar eine verrückte Methode, etwas aufzubauen, weil jeder dieser vielen verschiedenen Dämonen an seinem eigenen kleinen Projekt arbeitet; sie beginnen mit dem Aufbau unterschiedlicher Dinge und reißen sie dann wieder ein. Das sieht ganz nach Verschwendung aus, aber es ist ein hervorragender Weg, etwas wirklich Gutes aufzubauen – man läßt eine Menge halbwegs kontrollierter Bautätigkeit zu, und dann sorgt man für Konkurrenz und beobachtet, wer sich am Ende durchsetzt.

Ein wunderschönes Beispiel für dieses Prinzip ist die Jumbo-Architektur des KI-Forschers Douglas Hofstadter. Der Physiker Stephen Wolfram hat ebenfalls einige hübsche Modelle, die allerdings nicht als KI gelten. Diese Baupläne sind ganz anders als die guten alten KI-Modelle, die man als bürokratisch bezeichnen könnte, mit Befehlsketten, einem Chef, einem Unterchef und einer ganzen Ansammlung von Unter-Unterchefs, dem Delegieren von Verantwortung und ohne Verschwendung. Laut Hofstadter stellt sich bei diesen Modellen das Problem, daß die Aufgabenbeschreibungen keinen Raum für Spielereien lassen. Es gibt keine überflüssigen Arbeitskräfte, die nur herumsitzen und Ärger machen. So gestaltet Mutter Natur die Dinge nicht. Wenn sie ein System entstehen läßt, dann geht das nach dem Motto: Je mehr, desto lustiger, feiern wir also eine große Party, und irgendwie kriegen wir es schon hin. Das ist ein völlig anderes Organisationsprinzip. Meine Aufgabe sehe ich so: Ich möchte diese Vorstellung von einer Fülle halbeigenständiger Triebkräfte, die mit einer Menge »vergeudeter Tätigkeiten« und nur teilweise organisiert agieren, auf das Gehirn anwenden und zeigen, daß alle möglichen Dinge auf einmal zusammenpassen, so daß sich eine andere Auffassung von Bewußtsein ergibt.

Mit dem technischen Wandel verändern auch wir uns. Wenn sich die Computer weiterentwickeln, wird auch unsere philosophische Ansicht über den Geist eine Entwicklung durchmachen. Seit Menschen überhaupt über das Gehirn nachdenken, haben sie jede neue technische Errungenschaft begeistert zu Vergleichen ausgenutzt: zu Descartes' Zeit die Uhrwerke, Drähte und Flaschenzüge, dann Dampfmaschinen, Dynamos und Elektrizität und schließlich die Telefonzentrale. Man sollte noch weiter in die Vergangenheit gehen. Der überzeugendste technische Vergleich zur Erklärung der Vorgänge im Gehirn ist das Schreiben – die Vorstellung, im Gehirn würden Botschaften in Form von Signalen übertragen. Man braucht nicht an Telegrafie oder Telefon zu denken, sondern man muß sich nur geschriebene Botschaften vorstellen.

Die Vorstellung, das Gedächtnis sei ein Archiv voller schriftlicher Aufzeichnungen, ist bereits eine (gute) Metapher. Schon die Idee, es müsse eine Sprache der Gedanken geben, ist sinnlos, solange man sich darunter nicht eine geschriebene Sprache vorstellt. Eine gesprochene Gedankensprache führt nicht weit. Ich interessiere mich auch für die Frage, wie man spricht, bevor man spricht, bevor man weiß, was Sprechen ist. Es ist etwas, das jeder von uns tut. Kinder tun es. Es besteht ein großer Unterschied zwischen dem Sprechen und dem ichbewußten Sprechen, und wenn man diesen Unterschied klärt, kommt man mit der Sprachtheorie ein Stück weiter.

Bevor es eine geschriebene Sprache gab, konnte man sich das Gehirn überhaupt nicht als Archiv vorstellen. Es gab kein Leib-Seele-Problem und keine Theorien über den Geist, auch wenn man bis zu den alten Griechen zurückgeht, selbst zu Platon und Aristoteles. Man findet dort nichts, was nach einer Theorie über dieses Thema aussähe. Und was sie überhaupt äußerten, war ziemlich schlecht.

Die grundlegende Theorie des Berechnens, wie sie von den Mathematikern John von Neumann und Alan Turing formuliert wurde, war ein Durchbruch ersten Ranges. Es ist die einzige Theorie, die den Vermittler allmählich ausschaltet. Der Vergleich des Bewußtseins mit einer Telefonzentrale war falsch, weil er Kabel erforderte, welche die Vorgänge draußen in den Augäpfeln an eine Art Kontrollzentrum weiterleiten. Aber dann braucht man immer noch den schlauen Homunculus, der an der Schalttafel sitzt und die ganze Arbeit verrichtet.

Wenn man in der Geschichte weiter zurückgeht, stößt man auf David Hume, der Theorien über Eindrücke und Ideen aufstellte. Eindrücke ähneln danach den Dias in einem Diavortrag, und Ideen sind ein schwacher Abglanz – gewissermaßen schlechte Fotokopien – der ursprünglichen Bilder. Er versuchte, eine chemische Theorie zurechtzuzimmern – eine falsche Theorie der Wertigkeiten –, wonach eine Idee die nächste nach sich zieht. Als ich diese Theorie einmal einem Studenten erklärte, sagte er, Hume habe gewollt, daß die Ideen selbst denken. Genau das hat Hume versucht: Er wollte den Denkenden loswerden, weil er erkannt hatte, daß das eine Sackgasse war. Wenn es noch einen Vermittler gibt, der die ganze Arbeit macht, ist man kein Stück weiter. Humes Idee war es, zwischen die Ideen kleine Valenzbindungen zu schieben, so daß jede von ihnen selbst denken und die nächste zum Denken veranlassen konnte, und so weiter – ohne den Mittelsmann. Aber das funktionierte nicht.

Die einzige Erfindung, mit der man den Vermittler eindeutig loswerden kann, ist der Computer. Heute ist gegen Homunculi nichts einzuwenden, denn wir wissen, wie wir sie beseitigen: Wir brauchen nur einen Homunculus in immer kleinere Homunculi zu zerlegen, bis wir schließlich zu einem so kleinen Homunculus gelangen, daß wir ihn ohne weiteres durch eine Maschine ersetzen können. Wir haben einen großen Spielraum für Gestaltungsmöglichkeiten eröffnet – nicht nur für altmodische Computer nach den Plänen eines von Neumann, sondern auch für die Entwürfe des künstlichen Lebens und des Parallel-rechners.

Derzeit arbeite ich daran, den Zentralen Meiner loszuwerden, einen der schlimmsten Homuculi. Der Zentrale Meiner bestimmt, was man meint. Angenommen, ich sage: »Bitte wiederholen Sie laut und deutlich folgenden Satz: ›Das Leben hat keinen Sinn, und ich überlege, ob ich mich umbringen soll.‹« Sie sprechen das vielleicht nach, aber ich glaube nicht, daß Sie es auch meinen, denn – so würden manche Leute sagen – Ihr Körper hat zwar die Worte hervorgebracht, aber der Zentrale Meiner hat sie nicht unterstützt; er hat nicht gesagt: »Das ist eine wirkliche Mitteilung. Ich meine es so!«

Ich habe mich kürzlich mit der psycholinguistischen Literatur beschäftigt; die haben es mit der Frage der Sprachproduktion sicher entsetzlich schwer. Ihre ganzen Theorien handeln davon, wie Menschen Sprache verstehen, auffassen, aufnehmen. Aber zu der Frage, wie Menschen Sprache produzieren, gibt es nicht viel. Die beste Theorie, die dazu bisher aufgestellt wurde, stammt von dem niederländischen Psycholinguisten Willem Levelt. Danach gibt es für den Sprecher eine »Blaupause«, sozusagen ein Grundschema, und genau in der linken oberen Ecke dieses Schemas liegt etwas, das er Begriffsbildner nennt. Der Begriffsbildner stellt fest, was das System sagen soll, und gibt die Aufgabe anschließend an die Kameraden unten in der Requisite weiter, die dann die Wörter zusammenstellen und die grammatikalischen Beziehungen austüfteln. Der Begriffsbildner ist der Chef, der die Vorgaben dafür liefert, was gesagt werden soll. Levelt hat ein ganzes Buch geschrieben, um zu zeigen, wie alle Befunde in dieses Schema mit dem Begriffs-bildner passen, der dem übrigen System eine präverbale Mitteilung macht. Der Begriffsbildner entscheidet: »Also gut, jetzt müssen wir den Kerl beleidigen. Sag dem Trottel, daß er zu große Füße hat.« Damit gibt er der übrigen Mannschaft Arbeit, und die stellt dann die Wörter zusammen, so daß es nach außen dringt: »He, deine Füße sind viel zu groß.«

Nun stellt sich die Frage: Woher weiß der Begriffsbildner, was er dem Sprachsystem sagen soll? Die Linguisten umgehen diese Frage mit einem Trick. Sie belassen den Zentralen Meiner und nehmen nur eine Instanz an, die den Inhalt vom Mentalesischen ins Englische übersetzt – keine sehr interessante Theorie. Der andere Ausweg ist wieder einmal eines von diesen Pandämonium-Modellen, in denen es keinen Zentralen Meiner gibt, sondern nur lauter kleine Sprachfetzen, die rufen: »Laß es mich machen, laß es mich machen!« Die meisten von ihnen verlieren, weil sie zum Beispiel »du alter Geizkragen« oder »hast du kürzlich ein gutes Buch gelesen?« und andere unpassende Dinge sagen wollen. Dieser Kampf der Parallelprozessoren läuft im Hintergrund ab, und einer gewinnt schließlich. In diesem Fall ist »deine Füße sind viel zu groß« der Sieger, und deshalb kommt dieser Satz heraus.

Wie steht es mit dem Menschen, der das gesagt hat? Meint er es so? Er wird vermutlich antworten: »Ja, klar hab' ich das gemeint. Ich habe es gesagt und nicht zurückgenommen. Ich habe keine heißen Ohren bekommen, also muß ich es gemeint haben.« Er hat zu der Frage, ob er es zutiefst so gemeint hat, nicht mehr Zugang als der Fragende. Oder, wie E. M. Forster es einmal formulierte: »Woher weiß ich, was ich denke, bevor ich höre, was ich sage?« Dennoch gibt es die Illusion vom Zentralen Meiner, weil wir uns selbst zuhören und innerlich das bekräftigen, was wir uns sagen hören. Auch jetzt kommen alle möglichen Wörter aus meinem Mund, und ich bin recht zufrieden darüber, wie es läuft; ab und zu verbessere ich mich ein wenig, und wenn man mich fragte, ob ich meine, was ich sage, würde ich antworten: Sicher – aber nicht, weil es in mir ein kleines Teilsystem gibt, einen Zentralen Meiner, der einer Ansammlung von klappenden Lippen den Marschbefehl erteilt. Das ist eine schreckliche Vorstellung von Sprache.

256

Das Pandämonium ist ein besseres Modell: Auch in diesem Augenblick haben sich alle meine kleinen Dämonen verschworen; sie sind ein Bündnis eingegangen und sagen: »Ja, ja, grundsätzlich sagt der Junge die Wahrheit!«

Seit dem Erscheinen von *Philosophie des menschlichen Bewußtseins* habe ich meine Aufmerksamkeit dem darwinistischen Denken gewidmet. Wenn ich einen Preis für die beste Einzelidee aller Zeiten zu vergeben hätte, würde ich ihn Darwin zuerkennen, noch vor Newton und Einstein und allen anderen. Es ist nicht nur eine ausgezeichnete wissenschaftliche Theorie, sie ist auch gefährlich. Sie zerstört oder erschüttert zumindest einige der tiefsten Überzeugungen und Sehnsüchte der menschlichen Seele. Wenn Darwins Theorie ins Gespräch kommt, steigt jedesmal die Anspannung, und die Leute versuchen, ihre Aufmerksamkeit von den eigentlichen Fragen abzulenken, indem sie eifrig über nebensächliche Meinungsverschiedenheiten plappern. Wenn die Menschen das Rumoren der Evolution hören, bekommen sie Angst und beeilen sich, Partei zu ergreifen.

Nach einer bekannten Diagnose besteht die Gefahr von Darwins Theorie darin, daß sie dem besten Argument für die Existenz Gottes, das Theologen und Philosophen jemals formuliert haben, die Grundlage entzieht: dem Argument der Planung. Wie ließe sich sonst die phantastische, geniale Gestaltung der Natur erklären? Das muß doch das Werk eines überragend intelligenten Gottes sein. Wie die meisten Argumente, die sich auf rhetorische Fragen gründen, ist auch dieses selbst mit noch so viel Phantasie nicht wasserdicht, aber es wirkte bemerkenswert überzeugend, bis Darwin auf die rhetorische Frage eine bescheidene Antwort gab: die natürliche Selektion. Davon hat sich die Religion nie mehr erholt.

Zumindest in den Augen der Akademiker war die Wissenschaft der Sieger und die Religion der Verlierer. Darwins Theorie verbannte das Buch der Genesis in die Rumpelkammer der idyllischen Mythologie. Ausgefuchste Gottgläubige paßten sich an, indem sie sich Gott nun als weniger menschenähnliches, dafür abstrakteres Wesen vorstellten – als eine Art reine, unerforschliche Quelle von Sinn und Güte. Andere, weniger gebildete Gläubige versuchten verzweifelt, ihr Terrain zu verteidigen, und brüteten den Kreationismus aus, eine klägliche Nachahmung der Naturwissenschaft, eine lächerliche Aneinanderreihung von Selbsttäuschungen und frommem Unsinn. Stephen Jay Gould und viele andere Naturwissenschaftler haben die Irrtümer des Kreationismus zu Recht offengelegt und verurteilt. Darwins Theorie hat triumphiert, und das hat sie auch verdient.

Und dennoch – ganz so einfach ist es nicht. Offenbar gibt es gute und schlechte Darwinisten, und nichts bringt die Autoritäten so auf die Palme wie der »Mißbrauch« von Darwins Theorie. Wenn man den Nebelvorhang weggeblasen hat, erkennt man, daß sie alle ein gemeinsames Thema haben: die Angst, daß es, wenn Darwin recht hat, im Universum keinen Raum mehr für tiefere Bedeutung gibt. Das ist ein Fehler, der aber bisher noch nicht richtig offengelegt wurde.

Wenn Steve Gould seine Kollegen in der Evolutionsforschung ermahnt, den »Adaptionismus« und »Gradualismus« zugunsten von »Exaptation« und »unterbrochenem Gleichgewicht« aufzugeben, dann handelt es sich eindeutig nicht um wissenschaftliche, sondern um politische, moralische und philosophische Themen. Gould arbeitet energisch, ja geradezu verzweifelt daran, eine bestimmte Sicht der Theorie Darwins zu verteidigen. Aber warum?

Die Soziologen behaupten, sie hätten aus Darwins Theorie wichtige allgemeine Erkenntnisse über die menschliche Kultur abgeleitet, insbesondere über Herkunft und Stellenwert unserer am tiefsten verwurzelten ethischen Prinzipien. Wenn Gould und andere ihre Angriffe gegen das »Gespenst der Soziobiologie« fahren, wird das Ganze als politisches Thema dargestellt: linke Wissenschaftler gegen rechte Pseudowissenschaftler. Die Kreationisten sind offensichtlich Pseudowissenschaftler. Die Soziobiologen sind laut Gould et al. noch heimtückischer, weil es nicht so offenkundig sei, daß sie Unsinn redeten. Darin steckt eine gewisse Wahrheit, aber der Kern der Auseinandersetzung liegt tiefer. Warum wollen diese Kritiker so leidenschaftlich gern glauben, daß Soziobiologie keine gute Wissenschaft sein kann?

Manche Leute lehnen Darwins Theorie ab, aber oft scheint es sogar, als ob wir, die wir sie befürworten, uns ihrer Vorherrschaft entziehen wollten: »Darwins Theorie gilt für alle Lebewesen im Universum – außer für uns Menschen natürlich.« Darwin selbst hatte klar erkannt, daß er seine Erklärung des Ursprungs der anderen Arten aufs Spiel setzte, wenn er die Frage nach der Entstehung des Menschen und vor allem seines Geistes nicht frontal anging. Seine Nachfolger waren von Anfang an in die gleichen Konflikte verwickelt, um die es auch heute geht, und sie leisteten einige ihrer wichtigsten Beiträge zur Evolutionstheorie, obwohl sie philosophische und religiöse Zwecke verfolgten.

Ich spreche mich hier nicht dafür aus, Darwins Theorie umzustürzen oder zu reformieren, sondern ich versuche nur zu erklären, was die darwinistische Theorie ist und warum sie soviel Veränderung verursacht.

<u>Marvin Minsky</u>: Dan Dennett ist unser bester lebender Philosoph. Er ist der neue Bertrand Russell. Im Gegensatz zu den traditionellen Philosophen ist Dan Experte für Neurowissenschaft, Linguistik, künstliche Intelligenz, Computerwissenschaft und Psychologie. Er definiert die Rolle des Philosophen neu und reformiert sie. Natürlich versteht Dan meine Theorie von der Gesellschaft des Geistes nicht, aber niemand ist vollkommen.

Roger Penrose: Dan Dennett gehört offensichtlich zu den Menschen, die Argumenten zugänglich sind. Der Titel seines Buches *Consciousness Explained* [wörtlich: das Bewußtsein wird erklärt] ist aber eine Übertreibung. Ich bin sicher, daß diese Theorien das Bewußtsein nicht erklären. Er befaßt sich mit dem von mir so genannten »Standpunkt A« in der Liste von vier Standpunkten, die ich in *Schatten des Geistes* erörterte und dort mit A, B, C und D bezeichnet habe. A ist der extreme Standpunkt der künstlichen Intelligenz, wonach man geistige Fähigkeiten nach den Maßstäben von Rechenvorgängen verstehen soll. Wer oder was die Rechenvorgänge ausführt, ist dabei ohne Bedeutung: Es kann gleichermaßen ein Computer oder eine biologische Struktur sein.

Standpunkt B – er entspricht mehr den Ansichten des Philosophen John Searle, wie ich sie verstehe – besagt, daß man die Tätigkeit des Gehirns zwar simulieren kann, daß diese Simulation aber keine geistigen Eigenschaften hat, das heißt, bewußtes Denken beinhaltet außer dem Berechnen noch etwas anderes. Das weicht vom Standpunkt C ab, den ich selbst einnehme; danach kann man die Tätigkeit des Bewußtseins nicht einmal nachahmen. Was beim bewußten Denken vorgeht, kann man, dem Standpunkt C zufolge, mit einem Computer nicht adäquat nachvollziehen.

Standpunkt D schließlich behauptet, daß man Geist überhaupt nicht mit naturwissenschaftlichen Begriffen verstehen kann. Ich sage also: »Ja, es ist Naturwissenschaft, aber eine Form, die sich der Berechnung entzieht.« Dennett steht auf dem Standpunkt A und ist einer seiner besten Vertreter. Ein anderer, der ebenfalls diese Sichtweise vertritt, ist Hans Moravec, der ein interessantes Buch geschrieben hat, in dem er diese Ansicht auf die Spitze treibt. Er behauptet nämlich, der Computer werde in etwa fünfunddreißig Jahren das Niveau des Menschen erreichen und uns dann hinter sich lassen.

Gegen den Standpunkt A lassen sich mindestens zwei unterschiedliche Argumente anführen. Das eine entspricht der Beweisführung von John Searle: Nur weil etwas Berechnungen ausführt, ist es noch nicht in der Lage, sich irgendeiner Sache bewußt zu sein. Dieses Argument ist sehr stichhaltig. Ich vertrete dennoch ein anderes, denn ich wende mich gegen A und B. Mein Argument ist noch schlagkräftiger, denn es besagt, daß man Bewußtseinstätigkeit nicht einmal angemessen nachahmen kann. Wenn etwas sich verhält, als wäre es bewußt, sagt man dann, es sei bewußt? Um diese Frage wird endlos gestritten. Manche Leute sagen: »Nun ja, man muß die Sache praktisch betrachten; wir wissen nicht, was Bewußtsein ist. Wie sollen wir dann beurteilen, ob jemand bewußt ist oder nicht? Das können wir nur anhand seiner Handlungen. Das gleiche Kriterium wendet man auch bei einem Computer oder einem Roboter an.« Andere dagegen behaupten: »Nein, man kann nicht sagen, daß es etwas fühlt, nur weil es sich verhält, als fühle es etwas.« Mein Standpunkt unterscheidet sich von beiden Ansichten. Der Roboter würde sich nicht überzeugend so verhalten, als wäre er bewußt, solange er es nicht wirklich ist – und das, würde ich sagen, kann er nicht sein, weil er ausschließlich durch Berechnungen gesteuert wird.

Roger Schank: Dan Dennett ist für jeden, der sich mit KI befaßt, der Traumphilosoph. Die ganzen Jahre mußten wir uns Philosophen wie Hubert Dreyfus gefallen lassen, der es für nötig hielt, die KI anzugreifen, ohne den Versuch zu unternehmen, sie zu verstehen. Dan hat sich wirklich bemüht, KI und Kognitionswissenschaft zu begreifen, und damit wurde er zum auserkorenen Philosophen unseres Forschungsbereiches. Es macht mir immer Spaß, ihm zuzuhören; er sagt jedesmal kluge Dinge und ist ein großer Spaßmacher auf unserem Gebiet.

Die heutigen Philosophen versuchen, Gedanken anderer in den richtigen Zusammenhang zu stellen. Dan tut natürlich noch mehr. Er hat auch eigene Gedanken. Aber wahrscheinlich kann ein Experte für KI von einem Philosophen nichts lernen, das ihm bei der Arbeit mit KI hilft. Philosophische Lektüre ist interessant, aber sie vermittelt nichts, was man in Programme ummünzen könnte.

Nicholas Humphrey: Dan ist ein Purist und kann über Gebühr hartnäckig sein. Er ist an eine Betrachtungsweise gekettet, die er in Oxford bei Gilbert Ryle gelernt hat. Ihre Wurzeln liegen im logischen Positivismus und im Behaviorismus. Sie schreibt grundsätzlich vor, worüber man reden kann und worüber nicht: Die Bedeutung einer Aussage liegt in der Art, wie sie sich durch Beobachten verifizieren läßt, und wenn man keine solche Verifikation anbieten kann, vergißt man die Sache besser. Dan ließ sich von der Schönheit dieses Denkansatzes gefangennehmen. Und wenn das bedeutet, daß er die Realität von Dingen leugnet, die jeder für wichtig hält, beispielsweise Empfindungen, ursprüngliche Gefühle und alle qualitativen Gesichtspunkte des Bewußtseins – um so schlimmer. Wenn man Philosoph sein will, muß man mutig sein. Man muß den eigenen Argumenten folgen, wohin sie einen auch führen, bis man widerlegt wird. Und da niemand bisher Dan widerlegt hat, ist er immer noch unterwegs.

Natürlich ist Dan teilweise nicht glücklich darüber, wohin seine Theorien ihn geführt haben. Dazu ist er viel zu sensibel. Ihm ist klar, daß ihm etwas fehlt. Wenn seine Kritiker auf etwas hinweisen, das sie für eine Schwäche halten, wird er böse und verlangt, sie sollten genau sagen, was sie meinen. Oft genug macht er sie auf diese Weise fast mundtot, denn es ist wirklich sehr schwierig, Dans Theorie mit ihren eigenen Begriffen zu widerlegen. Aber nach meiner Vermutung ist Dan selbst sich der Probleme am genauesten bewußt. Er will sich nur nicht denen unterwerfen, die ihn von Anfang an nicht verstanden haben. Er beugt sich niemandem, der ihn aus metaphysischen Wischiwaschi-Gründen herausfordert.

Dans Buch *Philosophie des menschlichen Bewußtseins* ist höchst originell und übt bereits großen Einfluß auf die Kognitionspsychologie aus. Er hat die bisher beste Darstellung geliefert – eine hochintelligente, lustige, gut formulierte Beschreibung der inneren Vorgänge, die dem Denken zugrunde liegen. Aber während sie in der Frage des Denkens so gut ist, ist sie in der Frage des Fühlens weit weniger gut.

Wenn man »Bewußtsein« erklären will, muß man begreifen, welche Art von Bewußtsein für normale Menschen wirklich zählt. Was wollen diese Leute erklärt haben? Was meinen sie mit Bewußtsein? Oder vielmehr – da sie zu verschiedenen Zeiten verschiedene Dinge meinen – was ist ihnen wirklich wichtig? Man braucht nur einmal zuzuhören, wenn Menschen Fragen im Zusammenhang mit dem Bewußtsein stellen: »Haben Babys ein Bewußtsein?« »Werde ich während der Operation bei Bewußtsein sein?« »Worin unterscheidet sich mein Bewußtsein von deinem?« und so weiter. Immer wieder stellt sich heraus, daß nicht das Denken, sondern das Fühlen im Mittelpunkt steht. Was die Menschen unmittelbar angeht, ist viel weniger der Gedankenstrom, der durch ihre Köpfe fließt oder auch nicht, als das Gefühl, überhaupt lebendig zu sein. Lebendigsein heißt, daß sie als körperliche Wesen durch ihre Körperoberfläche mit einer äußeren Welt in Wechselbeziehung treten und einer ganzen Palette von Empfindungen ausgesetzt sind: Schmerzen im Fuß, Geschmack auf der Zunge, Farbe in den Augen. Entscheidend ist insbesondere die Subjektivität dieser Empfindungen: der seltsame Schmerz durch einen Stachel, der Salzgeschmack einer Sardelle, die Röte eines Apfels, das »Wie ist es« für uns, wenn die Reize dieser äußeren Gegenstände auf unseren Körper treffen und wenn wir reagieren. Gedanken können kommen und gehen. Ein Mensch kann bewußt sein, ohne irgend etwas zu denken. Aber ohne Fühlen ist Bewußtsein nicht möglich.

Genau da liegt ein Widerspruch. Was in der Vorstellung

normaler Menschen in bezug auf das Bewußtsein eine so große Rolle spielt, kommt in Dans Erklärung fast überhaupt nicht vor. In *Philosophie des menschlichen Bewußtseins* findet sich fast nichts über Sinnesphänomenologie. Als ich das in einer Publikation erwähnte, wies Dan mich in sehr bestimmter Form darauf hin, daß ich in dem Buch einige Abschnitte, in denen er von Empfindungen sprach, übersehen hätte. Nun ja, es steht darin, wenn man danach sucht. In einigen Passagen behandelt er Wahrnehmungen und Gefühle als komplexe Verhaltensdispositionen (was meines Erachtens in die richtige Richtung geht, vorausgesetzt, man räumt ein, daß durch Komplexität ein qualitativer Unterschied zu allem anderen entsteht). Mir geht es aber darum, daß die Sinnesphänomenologie für Dan nur ein Seitenthema ist und nicht, wie für mich, das zentrale Rätsel.

Francisco Varela: Dan konzentriert sich auf die kognitive Ebene. Ich dagegen denke über alle Ebenen nach, vielleicht weil ich von der weitgefaßten Vorstellung des nichtrepräsentativen Wissens beeinflußt bin. In meiner Wirklichkeit entwickelt sich Wissen zusammen mit dem Wissenden und nicht als äußere, objektive Darstellung.

Dan ist gegen die Vorstellung, daß Erfahrung sich auf die Wissenschaft auswirke. Ich bin nicht wild darauf, aus Menschen psychologisch etwas herauszulesen. Genau das tut aber Dennett, so mein Eindruck nach einem langen Gespräch mit ihm; im Gegensatz zu Minsky kann er sich in ein Gespräch vertiefen und die Sichtweise des anderen nachvollziehen. Mit ihm zu diskutieren, ist ein Genuß. Aus Gründen, die ich noch nicht durchschaue, hat er eine panische Angst davor, Erfahrungen und das Element der Subjektivität in die Erklärung des Bewußtseins einzubeziehen.

Dennett leugnet nicht, daß die Menschen einen Geist haben. Nach seiner Ansicht ist dieser Geist aber nur dann nützlich, wenn man ihn als offenkundiges Verhalten untersucht, so wie ein Anthropologe es mit einer fremden Kultur tut. Man nimmt ihn für bare Münze. Wenn ein anderer mir sagt, er habe Schmerzen, glaube ich ihm. Dann notiere ich es in meinem Heft. Dann betrachte ich es als offenkundiges Verhalten. Das nennt er Heterophänomenologie – oder, eher herkömmlich, intentionale Haltung. Er behandelt einen als jemanden, der zu Vorsätzlichkeit in der Lage ist.

In meinen Augen ist das eine zu schwache Begründung für eine Theorie des Bewußtseins, denn sie steht nur auf einem Bein. Das andere Bein ist die echte Phänomenologie, das heißt, das »wie es ist«, die unmittelbare Darstellung der Erfahrungsqualität; es läßt sich nicht reduzieren. Insofern gelangt er mit seinem ganzen Unternehmen nicht auf die Spur, auf die wir kommen müssen. Positiv ist aber, daß Dennett wahrscheinlich besser als jeder andere mit seinen Theorien und Schriften das vertrieben hat, was er das Gespenst des Cartesianischen Theaters nennt. Nach seiner Argumentation läßt sich das Bewußtsein nur mit dem verbreiteten Phänomen der neu auftauchenden Eigenschaften im Gehirn erklären. In dieser Hinsicht ist er sehr scharfsinnig.

Und noch etwas anderes rechne ich ihm hoch an: Dennett hat in der Philosophie des Bewußtseins einen sehr reichhaltigen Diskussionsstil eingeführt: Er geht eine Sache mit der Disziplin des Philosophen an, bezieht aber auch Ergebnisse der empirischen Forschung mit ein. Das kann man von Leuten wie John Searle nicht behaupten, die nach wie vor sehr trocken und abstrakt vom Schreibtisch aus über die Philosophie des Bewußtseins reden. Ich finde es gut, wie Dennett die Ärmel hochkrempelt und mit den Leuten ins Labor geht. Außerdem hat er den revolutionären Schritt getan, sich in die naturwissenschaftliche Literatur zu vertiefen.

W. Daniel Hillis: Dan Dennett ist mein Lieblingsphilosoph, denn er bemüht sich, die Dinge zu verstehen. Über die traditio-

265

nelle Schule der Philosophie ärgere ich mich, weil ihre Vertreter glauben, sie wüßten schon alles; und deshalb halten sie sich in Sachen künstliche Intelligenz für unfehlbar, obwohl sie von der wirklichen Arbeit auf diesem Gebiet nicht die leiseste Ahnung haben. Ich bin zwar oft anderer Meinung als Dennett, aber er macht sich die Mühe, Fachliteratur zu lesen und sich darüber zu informieren, was die Leute auf solchen Gebieten wie Linguistik, künstliche Intelligenz oder Biologie eigentlich tun. Seine philosophischen Ideen zeugen von Kenntnis. Sie sind manchmal falsch, aber wenigstens sind die Fehler von Wissen und nicht von Unwissen gekennzeichnet.

Dennett fällt manchmal auf eine reduktionistische Theorie herein, die vorgibt, etwas erklären zu können. Vielleicht hat er diese Krankheit von den Biologen geerbt. Meines Erachtens ist er zum Beispiel ein wenig der Ansicht von Richard Dawkins auf dem Leim gegangen, wonach Gene die zentrale Rolle spielen, denn diese Theorie scheint vieles zu erklären. Man könnte sogar behaupten, er habe sich dazu verleiten lassen, einfache Theorien der KI in zu großem Umfang als Erklärung für den menschlichen Geist anzuerkennen. Im Grunde ist er ein Reduktionist und hält die geistigen Phänomene, die wir beobachten, tatsächlich für das Ergebnis grundlegender physikalischer Prinzipien. Mit diesem philosophischen Standpunkt fühle ich mich grundsätzlich wohl. Vielleicht macht er sich damit bei den Naturwissenschaftlern beliebter als bei den Philosophen, denn wenn er recht hat, ist die ganze Philosophie nur eine bisher nicht ausgeführte Sache der Naturwissenschaft.

Dennetts Vorstellungen vertragen sich mit der naturwissenschaftlichen Sichtweise, wonach es außerhalb unserer selbst eine Realität gibt, die verständlich ist und sich auf einige einfache Gesetzmäßigkeiten gründet; wir brauchen nur herauszufinden, was das für Gesetzmäßigkeiten sind und welche Beziehungen zwischen ihnen und unseren Beobachtungen bestehen. Die Philosophen waren immer überzeugt, daß manche Dinge nicht in dieses Schema passen. Früher sagte man: »Nun ja, auf die Erde mögen diese Gesetze zutreffen, aber sie gelten nicht für die Himmelskörper.« Dann, nach Galilei, wurde behauptet: »Nun ja, das mag für physikalische Körper gelten, aber nicht für biologische Organismen.« Nach Darwin hieß es: »Nun ja, es mag auf unseren Körper zutreffen, aber nicht für unseren Geist.« Und so weiter. Wir drängen die Philosophen in die Ecke und lassen ihnen immer weniger Stoff, über den sie sprechen können. Dennett kooperiert gewissermaßen mit dem Feind, denn er trägt dazu bei, daß die Ecke der Philosophen immer kleiner wird, und das gefällt mir.

Brian Goodwin: Ich finde Dennetts Begriff von der relationalen Systematik in bezug auf das Gehirn höchst interessant. Er äußert die Vermutung, die Eigenschaften des Bewußtseins seien keine materiellen, sondern relationale Eigenschaften. Das führt zu dem starken KI-Standpunkt. Ich tendiere zu einem ähnlichen Standpunkt im Hinblick auf künstliches Leben – danach kann man auch in Systemen, die nicht aus Molekülen und Zellen bestehen, Intelligenz erzeugen. Man kann im Computer Leben schaffen.

Steven Pinker: Ich habe mich immer für Dennetts Arbeiten interessiert, denn er beschäftigt sich mit den zentralen wissenschaftlichen Fragen, die ich behandele, nämlich mit der Struktur des Bewußtseins und mit dem Problem, wie unsere geistige Software die Fähigkeiten anwendet, die wir alle als selbstverständlich betrachten – beispielsweise das Erkennen eines Gesichts oder den Gebrauch des gesunden Menschenverstandes. Seine Sichtweise, nach der die Philosophie eine umgekehrte Konstruktion darstellt, ist auch die Grundlage meiner täglichen experimentellen Arbeit.

Bei der vorausplanenden Konstruktion hat man zunächst eine Vorstellung davon, was eine Maschine leisten soll, und dann macht man sich daran, die Maschine zu entwerfen. Die Biologie, einschließlich der Kognitionswissenschaft, geht in gewisser Weise genau umgekehrt vor: Am Anfang steht eine Maschine – nämlich der Mensch –, und man muß herausfinden, zu welchem Zweck er angelegt wurde. Wenn man anderen Wissenschaftlern begreiflich machen will, was für ein komplexes Phänomen die Intelligenz ist, stößt man auf ein wichtiges Hindernis: Das Bewußtsein der Menschen funktioniert so gut, daß sie sich von seinen Leistungen nicht hinreichend beeindruckt zeigen, genau wie ihnen nicht bewußt ist, was sich bei der Verdauung der Nahrung abspielt.

Ich habe mit Vergnügen Dans Beschreibung des Bewußtseins in *Philosophie des menschlichen Bewußtseins* gelesen, aber ich bin in einigen Punkten anderer Meinung. Mir hat es gefallen, weil Dan uns darin zu einer Begründung herausfordert, warum wir annehmen, es gebe eine Art unbearbeiteter Gefühle oder Qualia oder subjektive Erfahrungen. Nach seiner Auffassung entbehrt eine solche Vorstellung jeglicher Grundlage: Ein Mensch, dem wir ein Bewußtsein zuschreiben, und ein Zombie, der sich genauso verhält, seien wissenschaftlich nicht zu unterscheiden.

Ich bin ebenfalls der Ansicht, daß qualitative Erfahrungen kein Mittel sind, um Intelligenz aus wissenschaftlicher Sicht zu verstehen. Der wissenschaftlich zugängliche Aspekt des Bewußtseins ist nicht die Tatsache, daß Menschen oder Tiere es subjektiv erleben, sondern die Tatsache, daß manche Arten von Information gegenseitig zugänglich sind, andere aber nicht, und daß demnach ein Teil der Informationsverarbeitung einen anderen Stellenwert hat als der Rest. Das ist ein Aspekt des Bewußtseins: Information ist einem bestimmten Verarbeitungsapparat zugänglich, der mit der jeweiligen Umwelt zu tun hat und sich beim Menschen über den Stimmapparat mitteilen kann. Unter anderem kann man untersuchen, warum manche Informationen – zum Beispiel vielfach ausgeübte Tätigkeiten wie das Bedienen des Schalthebels bei einem erfahrenen Autofahrer – unterhalb der Bewußtseinsebene bleiben, während andere geistige Abläufe (zum Beispiel das Schalten der Gänge in der ersten Fahrstunde), bei denen man etwas bewußt, Schritt für Schritt, überlegen muß, sich anders abspielen.

Vielfach wurde gesagt, Dan hätte seinem Buch besser den Titel *Consciousness Explained Away* [Das Bewußtsein wird wegerklärt] gegeben. (Die Leute sind immer stolz auf solche vermeintlich witzigen Einfälle, machen sich dabei aber nicht klar, daß Dan tatsächlich ein Kapitel so überschrieben hat!) Ein wenig unbefriedigend ist das Buch jedoch, weil das Problem des Bewußtseins einen weiteren Aspekt hat, den bisher niemand hinreichend erklären konnte: Warum sieht man intuitiv einen deutlichen Unterschied zwischen einem Lebewesen, das Schmerz empfindet, und einem anderen, das so tut, als habe es Schmerzen, ohne sie aber zu spüren, oder zwischen einem Lebewesen oder System, das vor sich einen roten Gegenstand sieht, und einem anderen, das sich in jeder Hinsicht genauso verhält, ohne jedoch dieses Erlebnis zu haben? Solange man sich nicht mit der Frage beschäftigt, warum diese Intuition so überzeugend ist, wird man das Bewußtsein nicht in vollem Umfang zufriedenstellend erklären können.

Wie ich gelesen habe, soll Dan gesagt haben, es sei ein Irrtum, hier ein echtes Problem zu sehen. Nach seiner Ansicht gibt es diese Schwierigkeit nicht. Da bin ich anderer Meinung. Ich nehme an, hier stellt sich wirklich eine Frage, und es handelt sich nicht einfach um einen Fehler bei der begrifflichen Erfassung des Problems. Vielleicht ist unser Geist einfach nicht so konstruiert, daß er die Antwort formulieren oder begreifen könnte – diese Vermutung stammt von Chomsky, und ich weiß, daß Dan sie strikt ablehnt. Aber die Intuition, daß es Qualia gibt, ist wirklich vorhanden und läßt sich bisher nicht auf einfache Prinzipien zurückführen oder erklären. Alle unsere intuitiven ethischen Erkenntnisse setzen die ausschlaggebende Unterscheidung zwischen einem fühlenden Wesen und einem gefühllosen Zombie voraus. Dem Daumen eines fühlenden Wesens eine Daumenschraube anzulegen, ist unmoralisch, aber den Daumen eines Roboters so zu behandeln, ist etwas ganz anderes. Das ist nicht nur ein Gedankenexperiment, sondern die Grundlage der Diskussionen über Tierschutz, Euthanasie und die Anwendung von Narkosemitteln in der Säuglingschirurgie.

Ein anderes Gebiet, auf dem ich nicht mit Dan übereinstimme, ist die Erklärung der menschlichen Intelligenz im Kontext der Evolution. Dan bedient sich in großem Umfang des Membegriffs von Richard Dawkins – das Mem ist eine Idee, die sich vermehrt, mutiert und sich über das Medium der Gehirne unterschiedlich ausbreitet, ganz ähnlich wie ein Gen, das sich im Medium der Körper vermehrt, mutiert und unterschiedlich ausbreitet. Das ist für Dan das wichtigste Mittel, um die Kognition in den Zusammenhang der Evolution zu stellen, statt ihr eine magische Entstehung zuzuschreiben; Gedanken entstehen durch einen Vorgang, welcher der natürlichen Selektion analog ist. Aber man kann das Auftauchen der menschlichen Intelligenz auch auf viele andere Arten erklären, ohne ein Wunder zu unterstellen. Viel plausibler ist in meinen Augen die Annahme, daß die Evolution das Gehirn als eine Art Computer gestaltet hat, der komplexe Ideen hervorbringen kann; der Weg dorthin muß nicht analog zur natürlichen Selektion verlaufen sein.

Zwischen der Selektion der Gene bei der Gestaltung der Organismen und der Selektion der Meme bei der Gestaltung von Geist und Kultur besteht ein großer Unterschied. Bei den Organismen ist die ungerichtete Variation mit anschließender Selektion die Erklärung – und zwar die einzige Erklärung – für komplizierte Gestaltung. Das Gehirn dagegen ist selbst ein komplexer Apparat, der durch Selektion seine Form erhielt, und deshalb sind »Mutationen«, das heißt Ideen, fast immer gerichtet, das heißt, die Dynamik der Meme muß nicht die Quelle der Formgebung sein. (Ich bin allerdings ebenfalls der Meinung, daß sie für die Frage, wie viele Kopien von einer Idee im Umlauf sind, eine große Rolle spielt.) Meme wie die Relativitätstheorie sind nicht das Produkt der Selektion von Millionen zufälliger, ungerichteter Mutationen einer ursprünglichen Idee, sondern jedes Gehirn, das an seinem Produktionsablauf beteiligt war, fügt durchaus nicht zufällig einen großen Brokken an Wert hinzu.

Man kann es auch anders ausdrücken: Dan sieht weitreichende Parallelen zwischen Genetik und Memetik. Auf diese Weise kann er die verhaßte Idee loswerden, der Geist sei aus dem Nichts gekommen wie ein rätselhafter Flugkörper, der plötzlich in der Luft schwebt. Die Theorie von der Selektion der Replikatoren ist in Dans Augen vor allem deshalb so stichhaltig, weil sie Lebewesen und Kultur auf die gleiche Weise erklärt. Vielleicht stimmt das (das wäre nach meiner Ansicht ein interessantes Zusammentreffen), vielleicht aber auch nicht; aber auch wenn es nicht stimmt, spielt das für Dans Gesamtargumentation, der Geist sei ein Produkt der Evolution, keine Rolle. Vielleicht trifft auch die Argumentation des Anthropologen Dan Sperber zu, wonach die formalen Mechanismen zur Erklärung der kulturellen Evolution nicht aus der Populationsgenetik, sondern aus der Epidemiologie stammen – Ideen verbreiten sich nicht wie Gene, sondern wie ansteckende Krankheiten.

Richard Dawkins: Ich halte Dan Dennett für eine großartige Ideenquelle – er brennt ein Gedankenfeuerwerk ab. In seinen Büchern malt man auf jeder Seite Ausrufezeichen an den Rand. Mir war nie ganz klar, warum man ihn als Philosophen und nicht als Naturwissenschaftler einstuft; nach meinem Eindruck tut er auf einem etwas anderen Gebiet das gleiche wie ich, und ich bewundere seine Denkart sowie die Art, seine The-

271

men mit Metaphern deutlich zu machen. Es sind elegante Metaphern; man hat den Eindruck, daß er damit wirklich den Nagel auf den Kopf trifft. Auszusetzen habe ich an ihm nur eines: Man muß bei seinen Büchern so hart nachdenken, daß man kaum zur nächsten Seite umblättern kann, weil man noch so stark mit dem Inhalt der vorliegenden beschäftigt ist.

NICHOLAS HUMPHREY

Der große Augenblick

Daniel C. Dennett: Nick Humphrey ist ein großer romantischer Wissenschaftler. Das klingt wie ein Widerspruch in
sich, aber es ist keiner. Nicks erste bahnbrechende Arbeiten, die Aufzeichnung des Feuerns einzelner Neuronen bei
lebenden Tieren – und zwar Katzen –, trugen dazu bei, den
Weg für die Forschungen der Neurowissenschaftler David
Hubel und Torsten Wiesel zu ebnen. Sie erhielten 1981 den
Nobelpreis für Physiologie und Medizin für ihre Forschung
über solche Einzelzellableitungen bei Katzen, aber an der
Entwicklung der Methode hatte Nick großen Anteil. Nachdem er die Technik entwickelt hatte, dachte er in seiner typischen Art: »Jetzt kann ich mein restliches Leben so weitermachen, oder ich kann etwas anderes tun. Ich vermag
nicht zu erkennen, wo noch Probleme liegen.« Natürlich
gab es noch eine Menge Probleme, aber wie es für Nick typisch war, wollte er sich anderen Dingen zuwenden, nachdem er dieses geschafft hatte.

Nicholas Humphrey ist Psychologe, rangältester Fellow am
Darwin College in Cambridge und Autor der Bücher *Consciousness Regained* (1983), *The Inner Eye* (1986) und *A
History of the Mind* (1992) [Die Naturgeschichte des Ich,
1995].

Nicholas Humphrey: Wie fühlt es sich an, man selbst zu sein? Wie kann ein Stück Materie, das ein Mensch ist, zur Grundlage für die Erfahrung werden, die jeder von uns als Gefühl seiner selbst kennt? Wie können ein menschlicher Körper und ein menschliches Gehirn auch ein menschliches Bewußtsein sein?

Ich habe mehrere Antworten auf diese Fragen gegeben, und mit den ersten bin ich heute nicht mehr zufrieden. Ich interessierte mich für Introspektion und für unser intuitives Wissen um unsere Bewußtseinszustände. Ich entwickelte eine Theorie des »reflexiven Bewußtseins«, das ich grundsätzlich für das einzig Wichtige hielt. Entweder hat man eine introspektive Kenntnis der eigenen Bewußtseinszustände, oder man ist überhaupt nicht bewußt. Wenn das stimmt, wäre das Bewußtsein eine Fähigkeit von sehr hohem Niveau, die vielleicht nur bei Menschen und Menschenaffen entstanden wäre. Ich äußerte die Vermutung, es könne sich in der Evolution gezielt entwickelt haben, damit die Menschen ihr eigenes Bewußtsein und das anderer interpretieren können – und damit sie auf diese Weise bessere »Psychologen« von Natur aus werden. Diese Idee fand vielfach Anklang. Als ich *Consciousness Regained* und *The Inner Eye* veröffentlichte, waren Kollegen wie Richard Dawkins voller Begeisterung: »Ich glaube, Humphrey hat's! Zumindest haben wir eine Antwort auf die große Frage, wie sich das menschliche Bewußtsein in der Evolution entwickelt hat.«

Gut gemacht, dachte ich. Aber es gab Probleme. Unter anderem folgte aus dieser besonderen Sichtweise bezüglich des Bewußtseins – das ich mit Introspektion und Selbstreflexion gleichgesetzt hatte –, daß man eine Riesenzahl von Babys, Tieren und einfacher gebauten Lebewesen aus dem Club der bewußten Geschöpfe ausschließen mußte, weil sie die Ebene der Selbstreflexion nicht erreichten. Je mehr ich mich davon zu überzeugen versuchte, daß ein Kaninchen, das Schmerz empfindet, oder ein nach seiner Mutter schreiendes Kleinkind nicht bewußt sein kann, weil sie nicht die Fähigkeit zur Introspektion besaßen, desto unzufriedener wurde ich. Ich konnte diese Theorie nicht einmal mir selbst verkaufen, geschweige denn meinen Freunden, die keine Philosophen waren.

Bewußtsein kann es sicher auch auf einer viel niedrigeren Ebene geben, ohne Reflexion und einfach als die Erfahrung des schlichten Seins: als primitive Empfindung von Licht, Kälte, Geruch, Geschmack, Berührung, Schmerz; als das Hiersein, die Gegenwart der sinnlichen Erfahrung, die keine weitere Analyse oder introspektive Wahrnehmung erfordert, damit sie für uns vorhanden ist, sondern die einfach einen Seinszustand darstellt. Genau *so* fühlt es sich an, man selbst zu sein, oder ein Hund zu sein, oder ein Baby zu sein. So fühlt es sich an, bewußt zu sein.

Ich nenne das den »großen Augenblick« des Bewußtseins.

Entscheidend ist, daß ich mich selbst jetzt lebendig fühle, lebend im gegenwärtigen Augenblick. Entscheidend ist, daß ich in diesem Moment die Geräusche wahrnehme, die meine Ohren treffen, die visuellen Eindrücke in meinen Augen, die Reize auf meiner Haut. Sie definieren, wie es sich anfühlt, ich selbst zu sein. Die Empfindungen, die daraus erwachsen, haben eine Qualität, und diese Qualität ist die wesentliche Tatsache des Bewußtseins.

Hier geraten die Philosophen ins Stolpern, denn jetzt schlägt das Leib-Seele-Problem zu. Wie kommt es, daß alle Vorgänge

275

in Körper oder Gehirn des Menschen eine Qualität haben können? Wie kann die physiologische Aktivität, die einer Empfindung zugrunde liegt, das zugehörige bewußte Gefühl auslösen, wie kann sie zu einer »sensorischen Modalität« werden, also visuell, akustisch oder olfaktorisch?

Irgendwann ertappte ich mich bei folgenden Gedanken: Schluß mit diesem Gerede über höhere Denkvorgänge und die Fähigkeit zur Introspektion! Irgendwie habe ich genug von den ganzen neueren Fortschritten in kognitiver Psychologie und KI! Genug von Diskursen über Theorien, Überzeugungen zweiter Ordnung und so weiter! Das sind für sich betrachtet interessante Fragen, aber das Problem, mit dem man sich eigentlich beschäftigen sollte, ist die sinnliche Wahrnehmung.

Ich habe in Cambridge in Physiologie und Psychologie promoviert. Dabei hatte ich das Glück, daß der amerikanische Psychologe Larry Weiskrantz mein Doktorvater war. Als ich mit meiner Dissertation anfing, wollte er gerade experimentell untersuchen, wie sich Schädigungen der Sehrinde bei Affen auswirken. Sein Ziel war es, die Befunde des in Chicago arbeitenden Psychologen Heinrich Kluver zu bestätigen und zu erweitern, nach denen die Zerstörung der Sehrinde zu fast völliger Erblindung führt.

Es war nicht mein Forschungsprojekt, und vielleicht hätte ich mich nicht darum kümmern sollen. Aber Weiskrantz fuhr zu einer Tagung, und ich blieb eine Zeitlang mit zwei blinden Affen in seinem Labor zurück. Einen Tag um den anderen lungerte ich mit ihnen herum – ich saß bei ihnen, spielte mit ihnen, lernte sie kennen und versuchte herauszufinden, was in ihnen vorging. Ich wollte wissen, ob sie so blind waren, wie man glaubte. Nach einigen Tagen stellte sich heraus, daß das keineswegs der Fall war. Wenn ich eine Hand vor ihrem Gesicht bewegte, folgten sie ihr mit den Augen. Schon bald konnte ich sie dazu bewegen, nicht nur in Richtung meiner Hand zu blikken, sondern auch danach zu greifen und ein Stück Apfel von ihr zu nehmen. Da sie dazu bei ausgeschaltetem Licht nicht in der Lage waren, taten sie es ganz offensichtlich mittels ihres Sehvermögens. Als Weiskrantz von der Tagung zurückkehrte, erklärte ich ihm, ich hätte den blinden Affen das Sehen beigebracht.

Von da an arbeitete ich intensiv mit den Affen, und nach ein paar Monaten hatte ich sie soweit, daß sie nach jedem kleinen Gegenstand greifen und ihn an sich nehmen konnten. Schnell veröffentlichten Weiskrantz und ich in *Nature* einen Artikel mit dem Titel »Vision in a Monkey without Striate Cortex« [Sehfähigkeit bei einem Affen ohne gestreifte Hirnrinde]. Er erregte allgemeines Erstaunen, widersprach er doch völlig der herrschenden Lehrmeinung.

Mit einem der Affen, einem Weibchen namens Helen, arbeitete ich sieben Jahre lang weiter. Sie wurde zu einer Freundin, einem Kuscheltier. Ich nahm sie zu Ausflügen mit aufs Land. Gegen Ende ihrer Ausbildung hatte sie so viele Fortschritte gemacht, daß sie sich in vielerlei Hinsicht wie ein gesunder Affe verhielt. Sie konnte im Zimmer herumrennen, Hindernisse meiden und auf dem Fußboden nach Nüssen oder Rosinen suchen. Sie war zu räumlichem Sehen in der Lage und konnte mit der ausgestreckten Hand eine vorbeischwebende Fliege fangen. Ihr fehlte die Sehrinde, der Apparat, der eigentlich zum Sehen notwendig ist, und doch war sie in mancher Beziehung nicht von einem gesunden Affen zu unterscheiden.

Weiskrantz machte eine bemerkenswerte neue Entdeckung. Auf den Spuren meiner Befunde mit Helen suchte er bei menschlichen Patienten mit Schäden der Sehrinde nach ähnlichen Fähigkeiten. Diese Patienten waren in dem betroffenen Bereich des Gesichtsfeldes angeblich völlig blind, aber obwohl sie sich auch selbst für blind hielten, stellte sich heraus, daß sie in Wirklichkeit durchaus instande waren, visuelle Informationen zu nutzen. Sie konnten »abschätzen«, wo sich eine Licht-

277

quelle befand oder welche Form ein Gegenstand hatte, und hatten damit fast immer recht. Sie besaßen eine Art unbewußte Sehfähigkeit ohne die üblichen visuellen Wahrnehmungen, ohne daß irgend etwas ihnen sagte, daß Licht auf ihre Augen traf. Weiskrantz nannte es Blindsicht. Es wurde zu einem berühmten Phänomen, das von Philosophen und Kognitionswissenschaftlern ausführlich diskutiert wurde.

Mit meiner eigenen Forschung schlug ich eine andere Richtung ein. Die Arbeit mit Affen, deren Gehirn geschädigt war, verursachte mir allmählich ein ungutes Gefühl. Es war zwar faszinierend und aufregend, aber ich wollte keine Experimente mehr machen, die für die Tiere so schmerzhaft waren. Deshalb entschloß ich mich, einen völlig anderen Weg zu gehen und die ästhetischen Vorlieben der Affen zu untersuchen. Wenn man einem Affen die Möglichkeit gibt, seine Umwelt zu wählen, was wird er sich aussuchen? Was sieht und hört er gern? Wie ich schon bald bemerkte, haben Affen eine große Vorliebe für bestimmte Farben. Sie mögen das blaue/grüne Ende des Spektrums viel lieber als den Bereich Gelb/Orange/Rot. Sie reagieren heftig darauf – viel stärker als Menschen. Ein rotes Zimmer macht sie richtig wütend; bei Blau beruhigen sie sich.

Ich hatte gehofft, ich könnte bei den Affen auch eine Vorliebe für schöne Formen, Filmszenen und ähnliches nachweisen, aber in Richtung dieser kultivierteren Neigungen fand ich sehr wenig: Affen zeigen keine besondere Sympathie für Ausgewogenheit oder Harmonie visueller Eindrücke – kein Interesse an den Mondrians oder Picassos. Sie mögen auch keinerlei Musik; ganz im Gegenteil: Stille ist ihnen lieber. Es liegt nicht daran, daß sie einen schlechten ästhetischen Geschmack hätten; sie haben offenbar überhaupt keinen interessanten Geschmack.

Am Ende schrieb ich schließlich keine Fachartikel über Experimente mit dem ästhetischen Empfinden der Affen, sondern Aufsätze über den ästhetischen Sinn des Menschen. Einer mit dem Titel »The Illusion of Beauty« [Die Illusion der Schönheit] handelte von der Evolution des Schönheitssinnes. Er erregte bei den Medien eine Menge Aufsehen, wurde im Rundfunk gesendet und erhielt den Glaxo Writer's Prize. Ich muß aber hinzufügen, daß er völlig spekulativ war und sich nicht auf handfeste Befunde gründete.

Ich leitete damals ein Labor in Cambridge und arbeitete in größerem Umfang experimentell auf Gebieten wie Begriffsbildung und Zeitwahrnehmung. Aber irgend etwas in mir veränderte sich. Langsam wurde mir klar, daß ich trotz meiner Begeisterung für Experimente eigentlich gern die Theorie weiter vorantreiben wollte. Deshalb glaubte ich, ich könne das Experimentieren ebensogut anderen überlassen. Es gab eine Menge Leute, die gute experimentelle Arbeit leisteten.

Ich faßte den Entschluß, nicht mehr im Labor zu arbeiten, und gab meine Stellung in Cambridge auf. Von nun an wollte ich mich auf theoretische Schriften konzentrieren. Ich schrieb *Consciousness Regained*, das 1983 erschien. Dann wurde ich in Filmprojekte hineingezogen und ließ mich ablenken. Um mich herum gab es verschiedene Horizonte.

Von 1987 an arbeitete ich mit Dan Dennett zusammen. Es war eine seltsame Wende. Ich hatte in Cambridge die Position eines Forschungsdirektors inne; in Dans Center for Cognitive Studies an der Tufts University war ich Assistent. Ich fühlte mich dabei nicht ganz wohl, aber es wurde dann eine herrliche Zeit. In den folgenden Jahren bereiteten Dan und ich neue Bücher vor: Dan schrieb an *Philosophie des menschlichen Bewußtseins* und ich an *Die Naturgeschichte des Ich*.

Als ich zu Dan kam, hatten wir in vielen Punkten ähnliche Ansichten. Wir waren im wesentlichen der gleichen Meinung über das, was die zentrale Frage des Bewußtseins ist – die Probleme des absichtsvollen Handelns, der Selbstreflexion und dergleichen mehr. Aber nachdem ich einige Zeit dort gearbeitet hatte, wurde mir durch die Gespräche mit Dan immer deutlicher, wie viele Lücken sein Bild vom Bewußtsein hatte – und meines ebenfalls. Natürlich ist Dan ein viel klügerer Philosoph als ich, und er weiß tatsächlich weitaus mehr über kognitive Psychologie. Vielleicht mußte ich erst einmal erkennen, wie meine früheren Ideen sich ausnahmen, als Dan mir half, sie strenger zu formulieren, so daß ihre Fehler deutlich wurden. Ein Fehler war, daß sie die Phänomenologie ausklammerten. Wir beschäftigten uns mit einem Bewußtsein, das nichts fühlte.

Ich beschloß, daß das große Thema, über das ich arbeiten mußte, das Wesen des bewußten Empfindens sei. Dan und ich fuhren jedes Wochenende in sein Haus in Blue Hill in Maine, und dort diskutierten wir erregt darüber, ob es so etwas wie die Empfindung von Rot, das Gefühl des Schmerzes oder den Geschmack von Käse gibt. Dan sagte dann: »Sieh mal, ich höre deine Worte, aber ich habe dafür einfach keinen Bezugspunkt. Deine schieren Empfindungen, so sie existieren, hinterlassen nichts. Es ist genauso, als hätten sie nie stattgefunden.« Ich erwiderte: »Ja, Dan, ich weiß, aber sie sind einfach da. Ich habe sie jetzt. Ich lebe diese Dinge.« Wenn nichts zurückbleibt, nachdem die Empfindung vergangen ist – nichts in der Art eines Textes, der so etwas aussagt wie: »Erinnere dich: du hattest gerade eine Empfindung« –, dann hat es für Dan überhaupt nicht stattgefunden.

Die Hauptbestandteile des Bewußtseins sind für Dan Ideen, Urteile, Vorsätze und so weiter. Sein Problem besteht darin, zu erklären, wie die Menschen zu ihren jeweiligen Gedanken kommen: wie sie Entscheidungen treffen, Erinnerungen aus dem Gedächtnis abrufen, mündliche Berichte konstruieren und so weiter. Ich möchte es einmal karikieren: Sein Bild vom Bewußtsein ist das eines Gehirnbüros, in dem Notizen, Faxe und Telefonanrufe herumschwirren und um die Aufmerksamkeit der hektischen Angestellten konkurrieren. Das Endprodukt dieser ganzen Informationsverarbeitung ist ein »bewußter Text«, der sich in Worten oder etwas Entsprechendem ausdrückt – Dan nennt es heterophänomenologischen Text, der dem Strom des Bewußtseins entspricht.

Für mich dagegen sind heute schiere Gefühle oder Empfindungen die Grundbausteine des Bewußtseins. Ich habe das Problem, zu erklären, wie die Menschen dazu kommen, diese Empfindungen als solche zu erleben: Wie führt die »Tätigkeit des Empfindens« zu Empfindungen mit ihrem qualitativen Charakter, ihrer Unmittelbarkeit, ihrer Gegenwärtigkeit, zu dem Gefühl, daß sie zum Ich gehören, und so weiter? Mein Bild des Bewußtseins sieht eher aus wie eine zerebrale Kinoorgel: Der Organist bringt Musik hervor, die in ihrer Stimmung zu dem an der Körperoberfläche ablaufenden Film paßt. Es muß letztlich nicht einmal ein Endergebnis geben – jedenfalls nicht in Form irgendeiner Art von Text –, denn die Erfahrung des Bewußtseins besteht im wesentlichen aus der ständigen Tätigkeit des Orgelspiels.

Damit reduziert sich das Ganze auf die Frage, ob man ein pragmatisches Kriterium für »Sinn« akzeptiert: ob man sagt, nur das besitze Wichtigkeit oder Wert, was dazu beiträgt, etwas anderes hervorzubringen. Dieser Ansatz ist eng verknüpft mit Positivismus und Behaviorismus. Er steht auch im Zusammenhang mit der politischen Ethik des Protestantismus, wo man alles nur nach seinen Auswirkungen auf die nächste Generation bewertet. Ich vermute, daß diese Ethik zu Dans kultureller Herkunft gehört. Jedenfalls färbt sie auf seine Ansichten über das Bewußtsein ab. Bedeutung und Wert eines geistigen Ereignisses bestehen in dem, was man später daraus machen kann.

Man kann gegen diese Vorstellung nur schwer argumentieren, aber sie entspricht ganz offensichtlich nicht der Realität unseres Erlebens, der Unmittelbarkeit und Gegenwärtigkeit unserer Empfindungen. Für Dan findet Bewußtsein erst statt, wenn der Geist eine Geschichte geschaffen und zurückgemeldet hat. Diese Geschichte ist das Bewußtsein. Ich dagegen sehe Bewußtsein als die unmittelbare Reaktion auf einen von außen kommenden Reiz. Ich setze bewußte Empfindung mit einer Handlung gleich, der Beschäftigung mit dem Reiz.

Ich stelle hier gern einen Vergleich mit der Kunstgeschichte an. Bis zur Epoche des französischen Impressionismus handelten die meisten Bilder von der zeitlichen Entwicklung einer Situation: woher etwas kommt und wohin es geht. Monet mußte erst kommen, damit man den gegenwärtigen Augenblick um seiner selbst willen schätzte. Er sagte: »Das ist die Kathedrale von Rouen, wie ich sie jetzt erlebe; das hier trifft auf mein Gesicht, wenn ich sie ansehe.« Die Uhr der Kathedrale von Rouen hat in seinen Gemälden noch nicht einmal Zeiger. Es gibt keine zeitliche Dimension, kein Vorher oder Nachher, nur ein Jetzt. Monet hielt diesen Augenblick fest und feierte ihn um seiner selbst willen; er malte ein großes Gemälde mit viel Farbe, um einen großen Augenblick seines subjektiven Erlebens darzustellen, ohne Vorangegangenes und ohne Folgen. Genauso verhält es sich mit dem großen Augenblick der Empfindung, mit der Zeit, in der wir leben. Man braucht sich nur in New York an eine Straßenecke zu stellen und sich die Passanten anzusehen: Das Verblüffende ist, daß sie im Jetzt leben.

Die derzeitige Forschung in den Bereichen von KI und Kognitionswissenschaft konzentriert sich fast ausschließlich darauf, das Denken und nicht das Fühlen zu erklären. Nach ihren eigenen Begriffen ist sie dabei bisher sehr erfolgreich. Denkende Maschinen haben wir bereits. Und es wird bessere geben – denkende Maschinen der vierten und fünften Generation. Aber wir werden nicht sagen: »Wow, das hätten wir uns nie vorstellen können!« Wenn dagegen jemand eine fühlende Maschine konstruieren könnte, eine Maschine mit bewußten Empfindungen, dann würden wir »Wow!« sagen. Aber an dieser Aufgabe arbeitet niemand. IBM hat an fühlenden Maschinen kein Interesse.

Selbst wenn wir darangehen würden, fühlende Maschinen zu bauen, könnten wir sie wahrscheinlich nicht so gestalten, daß sie auch nur entfernt ähnliche bewußte Gefühle hätten wie wir. Der Grund: Es hängt sehr viel von der jeweiligen biologischen Vergangenheit ab, von dem besonderen Weg, auf dem wir zu dem wurden, was wir heute sind. Unsere Empfindungen haben das, was ich skeuomorphe Merkmale nenne – Merkmale, die sich aus früheren Handlungsweisen ableiten; diese Handlungsweisen sind in der heutigen Welt ohne Bedeutung und zahlen sich nicht aus, sind aber nichtsdestoweniger eine Quelle der Bereicherung und der Qualität. Man denke nur an die Parallele in der Architektur: Viele moderne Gebäude haben Eigenschaften, die sich aus der Bauweise griechischer und römischer Tempel ableiten und nichts mit der Funktion des Bauwerks zu tun haben.

Die knappste Beschreibung meines Modells der Realität lautet: Ich bin ich. Ich lebe in einer körperlichen Existenz im großen Augenblick der bewußten Gegenwart. Und ich versuche herauszufinden, warum.

Es gibt ein schönes Gedicht von E. E. Cummings:

> zuerst kommt gefühl
> wer da sich noch schert
> um die syntax von dingen
> wird nie so ganz dich küssen.

Daniel C. Dennett: Nick Humphrey ist ein großer romantischer Wissenschaftler. Das klingt wie ein Widerspruch in sich, aber es ist keiner. Nicks erste bahnbrechende Arbeiten, die Aufzeichnung des »Feuerns« einzelner Neuronen bei lebenden Tieren – und zwar Katzen – trugen dazu bei, den Weg für die Forschungen der Neurowissenschaftler David Hubel und Torsten Wiesel zu ebnen. Sie erhielten 1981 den Nobelpreis für Physiologie und Medizin für ihre Forschung über solche Einzelzellableitungen bei Katzen, aber an der Entwicklung der Methode hatte Nick großen Anteil. Nachdem er die Technik entwickelt hatte, dachte er in seiner typischen Art: »Jetzt kann ich mein restliches Leben so weitermachen, oder ich kann etwas anderes tun. Ich vermag nicht zu erkennen, wo noch Probleme liegen.« Natürlich gab es eine Menge Probleme, aber wie es für Nick typisch war, wollte er sich anderen Dingen zuwenden, nachdem er dieses geschafft hatte.

Vor einigen Jahren schrieb er einen kleinen Artikel im *London Observer*; darin drückte er am besten aus, wer er ist und was er ist. Es war ein Aufsatz zum vierhundertsten Geburtstag von Isaac Newton. Er verglich darin Newton mit Shakespeare und zitierte C. P. Snow, der gesagt hatte, Newton sei der Shakespeare der Naturwissenschaft. Nick schrieb, das sei falsch: Hätte Newton seine Leistungen nicht vollbracht, hätte es früher oder später ein anderer getan, und zwar vermutlich schon wenig später. Hätte Shakespeare dagegen sein Lebenswerk nicht geschaffen, wäre es auch *keinem* anderen möglich gewesen. Newton handelte auf Gottes Art; Shakespeare handelte auf Shakespeares Art.

In diesem einfachen Aufsatz weist er auf einen höchst wichtigen Unterschied zwischen zwei Arten der Kreativität hin. Für Nick ist die Shakespearesche Art der Kreativität offensichtlich viel verlockender als die von Newton, und das ist für einen Naturwissenschaftler eine ungewöhnliche Einstellung. Der Traum, ein berühmtes Theorem zu beweisen, wirkt auf ihn weit weniger anziehend als die Vorstellung, etwas so Persönliches und Einmaliges zu schaffen, daß die Leute sagen: »Ja, das konnte nur Humphrey; es ist sein persönlicher, einzigartiger Beitrag zur Kultur der Welt.« Solche Gedanken findet man in der Kunst, aber viel weniger in den Naturwissenschaften.

In seiner Theorie des Bewußtseins versucht Nick seine starke intuitive Ahnung zu untermauern, läßt darin aber nach meiner Sicht etwas aus. Er ist viel schlauer als die meisten anderen, die diese Intuition auch haben, und ihm ist klar, daß es für meinen Standpunkt stichhaltige Argumente gibt. Solange er dem nichts grundsätzlich anderes entgegenzusetzen hat, behalte ich praktisch die Oberhand. Er sucht mit viel Erfindungsreichtum und Leidenschaft nach einer Konkurrenztheorie. Dabei ist er zwar noch nicht fündig geworden, aber er weiß zumindest, was es bedeuten würde, eine echte Konkurrenz aufzubauen und nicht nur einen altmodischen, reaktionären Rückzug in hergebrachte Denkgewohnheiten anzutreten. Daß diese alten Methoden nicht funktionieren, weiß er. Mit dieser Ansicht habe ich recht, und das räumt er auch ein. Er sucht nach einer völlig neuen Methode, mit der sich demonstrieren läßt, was ich nach seinen Erkenntnissen auslasse. Mich mit seinen Bemühungen auseinanderzusetzen, finde ich viel interessanter als die Beschäftigung mit den Unternehmungen anderer, die nicht mit mir übereinstimmen, denn die meisten von ihnen ziehen sich einfach auf verschiedene abgegriffene Themen zurück, die schon längst abgehandelt und ad acta gelegt sind.

Niles Eldredge: Nicks These, daß Ichbewußtsein und Selbstwahrnehmung für die Anpassung der Menschen von Bedeutung sind, ist eine hübsche Geschichte. Sie kann stimmen oder auch nicht. Entscheidend ist, daß man dieses innere Auge hat und durch Bezugnahme auf sich selbst am besten abschätzen kann, was im Bewußtsein eines anderen vor sich geht, mit dem man am Lagerfeuer sitzt. Ich fand diese Idee immer reizvoll, und das ist ein gutes Beispiel dafür, daß ich kein Gegner des Adaptionismus bin. Ich glaube, daß die Evolution ihre Produkte aus bestimmten Gründen hervorbringt.

Steve Jones: Ich habe Schwierigkeiten mit Wissenschaftlern, die ihre Zeit hauptsächlich mit Nabelschau verbringen und zu definieren versuchen, womit sie sich angeblich beschäftigen.

Es ist wie ein Sportwettkampf, bei dem die Mannschaften nur herumstehen und über die Regeln diskutieren. Das ist die Schwierigkeit beim »Bewußtseinsspiel«. Wie spielt man es, und was ist das Ziel dabei? Gibt es überhaupt ein Ziel – oder auch nur ein Spiel? Wenn man das, was ein Problem ausmacht, in Begriffen definiert, die für Laien verständlich sind, hat man den Anfang von Wissenschaft. Kann man das nicht, hat man nur eine Reihe von Meinungen.

Bei den meisten Leuten, die auf diesem Gebiet arbeiten, habe ich den Eindruck, sie würden das Leben interessanter finden, wenn sie das täten, womit die Mehrzahl von ihnen angefangen hat: sich mit experimenteller Arbeit die Hände schmutzig zu machen.

Bei Literaten mittleren Alters gibt es eine Krankheit, die man als umgekehrte Herzverfettung* bezeichnen kann: Wenn man älter wird, geht es auf einmal nur noch um tiefe Lebensfragen – ein klassisches Beispiel war G. K. Chesterton. Ein ähnliches Problem haben nach meiner Vermutung die Naturwissenschaftler – »schmerzliche Unsicherheit der Älteren« wäre vielleicht ein passender Begriff. Von heute auf morgen vergißt man, daß Naturwissenschaft die Kunst des Beantwortbaren ist, und spekuliert auf einmal über Fragen, die grundsätzlich außerhalb der Naturwissenschaft liegen.

Ich behaupte nicht, daß Nick Humphrey das ausschließlich tut; sicherlich nicht. Aber die Gefahr besteht für jeden von uns. Nick Humphrey begibt sich in Bereiche, die ich nicht interessant finde. Bewußtsein und der Sinn des Lebens – dergleichen hat mich immer kaltgelassen.

Francisco Varela: Nick Humphrey versucht, phänomenologische Erfahrungen in der Wissenschaft zum Tragen zu bringen.

---

* Hearty Degeneration of the Fat = Wortspiel mit »fatty degeneration of the heart« (Herzverfettung).

Dazu trifft er Unterscheidungen innerhalb seiner britischen analytischen Tradition – die Unterscheidung zwischen Empfindung und Wahrnehmung. Ich fand es beeindruckend, daß jemand aus seiner Tradition sich diese Mühe macht. So gesehen, ist *Die Naturgeschichte des Ich* ein bemerkenswertes Werk.

Im zweiten Teil seines Buches behauptet er, er habe eine Art Erklärung für das Bewußtsein; ich finde das überhaupt nicht überzeugend oder auch nur verständlich; es scheint mir völlig ins Schöngeistige abzudriften. Ich habe es nicht begriffen. Aber der erste Teil mit der Idee, die unmittelbare Erfahrung – er nennt sie Empfindung – zur wissenschaftlichen Beschreibung von Gehirnvorgängen zu benutzen, war sehr aufschlußreich. Seine Theorie vom »großen Augenblick« ist ein grundlegender Bestandteil dieser Beziehung zwischen Erfahrung und Gehirnfunktion.

FRANCISCO VARELA

Das auftauchende Ich

<u>Stuart Kauffman:</u> Francisco Varela denkt unglaublich phan-
tasievoll, selbständig und kreativ. In dem, was er und Humberto Maturana gesagt haben, stecken eine Menge tiefschürfender Gedanken. Andererseits ist es aus der Sicht des erdverbundenen Molekularbiologen alles versponnenes, verrücktes Gerede. Das ist der Grund für meine gemischte Reaktion. Der Teil von mir, der diszipliniert und kritisch
denkt, stellt das alles in Frage, aber der andere Teil hat sich
mit Varelas neuesten Arbeiten über die Selbstrepräsentation
in Immun-Netzwerken angefreundet. Sie gefallen mir.

<u>Francisco Varela</u> ist Biologe; Forschungsdirektor am Centre
National de Recherche Scientifique und Professor für Ko-
gnitionswissenschaft an der École Polytechnique in Paris.
Autor von *Principles of Biological Autonomy* (1979) und
Coautor (mit Humberto R. Maturana) von *Autopoiesis and
Cognition: The Realization of the Living* (1980) und *The
Tree of Knowledge* (1987) [Der Baum der Erkenntnis,
1995] sowie (mit Evan Thompson und Eleanor Rosch) von
The Embodied Mind (1992) [Der Mittlere Weg der Er-
kenntnis, 1992].

Francisco Varela: Ich glaube, ich hatte mein ganzes Leben lang nur eine einzige Frage. Warum sprießen überall ständig neue Ichs, virtuelle Identitäten, die neue Welten schaffen, sei es auf der Ebene von Geist und Körper, der zellulären oder der jenseits des Organismus liegenden Ebene? Dieser Vorgang ist so kreativ, daß er ständig völlig neue Bereiche schafft: Leben, Geist und Lebensgemeinschaften. Und doch basieren diese neu auftauchenden Ichs auf so unberechenbaren, unbegründeten Prozessen, daß sich ein offenkundiger Widerspruch zwischen der Greifbarkeit des Erkennbaren und seiner Unbegründetheit ergibt. Das ist für mich eine ewige Schlüsselfrage.

Infolgedessen interessiere ich mich für das Nervensystem, die Kognitionswissenschaft und die Immunologie, denn diese Fachgebiete beschäftigen sich mit Prozessen, welche die Frage nach der biologischen Identität beantworten können. Wie kann man eine Art Identität erlangen, die es gleichzeitig ermöglicht, daß man etwas weiß, daß die Zellen sich ihre eigene, für sie richtige Umwelt aufbauen, daß das Immunsystem auf seine Weise die Identität des Körpers schafft und daß das Gehirn zur Grundlage eines Bewußtseins, einer kognitiven Identität wird? Allen diesen Mechanismen ist ein gemeinsames Grundthema eigen.

Am bekanntesten bin ich vielleicht durch drei Arbeitsrichtungen geworden, die vielen völlig disparat erscheinen, aber für mich ein einheitliches Thema bilden. Ich meine meine Beiträge zur Prägung des Begriffs »Autopoese« – das heißt Selbstherstellung – für die Organisation der Zellen, die dynamische Betrachtung des Nervensystems und der Kognition und eine Revision der gegenwärtigen Theorien zum Immunsystem.

Was die biologische Identität angeht, lautet die wichtigste Aussage: Es gibt einen eindeutig erkennbaren Übergang von lokalen Wechselwirkungen zu einer »globalen« Eigenschaft, nämlich im Fall der Autopoese dem virtuellen Ich des gesamten Zellverbandes. Moleküle interagieren bekanntermaßen auf sehr spezifische Weise und lassen so eine Einheit entstehen, aus der das Ich hervorgeht. Außerdem gibt es den Übergang vom Nichtlebendigen zum Lebendigen. Ähnlich funktioniert das Nervensystem. Zwischen den Neuronen kommt es durch einen Kreis aus sensorischen und motorischen Oberflächen zu spezifischen Wechselwirkungen. Dieses dynamische Geflecht definiert einen Bereich der kognitiven Wahrnehmung. Ich behaupte nun, daß man die gleichen Überlegungen auch auf das Immunsystem und den ganzen Organismus anwenden kann: Ein zugrundeliegender zyklischer Prozeß führt zu einem neu entstehenden Zusammenhang, und dieser Zusammenhang ist das, was das Selbst auf dieser Stufe ausmacht. Nach meiner Theorie ist das virtuelle Ich evident, weil es eine Oberfläche für Wechselwirkungen darstellt, aber es ist nicht evident, wenn man versucht, es zu lokalisieren. Es ist örtlich nicht festgelegt.

Lebewesen muß man als Geflecht virtueller Ichs begreifen. Ich habe nicht eine Identität, sondern ein ganzes Sammelsurium verschiedener Identitäten. Ich habe eine zelluläre Identität, eine Immunidentität, eine kognitive Identität, die sich jeweils in verschiedenen Formen der Wechselwirkung manifestieren. Das sind meine verschiedenen Ichs. Mein Interesse richtet sich darauf, weitere Erkenntnisse darüber zu gewinnen, wie man diese Vorstellung des Übergangs vom Lokalen zum Globalen besser verdeutlichen kann und wie die verschiedenen Ichs im Tanz der Evolution zusammentreffen und sich wieder trennen. So betrachtet, handelt es sich bei meinen Forschungsarbeiten, die zum Beispiel beim Nervensystem das Farbensehen und beim Immunsystem die Selbstregulation betreffen, um »Intuitionspumpen« im Sinne Dan Dennetts, mit denen ich die allgemeinen Gesetzmäßigkeiten des Übergangs von lokaler Regelmäßigkeit zu neu entstehenden Eigenschaften des Lebendigen ergründen möchte. Uns stehen zum Herumspielen wunderschöne Beispiele zur Verfügung, sowohl in Form empirischer Befunde als auch aus den Bereichen von Mathematik und Computersimulation. Das Immunsystem ist ein besonders hübscher Sonderfall, aber es macht nicht das ganze Bild aus.

Mein erster Schritt auf dieses Gebiet waren meine Arbeiten zur Autopoese: Es ging um die Definition der Minimalbedingungen für die Organisation des Lebendigen und um die Konzeption von Modellen in Form »zellulärer Automaten«, die diese Bedingungen nachahmen. Damit beschäftigte ich mich Anfang der siebziger Jahre, lange bevor die Welle des künstlichen Lebens hereinbrach. Meine Bemühungen wurden von Lynn Margulis aufgegriffen, die sich in ihren Forschungsarbeiten und Schriften mit der Entstehung des Lebens, der Entwicklung der zellulären Organisationsform und – mit James Lovelock – mit der Formulierung der Gaia-Hypothese beschäftigte. Die Vorstellung von der Autopoese erfanden Humberto Maturana und ich 1970. Wir arbeiteten in Santiago während der Herrschaft der Sozialisten zusammen. Die Theorie entwickelte sich aus der Vermutung, daß man biologische Kognition im allgemeinen nicht als Abbildung der Umwelt verstehen sollte, sondern als ständig neues Hervorbringen einer Welt durch den Prozeß des Lebens selbst.

Die Autopoese ist der Versuch, den einzigartigen Entstehungsvorgang zu definieren, der das Leben in seiner grundlegenden Form der Zellen hervorbringt. Sie betrifft ausschließ-

292

lich die Ebene der Zellen. Es gibt einen kreisförmigen oder netzartigen Prozeß, der einen Widerspruch beinhaltet: Ein sich selbst organisierendes Netzwerk biochemischer Reaktionen läßt Moleküle entstehen, die etwas Spezifisches und Einzigartiges tun: sie schaffen eine Abgrenzung, eine Membran, die das Netzwerk, das die Membran hervorgebracht hat, einschränkt. Das ist eine logische Schlaufe, ein Ringschluß: Ein Netzwerk erzeugt Entitäten, die eine Grenze schaffen, und diese Grenze schränkt das Netzwerk ein, das sie hervorgebracht hat. Genau dieser Ring ist das Einzigartige an den Zellen. Ein sich selbst abgrenzendes Gebilde ist entstanden, wenn der Kreis vollendet ist. Das Gebilde hat seine eigene Grenze erzeugt. Es braucht weder eine äußere Instanz, die das zur Kenntnis nimmt, noch muß es sagen: »Da bin ich.« Es ist eine Selbstabgrenzung in eigener Regie. Es hebt sich aus der Suppe von Chemie und Physik heraus.

Zur gleichen Zeit entstand die Idee, man könne die lokalen Gesetzmäßigkeiten der Autopoese mit zellulären Automaten simulieren. Zu jener Zeit hatten die wenigsten schon einmal etwas von zellulären Automaten gehört. Ich hatte diese ausgefallene Idee von John von Neumann, der später durch die Vertreter des künstlichen Lebens bekannt werden sollte. Zelluläre Automaten sind einfache Einheiten, die Impulse von ihren unmittelbaren Nachbarn erhalten und denselben unmittelbaren Nachbarn ihren inneren Zustand mitteilen.

Um das Moment des Kreises in der Autopoese-Theorie in den Griff zu bekommen, entwickelte ich ein paar mathematische Begriffe des Selbstbezuges, um damit dem Ringschluß – dem Gebilde, das seine eigene Abgrenzung schafft – einen Sinn zu geben. Zur Mathematik des Selbstbezuges gehört die Schaffung formaler Voraussetzungen zur Behandlung der seltsamen Situation, daß etwas A produziert, das B produziert, das A produziert. Das war 1974. Heute bezeichnen viele Kollegen solche Ideen als Teil der Komplexitätstheorie.

Die neueren Arbeiten zur Komplexität erhellen meine Idee vom Ringschluß als eine brauchbare begriffliche Form, in der man über diese seltsame, verdrehte Logik sprechen kann, bei der die Katze sich in den Schwanz beißt, so daß kein Anfang zu erkennen ist. Man sollte die Vorstellung von einer Black Box mit Input und Output vergessen und statt dessen in Kreisprozessen denken. Meine ersten Arbeiten über Selbstbezug und Autopoese erwuchsen aus den Theorien von Kybernetikern wie Warren McCulloch und Norbert Wiener, die als erste Wissenschaftler in solchen Begriffen dachten. Aber die Kybernetik beschäftigte sich in ihrer Frühzeit vor allem mit Rückkopplungsschleifen, und ihre Vertreter erkannten damals nicht, wie wichtig die Ringform für den Aufbau einer Identität ist. Ihre Schleifen befanden sich noch innerhalb der Box mit Input und Output. In mehreren neueren komplexen Systemen sind Input und Output vollständig von den Wechselwirkungen innerhalb des Systems abhängig, und ihre Reichhaltigkeit erwächst aus ihrem inneren Zusammenhang. Man sollte die Boxen aufgeben und sich mit der kompletten Kreisförmigkeit beschäftigen. Es ist zum Beispiel unmöglich, ein Nervensystem mit eindeutig erkennbaren Inputs und Outputs zu bauen.

In einem nächsten bedeutsamen Arbeitsschritt ging es darum, die Logik der neu auftauchenden Eigenschaften ringförmiger Abläufe auf das Nervensystem anzuwenden. Die Folge ist eine grundlegend andere Sichtweise in bezug auf das Gehirn. Das Nervensystem ist kein Informationsverarbeitungssystem, denn Informationsverarbeitungssysteme brauchen definitionsgemäß eindeutig erkennbare Inputs. Das Nervensystem hat interne, zweckbestimmte Verschlußvorrichtungen. Die Schlüsselfrage heißt: Wie kann das Gehirn auf der Grundlage seiner ständigen inneren Dynamik ansonsten bedeutungslosen Wechselwirkungen eine Bedeutung beilegen oder eine solche aufbauen? Jetzt ist leicht zu erkennen, warum ich mich im Zusammenhang mit der Erforschung des Gehirns nicht für die herkömmlichen Metaphern der künstlichen Intelligenz und Informationsverarbeitung interessiere. Man kann das Gehirn im Sinne relevanter Forschungsergebnisse keineswegs mit einem Computer gleichsetzen; ich stehe völlig auf seiten derer, die der Ansicht sind, das Gehirn sei tatsächlich auf symbolische Darstellung angewiesen.

Die gleichen intuitiven Erkenntnisse erstrecken sich auch auf andere Gebiete der Biologie. Bauen wir die Vorstellung ab, daß das Gehirn Informationen verarbeite und ein Abbild der Umwelt schaffe. Geben wir die militaristische Theorie auf, das Immunsystem diene der Verteidigung und suche nach Eindringlingen. Nehmen wir Abschied von der Vorstellung, in der Evolution gehe es um optimale Eignung für das Leben unter den Bedingungen irgendeiner ökologischen Nische. Auf dem letztgenannten Gebiet habe ich selbst nicht aktiv gearbeitet, aber es ist für meine Argumentation von großer Bedeutung. Demontage der Anpassung bedeutet Demontage des Neodarwinismus. Steve Gould, Stuart Kauffman und Nick Lewontin haben, jeder auf seine Weise, diese neue Sichtweise für die Evolution klar formuliert. Insbesondere Lewontin ist sich durchaus bewußt, daß meine Arbeiten über das Nervensystem seine Evolutionsforschung widerspiegeln.

Mein viertes und jüngstes Interessengebiet besteht darin, die gleichen Vorstellungen zu einer Revision unseres Verständnisses vom Immunsystem zu benutzen. So wie die herkömmliche Biologie in den Nerven ein System zur Informationsverarbeitung sah, verstand die klassische Immunologie die Immunreaktion in militärischen Begriffen – als Verteidigungssystem gegen Eindringlinge.

Ich habe für die Immunologie eine andere Sichtweise entwickelt. Danach hat das Immunsystem eine eigene Qualität als abgeschlossenes Netzwerk. Die Identität, die sich aus diesem System ergibt, ist die Identität unseres Körpers, und diese Identität gründet sich nicht auf Verteidigung. Das ist keine negative, sondern eine positive Behauptung, durch die sich in der Immunologie alles verändert. Indem ich die Immunologie nach diesen Kategorien darstelle, schaffe ich ein begriffliches Gerüst. Wir müssen über das Modell der Informationsverarbeitung, nach dem das System nur auf eine ankommende Information reagiert, hinausdenken. Das Immunsystem ist räumlich nicht festgelegt, und man versteht es am besten als Netzwerk vieler Einzelteile.

Im Zusammenhang mit diesen Vermutungen habe ich auch empirisch gearbeitet. Die Thesen werden in neue Experimente umgesetzt, die neue Befunde liefern. In der klassischen Immunologie hatte man es zum Beispiel mit einem System zu tun, das auf äußere Einflüsse reagierte und ständig nach Eindringlingen Ausschau hielt. Wäre das sinnvoll, würde das System zu Nichts zusammenschrumpfen, wenn es keine Eindringlinge gibt. Und doch haben Mäuse, die ohne solche Reize aufwachsen, ein normales Immunsystem.

Die Schulmedizin steht verblüfft vor der breiten Palette von Krankheiten, die unter der Bezeichnung Autoimmunerkrankungen bekannt sind. Warum? Weil Autoimmunität nicht ins Paradigma der Immunologie paßt. Es gibt nichts, wogegen man impfen könnte. Von außen kommen keine Bakterien. Das System tut es sich selbst an. AIDS ist ein besonders dramatischer Fall von Fehlsteuerung dieser einheitlichen, neu auftauchenden Eigenschaft und ähnelt stark einer ökologischen Fehlfunktion. Die Menschen halten AIDS für eine Infektionskrankheit. Das stimmt natürlich auch, aber nicht in dem Sinne, daß das System, das mit AIDS infiziert ist, eine Selbstzerstörung der Immunabwehr in Gang setzt. HIV löst eine Fehlregulation aus, die sich verstärkt und zu ihrem eigenen Alptraum wird. Wenn man den Urin eines AIDS-Infizierten untersucht, findet man deshalb weniger als fünf Prozent infizierte Lymphozyten.

Das ist typisch für eine Autoimmunkrankheit: Das System

frißt sich selbst. Deshalb dämmert es den Leuten langsam, daß die Suche nach einem AIDS-Impfstoff völlige Zeitverschwendung ist. Aus meiner Sicht wäre der richtige Ansatz, wenn man zunächst das Wesen dieser umfassenden Steuerung zu ergründen versuchte. Einen Hinweis, wie man das tun könnte, erlangt man, wenn man nach Wegen sucht, das System wieder zusammenzusetzen. Dabei betrachtet man Autoimmunkrankheiten als Fehlsteuerung, als Zustand, der nach mehr Verknüpfungen schreit, und nicht als Zustand, der einer Behandlung mit Impfstoffen zugänglich wäre. Man braucht nur die Drogensucht als gesellschaftliche Krankheit zu betrachten: In einem gewissen Sinne sind Drogensüchtige die Autoimmunkrankheit der Gesellschaft, denn sie zerstören letztlich Teile des Sozialgefüges. Was man diesen Menschen geben muß, ist Unterstützung, Arbeit und familiäre Zuwendung; man verknüpft sie wieder mit der Gesellschaft.

Ein Ansatz, den wir erforschen, ist die Schaffung neuer, normaler Antikörper, die dazu beitragen, das Netzwerk wiederherzustellen. Wir suchen nach neuen, weiterentwickelten Wegen zu diesem Ziel, aber wir brauchen einen Wegweiser, der uns die Richtung angibt. Impfstoffe sind keine Lösung.

Ich bin daran interessiert, empirische Zusammenhänge zwischen einem langjährigen Interesse an buddhistischer Glaubenspraxis und wissenschaftlicher Arbeit nachzuweisen. Die westliche Denktradition hat die Vorstellung vom ichlosen oder virtuellen Ich vermieden. Diese Ichlosigkeit ist der eigentliche Kerngedanke des Buddhismus. In den letzten zweitausend Jahren haben die Buddhisten in Philosophie, Phänomenologie und Erkenntnistheorie einen hohen Entwicklungsstand erreicht, und sie haben dieses intuitive Wissen auf sehr praktische Weise heraufbeschworen. Wir können uns ihre Erkenntnisse in ganz ähnlicher Weise zunutze machen, wie die Menschen der Renaissance sich der griechischen Philosophie bedienten, um die wissenschaftlichen Arbeiten Galileis zu verstehen.

Der Buddhismus ist kein Glaube, sondern eine Praxis, und jeder Buddhist ist in einem gewissen Sinn Laienpriester – er ist beteiligt, ganz ähnlich, wie ein Wissenschaftler in seine Arbeit involviert ist oder wie die Psyche eines Schriftstellers am Schreiben beteiligt und im Hintergrund immer gegenwärtig ist. Heute haben die Menschen genügend Freizeit und Bildung, um etwas zu praktizieren, was früher den Mönchen vorbehalten war. Der Buddhismus beeinflußt die abendländische Kultur durch die Personen, die ihn praktizieren, und durch diejenigen, die ihn gelegentlich als Fluchtweg nehmen. Buddhistische Ideen sind überall in unserer Kultur von Bedeutung – die grundlegenden Ideen von Physik und Biologie sind beispielsweise verkappter Buddhismus.

Meine Ansichten über den Geist sind von meinem Interesse am buddhistischen Denken beeinflußt. Buddhisten sind Spezialisten dafür, die Idee eines virtuellen oder ichlosen Ich von innen heraus als gelebte Erfahrung zu verstehen. Genau das fasziniert mich an ihrer Denktradition. Nebenbei bemerkt, ist Dan Dennett auf seine eigene Weise zu der gleichen Schlußfolgerung gelangt. Aber während Dan sich auf die Ebene der Kognition konzentriert, besteht mein Ansatz, wie bereits erwähnt, im Nachdenken über mehrere biologische Ebenen, vielleicht weil ich von der umfassenden Idee des nichtrepräsentativen Wissens beeinflußt bin. In meiner Realität entwickelt sich Wissen zusammen mit dem Wissenden und nicht als äußeres, objektives Abbild.

Den Geist halte ich für eine neu auftauchende Eigenschaft, und die interessante Folge dieser Eigenschaft ist unser Ichgefühl. Mein Ichgefühl existiert, weil es mir eine Berührungsfläche zur Außenwelt verschafft. Ich bin »ich« für Wechselwirkungen, aber mein Ich existiert nicht greifbar in dem Sinne, daß es sich irgendwo lokalisieren ließe. Diese Ansicht steht natürlich im Einklang mit der Vorstellung von den anderen biologischen Ichs, die ich erwähnt habe, aber es gibt geringfügige und dennoch wichtige Unterschiede. Eine neu auftauchende Eigenschaft, die aus einem zugrundeliegenden Netzwerk hervorgeht, ist ein einheitlicher Zustand, der dem System, in dem er existiert, auf dieser Ebene das Knüpfen von Verbindungen ermöglicht – mit Ichs oder Identitäten der gleichen Art. Man kann nie sagen: »Hier ist diese Eigenschaft; sie liegt in diesem oder jenem Bestandteil.« Im Fall der Autopoese kann man nicht sagen, das Leben – das heißt, der Zustand der Selbstproduktion – liege in diesem oder jenem Molekül, in der DNA, in der Zellmembran oder im Protein. Leben besteht in der Zusammenstellung und dem dynamischen Muster, und daran zeigt sich, daß es eine neu entstehende Eigenschaft ist.

Ich finde es faszinierend, diese Analysemethode im kognitiven Bereich auf meinen eigenen Geist anzuwenden. Mein eigenes Ichgefühl, mein »Ich«, kann ich in demselben Licht betrachten. Ich muß erbarmungslos an meiner Identität festhalten. Solche Vorstellungen helfen uns, wirklich einschätzen zu können, was es heißt, eine Identität zu besitzen – das, was wir denken, als unseren eigenen Geist zu begreifen. Mein Geist hat die Qualität des »Hierseins«, und deshalb kann ich Verbindungen zu anderen knüpfen. Ich kann zum Beispiel mit ihnen interagieren, aber wenn ich es zu begreifen versuche, ist es nirgends – es ist in dem zugrundeliegenden Netzwerk verteilt.

Ich möchte hinzufügen, daß dieses neue Auftauchen und das Fehlen einer festen Lokalisierung nichts mit der derzeitigen Aufregung um Quantenmechanik und Gehirn zu tun hat. Dieser Kram ist vielleicht eine interessante und unterhaltsame Hypothese, aber dahinter stehen keine wissenschaftlichen Belege. Ich dagegen spreche von Befunden der Kognitionswissenschaft aus dreißig Jahren. Ich würde sogar noch einen Schritt weitergehen und auch die typischen Physiker in Frage stellen, die glauben, sie hätten es mit den Grundlagen der Realität zu tun. Ein Physiker wird sagen, daß wir aus Atomen bestehen. Solche Aussagen sind zwar wahr, aber bedeutungslos. Die Behauptung »du siehst mich an« hat nicht das gleiche Gewicht wie Aussagen, die sich auf die Ebene der Zellen beziehen. Es gibt eine Realität von Leben und Sterben, die uns unmittelbar betrifft und sich auf einer anderen Ebene befindet als die Abstraktionen. Wir müssen uns von dem gewaltigen Ballast des traditionellen abendländischen Materialismus befreien und uns eine eher planetare Denkweise zu eigen machen.

Stuart Kauffman: Francisco Varela denkt unglaublich phantasievoll, selbständig und kreativ. In dem, was er und Humberto Maturana gesagt haben, stecken eine Menge tiefschürfender Gedanken. Andererseits ist es aus der Sicht des erdverbundenen Molekularbiologen alles versponnenes, verrücktes Gerede. Das ist der Grund für meine gemischte Reaktion. Der Teil von mir, der diszipliniert und kritisch denkt, stellt das alles in Frage, aber der andere Teil hat sich mit Varelas neuesten Arbeiten über die Selbstrepräsentation in Immun-Netzwerken angefreundet. Sie gefallen mir.

Franciscos Untersuchungen am Kern des Immunnetzwerks, welches das Selbst darstellt, und an dem peripheren System, das auf die Außenwelt reagiert, sind höchst spannend. Ich bin mir nicht sicher, ob er mit seiner These recht hat, nach der das Immunrepertoire als Mittel zur Darstellung des Selbst entstanden ist und daß sich daraus in der Evolution die Fähigkeit zum Erkennen und Abwehren des Nichtselbst ergeben hat. Aber unabhängig davon, ob man sich solchen ontologischen und entwicklungsgeschichtlichen Argumenten anschließt oder nicht, sind seine Arbeiten sehr nützlich. Sie sind phantasievoll, und er macht sie überall da an Tatsachen fest, wo es möglich ist. Er ist sehr klug, höchst freundlich und taktvoll, und seine Gewandtheit in mehreren Sprachen setzt mich in Erstaunen.

Zunächst lernte ich Francisco 1983 indirekt kennen, als ich ihn mit Humberto Maturana in Indien traf. Sie hatten ihre Theorie der Autopoese formuliert, die in den Augen vieler nüchterner Wissenschaftler dummes Geschwätz war, wenn sie sie überhaupt zur Kenntnis nahmen. Nachdem ich Humberto zugehört hatte, machte ich mich wieder an meine Untersuchung der autokatalytischen Gruppen, die ich 1971 begonnen und später beiseite gelegt hatte. Nach meiner Überzeugung ist meine Theorie von den Gruppen autokatalytischer Polymere der eindeutigste bekannte Fall eines formal definierten Modells für das, was sie mit Autopoese meinen.

Wahrscheinlich haben neunundneunzig Prozent aller ernsthaften Biologen nie von Francisco gehört. Das hat zwei Gründe. Erstens ist er weder Amerikaner noch Engländer, und die ernsthafte Molekularbiologie spielt sich zum größten Teil in den USA und England ab, ein wenig auch in Frankreich, der Schweiz und Deutschland. Aber Francisco stammt aus Südamerika. Er kommt nicht aus dem »richtigen« Teil der Welt, das heißt, aus einer Gegend, die gewöhnlich Biologen hervorbringt. Zweitens ist Francisco ein guter theoretischer Biologe, und Theorie steht in der Biologie nicht hoch im Kurs. Er hat detaillierte Simulationen von Immunnetzwerken und neuralen Netzen vorgenommen, die – zumindest auf dem Computer – tatsächlich funktionieren, das heißt, es ist gute theoretische Biologie, die sich mit unserer Arbeit am Santa-Fé-Institut über neu auftauchende kollektive Phänomene verbinden läßt.

Ich habe eine weniger blumige Ausdrucksweise als Francisco. Sein theoretischer Stil mag manche unter uns Theoretikern ansprechen, aber für nüchternere Kollegen ist er weniger reizvoll, und noch mehr gilt das für die gewandten experimentellen Biologen, die daraus nicht ablesen können, welches Experiment sie als nächstes machen sollen.

Dieses Problem kann man nur schwer umschiffen, wenn man kein ausgebildeter Biologe ist. Im Gegensatz zu Physik und Chemie, die ihre Impulse aus Begriffen und Theorien beziehen, wird die Biologie vorwiegend von Experimenten und prosaischen Tatsachen vorangetrieben. Organismen sind komplizierte, ad hoc zusammengebaute Konstruktionen. So sehen wir sie seit Darwin.

Organismen sind kurzfristige Lösungen für Gestaltungsschwierigkeiten. Nach der allgemein herrschenden Ansicht gibt es keine tiefgreifende Theorie für die tiefgreifende Bedeutung solcher ad-hoc-Konstruktionen. Man nimmt die Dinge auseinander und stellt fest, wie sie arbeiten. An dieser Sicht halten die meisten Biologen fest. Die Vorstellung von tieferliegenden Grundprinzipien ist in ihren Augen keine Ketzerei – sie gilt schlicht als verrückt.

In gewisser Weise ist Francisco ein Philosoph. Er und Humberto Maturana haben mit ihrer Theorie von der Autopoese recht, aber sie hat in den Vereinigten Staaten keinen großen Einfluß gewonnen. Varela wird vor allem deswegen schnell abgetan, weil man ihn nur für einen Philosophen hält. Ich gehöre wie Francisco zu denjenigen, die an die Existenz solcher tieferen Prinzipien glauben, und ich versuche, sie zu finden. Ich hatte es schwer, bei den Kollegen aus der experimentellen Wissenschaft Gehör zu finden, und ich nehme an, man hat Francisco fast nie angehört. In der Ruhmeshalle der Biologen dürfte er unbekannt sein.

W. Daniel Hillis: Ich habe Francisco Varela immer für einen Mystiker gehalten, denn ich konnte seine Ideen nicht verstehen. Als ich ihn kennenlernte, wurde mir allmählich klar, daß er in Wirklichkeit in mancherlei Hinsicht nach den gleichen Dingen fahndet wie ich. Er versucht zu verstehen, wie aus einfachen interaktiven Systemen neue Eigenschaften entstehen können. Diese Frage kann man kaum formulieren, ohne daß sie mystisch klingt. Da ist es nicht gerade hilfreich, daß Cisco in anderen Fragen tatsächlich ein Mystiker ist und sich mit dem Dalai Lama zusammentut; aber er versucht, die gleichen Fragen zu bearbeiten wie ich. Ich glaube, er hat mit seinen Theorien des Immunsystems etwas zu fassen bekommen; er beschäftigt sich mit Netzwerkeigenschaften – zum Beispiel mit den Attraktoren des Systems und ähnlichem – und versucht, auf diese Weise über die Ebene der chemischen Analyse des Immunsystems hinauszukommen. Ob sich mit seiner Vorgehensweise tatsächlich irgend etwas erklären läßt, bleibt abzuwarten, aber ich unterstütze den Ansatz.

Für Marvin Minsky ist Cisco eindeutig ein Symbol – ein Symbol für eine Reihe von Dingen, über die Minsky sich aufregt. Es stimmt, daß man hervorragende Fachleute für KI verliert, wenn sie in die Philosophie abwandern und nichts unmittelbar Nützliches mehr tun. Ich glaube, Minsky ist höchst verärgert darüber, daß Terry Winograd, einer seiner Lieblingsstudenten, der anfangs ausgezeichnete Computerprogramme schrieb, sich später abwandte und ein Buch über Hermeneutik verfaßte. Das läßt Minsky keine Ruhe, denn er hält die Philosophie für ein schwarzes Loch, in das seine Studenten hineinfallen. Und Cisco ist in Marvins Augen ein Symbol für dieses schwarze Loch.

Christopher G. Langton: Varela gehört zu den Menschen, die mitreißend und verständlich reden können, und wenn man sich hinsetzt und ihm zuhört, möchte man immer nur nicken und sagen: »Ja, ja, ja, das ist alles ganz großartig.« Dann geht man aus dem Zimmer, und wenn man nicht mehr seinem sehr ausgeprägten persönlichen Charme unterliegt, kann man kaum noch genau nachvollziehen, was er eigentlich gesagt hat. Das ist eines meiner Probleme mit dem Thema Autopoese. Es bewirkt vor allem, daß man über eine Reihe von Phänomenen, die aus der Biologie bekannt sind, in einer anderen Sprache reden kann, und manchmal führt allein eine Veränderung der Sprache dazu, daß man die Dinge mit anderen Augen sieht.

Manche Leute, denen Phänomene wie die Selbstorganisation zum erstenmal durch die Schriften von Varela und Humberto Maturana begegnen, werden zu richtigen Verfechtern der Autopoese, weil sie im Zusammenhang mit diesem Stil damit in Kontakt kommen. Ich bin in der Welt der Biologie und mit der Sprache der Biologen und Physiker auf diese Erscheinungen gestoßen, und deshalb bin ich es gewohnt, auch in dieser Sprache darüber nachzudenken. Ich sehe für Leute wie mich keinen Nutzen darin, sie nun in der Sprache der Autopoese neu zu formulieren. Ich glaube nicht, daß das zu unseren Erkenntnissen über diese Erscheinungen beiträgt: Wenn man die Übersetzung vorgenommen hat, ist kein neuer Wert hinzugekommen. Es ist schlicht ein anderer Weg, die gleichen Phänomene zu beschreiben – und zwar ein Weg, der mir nicht besonders nützlich erscheint.

Varela würde behaupten, er trage etwas Neues zur wissenschaftlichen Diskussion bei, indem er diese Phänomene in seine Sprache kleidet, aber seine Beiträge scheinen mir immer zu entgleiten, wenn ich versuche, sie dingfest zu machen. Beunruhigt war ich, als ein Freund mich darauf hinwies, man könne die Formulierung »autopoetisches System« in einem Artikel von Varela immer durch »lebendes System« ersetzen, ohne daß sich etwas änderte; tatsächlich handelt es sich bei seinen Aussagen in mehreren Fällen um Tautologien. Mit anderen Worten: Die Autopoese bringt mich nicht weiter.

Ich kenne vor allem in Europa eine Menge Leute, die stark von der Theorie der Autopoese beeinflußt sind und die sich sehr genau überlegen, wie sie dieses Prinzip beschreiben. Ich habe jedoch auch festgestellt, daß Varelas glühendste Verehrer in vielen Fällen leidenschaftliche Vitalisten sind, die in der Autopoese einen Ausweg aus einer in ihren Augen reduktionistischen Vorgehensweise gefunden haben. Nach ihrer Überzeugung berücksichtigt die Autopoese höhere Organisationsprinzipien, und zwar auf eine Weise, die in der von ihnen so genannten streng reduktionistischen Wissenschaft nicht möglich ist. Das ist keine Naturwissenschaft, sondern Erkenntnistheorie. Die Frage ist, ob es sich dabei um gute Erkenntnistheorie handelt. Ich weiß es nicht. Manche Leute halten sie für sehr gut, und ich kann es Varela und Maturana nicht vorwerfen, wenn ihre Jünger Mißbrauch damit treiben.

Daniel C. Dennett: *Post hoc ergo propter hoc!* »Nach diesem, also wegen diesem.« Francisco Varela ist ein sehr kluger Mann, und aus einer gewissen Großmütigkeit heraus glaubt er, er beziehe seine Ideen aus dem Buddhismus. Ich würde mir wünschen, daß er in seinen Schriften die Bezüge zur buddhistischen Erkenntnistheorie wegließe. Seine wissenschaftlichen Arbeiten sind sehr wichtig, und das gleiche gilt für die Schlüsse, die wir aus diesen Arbeiten ziehen können. Buddhistisches Denken hat damit nichts zu tun, und wenn man es erwähnt, vernebelt man nur die eigentlichen Probleme.

Es gibt verblüffende Parallelen zwischen Franciscos »neu auftauchendem Geist« und meinen »Joyce-Maschinen«. Francisco und ich haben viele Gemeinsamkeiten. Ich verbrachte sogar 1990 einmal drei Monate am CREA in Paris mit ihm, und in dieser Zeit schrieb ich große Teile von *Philosophie des menschlichen Bewußtseins.* Aber obwohl Francisco und ich Freunde und Kollegen sind, bin ich in einem gewissen Sinn auch sein schlimmster Feind, denn er ist ein Revolutionär, und ich bin ein Reformer. Er hat das übliche Problem aller Revolutionäre: Das Establishment ist unreformierbar und muß unreformierbar sein. Man muß die alte Denkweise völlig ablegen, und alles muß wieder bei Null anfangen.

Wir reden über die gleichen Themen, aber ich möchte an großen Teilen des Früheren festhalten; Francisco möchte es völlig aufgeben. Er gibt sich zuviel Mühe, die hergebrachte Denkweise falsch erscheinen zu lassen.

Niles Eldredge: Einmal war ich mit Francisco in Italien im Auto unterwegs. Ich fing damals gerade mit Vogelbeobachtungen an, einerseits aus Liebhaberei, andererseits aber auch, weil es in der Evolutionsbiologie vielfach um Vögel geht. Ich sagte, bei den Vögeln sei so toll, daß man als Mensch einerseits ihren Gesang hört und andererseits das gleiche Farbenspektrum sehen kann wie sie; deshalb kann man die Unterschiede im Muster des Gefieders erkennen, und genau durch diese Merkmale halten auch die Vögel selbst sich auseinander. Er wurde sehr ärgerlich und korrigierte mich sofort mit Nachdruck, denn er hatte an Vögeln viele Untersuchungen zur Physiologie des Sehens und Hörens angestellt. Vögel, so versicherte er mir, könnten in Wellenlängenbereichen sehen und hören, die weit jenseits der menschlichen Fähigkeiten liegen. Ich erwiderte, das wisse ich wohl, aber andererseits sei es eine Frage der Ebenen. Ich interessierte mich mehr für die Tatsache, daß wir die Vögel mit unseren eigenen Ohren anhand des Gesangs der einzelnen Arten und manchmal auch der Individuen unterscheiden können und daß die Vögel sich genau an diesem Merkmal erkennen – zum Beispiel, um den richtigen Paarungspartner zu finden, und so weiter.

Francisco argumentierte sehr formal und wurde ungeduldig, weil ich mich offenbar mit einem etwas nachlässigen Gesprächsstil zufriedengab. Er interessiert sich in erster Linie für Physiologie und Morphologie, und dann erst kommt ihre Umwandlung im evolutionären Sinn. Für mich ist das der Punkt, von dem alle immer ausgegangen sind; deshalb habe ich mich vor dreißig Jahren davon gelöst und bin seither nur am Rande dahin zurückgekehrt. Ich habe die Anpassung nur indirekt untersucht, da ich mich vorwiegend mit dem Zusammenhang der Anpassungsveränderung beschäftigte. Mit seiner Denkweise habe ich keine besonders großen Überschneidungen.

Brian Goodwin: Von Francisco Varela hörte ich zum ersten Mal, als er mir einen Artikel über Autopoese schickte. Er lebte damals noch in Chile. Ich sah mir den Aufsatz an und hielt ihn für viel zu abstrakt. Ich war zu jener Zeit offenbar in einer abstraktionsfeindlichen Phase; deshalb legte ich ihn zur Seite und beachtete ihn nicht mehr. Dann lernte ich Francisco kennen.

Er ist außergewöhnlich, was die Klarheit seines Denkens und die Qualität seiner Forschungsarbeit angeht, denn er setzt seine abstrakteren Ideen in sehr hochkarätige Untersuchungen um. Er vereinigt in sich die ungewöhnliche Kombination aus präzisem und phantasievollem Denken. Da er in der theoretischen Biologie arbeitet, ist er nicht allgemein bekannt. In der Immunologie dürfte jeder seine wichtigen Beiträge zu diesem Gebiet bestens kennen, aber seine bedeutsamsten Leistungen betreffen die theoretische Biologie.

Lynn Margulis: Ich kenne einige Arbeiten von Francisco Varela, aber er spricht oft in Formulierungen, die ich überhaupt nicht verstehe. Ich weiß nicht, ob das nur an mir liegt oder ob er wirklich ein Verunklarer ist. Seine Erkenntnis über die Bedeutung der Autopoese, die der Zusammenarbeit mit seinem Lehrer Humberto Maturana entstammt, schließt tiefgreifende Erkenntnisse über lebende Systeme ein sowie über die Art, wie chemische Selbsterhaltung und chemischer Selbstaufbau Leben im Innersten definieren. Kein Teil eines Organismus hat gegenüber anderen Vorrang. Die DNA ist nicht wichtiger als Membranen, denn eine Zelle kann weder ohne DNA noch ohne Membranen existieren. Alle Bestandteile gemeinsam machen ein lebendes System aus und definieren es ständig neu. Autopoetische Systeme – seien es nun Zellen, Lebewesen oder Lebensgemeinschaften – werden von innen unterhalten.

Die Autopoese als eine Reihe von Kriterien zur Definition von Identität und Existenz gilt für Bakterien ebenso wie für Protisten oder Menschen. Manche sagen, sie lasse sich sogar auf Gesellschaftssysteme anwenden; das ist zwar umstritten, aber die Autopoese ist ein nützliches Organisationsprinzip. Ich habe großen Respekt davor, wie Francisco sich einsetzt, um den Unterschied zwischen lebenden Gebilden und technischen oder unbelebten Systemen zu erkennen, aber ich finde, er stellt seine Ansichten auf schwer verständliche Weise dar. Ob die Verwirrung auf meiner oder auf seiner Seite liegt, weiß ich nicht. So gesehen, ist Francisco ein sprachliches Wunderkind. Wenn wir allein sind, spreche ich mit ihm immer Spanisch oder Französisch, aber in Gegenwart anderer kehren wir zum Englischen zurück. Er kann in allen drei Sprachen alles verstehen und perfekt formulieren, und er spricht viel fließender als ich. Manche Außenstehenden halten ihn für einen Blender. Ich bin nicht dieser Ansicht. Nach meinem Verständnis hat er Probleme damit, seine Vorstellungen in sprachliche Erklärungen zu zwängen.

STEVEN PINKER

Sprache ist ein menschlicher Instinkt

George C. Williams: Ich bin von Steven Pinker sehr positiv beeindruckt. Er wird bis weit ins 21. Jahrhundert hinein ein Superstar sein. Besonders bemerkenswert sind seine Arbeiten zur Evolution der Sprachfähigkeit einschließlich der Möglichkeit, darüber in spezifischen Begriffen zu reden. Es gibt Merkmale, die eine Evolution durchgemacht haben und die wir nur im Hinblick auf die Ursachen dieser Evolution interpretieren können. Ich erinnere mich noch, wie ich 1966 in einem Buch darüber spekulierte, was die menschliche Spezies zu etwas Besonderem macht. Es gab alle möglichen Vorschläge: der aufrechte Gang, die Benutzung von Werkzeugen, lauter solche Dinge, aber schon damals fiel mir auf, daß die einzige entscheidende Fähigkeit die Sprache ist.

Steven Pinker ist experimenteller Psychologe, Professor in der Abteilung für Gehirnforschung und Kognitionswissenschaft am MIT und Direktor des McDonnell-Pew Center for Cognitive Neuroscience am MIT; Autor der Bücher *Language Learnability and Language Development* (1984), *Learnability and Cognition* (1989) und *The Language Instinct* (1994) [Der Sprachinstinkt, 1996].

Steven Pinker: Ich bezeichne die Sprache als Instinkt – das ist zugegebenermaßen ein seltsamer Begriff für etwas, das andere Kognitionsforscher mit Namen wie »mentales Organ«, »Fähigkeit« oder »Modul« belegt haben. Sprache ist eine komplexe, spezialisierte Fähigkeit, die sich bei Kindern von selbst ohne bewußte Anstrengung oder formalen Unterricht entwickelt. Sie wird angewandt, ohne daß man sich ihrer zugrundeliegenden Logik bewußt ist, ist qualitativ bei allen Menschen gleich und unterscheidet sich von allgemeineren Fähigkeiten zur Informationsverarbeitung oder zu intelligentem Verhalten. (Daraus folgt, daß die Komplexität der Sprache zum größten Teil aus dem Geist eines Kindes erwächst und nicht aus Schulen oder Grammatikbüchern.) All das läßt vermuten, daß Sprache von einem ihr gewidmeten Schaltkreis verursacht wird, der sich im menschlichen Gehirn entwickelt hat. Damit stellt sich die Frage, welche anderen Teile des menschlichen Intellekts vielleicht ebenfalls Instinkte sind, die spezialisierten neuralen Schaltkreisen entspringen.

Ich interessiere mich für alle Aspekte der menschlichen Sprache. Als experimenteller Psychologe untersuche ich sie beruflich: Ich frage, wie Kinder Sprache lernen, wie die Menschen im Geist Sätze zusammenstellen und Sätze in Gesprächen verstehen, wo die Sprache im Gehirn angesiedelt ist und wie sie sich im Laufe der Geschichte verändert.

Meine Arbeiten konzentrieren sich auf das, was die Wissenschaft seit 1950 über die Sprache herausgefunden hat. Die Antworten auf die genannten Fragen werfen immer wieder neue Fragen auf. Warum heißt ein Eishockeyverein in Toronto »Maple Leafs« und nicht »Maple Leaves« [wie es der englischen Grammatik entspräche, Anm. d. Übers.]? Warum »fährt« man mit einem Heißluftballon, während man mit einem Segelflugzeug »fliegt«? Warum schlagen sich Einwanderer mit Englischunterricht, Tonbändern und Hausaufgaben herum, während ihre vierjährigen Kinder die Sprache so schnell lernen, daß sie sich über die falsche Grammatik der Eltern lustig machen können? Welche Sprache würde ein Kind sprechen, das von Wölfen großgezogen wird? Ich beschäftige mich auch mit unseren Kenntnissen über die Funktionsweise der Sprache, den Spracherwerb der Kinder, den Sprachgebrauch der Menschen allgemein und den Sprachverlust nach Verletzungen oder Erkrankungen des Gehirns.

Dieses Wissen bringe ich mit drei Grundthesen in Einklang. Die erste ergibt sich aus der Tatsache, daß das, was die Menschen über Sprache zu wissen glauben, häufig falsch ist. Nach der Ansicht, die in der öffentlichen Diskussion vorherrscht und sowohl von Natur- als auch von Geisteswissenschaftlern vertreten wird, ist Sprache ein Erzeugnis der Kultur, das zu irgendeinem Zeitpunkt in der Vergangenheit erfunden wurde und seitdem durch Vorbild oder gezielten Schulunterricht an die Kinder weitergegeben wird. Die Folge wäre, daß die Sprache heute, wo die Schulen aufgeben und die Leute ihre Redeweise von Rockstars und Sportlern übernehmen, stetig degenerieren müßte, bis wir, so sich die derzeitige Entwicklung fortsetzt, schließlich alle wie Tarzan blöken würden. Nach meiner Argumentation ist Sprache dagegen ein menschlicher Instinkt.

Die zweite These entspringt aus folgender Überlegung: Wenn Sprache ein geistiges Organ ist, woher stammt sie dann?

Nach meiner Auffassung ist sie genauso entstanden wie die körperlichen Organe. Sie ist eine Anpassung, ein Produkt der natürlichen Selektion in der Evolution der Spezies Mensch. Das ist je nach Betrachtungsweise entweder eine entsetzlich langweilige oder eine heftig umstrittene Erkenntnis. Wenn man belegt, daß Sprache eine angeborene menschliche Fähigkeit ist, sind die meisten Leute nicht überrascht, zu erfahren, daß sie auf die gleichen Ursachen zurückgeht wie alle anderen komplexen Eigenschaften des menschlichen Gehirns und des menschlichen Körpers – nämlich auf die natürliche Selektion. Zwei sehr prominente Persönlichkeiten lehnen diese Schlußfolgerung allerdings ab, und sie sind nicht einfach irgendwelche alten Berühmtheiten: Es handelt sich vielmehr um Stephen Jay Gould, vermutlich den bekanntesten Autor in Sachen Evolution, und um Noam Chomsky, den bekanntesten Autor zum Thema Sprache. Sie haben die Vermutung geäußert, Sprache könne als Nebenprodukt bei der Entwicklung von Größe und Form des menschlichen Gehirns entstanden sein oder vielleicht als zufälliger Nebeneffekt bei der Selektion für etwas anderes; sie leugnen, daß Sprache eine Anpassung ist. Ich stimme mit keinem von beiden überein.

Die dritte These ergibt sich aus der Frage, warum wir uns überhaupt so stark für die Einzelheiten der Sprache interessieren sollten. Natürlich ist Sprache interessant, denn sie ist etwas spezifisch Menschliches, und wir sind alle auf sie angewiesen. Jahrhundertelang war sie das Kernstück aller Diskussionen über den menschlichen Geist und das Wesen des Menschen, und zwar deshalb, weil sie als der zugänglichste Teil des menschlichen Geistes gilt. Wenn Leute sich beispielsweise wegen fachlicher Meinungsverschiedenheiten über die richtige Syntax der Relativsätze in der Choctaw-Sprache* aufregen, liegt das daran, daß jeder eine eigene Ansicht über das Wesen

* Choctaw: Indianerstamm im Südosten der USA. Anm. d. Übers.

des Menschen hat; in solchen Diskussionen über Sprache herrscht unterschwellig die Meinung, daß Sprache der wissenschaftliche Gesichtspunkt ist, unter dem man die menschliche Natur am ehesten verstehen kann.

Was bedeutet die Annahme, daß Sprache ein Instinkt ist, für den übrigen Geist? Nach meiner Überzeugung ist er ebenfalls eine Ansammlung von Instinkten. Dinge wie Intelligenz, Lernfähigkeit oder eine allgemeine Fähigkeit zur Nachahmung von Rollenvorbildern gibt es nicht. Der Geist ähnelt eher einem Schweizer Armeemesser: Er ist eine große Ansammlung kleiner Werkzeuge – eines davon die Sprache –, die von der natürlichen Selektion so gestaltet wurden, daß sie die Aufgaben erfüllen konnten, denen unsere Vorfahren im Pleistozän gegenüberstanden.

Warum bezeichne ich Sprache als Instinkt? Warum sehe ich in ihr nicht den Ausdruck der Fähigkeit, Kultur zu erwerben oder Symbole zu benutzen? Diese Fragen werden durch vier Befunde beantwortet, die man in den letzten hundert Jahren zusammengetragen hat.

Der erste ist die Universalität. Universalität allein ist noch kein Beleg dafür, daß die fragliche Fähigkeit angeboren ist. Soweit ich weiß, sind Videorecorder und Faxgeräte heute ebenfalls universell in allen menschlichen Kulturen verbreitet. Aber die Universalität ist ein erster Schritt zum Nachweis, daß etwas angeboren ist, und es war schon eine bemerkenswerte Entdeckung – die Anthropologen machten sie Anfang unseres Jahrhunderts, als sie die Kulturen in den entlegensten Gegenden der Erde erforschten –, daß alle menschlichen Gesellschaften ohne Ausnahme eine komplexe Grammatik besitzen.

Eine»Steinzeitsprache« gibt es nicht. Oft findet man bei materiell sehr einfachen Kulturen eine unglaublich hoch entwickelte, komplexe Sprache. Entsprechend ist die komplexe Grammatik innerhalb einer Kultur universell. Um das zu würdigen, muß man zunächst die »Regelgrammatik« beiseite lassen, die Grammatik der Schulmeister und Redakteure. Diese Grammatik hat mit dem, worüber ich spreche, nichts zu tun; sie ist zum größten Teil ein System von Übereinkünften für einen geschriebenen Standarddialekt – jeder, der schreibt und liest, muß sie beherrschen, aber sie ist anders als eine normale Unterhaltung. Die Grammatik der Muttersprache im Sinne unbewußter Regeln, nach denen wir die Wörter im Gespräch zu Redewendungen und Sätzen aneinanderreihen, ist weitaus raffinierter. Wenn man wissen will, welche geistige Software man braucht, um die Sprache des Mannes auf der Straße oder eines vierjährigen Kindes zu erzeugen, dann stellt man fest, daß sie immer sehr komplex ist und innerhalb einer Gesellschaft, aber auch zwischen den Kulturen das gleiche Grundmuster zeigt. In allen Sprachen gibt es Elemente wie Substantive und Verben, Subjekt und Objekt, Fälle und Kongruenz und Hilfsverben, sowie einen Wortschatz von mehreren tausend oder zehntausend Begriffen.

Das sind die beiden ersten Befunde: die Universalität der Sprache und die Universalität ihres Bauplans – das heißt, die Art der geistigen Algorithmen, die der Fähigkeit zum Sprechen zugrunde liegen. Der dritte Befund entstammt meinem eigenen Spezialgebiet, der Sprachentwicklung bei Kindern. Man kann beobachten, daß die Sprache sich in allen Kulturkreisen auf die gleiche Weise entwickelt, und zwar bemerkenswert schnell, wie Eltern überall bestätigen können. Im ersten Lebensjahr fängt ein Kind an zu brabbeln, und etwa mit einem Jahr tauchen die ersten Wörter auf. Die ersten Wortkombinationen wie »mehr Milch« oder »alle gehen Wauwau« kommen etwa mit achtzehn Monaten hinzu. Dann, etwa um den zweiten Geburtstag herum, beginnt ein Entwicklungsschub, der ungefähr sechs Monate dauert – bei manchen Kindern auch kürzer – und zum Aufblühen fast der gesamten Grammatik führt: Relativsätze, Passivkonstruktionen, Fragen mit Wörtern, die mit W beginnen, und so komplexe Sätze, daß die

Fachleute für künstliche Intelligenz sie in Computern nicht nachvollziehen konnten – deshalb können wir mit einem Computer nicht in der Alltagssprache reden. Kinder dagegen beherrschen solche Konstruktionen schon vor dem dritten Lebensjahr, und man merkt, daß man sich plötzlich mit einem Kind unterhalten kann, das noch kurz zuvor nur ein oder zwei Wörter aus der Babysprache hervorbrachte.

Damit hat das Kind ein höchst schwieriges Berechnungsproblem gelöst. Dieses Problem kann man als technische Aufgabe definieren: Gestalte einen Algorithmus, der aus irgendeiner der etwa fünftausend Sprachen auf der Erde eine Stichprobe von Sätzen mit ihren Zusammenhängen aufnehmen kann, und nachdem du eine gewisse Anzahl solcher Sätze – vielleicht ein paar hunderttausend – durchgearbeitet hast, rücke mit einer Grammatik für die Sprache heraus, egal, um welche Sprache es sich handelt. Das heißt, aus japanischen Sätzen erwächst die japanische Grammatik und aus Swahili-Sätzen die Swahili-Grammatik. Dieses Problem übersteigt bei weitem die Fähigkeiten aller bekannten Systeme künstlicher Intelligenz. Die heutigen Computersprachsysteme können nicht einmal eine einzige Sprache benutzen, vom Erlernen jeder beliebigen Sprache ganz zu schweigen. Dennoch leistet ein Kind innerhalb eines halben Jahres genau das, obwohl die Eltern ihm keinen Grammatikunterricht erteilen oder ihm nicht einmal eine Rückmeldung geben. Und noch etwas kommt hinzu: Nimmt man die Babysprache genau unter die Lupe, so stellt man in vielen Fällen fest, daß sie ebenfalls den allgemeingültigen Regeln unterliegt, welche die Sprachen auf der ganzen Erde kennzeichnen. In den Experimenten, die ich im Rahmen meiner täglichen Arbeit anstelle, werden Kinder in Situationen gebracht, in denen sie zuvor nicht verlangte Sprachkonstruktionen anwenden müssen; oft machen sie es auf Anhieb richtig, als stünden ihnen alle Bausteine zur Verfügung, so daß sie diese Einzelteile nur noch zusammensetzen müssen.

Außerdem besitzen Kinder eine bemerkenswerte Fähigkeit, Fehler zu vermeiden. Wir schrecken auf, wenn wir Wörter wie »kommte« oder »gehte« hören. Ein Computer würde noch viel mehr Fehler machen, weil diese sich als natürliche Schlußfolgerungen aus der Logik der Sprache ergeben; Kindern dagegen unterlaufen solche Irrtümer sehr viel seltener, obwohl ein Logiker, ein Sprachverschlüsselungsexperte oder ein Computerprogramm dies erwarten würden.

Triebfeder der Sprachentwicklung ist nicht die allgemeine Nützlichkeit der Kommunikation. Das Kind spricht nicht deshalb allmählich immer besser, weil es dann mehr Kekse bekommt. Die Veränderungen, die man während der Entwicklung eines Kindes beobachtet, dienen zu einem großen Teil einfach dazu, daß die Sprechweise besser der Grammatik der jeweiligen Sprache entspricht. Nehmen wir zum Beispiel die englischen Verben »to cut« [schneiden], »to hit« [schlagen] oder »to put« [setzen, stellen]. In einem bestimmten Entwicklungsstadium bilden Kinder fehlerhafte Vergangenheitsformen wie »cutted«, »hitted« und »putted«. Sie treffen in diesem Alter einfach Unterscheidungen, die wir Erwachsenen nicht vornehmen. Wenn ich sage »On Wednesday I cut the grass«, dann kann das bedeuten, daß ich jeden Mittwoch den Rasen mähe oder daß ich letzten Mittwoch den Rasen gemäht habe, denn Gegenwarts- und Vergangenheitsform von »to cut« sind im Englischen gleich. Wenn ein Kind »cutted« sagt, unterscheidet es zwischen diesen Formen, aber dabei macht es in einem gewissen Sinn einen grammatikalischen Fehler.

Irgendwann wachsen Kinder aus solchen »Fehlern« heraus, mindern dadurch aber ihre Sprache, was die Fähigkeit angeht, Gedanken mitzuteilen. Im Geist des Kindes läuft kein leistungssteigernder Prozeß ab, bei dem etwas um so besser haften bleibt, je besser man damit kommunizieren kann, sondern ein unbewußtes Programm, das die Sprache des Kindes immer besser mit der seines Umfeldes in Übereinstimmung bringt.

Unter ganz besonderen Voraussetzungen kann man zeigen, daß Kinder Komplexität in ihre Sprache einführen. Sie wiederholen oder reproduzieren das Gehörte nicht einfach in unvollkommener Form, sondern sie machen die Sprache komplexer. Diesen Vorgang bezeichnet man als Kreolisierung. In den ersten dokumentierten Fällen dieser Art handelte es sich um Kinder in Plantagen oder Sklavenkolonien, die einem Mischmasch oder »Pidgin« aus durcheinandergewürfelten, ungrammatischen Wortfolgen ausgesetzt waren, das den Erwachsenen aus unterschiedlichen Sprachgruppen als Verständigungsmittel, als Linguafranca diente. Die Kinder der ersten Generation, die mit diesem Pidgin aufwuchsen, wiederholten es nicht, sondern machten daraus das Kreolische, eine Sprache mit einer systematischen Grammatik. Den Vorgang der Kreolisierung kann man auch heute noch mehrfach beobachten, beispielsweise wenn taube Kinder mit einer unvollkommenen Zeichensprache in Kontakt kommen, weil ihre Eltern sie nicht richtig gelernt haben oder – im Fall der nicaraguanischen Zeichensprache – weil es eine solche Zeichensprache noch nicht gab. Die betroffenen Kinder wurden kürzlich zum erstenmal in Schulen zusammengefaßt und entwickelten dort unter den Augen ihrer Lehrer eine Sprache mit einer systematischen Grammatik.

Der letzte Befund schließlich ist die Tatsache, daß Sprache eine neurologische und vielleicht sogar genetische Spezifität zu besitzen scheint. Das heißt, das Gehirn ist kein großer Fleischklumpen nach dem Motto: Je weniger man davon hat, desto schlechter spricht man und desto dümmer ist der Betreffende, sondern es ist anscheinend in Subsysteme gegliedert. An Gehirnschäden und genetischen Defekten kann man sehen, wie das Gehirn sich aus Einzelbestandteilen zusammensetzt.

Zunächst einmal gibt es Fälle, in denen die Sprache gestört ist, während die Intelligenz unversehrt bleibt. Ein Schlaganfall kann zum Beispiel zu bestimmten Formen der Aphasie führen, bei denen die Betroffenen die Fähigkeit zum Sprechen oder Verstehen verlieren, ihre übrige Intelligenz aber behalten. Eine etwas weniger schwerwiegende Störung ist die umschriebene Sprachentwicklungsstörung [SLI = specific language impairment], bei der die Kinder ihre Sprache nicht auf dem normalen Weg oder zu der üblichen Zeit erwerben: Sprache taucht erst spät auf, und die Kinder haben Schwierigkeiten damit. Im Erwachsenenalter kann man die Aussprache mit viel Therapie und Üben verbessern, aber die Betroffenen sprechen langsam, zögernd und mit zahlreichen Grammatikfehlern. Manche sprachlichen Aufgaben, die ein gesunder Fünfjähriger bewältigt, bereiten ihnen Probleme. Der Prüfer zeigt zum Beispiel ein Bild von etwas, für das es kein einzelnes Wort gibt, zum Beispiel von einem Mann, der ein Seil über dem Kopf schwingt. Dazu sagt er: »Dieser Mann wugt gern. Dasselbe hat er gestern getan. Gestern hat er…« Ein Fünfjähriger würde jetzt mit »gewugt« fortfahren, obwohl er dieses Wort zuvor noch nie gehört hat. Er erfindet es vermutlich, indem er die geistige Entsprechung der grammatikalischen Regel für die Bildung der Vergangenheitsform anwendet. Ein Patient mit einer Sprachstörung, dem man die gleiche Aufgabe stellt, wird in vielen Fällen sagen: »Woher soll ich das wissen? Ich habe das Wort noch nie gehört.« Oder er setzt sich hin und denkt nach, als ob man ihm eine Rechenaufgabe gestellt hätte; die Antwort kommt nicht von selbst.

Dennoch haben die Patienten nach der diagnostischen Definition eine normale Intelligenz, das heißt, bei anormaler Intelligenz würde man nicht von einer umschriebenen Störung sprechen. Sie sind weder taub noch autistisch oder sozial auffällig. Oft ist ihre Intelligenz sogar überdurchschnittlich. Manche Kinder mit dieser Beeinträchtigung leisten in Mathematik Hervorragendes, empfinden aber das Sprechen als Qual. Die umschriebene Sprachentwicklungsstörung scheint gehäuft in bestimmten Familien aufzutreten – das wissen die Sprachthe-

318

rapeuten schon seit Jahren, denn wenn sie heute Johnny behandeln, kommen ein paar Jahre später in vielen Fällen Johnnys Schwester und Johnnys Vetter zu ihnen. Wie sich in den letzten Jahren in großen Familien- und Zwillingsuntersuchungen gezeigt hat, ist die umschriebene Sprachentwicklungsstörung in hohem Maße erblich. Die entscheidende Studie – mit getrennt aufgewachsenen Zwillingen – wurde bisher nicht durchgeführt, denn man hat bis heute auf der ganzen Welt erst siebzig solcher Zwillingspaare untersucht, und keines davon schien an SLI zu leiden.

Wenn man einen Gendefekt oder einen Gehirnschaden findet, der die Sprache beeinträchtigt, während das übrige Gehirn intakt ist, kommt immer der Einwand, daß Sprache vielleicht unsere geistig anspruchsvollste Tätigkeit sei. Wenn eine Störung in der Verarbeitungsfähigkeit auftritt, leide die Sprache am meisten darunter, aber das müsse noch nicht bedeuten, daß sie in irgendeiner Form von der übrigen Kognition getrennt sei; vielleicht handele es sich ja nur um einen quantitativen Unterschied. Das entscheidende Gegenargument, in meinem Fachgebiet doppelte Dissoziation genannt, ist die umgekehrte Störung: Bei diesem Krankheitsbild bleibt die Sprache intakt, aber die übrige Intelligenz leidet – der Patient ist ein sprachbegabter Idiot, der reden und sogar gut reden kann, obwohl er geistig behindert ist. Das kommt bei einer ganzen Reihe von Krankheiten vor, unter anderem bei Spina bifida und Williams-Syndrom. So etwas bezeichnen die Therapeuten als Redesucht oder Logorrhöe; ein Kind spricht ununterbrochen in wunderschön gebauten Sätzen, die aber oft keinerlei Bezug zur Realität haben. Das kommt bei Kindern mit einem IQ von 50 vor, die sich allein weder die Schuhe zubinden noch mit Geld umgehen können. Damit ist bewiesen, daß Sprache ein eigenständiges geistiges System ist – ein Instinkt.

Warum bezeichne ich die Sprache als Anpassung? Was wäre die Alternative? Gould und Chomsky vermuten, die Sprache sei ein Nebenprodukt. Vielleicht sei sie automatisch hinzugekommen, als sich in unserer Evolution das große Gehirn entwickelte, ganz ähnlich wie unser Rücken die S-Form annahm, nachdem wir den aufrechten Gang erworben hatten. Vielleicht besäßen wir Sprache aus dem gleichen Grund, dem wir auch unsere weißen Knochen verdanken. Niemand würde für die Tatsache, daß unsere Knochen weiß und nicht grün sind, nach einer Erklärung in Richtung Anpassung suchen. Die weiße Farbe ergibt sich als nebensächliche Folge aus der Tatsache, daß die Knochen wegen ihrer Festigkeit selektioniert wurden; ein Weg, um Knochen hart werden zu lassen, ist die Einlagerung von Calcium, und Calcium ist nun einmal weiß. Die Farbe ist schlicht eine Nebenerscheinung, ein Zufall.

Nach der Argumentation von Chomsky und Gould war Sprache vielleicht eine unvermeidliche körperliche Folge der Selektion für etwas anderes, beispielsweise analytische Informationsverarbeitung, Spezialisierung der Gehirnhälften oder die Vergrößerung des Gehirns. Wir haben niemanden, der bei der Evolution der Sprache dabei war und uns darüber berichten könnte, und Wörter versteinern nicht; wir müssen also indirekt Argumente finden. Es gibt aber in der Biologie eine Reihe von Standardkriterien dafür, wann man etwas der natürlichen Selektion zuschreiben kann – das heißt, wann man es als Anpassung bezeichnen kann – und wann man es als Nebenprodukt oder mit den Worten von Gould und Lewontin als »Gewölbezwickel« ansehen kann. Ironischerweise haben Gould und Chomsky diese Kriterien *nicht* auf die Sprache angewandt. Sie haben die logische Möglichkeit festgestellt, daß Sprache keine Anpassung sein muß, aber sie haben nicht gesagt: »Holen wir einmal unsere Prüfwerkzeuge heraus, legen wir sie an die Sprache ebenso an wie an alle anderen biologischen Systeme, und sehen wir einmal nach, was dabei herauskommt.«

Sehr gut haben George Williams und Richard Dawkins diesen Test formuliert: Es ist die komplexe Gestaltung der Anpassung. Das Grundproblem der Biologie besteht in der Erklärung der biologischen Organisation: Warum sind Tiere komplexe Anordnungen von Materie, die unwahrscheinliche, aber interessante Dinge tun? Wie Dawkins und Williams feststellen, galt die komplexe Gestaltung vor Darwin als das zentrale Rätsel des Lebendigen, selbst für die Theologen, in deren Augen sie ein Argument für die Existenz Gottes darstellte. Am besten formulierte es der Geistliche William Paley: Angenommen, man geht über ein Feld und findet einen Felsen. Man fragt jemanden: »Wie ist der Felsen hierhin gekommen?« Der andere erwidert: »Nun, der Felsen war schon immer da.« Das würde man vermutlich als angemessene Erklärung akzeptieren, die man mit Fug und Recht erwarten könnte. Nehmen wir nun aber an, man geht über ein Feld und findet eine Uhr. Fragt man jetzt jemanden: »Wie ist die Uhr hierhin gekommen?« und der andere erwidert: »Nun, sie war schon immer da«, dann würde man diese Erklärung nicht akzeptieren, denn eine Uhr ist an sich eine höchst unwahrscheinliche Anordnung von Materie. Die Möglichkeit, daß eine Folge von Windstößen und Erdbeben rein zufällig einen Haufen Materie genau zu der Anordnung von Federn, Zahnrädern, Zeigern und Zifferblatt geformt hat, die man in einer Uhr findet, kann man völlig ausschließen. Die Uhr trägt untrügliche Anzeichen dafür, daß sie zu dem Zweck, die Zeit anzuzeigen, entworfen wurde, und das läßt auf einen intelligenten Urheber schließen.

Die Argumentation, die Paley im 19. Jahrhundert vertrat, besagte: Jedes biologische Organ, beispielsweise ein Auge, ist weitaus komplizierter gebaut als eine Uhr. Das Auge hat eine Netzhaut, eine Linse mit Muskeln, die sie genau einstellen, eine Iris, die auf Licht reagiert und sich schließen kann, und viele andere raffinierte Teile. Genau wie eine Uhr aufgrund ihrer komplexen Konstruktion auf einen Uhrmacher verweist, so auch das Auge auf einen Augenmacher – auf Gott. Darwin leugnete ja nicht, daß die komplexe Gestaltung ein schwieriges Problem sei, das gelöst werden muß, aber er änderte die Lösung. Darwins Theorie ist deshalb so scharfsinnig, weil die natürliche Selektion der einzige jemals vorgeschlagene physikalische Vorgang ist, der die Entstehung einer komplexen Gestaltung erklären kann. Der Grund dafür, daß wir Augen besitzen, die eindeutig zum Sehen konstruiert sind, ist die Tatsache, daß sie den Endpunkt einer langen Reihe von Replikatoren darstellen, wobei eine Gestaltung um so wahrscheinlicher die nächste Generation erreichte, je besser die Augen funktionierten.

Man kann unterscheiden zwischen dem Auge, das nach übereinstimmender Meinung aller Biologen ein Produkt der natürlichen Selektion ist, und Eigenschaften wie der weißen Färbung der Knochen oder der S-Form der Wirbelsäule, die weder komplizierte Hilfsmittel noch scheinbar absichtlich konstruierte oder unwahrscheinliche Anordnungen von Materie darstellen. Wir brauchen uns kein Szenario auszudenken, in dem Tiere wegen der weißen Farbe ihrer Knochen selektioniert wurden. Hier ist die Erklärung, daß sie keine Anpassung, sondern ein Nebenprodukt darstellt, völlig plausibel.

Das ist der Test. Wenden wir ihn nun einmal auf die Sprache an. Wie sich in jüngerer Zeit bei der Untersuchung der Sprache herausgestellt hat, ist sie ebenfalls ein in seiner Komplexität höchst unwahrscheinliches biologisches System. Unwahrscheinlich ist es einerseits, weil es nur bei einer einzigen Spezies vorkommt, und andererseits, weil die meisten Schäden des Gehirns auch die Fähigkeit zum Sprachgebrauch beeinträchtigen. Außerdem besteht sie wie eine Uhr oder ein Auge aus vielen genau ineinandergreifenden Einzelteilen. Da ist zum Beispiel der geistige Wortschatz, der bei einem durchschnittlichen Gymnasiasten etwa 60000 Wörter umfaßt. Dann sind da die unbewußten Regeln der Syntax, mit deren Hilfe wir die Wörter zu Sätzen zusammenfügen. Es gibt die Regeln der Morphologie, anhand derer wir Wortbestandteile wie Präfixe, Suffixe und Wortstämme zu Wörtern kombinieren, und die phonologischen Vorgänge, mit denen wir aus Wortfolgen ein aussprechbares Klangmuster machen, das wir umgangssprachlich als Betonung bezeichnen. Weiterhin haben wir die Mechanismen der Sprachproduktion mit den Bewegungen von Zunge und Kehlkopf – diese Körperteile wurden offenbar zur Sprachproduktion umgestaltet, und zwar auf Kosten anderer biologischer Funktionen wie der bei anderen Säugetieren vorhandenen Fähigkeit, zu schlucken und gleichzeitig zu atmen. Es gibt die Sprachwahrnehmung, bei der das Ohr Sprache mit einer Geschwindigkeit von fünfzehn bis fünfundvierzig Geräuscheinheiten pro Sekunde decodiert, viel schneller als jede andere Art von Signalen. Das grenzt fast an ein Wunder, denn bei einer Geschwindigkeit von zwanzig Einheiten in der Sekunde verschmelzen Geräusche zu einem niederfrequenten Rauschen, das heißt, Mund und Ohren leisten eine Art Multiplex-Verarbeitung mit Kompression und Entpacken von Informationen. Und dann besteht noch die Fähigkeit der Kinder, das alles in sehr kurzer Zeit zu lernen.

Diese Tatsachen legen die Ansicht nahe, daß die Sprache wie das Auge eine komplexe Anatomie hat. Außerdem ist die Sprache eindeutig von Anpassung geprägt, denn sie dient von ihrem Wesen her dem Ziel der Fortpflanzung. Alle Kulturen verwenden Sprache zu offenkundig nützlichen Zwecken wie der Weitergabe von Technologie und Erfindungen. Sprache ist ein wichtiges Mittel, mit dem sich die Menschen über ihre Umwelterfahrungen austauschen. Auch die Sozialbeziehungen werden bei den Menschen im wesentlichen durch Sprache geknüpft. Wir erlangen Macht, manipulieren andere, finden Partner und halten sie fest, gewinnen Freunde und beeinflussen unsere Mitmenschen – alles durch Sprache. Darüber hinaus schätzen wir wie jede Gesellschaft solche Personen, die beredt und überzeugend wirken, und das führt sicher zu einem Anpassungsdruck in Richtung einer besseren Sprache.

Diese beiden Beweislinien lassen darauf schließen, daß Sprache die Kriterien für eine Anpassung und ein Produkt der natürlichen Selektion erfüllt. Wir können auch die Alternative prüfen, um zu erkunden, ob Sprache auf irgendeinem anderen Weg entstanden sein könnte, wie die Weißfärbung der Knochen, die sich aus der Einlagerung von Calcium ergibt. Nach den Spekulationen Chomskys und vieler Anthropologen reichte das große Gehirn aus, damit wir Sprache erwerben konnten. Diese These können wir nachprüfen, denn es gibt Menschen mit kleinem Gehirn. Man kennt Zwergwüchsige, und es gibt die natürliche Variationsbreite innerhalb der menschlichen Bevölkerung, aber Menschen mit einem kleineren Gehirn haben eindeutig keine Sprachprobleme. Bei manchen Krankheiten, die mit Kleinwüchsigkeit einhergehen, ist das Gehirn nicht größer als bei einem Schimpansen. Solche Menschen sind geistig behindert, aber eine Sprache haben sie dennoch.

Auch die Möglichkeit, daß die Form des Gehirns letztlich die Ursache der Sprache ist, können wir ausschließen. Wäre es denkbar, daß ein im wesentlichen kugelförmiges Gehirn mit einer bestimmten Anordnung der Neuronen über komplizierte, nicht geklärte physikalische Gesetze Sprache hervorbringt? Auch hier gibt es die ganze Bandbreite der normalen und pathologischen Abweichungen, und man kennt Berichte – meist von Patienten mit Hydrozephalus – über grotesk verformte Gehirne, die in manchen Fällen den Schädel von innen auskleideten wie das Fleisch einer Kokosnuß. Aber auch jemand, der an einer solchen Mißbildung leidet, kann im normalen Zeitrahmen Sprache erwerben. In einem Fallbericht handelte es sich um einen solchen Patienten, der in Oxford studierte.

Würden wir diese Kriterien auf ein beliebiges Organ anwenden, für das wir nicht eine so große Vorliebe – und deshalb auch eine so große Voreingenommenheit – hegen wie für die

Sprache, würden wir zu der gleichen Schlußfolgerung gelangen wie beim Auge: es muß sich um ein Produkt der natürlichen Selektion handeln.

Wie steht es mit dem übrigen Geist? Seit den zwanziger Jahren unseres Jahrhunderts betrachtet eine einflußreiche, riesige Denkschule den menschlichen Geist als Allzweck-Lernhilfsmittel, das seine Komplexität der umgebenden Kultur verdankt. Hinter dieser Vorstellung steht insofern eine deutliche politische Motivation, als sie eine Reaktion auf die rassistischen Lehren des 19. Jahrhunderts war; sie scheint mit den Idealen von der Gleichheit und Vervollkommnungsfähigkeit aller Menschen im Einklang zu stehen. Man kann aus jedem Säugling alles machen, vorausgesetzt die Gesellschaft stimmt. Wer diese Ansicht kritisierte, wurde oft als »biologischer Determinist« abgestempelt, also als jemand, der, dem Klischee entsprechend, glaubt, daß Frauen biologisch zur Kinderaufzucht bestimmt oder Arme biologisch minderwertig sind. Dieses Gespenst lauert im Hintergrund derartiger Diskussion. Ob in wissenschaftlichen Kreisen oder im schöngeistigen Gespräch, die politisch korrekte Ansicht ist, daß das Gehirn ein Klumpen Wachs oder eine leere Schiefertafel ist.

Carl Degler verfolgt die Spur dieses Glaubensbekenntnisses in seinem Buch über die Geschichte des Darwinismus in den Sozialwissenschaften bis zu zwei wissenschaftlichen Quellen zurück. Die eine ist die Anthropologie; sie steuerte die Vorstellung bei, daß sich menschliche Kulturen frei und unbegrenzt wandeln können, so daß man nichts Bestimmtes über die Spezies Mensch sagen kann, weil es immer irgendein Naturvolk gibt, bei dem es umgekehrt ist. Die zweite ist die Psychologie mit ihrer Theorie vom Allzweck-Lernmechanismus. Beide Vorstellungen gelten heute als überholt.

Der Eindruck der Anthropologen, die Menschheit sei ein Karneval, in dem alles möglich ist, erwuchs zum Teil aus einer Touristenmentalität: Wenn man von einer Reise zurückkehrt, erinnert man sich an das, was in der besuchten Gegend anders war, denn sonst hätte man ebensogut zu Hause bleiben können. Das führte dazu, daß viele Anthropologen die Exotik und Fremdartigkeit der untersuchten Naturvölker übertrieben darstellten, um einerseits ihre berufliche Tätigkeit zu rechtfertigen und um andererseits das Bewußtsein für die Möglichkeiten der Menschen zu schärfen. Aber vielfach erwiesen sich ihre Behauptungen, zum Beispiel Margaret Meads Berichte über Samoa, später als Zeitungsenten, oder es stellte sich heraus, daß sie den Wald vor lauter Bäumen nicht sahen: Sie verwendeten soviel Zeit auf die Suche nach Unterschieden, daß sie die in allen Kulturen vorhandenen grundlegenden Kategorien menschlicher Erfahrung nicht bemerkten, beispielsweise Humor, Liebe, Eifersucht und Verantwortungsgefühl. Die Sprache ist nur das berühmteste Beispiel für eine universelle menschliche Eigenschaft. Donald Brown, ein Anthropologe der University of California in Santa Barbara, schrieb ein Buch mit dem Titel *Human Universals* [Allgemein Menschliches], in dem er die Archive der Völkerkunde nach gut belegten Eigenschaften aller Menschen durchsuchte. Das Ergebnis war eine Liste von etwa hundertundfünfzig Positionen, die alle Bereiche menschlicher Erfahrung abdeckten. Nach meiner Interpretation ist das eine der wichtigsten Erkenntnisse der Anthropologie. Die interessanten Entdeckungen betreffen nicht dieses Familiensystem oder jene Form des Schamanismus. Darunter befindet sich in der übrigen Kultur das, was Donald Brown als »universellen Menschen« bezeichnete – genau wie es für die Sprache ein allgemeines Prinzip gibt, das Chomsky »Universalgrammatik« nannte. Brown charakterisiert die Spezies Mensch im wesentlichen so, wie ein Biologe jede andere Tierart beschreiben würde.

Eine Desillusionierung gab es auch bei der Vorstellung, die aus der Psychologie und der Lernforschung und der Versuche zur Konstruktion künstlicher Intelligenz stammte: Danach

soll es einen magischen Lernmechanismus geben, der alles aufnehmen kann. Diese Idee erscheint so lange plausibel, bis man
versucht, einen solchen Mechanismus aufzubauen.

Die wichtigste Feststellung der Kognitionswissenschaft und
der Erforschung künstlicher Intelligenz lautet: Den normalen
Menschen lassen Fähigkeiten gleichgültig, die sich bei näherem Hinsehen als bemerkenswerte technische Leistungen ent-
puppen, wie das Farbensehen, das Greifen nach einem Bleistift, das Gehen, Reden, Erkennen von Gesichtern und Überlegen in gewöhnlichen Gesprächen. Das sind unglaublich komplexe Anforderungen, die jeweils eine eigene, spezialisierte
Software erfordern. Wenn man ein Lernsystem baut, dann
handelt es sich nicht um ein System, das alles lernen kann, sondern man muß etwas konstruieren, das eine sehr spezielle Sache lernen kann; ein System lernt zum Beispiel große Gebiete,
ein anderes lernt Grammatik, wieder ein anderes lernt Tier-
und Pflanzenarten oder bestimmte Formen sozialer Wechselbeziehungen. Ein Gehirn kann vermutlich nur dann funktionieren, wenn es diese große Zahl von Lernmechanismen besitzt, die jeweils auf bestimmte Aspekte des Wissens und der
Erfahrung zugeschnitten sind. Ein Allzweck-Lernmechanismus ist wie ein Allzweckwerkzeug: Statt einer Kiste mit Häm-
mern, Schraubenziehern und Sägen hat man ein Gerät, das
alles macht. Diese Möglichkeit ist in der Werkzeugherstellung
unvorstellbar, und ebenso unvorstellbar ist sie in der Entwicklung geistiger Software, die wir Psychologie nennen.

Wenn Sprache angeboren ist, wieviel anderes ist dann ebenfalls angeboren? Ist das Reparieren von Vergasern angeboren?
Ist die Vorstellung von der Angeborenheit eine schiefe Bahn?
Natürlich nicht! Die Vorstellung von einem Allzweck-Lernhilfsmittel in einem ansonsten leeren Geist ist so tief verwur-
zelt, daß viele Menschen ausschließlich in zwei Extremen
denken können: Entweder ist nichts angeboren, oder sogar die
Fähigkeit zum Reparieren von Vergasern ist angeboren.

Wie die Forschung in den Bereichen Psychologie, Linguistik und KI jedoch gezeigt hat, gibt es eine interessante mittlere Position. Die ganzen herrlich komplexen Tätigkeiten der Menschen – Vergaser reparieren, Seifenopern verfolgen, Heilmittel für Krankheiten entdecken – könnten aus den Wechselwirkungen einer kleineren Zahl von Grundmodulen erwachsen. Unter anderem besitzt der Geist vielleicht folgende Bestandteile: ein System für intuitive Mechanik – das ist unser Verständnis für das Verhalten von materiellen Gegenständen, wie Dinge fallen, und so weiter; eine intuitive Biologie – das sind die Erwartungen hinsichtlich der Funktionsweise von Pflanzen und Tieren; einen Zahlensinn, die Grundlage von Rechnen und Mathematik; geistige Landkarten, das heißt die Kenntnis großer Gebiete; ein Modul für die Auswahl von Lebensräumen, das erkennt, in was für einer Umwelt wir uns wohl fühlen; ein Gespür für Gefahren, inklusive des Gefühls der Angst und einer Reihe von Phobien, die alle Menschen haben, wie Höhenangst oder die Angst vor giftigen und Raubtieren; intuitives Wissen über Nahrung, Vergiftung, Krankheit, Ungesundes, über das, was eklig und abstoßend ist. Das Wohlbefinden wird ständig überwacht: Läuft mein Leben richtig? Ist alles in Ordnung, oder sollte ich etwas verändern? Es gibt eine intuitive Psychologie, das heißt die Fähigkeit, das Verhalten anderer aufgrund der Kenntnis ihrer Ansichten und Wünsche vorherzusagen (dieses Modul scheint, nebenbei bemerkt, beim Autismus defekt zu sein). In einer geistigen Kartei speichern wir Wissen über andere Menschen, ihre Begabungen und Fähigkeiten. Das Selbstverständnis umfaßt unser Wissen über uns selbst und über die Präsentation der eigenen Identität gegenüber anderen. Wir haben ein Gefühl für Gerechtigkeit, Rechte und Pflichten, aber auch für Verwandtschaft einschließlich des Hanges zur Vetternwirtschaft. Und es gibt ein System für die Partnersuche einschließlich der sexuellen Anziehung, der Liebe und der Gefühle von Treue und Verlassenwerden.

328

So könnte man im Hinblick auf die Frage, warum man sich soviel um die Sprache kümmern soll, antworten: Sprache ist ein geistiger Instinkt des Menschen, und es gibt wahrscheinlich noch viele andere.

George C. Williams: Ich bin von Steven Pinker sehr positiv beeindruckt. Er wird bis weit ins 21. Jahrhundert hinein ein Superstar sein. Besonders bemerkenswert sind seine Arbeiten zur Evolution der Sprachfähigkeit einschließlich der Möglichkeit, darüber in spezifischen Begriffen zu reden. Es gibt Merkmale, die eine Evolution durchgemacht haben und die wir nur im Hinblick auf die Ursachen dieser Evolution interpretieren können. Ich erinnere mich noch, wie ich 1966 in einem Buch darüber spekulierte, was die menschliche Spezies zu etwas Besonderem macht. Es gab alle möglichen Vorschläge: der aufrechte Gang, die Benutzung von Werkzeugen, lauter solche Dinge, aber schon damals fiel mir auf, daß die einzige entscheidende Fähigkeit die Sprache ist. Aber niemand konnte sich bisher Gründe vorstellen, warum die Selektion eine hochentwickelte Sprachfähigkeit begünstigen sollte. Ich nehme an, Shakespeare, Milton und Goethe hinterließen im Vergleich zu ihren Zeitgenossen mit niedrigem IQ und geringen geistigen Fähigkeiten keine außergewöhnlich große Zahl von Enkelkindern. Nach meiner Spekulation hat die Evolution möglicherweise versucht, die Kinder so früh wie möglich mit einem Minimum an sprachlichen Fähigkeiten auszustatten, deren Vorteile sie nutzen können, und wenn der Mensch älter wird, entwickelt dieser Vorgang als Nebeneffekt eine Eigendynamik, so daß die Sprachfähigkeit des Erwachsenen am Ende das notwendige Maß bei weitem übersteigt. Etwas Ähnliches will Pinker vermutlich sagen. Ich habe einige ältere Arbeiten von ihm über die Evolution der Sprache gelesen, nicht aber sein Buch *Der Sprachinstinkt*. Das werde ich bald nachholen.

Daniel C. Dennett: Besonders interessant finde ich an Steven Pinker, wie eindeutig und entschieden er sich vom Ethos des MIT abgewandt hat, an dem er großgeworden ist. Er ist jemand, der sicher mit einer sehr eng begrenzten, ex cathedra verkündeten Ansicht über das Wesen der Sprache und der Kognitionswissenschaft ausgebildet wurde, und dazu gehörte auch, daß man evolutionären Überlegungen keinerlei Raum ließ. Als ich ihn kennenlernte, schien er mir der vollkommene Vertreter dieser Einstellung zu sein, das perfekte Produkt der Kognitionswissenschaft à la MIT. Aber er ist so klug: Er sah ein Licht aufscheinen, und nun änderte er sehr entschieden und höchst wirksam seinen Standpunkt. Es war wunderbar, das zu beobachten.

Das Licht, das er sah, war die Evolution. Besonders schön ist, daß er die Ketten seiner Ausbildung ohne Groll abstreifte, ohne ins andere Extrem zu verfallen. Er erkannte einfach, daß man die Dinge auch anders sehen kann, und ging der Sache nach. Ich habe besonders von der These profitiert, die er 1990 zusammen mit seinem Doktoranden Paul Bloom in einem Aufsatz mit dem Titel »Natural Language and Natural Selection« entwickelte. Sie gingen von der üblichen Meinung des MIT aus, daß das von Chomsky so genannte Sprachorgan angeboren sei. Natürlich ist heute nicht mehr umstritten, daß manche Aspekte der Sprachkompetenz tatsächlich angeboren und ausschließlich dem Menschen eigen sind. Aber dann fahren sie in deutlicher Anti-Chomsky-Manier fort und sagen: Seht euch einmal an, wieviel von dieser angeborenen Kompetenz sich mit Anpassung erklären läßt. Seht euch an, wieviel man davon auf die natürliche Selektion zurückführen kann.

Der Widerstand gegen Chomskys Ansicht war unter anderem dadurch motiviert, daß sie an einer entscheidenden Stelle die Magie heranzuziehen schien. Zumindest die Behavioristen, die Sprache für etwas durch einen Allzweck-Lernmechanismus Gelerntes halten, strebten eindeutig nach einer Theorie ohne Widersinn und ohne Wunder, mit der sie erklären konnten, warum jeder Mensch Sprache erwirbt. Sie ist kein Geschenk Gottes, sondern sie muß sich entwickeln, gestaltet werden oder, wie man auch sagen könnte, aus einem komplizierten Prozeß von Forschung und Entwicklung hervorgehen. Chomsky, so schien es, behauptete dagegen: Nein, sie ist dem einzelnen angeboren, einfach ein gottgegebenes Sprachorgan. Wenn man an dieser Stelle anhält, ist das für jeden wissenschaftlich eingestellten Menschen ein Greuel. So kann es nicht sein. Das hat Pinker den Leuten klargemacht.

W. Daniel Hillis: Ich komme aus der Minsky-Schule. Dort wurde uns immer beigebracht, wir sollten den Linguisten gegenüber argwöhnisch sein, denn Minsky hatte gegen die Chomsky-Schule eine starke Abneigung. Ich würde jene Schule so beschreiben: Man untersucht Sprache, ohne die Tatsache zu berücksichtigen, daß die Menschen über alles reden. Deshalb bin ich sehr mißtrauisch, wenn jemand über ein festes Leitungsnetz spricht. Steve Pinker hat mir vielleicht als erster gezeigt, daß die Linguisten möglicherweise doch etwas zu bieten haben, denn wir können uns über seine linguistischen Ideen vom Standpunkt des Berechnens unterhalten und sie auf vernünftige, verständliche Weise mit psychologischen Erscheinungen in Verbindung bringen. Es ist schon verblüffend, daß ein Mensch auf die Welt kommt und drei Jahre später seine Muttersprache beherrscht. Das ist ein Phänomen, das noch vieler Erklärungen bedarf.

Stephen Jay Gould: Ich kenne Steve Pinker nicht sehr gut. Mit Sicherheit schätze ich seine Auslegung der Chomskyschen Weltanschauung, aber ich würde ihn Iebend gern davon überzeugen, daß Anpassung nicht der Weg ist, auf dem man an die Aufklärung der Gehirnfunktion gehen sollte. Aber in diesem Punkt scheint er unerbittlich zu sein.

ROGER PENROSE

Das Bewußtsein umfaßt
nichtberechenbare Bestandteile

Lee Smolin: Roger Penrose ist. von Einstein abgesehen, der
wichtigste Physiker auf dem Forschungsgebiet der Relativitätstheorie. Er ist ein höchst kreativer Mensch und hat zu
unserem Tätigkeitsfeld die meisten Ideen beigetragen. Von
allen Menschen, die ich in meinem Leben kennengelernt
habe, ist er einer der wenigen, die ich ohne Bedenken als
Genie bezeichnen würde. Roger gehört zu denen, die etwas
Originelles zu sagen haben, etwas, das man noch nie gehört
hat, und das zu fast jedem Thema, auf das die Rede
kommt.

Roger Penrose ist Mathematiker und Physiker; Rouse Ball-
Professor für Mathematik an der Universität Oxford und
Autor der Bücher: *Techniques of Differential Topology in
Relativity* (1972), *Spinors and Space-Time* (mit W. Rindler,
2 Bände, 1984, 1986) *The Emperor's New Mind: Concer-
ning Computers, Minds, and the Laws of Physics* (1989)
[Computerdenken, 1991], und *Shadows of the Mind: A
Search for the Missing Science of Consciousness* (1994)
[Schatten des Geistes, 1995]; neben C. J. Isham und Den-
nis W. Sciama ist er Mitherausgeber von *Quantum Gra-
vity 2: A Second Oxford Symposium* (1981), und mit C. J.
Isham von *Quantum Concepts in Space and Time* (1986).

Roger Penrose: Mein fachliches Hauptinteresse gilt der Twistortheorie – einer radikalen Sichtweise in bezug auf Raum und Zeit – und insbesondere der Frage, wie sie zu Einsteins Relativitätstheorie paßt. Es gibt dabei eine große Schwierigkeit, bei deren Lösung man in den letzten Jahren einige Fortschritte gemacht hat, und das finde ich recht aufregend. Letztlich geht es darum, die richtige Verbindung der allgemeinen Relativitätstheorie und der Quantentheorie zu finden.

Als ich mir zum erstenmal ernsthaft vornahm, mich auf das Gebiet der Physik zu begeben, dachte ich mehr in den Begriffen der Quantentheorie und Quantenelektrodynamik als in denen der Relativität. Ich kam damals mit der Quantentheorie nicht sehr weit voran, aber genau das versuchte ich später in der Physik. Das Thema meiner Doktorarbeit war rein mathematisch. Ich nehme an, meine meistzitierte Veröffentlichung jener Zeit war ein Artikel über allgemeine Inverse von Matrizen, ein mathematisches Thema, das Physiker kaum erwähnen. Dann gab es die nichtperiodischen Parkettierungen, die mit Quasikristallen und deshalb in einem gewissen Umfang auch mit Festkörperphysik zu tun haben. Und schließlich gibt es die allgemeine Relativitätstheorie. Auf diesem Gebiet kennt man mich vermutlich vor allem wegen der Singularitätstheoreme, an denen ich zusammen mit Stephen Hawking gearbeitet habe. Ich hatte schon mit ihm zu tun, als er noch Doktorand bei Dennis Sciama war, und kenne ihn jetzt bereits sehr lange. Aber ich habe mich außerdem noch mit anderen wichtigen Themen der Relativität beschäftigt, vor allem mit Spinoren und der asymptotischen Struktur der Raumzeit, die mit der Gravitationsstrahlung zusammenhängt.

Nach meiner Überzeugung wird die allgemeine Relativitätstheorie zu Abwandlungen in der Struktur der Quantenmechanik führen. Meist denken die Leute, wenn man die Quantentheorie mit der Gravitationstheorie vereinbaren wolle, müsse man die Quantenmechanik unverändert auf die allgemeine Relativitätstheorie anwenden, aber ich glaube, daß man auch die Regeln der Quantenmechanik selbst abwandeln muß, damit die Vereinigung gelingt.

In meinen Augen gibt es zwischen diesem Teilgebiet der Physik und dem Bewußtsein eine Verbindung, die aber um ein paar Ecken geht; die Argumente sind negativ. Wenn wir irgendwann die Auswirkungen des Bewußtseins erklären wollen, müssen wir nach meiner Überzeugung einen physikalischen Vorgang finden, der sich nicht berechnen läßt. So etwas kann ich in keiner der vorhandenen Theorien erkennen. Mir scheint, daß es nur eine Stelle gibt, an der das Nichtberechenbare möglicherweise ins Spiel kommen kann, und das ist die sogenannte »Quantenmessung«. Aber wir brauchen eine neue Theorie der Quantenmessung, und das muß eine nichtberechenbare neue Theorie sein. Der Spielraum dafür ist vorhanden, wenn die neue Theorie auch Veränderungen im Aufbau der Quantentheorie beinhaltet, Veränderungen, wie sie bei einer richtigen Vereinigung mit der allgemeinen Theorie auftauchen könnten. Aber das ist eine Aufgabe für die fernere Zukunft.

Warum glaube ich, daß Bewußtsein nichtberechenbare Elemente enthält? Der Grund ist Gödels Theorem. Als Doktorand saß ich in Cambridge einmal in einem Seminar eines Logikers, der bei Gödels Theorem auf etwas Wichtiges hinwies: Schon die Art, in der man die formale Nichtbeweisbarkeit einer bestimmten Behauptung erklärt, macht auch deutlich, daß sie zutrifft. Ich hatte damals nur am Rande von Gödels Theorem gehört – es besagt: Man kann Behauptungen aufstellen, die man mit keinem zuvor festgelegten Regelsystem beweisen kann. Aber jetzt wurde mir etwas anderes klar: Solange man an die Regeln glaubt, die man von vornherein anwendet, solange muß man auch an die Wahrheit dieser Behauptung glauben, eine Wahrheit, die jenseits der Regeln liegt. Dadurch wird deutlich, daß man mathematische Erkenntnis nicht im Sinne von Regeln formulieren kann. Diese Ansicht habe ich später in meinem Buch *Computerdenken* sehr nachdrücklich vertreten.

Das Gödel-Theorem hat aber durchaus Schlupflöcher, die man ausnutzen kann, und das tun die Leute auch häufig. Die meisten dieser Gegenargumente beruhen auf Mißverständnissen. Aber Dan Dennett liefert stichhaltige Argumente, bei denen man sich ein wenig mehr anstrengen muß, wenn man erkennen will, warum man damit um Gödels Aussage dennoch nicht herumkommt. Dennetts Argumentation gründet sich auf die Überzeugung, daß wir in unserem Denken – das heißt, in unserem mathematischen Denken – mit Algorithmen arbeiten, die von unten nach oben und nicht von oben nach unten aufgebaut sind.

Ein Algorithmus »von oben nach unten« richtet sich auf die Lösung eines bestimmten Problems und liefert eine genau umrissene Vorgehensweise, mit der man das Problem bekanntermaßen lösen kann. Der Algorithmus »von unten nach oben« ist dagegen nicht auf ein bestimmtes Problem zugeschnitten, sondern eher locker organisiert; er lernt durch Erfahrung und verbessert sich allmählich, bis er schließlich eine gute Lösung für das anstehende Problem hervorbringt. Viele glauben, daß das Gehirn mit Systemen arbeite, die von unten nach oben organisiert sind, und nicht mit programmierten Algorithmen, die von oben nach unten wirken. In meinem letzten Buch *Schatten des*

Geistes wende ich Gödels Argumentation auch auf die von unten nach oben arbeitenden Systeme an. Ich vertrete ganz entschieden die Ansicht, daß auch sie das Gödel-Theorem nicht umgehen können. Demnach, so meine Behauptung, gibt es auch in unserem bewußten Verstehen etwas, das einfach nicht auszurechnen ist; es ist etwas anderes.

Vieles von dem, was ein Gehirn tut, könnte man auch mit einem Computer erledigen. Ich sage nicht, die gesamte Tätigkeit des Gehirns sei völlig anders als das, was man mit einem Computer machen kann. Aber die Tätigkeit des Bewußtseins ist nach meiner Überzeugung etwas anderes. Ich behaupte auch nicht, das Bewußtsein liege außerhalb der Physik, sondern ich sage nur: Es liegt außerhalb der Physik, die wir heute kennen.

Die Argumentation in meinem letzten Buch besteht im wesentlichen aus zwei Teilen. Im ersten wird gezeigt, daß bewußtes Denken oder bewußtes Verstehen etwas anderes ist als das Berechnen. In diesem Punkt bin ich so rigoros wie nur irgend möglich. Der zweite Teil hat eher erklärenden Charakter und versucht herauszufinden, was sich eigentlich abspielt. Dazu gehören im wesentlichen zwei Dinge.

Ich behaupte, es müsse in der Physik etwas geben, das wir noch nicht verstehen, das sehr wichtig ist und das in seinem Charakter nicht zu berechnen ist. Es ist keine spezielle Eigenschaft unseres Gehirns, sondern es existiert dort draußen in der physikalischen Welt. Meist spielt es aber nur eine untergeordnete Rolle. Es muß in der Brücke zwischen der Quantenebene und den Ebenen des klassischen Verhaltens liegen, also da, wo die Quantenmessung ins Spiel kommt.

Die Theorie der modernen Physik ist ein wenig seltsam, weil sie zwei Aktivitätsebenen beinhaltet. Die eine ist die Quantenebene, die für kleinmaßstäbliche Vorgänge gilt; hier sind geringfügige Energieunterschiede entscheidend. Die andere ist die klassische Ebene mit Phänomenen im großen Maßstab, auf der die klassische Physik – Newton, Maxwell, Einstein – mit ihren Gesetzmäßigkeiten wirksam ist. Man neigt leicht zu der Annahme, die Quantenmechanik müsse, da sie eine modernere Theorie als die klassische Physik ist, genauer sein, und sie könne deshalb die klassische Physik erklären, wenn man nur erkennen könnte, wie. Aber das scheint nicht zu stimmen. Man hat es mit zwei Größenordnungen von Phänomenen zu tun, und man kann das klassische Verhalten aus dem Quantenverhalten ebensowenig ableiten wie umgekehrt.

Eine endgültige Quantentheorie haben wir noch nicht. Davon sind wir weit entfernt. Unsere heutige Theorie ist ein Notbehelf. Und ihre Unvollkommenheiten wirken sich nicht nur im winzig kleinen Maßstab der Elementarteilchen aus, sondern auch bei den großen Phänomenen.

Die heutigen Vorstellungen der Physik werden als eingeschränkter Bereich überleben, genau wie die Newtonsche Mechanik die Relativitätstheorie überlebt hat. Die Relativitätstheorie wandelt die Newtonsche Mechanik ab, aber sie ist eigentlich kein Ersatz dafür. Als Teilgebiet ist die Newtonsche Mechanik nach wie vor vorhanden. In dem gleichen Sinn sind auch die Quantentheorie, wie wir sie heute benutzen, und die klassische Physik einschließlich Einsteins allgemeiner Theorie Teile einer Theorie, die wir noch nicht haben. Und diese noch nicht vorhandene Theorie, so meine Behauptung, wird auch Elemente des Nichtberechenbaren umfassen. Sie muß von Bedeutung sein, wenn man etwas von der Quantenebene auf die klassische Ebene vergrößert, und das hat mit »Messung« zu tun.

In der Standard-Quantentheorie behandelt man dieses Thema heute, indem man ein Zufallselement einführt. Und da der Zufall ins Spiel kommt, bezeichnet man die Quantentheorie als Wahrscheinlichkeitstheorie. Aber der Zufall wird nur dann herangezogen, wenn man von der Quantenebene zur klassischen Ebene übergeht. Bleibt man auf der Quantenebene, gibt es kein Zufallselement. Es existiert nur, wenn man etwas vergrößert und das tut, was man »eine Messung vornehmen« nennt. Es besteht darin, daß man einen kleinmaßstäblichen Quanteneffekt nimmt und soweit vergrößert, daß man ihn sehen kann. Nur bei diesem Vergrößerungsvorgang kommen Wahrscheinlichkeiten ins Spiel. Ich behaupte: Was auch bei diesem Vergrößerungsvorgang geschieht, es paßt nicht in unser heutiges Verständnis von Physik, und es ist nicht nur zufällig. Es ist nicht zu berechnen; es ist etwas völlig anderes.

Diese Vorstellung hat sich seit meiner Doktorandenzeit entwickelt, und ich habe den Eindruck gewonnen, daß sich in unserem Denken etwas nicht Berechenbares abspielen muß. Ich hatte immer eine naturwissenschaftliche Einstellung, und deshalb glaubte ich, daß man unsere Denkvorgänge irgendwie in naturwissenschaftlichen Begriffen verstehen müsse. Es muß sich nicht um Naturwissenschaft im heutigen Sinne handeln, denn derzeit scheint für Bewußtseinsphänomene kein Platz zu sein. Andererseits scheinen die Leute heute oft zu glauben, wenn man etwas nicht in einen Computer stecken könne, sei es keine Wissenschaft.

Nach meiner Vermutung liegt das daran, daß Wissenschaft heute meist auf diese Weise betrieben wird; man simuliert physikalische Abläufe durch Berechnungen im Computer. Dabei macht man sich nicht klar, daß etwas vielleicht nicht zu berechnen und dennoch vollkommen naturwissenschaftlich, vollkommen mathematisch beschreibbar sein kann. Da ich mich, mit meinem Mathematik-Studium im Hintergrund, auf dieses Gebiet begeben habe, fällt mir die Vorstellung leichter, daß manche Dinge vielleicht nicht zu berechnen und dennoch ausgezeichnete Mathematik sind. Wenn ich »nicht zu berechnen« sage, dann meine ich damit nicht »unberechenbar« im Sinne von »zufällig«. Und ich meine auch nicht unbegreiflich. Man kennt in der Mathematik sehr genau umrissene Dinge, die nicht zu berechnen sind. Das berühmteste Beispiel ist Hilberts zehntes Problem, das mit der Lösung algebraischer Gleichungen in ganzen Zahlen zu tun hat. Man hat eine Familie algebraischer Gleichungen und fragt: »Kann man sie in ganzen Zahlen lösen? Das heißt, haben die Gleichungen ganzzahlige Lösungen?« Diese Frage, die für jeden Einzelfall mit ja oder nein zu beantworten ist, kann ein Computer in einem endlichen Zeitraum nicht berechnen. Es gibt ein berühmtes Theorem, das auf Juri Matijasewitsch zurückgeht und beweist, daß es keine Möglichkeit gibt, diese Frage allgemein durch Berechnungen zu lösen. Im Einzelfall kann man durch ein algorithmisches Vorgehen eine Antwort finden, aber wenn man eine solche algorithmische Vorgehensweise hat, die bekanntermaßen keine falschen Antworten liefert, kann man immer eine algebraische Gleichung finden, bei der die Vorgehensweise versagt; dazu muß man aber vorher wissen, daß diese Gleichung keine ganzzahlige Lösung hat.

Unabhängig davon, über wie viele Kenntnisse die Menschen verfügen, wird es – insbesondere im Zusammenhang mit Hilberts zehntem Problem – immer Dinge geben, die sich nicht in eine berechenbare Form kleiden lassen. Man könnte sich ein Spielzeuguniversum vorstellen, das sich irgendwie entsprechend Hilberts zehntem Problem entwickelt hat. Diese Evolution könnte völlig deterministisch und dennoch nicht zu berechnen sein. In einem solchen Spielzeugmodell wäre die Zukunft mathematisch festgelegt, aber ein Computer könnte nicht herausfinden, wie diese Zukunft aussieht. Damit sage ich nicht, daß die Gesetze der Physik auf irgendeiner Ebene tatsächlich so funktionieren. Aber das Beispiel zeigt, daß es hier ein Problem gibt. Das wirkliche Universum ist viel raffinierter, da bin ich mir sicher.

Mit dem Buch *Computerdenken* verfolgte ich mehrere Ziele. Unter anderem versuchte ich die wissenschaftliche Vorstellung zu vermitteln, daß das Nichtberechenbare zu den Merkmalen unseres bewußten Denkens gehört und daß das ein völlig vernünftiger wissenschaftlicher Standpunkt ist. Das zweite Ziel war in gewissem Sinne erzieherisch. Ich versuchte zu erklären, worum es in der modernen Physik und Mathematik geht.

Damit hatte ich zwei völlig verschiedene Beweggründe, das Buch zu schreiben. Einmal wollte ich einen philosophischen Standpunkt darlegen, und andererseits war es mir wichtig, naturwissenschaftliche Sachverhalte zu erklären. Ich hatte schon seit langem den Wunsch, ein Buch auf halbpopulärer Ebene zu verfassen und darin bestimmte Ideen – und zwar nicht besonders unkonventionelle Ideen – darzulegen, die mich faszinierten und bei denen es darum ging, was Naturwissenschaft eigentlich ist. Ich hatte immer die Vorstellung im Hinterkopf, daß ich das eines Tages tun würde.

Aber den endgültigen Anstoß, das Buch zu schreiben, gab mir eine BBC-Sendung der Reihe »Horizon«, in der Marvin Minsky und ein paar andere Leute recht extreme, empörende Äußerungen machten. Ich war überzeugt, daß es einen Standpunkt gab, der im wesentlichen derjenige war, an den ich glaube; aber ich hatte nie erlebt, daß er irgendwo vertreten worden wäre, und das mußte jemand tun. Hier lag meine Aufgabe, das wußte ich. Ich wollte in meinem Buch eine Menge wissenschaftlicher Fragen erklären, aber dieser Standpunkt würde ihm einen Brennpunkt geben. Und ein Buch mußte es sein, denn das Thema war fachübergreifend, so daß es eigentlich in keine Fachzeitschrift paßte.

Ich nehme an, ich habe über Philosophie geschrieben, aber irgend jemand beschwerte sich, ich hätte kaum einen einzigen Philosophen genannt – und ich glaube, das stimmt. Meistens interessieren Philosophen sich nämlich für andere Fragen als Naturwissenschaftler; Philosophen beschäftigen sich in der Regel mit ihren eigenen, internen Argumenten.

Wenn ich sage, die Bewußtseinstätigkeit des Gehirns sei nicht zu berechnen, dann spreche ich nicht über Quantencomputer. Der Quantencomputer ist ein sehr genau definiertes

Programm, das keine Änderung der Physik beinhaltet und nicht einmal nichtberechenbare Tätigkeiten ausführt. Für sich allein erklären die Quantencomputer nicht, was bei der bewußten Tätigkeit des Gehirns vorgeht. Dan Dennett hält den Quantencomputer für eine Wundermaschine, aber er ist etwas völlig Vernünftiges. Dennoch glaube ich nicht, daß man damit die Arbeitsweise des Gehirns erklären kann. Das ist ein weiteres Mißverständnis in bezug auf meine Ansichten. Die Gehirntätigkeit könnte aber ein Element der Quantenberechnung einschließen. Darüber sollte ich vielleicht etwas sagen.

Die Aktivitätsebene der Quanten hat unter anderem die wesentliche Eigenschaft, daß man mit einem Nebeneinander mehrerer alternativer Ereignisse rechnen muß. Das ist eine Grundlage der Quantenmechanik. Wenn X geschehen kann, und wenn Y geschehen kann, dann ist auch jede Kombination von X und Y, mit komplizierten Koeffizienten, möglich. Nach der Quantenmechanik kann ein Elementarteilchen sich in Zuständen befinden, in denen es mehrere Positionen gleichzeitig einnimmt. Wenn man ein System nach der Quantenmechanik behandelt, muß man diese sogenannte Superposition der Alternativen berücksichtigen.

Der Idee eines Quantencomputers zufolge, wie sie von David Deutsch, Richard Feynman und anderen vertreten wird, unterliegen die Berechnungen der Superposition. Der Computer führt nicht eine Berechnung aus, sondern zahlreiche Berechnungen gleichzeitig. Das kann unter bestimmten Bedingungen sehr effizient sein. Die Schwierigkeit stellt sich zum Schluß, wenn man aus der Superposition all dieser verschiedenen Berechnungen eine Information herausfiltern muß. Ein System, das diese Tätigkeit in nutzbringender Weise ausführt, ist sehr schwer zu entwerfen.

Die Behauptung, das Gehirn arbeite auf diese Weise, ist ziemlich radikal. Nach meiner derzeitigen Auffassung ist das Gehirn kein Quantencomputer im eigentlichen Sinne. Quantentätigkeiten sind zwar für seine Arbeitsweise von Bedeutung, aber seine nichtberechenbaren Aktivitäten spielen sich am Übergang von der Quanten- zur klassischen Ebene ab, und dieser Übergang liegt jenseits unseres heutigen Verständnisses von Quantenmechanik.

Wenn man nach dieser Grenze zwischen Quantentätigkeit und klassischen Abläufen suchen will, liegt der vielversprechendste Ausgangspunkt in den neuesten Arbeiten von Stuart Hameroff und seinen Kollegen an der University of Arizona, die sich mit Mikrotubuli beschäftigen. Eukaryontenzellen besitzen ein sogenanntes Cytoskelett, und bestimmte Teile dieser Struktur bestehen aus Mikrotubuli. Insbesondere findet man Mikrotubuli in den Neuronen des Gehirns, aber sie steuern auch einzellige Tiere wie Pantoffeltierchen und Amöben, die keinerlei Neuronen besitzen. Diese Tiere können herumschwimmen und recht komplizierte Dinge tun. Sie lernen offensichtlich durch Erfahrung, aber sie werden nicht von einem Nervensystem gelenkt, sondern von einer anderen Struktur, nämlich wahrscheinlich vom Cytoskelett und seinem Mikrotubuligeflecht.

Mikrotubuli sind lange, dünne Röhren mit einem Durchmesser von wenigen Nanometern. Die Mikrotubuli der Neuronen erstrecken sich ein ganzes Stück in die Axone und Dendriten hinein. Manche von ihnen ziehen sich vom einen Ende eines Axons oder Dendriten zum anderen. Sie scheinen dafür zuständig zu sein, die Stärke der Verbindung zwischen den verschiedenen Neuronen zu regulieren. In jedem einzelnen Augenblick ähnelt die Aktivität der Neuronen vielleicht der Tätigkeit eines Computers, aber die »Verdrahtung« dieses Computers ändert sich ständig, gesteuert von einer tieferliegenden Strukturebene. Und diese tiefere Ebene ist höchstwahrscheinlich das System der Mikrotubuli in den Neuronen.

Ihre Tätigkeit hat eine Menge mit dem Transport der Neurotransmittersubstanzen entlang der Axone und dem Wachstum der Dendriten zu tun. Die Neurotransmittermoleküle, die in den Mikrotubuli weitergeleitet werden, sind entscheidend für das Verhalten der Synapsen. Die Stärke einer Synapse kann sich durch die Tätigkeit der Mikrotubuli ändern. Mich interessiert an den Mikrotubuli vor allem, daß sie Röhren sind; nach den Befunden von Hameroff und seinen Kollegen findet auch entlang dieser Röhren selbst, und zwar auf ihrer Außenseite, Rechentätigkeit statt.

Die Mikrotubuli bestehen aus ineinandergreifenden, spiralförmig angeordneten Molekülen eines Proteins namens Tubulin. Jedes Tubulinmolekül kann zwei elektrische Polarisationszustände annehmen. Diese Zustände kann man wie bei einem elektronischen Computer mit 0 und 1 bezeichnen; sie bilden entlang der Mikrotubuli verschiedene Muster und können sich in einer Art Rechentätigkeit weiterbewegen. Diese Vorstellung finde ich faszinierend.

Ein einzelner Mikrotubulus ist eigentlich das gleiche wie ein Computer, aber auf einer tieferliegenden Ebene als das Neuron. Es handelt sich ebenfalls um Rechentätigkeit, aber weit jenseits dessen, womit man sich derzeit beschäftigt. Die Zahl der Tubulinmoleküle ist weitaus größer als die der Neuronen. Interessant finde ich auch, daß das Innere der Mikrotubuli ein plausibler Ort für eine oszillierende, von der Umgebung isolierte Quantentätigkeit ist. Wenn man versucht, die Quantenmechanik auf die Gehirntätigkeit anzuwenden, stößt man nämlich auf eine Schwierigkeit: Die Nervensignale – falls es sich um Quantensignale handelt – würden das übrige Material des Gehirns so stark stören, daß die Quantenkohärenz sehr schnell verlorenginge. Man könnte nicht einmal *versuchen*, mit gewöhnlichen Nervensignalen einen Quantencomputer zu bauen, denn sie sind einfach zu groß, und ihre Umgebung ist zu wenig strukturiert. Gewöhnliche Nervensignale muß man nach den Regeln der klassischen Physik betrachten. Aber wenn man sich auf die Ebene der Mikrotubuli hinabbegibt, hat man sehr gute Aussichten, in ihrem Inneren eine Aktivität auf Quantenebene zu finden.

Für meine Vorstellungen brauche ich diese Aktivität der Mikrotubuli auf Quantenebene; sie muß sich in großem Maßstab abspielen, und zwar nicht nur zwischen einzelnen Mikrotubuli, sondern auch von einer Nervenzelle zur nächsten und über große Gehirnbereiche hinweg. Wir brauchen eine Art kohärente Aktivität des Quantentyps, und diese Aktivität muß lose mit der Rechentätigkeit gekoppelt sein, die sich nach Hameroffs Ansicht entlang der Mikrotubuli abspielt.

Es gibt verschiedene Wege, um diese Fragen anzugehen. Einer davon verläuft unmittelbar über die Physik, das heißt über die Quantentheorie. Dann gibt es bestimmte Experimente, die gerade beginnen, und verschiedene Versuche, die Quantenmechanik abzuwandeln. Nach meiner Überzeugung sind die experimentellen Methoden noch nicht empfindlich genug, um damit viele dieser speziellen Thesen überprüfen zu können. Man könnte sich entsprechende Versuche ausdenken, aber ihre Durchführung wäre sehr schwierig.

Auf der biologischen Seite müßte man sich gute Experimente mit den Mikrotubuli überlegen und herausfinden, ob sie möglicherweise solche großformatigen kohärenten Quanteneffekte unterstützen. Wenn ich von »kohärenten Quanteneffekten« spreche, meine ich damit etwas Ähnliches wie Supraleitung oder Suprafluidität, bei denen man es mit großmaßstäblichen Quantensystemen zu tun hat.

Nicholas Humphrey: Roger Penrose bekommt die besten Fleißnoten. Es war ein guter Versuch. In seinen Augen ist das Gehirn zu Intuitionssprüngen fähig, die man sich bei einer Maschine nicht vorstellen kann. Er glaubt, der menschliche Geist könne Wahrheit und Unwahrheit von Aussagen erkennen, die prinzipiell nicht berechenbar sind. Seine Beispiele beeindrucken mich nicht. Natürlich können Menschen sehr kluge und

345

kreative Dinge tun, die wir noch nicht einmal ansatzweise verstehen – niemand hat eine Ahnung, wie Shakespeare Stücke schreiben konnte, wie Picasso seine Bilder malte oder wie Hawking auf seine mathematischen Ideen kam –, aber ich glaube nicht, daß es wirklich eine Parallele zwischen diesen erstaunlichen Leistungen und den nicht berechenbaren »Gödelschen Sätzen« gibt.

Penrose hat eine interessante Theorie aufgestellt, aber es ist eine Theorie auf der Suche nach einem Anwendungsgebiet. Ich glaube einfach nicht, daß wir eine derart radikale neue Theorie brauchen, um Intelligenz und Kreativität der Menschen zu erklären.

Steve Jones: Penrose hat eine seltsame historische Verbindung zum Galton-Labor, denn sein Vater war mein Vorgänger als Abteilungsleiter. Mathematiker äußern sich sehr lobend über ihn, und das kann ich durchaus begreifen. Mir gefallen die Muster, die er mit seinen Fliesen legt.

Beim Fliesenlegen geht es darum, wie man einen Raum ausfüllen kann. Das klingt nach einer einleuchtenden Frage: Wie kachelt man einen Badezimmerfußboden? Die naheliegendste Antwort lautet: mit quadratischen Fliesen. Eine andere Möglichkeit wären Rauten. Aber wie viele Möglichkeiten gibt es sonst noch? Wenn man es komplizierter macht, gelangt man zu Fliesen mit den überraschendsten Formen. Man kann auch Kacheln herstellen, die alle unterschiedlich geformt sind und am Ende dennoch ein einheitliches mathematisches Muster bilden, das den Raum sowohl wissenschaftlich als auch ästhetisch zufriedenstellend ausfüllt. Eine lustige Anekdote findet sich in der Autobiographie von Francis Crick *Ein irres Unternehmen*. Er erzählt darin, wie er Anfang der fünfziger Jahre das Galton-Labor besuchte: Penrose und sein Vater spielten mit seltsam geformten Holzstücken herum, in der Hoffnung, sie könnten so die Replikation der DNA aufklären. Crick hielt es für völlige Zeitvergeudung – und was die DNA betraf, war es das auch; aber es war der Ausgangspunkt für einen neuen Zweig der Mathematik.

Steven Pinker: In *Computerdenken* äußert Penrose eine gewisse Skepsis gegenüber der Vorstellung, die Evolution könne den menschlichen Geist geschaffen haben – und er macht auf bewundernswerte Weise deutlich, daß diese Nebenbemerkung eher einer persönlichen Intuition entstammt und keinem Argument, das er zu verteidigen bereit wäre. Es ist für Wissenschaftler mancher Fachrichtungen nichts Ungewöhnliches, Darwin und der natürlichen Selektion skeptisch gegenüberzustehen. Vielen Physikern und Mathematikern ist die natürliche Selektion als Erklärung zuwider, weil sie zu ungeordnet aussieht. Es ist zufällige, stochastische Variation, und Selektion aufgrund der Nützlichkeit erscheint als häßlicher Weg zu etwas Schönem. Physiker und Mathematiker, aber auch jemand wie Noam Chomsky, der oft mathematisch gearbeitet hat, bevorzugen Theorien, bei denen man aus einer Reihe von Vorgaben in einem eleganten Deduktionsprozeß eine Schlußfolgerung ableiten kann. Für die Ästhetik eines Grammatikers oder eines Physikers sieht die natürliche Selektion häßlich und schwach aus.

Francisco Varela: Roger Penrose ist das Musterbeispiel eines Physikers, der sich die Autorität erworben hat, über alles und jedes zu reden. Zwischen Turing als dem Ideal des Berechnens und der Quantenmechanik fehlt etwas – ein Körper. Für Penrose ist der Körper verschwunden. Ich finde es verblüffend, daß er, der – vermutlich zu Recht – ein berühmter Physiker und Mathematiker ist, mit solchen Themen auftreten kann. Ich würde sagen: Penrose hat keine Kleider an.*

---

* Diese Bemerkung bezieht sich auf den Originaltitel von Penroses Buch: *The Emperors New Mind* [»Computerdenken«]. Anm. d. Übers.

Physiker – und insbesondere theoretischer Physiker – zu sein, macht arrogant; das zeigt sich auch bei manchen von der Mannschaft am Santa-Fé-Institut, beispielsweise an Gell-Mann. Biologen und die allgemeine Öffentlichkeit leiden gleichermaßen an einer Art Physikneid.

Wenn ich die Gelegenheit hätte, mit Penrose zu diskutieren, würde ich ihn sehr bedrängen, mir auch nur den Funken eines Beweises zu liefern, daß Quantenvorgänge für die Beschreibung des Gehirns von Bedeutung sind. Dergleichen gibt es nicht. Gleiches erlebt man auch bei Leuten, die an Psychokinese oder UFOs glauben. Es finden sich hier und da irgendwelche Fetzen, aber nichts, was man auf den Tisch legen und anpacken könnte. Andererseits liefern Neurobiologie und Neuropsychologie eine riesige Menge Befunde, die den Körper zu einer höchst interessanten Ansammlung möglicher Interpretationen machen, welche nicht berechenbar zu sein brauchen. Penrose hat entdeckt, daß der Geist nicht zu berechnen sei. Dem stimme ich zu. Und dann vollführt er diesen komischen Sprung und sagt: »Also müssen es Quanten sein.« An diesem Punkt mache ich nicht mit.

W. Daniel Hillis: Es ist ärgerlich, daß ein guter Mathematiker sein Ansehen auf diesem Gebiet ausnutzt, um über Themen zu predigen, bei denen er nur spekuliert. Penrose erzählt eine gute Geschichte, aber sie ist grundlegend falsch. Er hat den klassischen Fehler begangen, den Menschen in den Mittelpunkt des Universums zu stellen. Im wesentlichen lautet seine Argumentation: Er kann sich nicht vorstellen, wie der Geist so kompliziert sein kann, wenn nicht durch eine neue physikalische Gesetzmäßigkeit ein magisches Elixier ins Spiel kommt, und deshalb muß es so sein. Hier versagt Penroses Phantasie.

Er nimmt die hervorragende These von der Nichtberechenbarkeit und vermischt sie irgendwie mit komplizierten Verhaltensweisen des Menschen, die er nicht erklären kann. Manche

Dinge sind unerklärlich und nicht berechenbar, das stimmt, aber es gibt keinerlei Grund zu der Annahme, das komplizierte Verhalten, das wir bei Menschen beobachten, habe in irgendeiner Form mit diesen nicht erklär- und berechenbaren Dingen zu tun. Das intelligente Verhalten der Menschen ist nur deshalb nicht zu erklären, weil es sehr kompliziert ist. Penroses Argumentation ähnelt ein wenig den Argumenten der Vitalisten über das Leben: Sie behaupteten, Leben könne eindeutig nicht nur Chemie sein, und deshalb müsse es eine besondere Lebenskraft geben. Eigentlich sagt Penrose das gleiche über den Geist: Die Verbindung zwischen feuernden Neuronen und intelligentem Verhalten – dem Denken – müsse etwas beinhalten, das jenseits unserer derzeitigen Kenntnisse liegt. Er kann diese Verbindung nicht herstellen, und deshalb glaubt er, es müsse ein zusätzliches Lebensprinzip vorhanden sein. Mehr kann man zu seinen Ansichten nicht sagen.

Richard Dawkins: Roger Penrose verfügt zweifellos über eine hohe Intelligenz. Ich verstehe nicht genug von der Quantentheorie, um seine Theorie vom Geist kritisieren zu können, aber mir verursachen derartige Theorien Bauchschmerzen.

Daniel C. Dennett: Roger Penrose... ich bin sehr froh, daß es ihn gibt, denn für ihn gilt dasselbe, was einmal jemand über Voltaire gesagt hat: Wenn es ihn nicht gäbe, müßte Gott ihn erfinden. Er glänzt in einer Rolle, die jemand spielen muß, damit jeder sehen kann, daß er völlig auf dem Holzweg ist.

Als Roger sich mit dem Gebiet der künstlichen Intelligenz auseinandersetzte, so erzählt er uns, reagierte er mit leidenschaftlicher Ablehnung darauf. »Irgendwie«, so dachte er, »muß ich beweisen, daß das falsch ist.« Nach einer Lesart sind seine Arbeiten ein spöttisches Kompliment an die KI, denn er hat erkannt – was kein anderer Kritiker der KI gesehen hat –, daß man die These von einer starken künstlichen Intelligenz nur dann als falsch hinstellen kann, wenn man die ganze Physik und den größten Teil der Biologie über den Haufen wirft! Man muß die natürliche Selektion leugnen und in der Physik eine Revolution anzetteln. In Wirklichkeit ist die künstliche Intelligenz eine sehr konservative Extrapolation unserer Erkenntnisse in der übrigen Wissenschaft, und das hat Penrose deutlicher herausgearbeitet als jeder andere vor ihm. Es steht außer Frage, daß er die künstliche Intelligenz am liebsten rundheraus und ein für allemal widerlegen würde, aber da er so ein ehrlicher Mensch ist – und so viel weiß –, ist ihm klar, daß er dazu die Physik über Bord werfen müßte. Natürlich könnte er recht haben. Aber er weiß genausogut wie jeder andere, daß er bisher keine Theorie hat.

Ist Rogers Quantencomputer ein Wunderballon oder ein Kran? Ein Kran ist nichts Wundersames – er gehorcht den guten alten Grundsätzen der Mechanik. Der Ballon ist etwas ganz Besonderes; er ist entweder ein Wunder oder etwas, das eine Revolution der Physik erfordert. In meinen Augen versucht Penrose verzweifelt, wenn auch sehr phantasievoll, einen Wunderballon zu erfinden. Er behauptet, das Gehirn sei eine Art Maschine, aber man solle es nicht Maschine nennen, weil es mit Quanteneffekten funktioniere. Nach Ansicht der meisten Biologen würden Quanteneffekte im Gehirn sich gegenseitig aufheben, und es besteht kein Grund zu der Annahme, daß sie in irgendeiner Form mitwirken. Natürlich gibt es sie; Quanteneffekte sind in Ihrem Auto, in Ihrer Armbanduhr, in Ihrem Computer. Aber die meisten Dinge – das heißt, die meisten makroskopischen Gegenstände – sind Quanteneffekten gegenüber sozusagen blind. Sie verstärken solche Effekte nicht; sie sind nicht von ihnen abhängig. Roger glaubt, das Gehirn nutze die Quanteneffekte irgendwie aus, so daß sie nicht mehr nur im Hintergrund ablaufen.

Ich habe dazu zwei Fragen. Erstens: Warum denkt er das? Glaubt er, es sei empirisch bewiesen, daß das Gehirn ein

Quantencomputer ist, und wenn ja, aus welchem Fachgebiet sollen diese Beweise stammen? Soweit ich ihn verstehe, kommen die Belege, daß das Gehirn ein Quantencomputer ist, nach seiner Überzeugung aus der Mathematik und sonst nirgendwoher. Jetzt forscht er danach und versucht sich die Unterstützung von Leuten wie Stuart Hameroff von der University of Arizona zu sichern, der behauptet, die Mikrotubuli der Neuronen seien Verstärker von Quanteneffekten.

Warum? Die Physik gestattet es sicherlich. Wenn man überlegt, wo sich ein Quantenverstärker – ein kleiner Überträger für die Quanteneffekte des Gehirns – befinden könnte, sind die Mikrotubuli sicher ein recht guter Ort. Ich will ihm das einmal zugestehen, ja? Nehmen wir Roger die Behauptung ab, Hameroff habe den Ort der Übertragung oder Verstärkung von Quanteneffekten entdeckt. Dann lautet die zweite Frage: »Wozu ist es gut?« Kann Penrose irgendwelche Strukturen anbieten, die in irgendeiner Art von Quantencomputer diese Effekte nutzen, auswerten oder aus ihnen Kapital schlagen? Aber das ist wohl zuviel verlangt. Junge, Junge, wenn er das schaffte, dann hätten wir etwas in der Hand.

Alan Guth: Roger Penrose ist vor allem wegen seiner Forschungen zur klassischen allgemeinen Relativitätstheorie bekannt. Penrose ist Relativitätsphysiker. Davon haben wir nicht viele. Niemanden am MIT, niemanden in Harvard; es gibt Robert Wald an der Universität Chicago, Kip Thorne am Caltech, Penrose in Oxford, Rovelli an der Universität Pittsburgh, Ashtekar und Smolin an der Penn State. Stephen Hawking ist ebenfalls ein klassischer allgemeiner Relativist, obwohl seine neueren Arbeiten auch andere Gebiete berühren. Berühmt wurde Hawking aber ebenfalls mit der allgemeinen Relativitätstheorie, genau wie Penrose.

Die beiden formulierten viele der grundlegenden Theoreme, die wir im Zusammenhang mit dem Verhalten von Einsteins

Gleichungen kennen. Dabei geht es vorwiegend um mathematische Fragen; ihr Gegenstand ist Einsteins allgemeine Relativitätstheorie, deren Grundlagen seit ihrer Erfindung 1916 unverändert geblieben sind. Dennoch sind die Gleichungen der allgemeinen Relativitätstheorie sehr kompliziert, und es ist nicht leicht, daraus Folgerungen abzuleiten.

So lautete zum Beispiel eine der Fragen, mit denen Penrose und Hawking sich beschäftigten: Was geschieht, wenn Materie durch die Gravitation zu sehr hoher Dichte kollabiert? Mitte der sechziger Jahre wußte man bereits, daß Materie zu einem schwarzen Loch zusammenstürzen kann, einer Masseansammlung mit einem so starken Schwerefeld, daß nicht einmal Licht ihm entkommen kann. Aber die Lösungen, die zu den schwarzen Löchern führten, waren etwas Besonderes – man konnte die Gleichungen nur lösen, indem man über die Symmetrie der kollabierenden Materie besondere Annahmen machte. War die Materie genau kugelförmig, konnte man exakt berechnen, wie sie zusammenstürzen würde, und man konnte zeigen, daß daraus ein schwarzes Loch wird. Bei einer komplizierteren Materieanordnung wußte aber niemand genau, ob tatsächlich ein schwarzes Loch entstehen würde.

Im wirklichen Universum kann man niemals damit rechnen, Materie in einer genau kugelförmig-symmetrischen Anordnung vorzufinden, und deshalb war diese Frage sehr wichtig. Hawking und Penrose entwickelten die Theoreme, mit denen man auch ohne Lösung der Gleichungen für asymmetrischen Kollaps beweisen kann, daß sich unter bestimmten Voraussetzungen zwangsläufig ein schwarzes Loch bildet.

Penrose wurde vor allem durch seine Forschungen zu dieser Art von Problem bekannt. Theoreme des gleichen Typs lassen sich auch auf die verwandten Fragen der anfänglichen Singularität des Universums anwenden. Das Standardmodell für den Urknall geht davon aus, daß das Universum genau symmetrisch, völlig homogen und in seiner Massedichte ganz und gar einheitlich ist. So ideal ist das wirkliche Universum natürlich nicht. Man nimmt diese Idealisierungen vor, damit man einfache Gleichungen erhält, die man lösen kann. Läßt man solche idealisierten Gleichungen in der Zeit zurücklaufen, gelangt man zu einer sogenannten Singularität, einem Zustand, in dem Massedichte und Temperatur des Universums buchstäblich unendlich sind.

Das bezeichnet man als Urknall-Singularität. Auch hier stellt sich die Frage: Was geschieht, wenn man die Gleichungen komplizierter macht, indem man die wirkliche Komplexität des wirklichen Universums einbezieht, mit der ungleichförmigen Verteilung der Materie in den Galaxien, die ihrerseits zu Haufen zusammengeballt sind? Tut man das, werden die Gleichungen zweifellos so kompliziert, daß man sie nicht lösen kann; statt dessen muß man allgemeine Theoreme beweisen, die etwas darüber aussagen, wie solche Gleichungen sich unabhängig von den Einzelheiten verhalten müssen. Das ist die Stärke von Penrose und Hawking; auch hier gelang ihnen der Beweis der entsprechenden Theoreme: Wenn das Universum so aussieht wie das, welches wir beobachten, findet man eine Singularität, wenn man in der Zeit zurückgeht.

Lee Smolin: Roger Penrose ist, von Einstein abgesehen, der wichtigste Physiker auf dem Forschungsgebiet der Relativitätstheorie. Er ist ein höchst kreativer Mensch und hat zu unserem Tätigkeitsfeld die meisten Ideen beigetragen. Von allen Menschen, die ich in meinem Leben kennengelernt habe, ist er einer der wenigen, die ich ohne Bedenken als Genie bezeichnen würde. Roger gehört zu denen, die etwas Originelles zu sagen haben, etwas, das man noch nie gehört hat, und das zu fast jedem Thema, auf das die Rede kommt.

Zu Rogers Interesse an der Relativitätstheorie gehörte von Anfang an auch eine gewisse Skepsis gegenüber der Quantenmechanik. Er versuchte sogar, sie kennenzulernen, bevor er sich mit der allgemeinen Relativitätstheorie beschäftigte; er dachte über Theorien wie die von den versteckten Variablen nach, über Bells Theorem und das Einstein-Podolsky-Rosen-Paradox. In der Physik entstammten seine ersten Ideen der Anwendung von Überlegungen, mit denen er das Vierfarbentheorem beweisen wollte und versuchte, jene Theorien zu verstehen. Erst als er den amerikanischen theoretischen Physiker David Finkelstein kennenlernte, erwachte sein Interesse an der allgemeinen Relativitätstheorie.

David Finkelstein reiste nach London und hielt dort einen Vortrag über seine Thesen zu dem Thema, wie sich die Topologie der Raumzeit im Inneren der schwarzen Löcher verändern könnte. David war einer der wenigen, die topologische Überlegungen auf Raum und Zeit anwandten. Topologie ist die Wissenschaft von den Beziehungen ohne Rücksicht auf tatsächliche Maße wie Entfernungen; in ihrer reinen Form beschäftigt sie sich mit Verhältnissen und Verbindungen. Roger war Topologe; seine Doktorarbeit handelte von Mathematik und algebraischer Topologie.

David Finkelstein wandte die Topologie auf die Geometrie von Raum und Zeit an. In sogenannten Spin-Netzen versuchte Roger, Raum und Zeit aus kleinen, rein quantenmechanischen Einzelteilen zusammenzubauen. Er hatte immer – wie auch viele andere – die Vorstellung, Raum und Zeit seien nichts Kontinuierliches; das Kontinuum stelle eine Illusion dar, die mit der Tatsache zu tun habe, daß wir die Dinge im großen Maßstab betrachten.

Roger versuchte Modelle zu bauen in der Art, wie die Geometrie des Raumes aus kleinen Geometrieatomen erwachsen könnte, und diese Modelle nannte er »Spin-Netze«. Sie sind eine sehr scharfsinnige mathematische Konstruktion, und in jüngster Zeit hat man angefangen, sie sehr sorgfältig zu untersuchen. Er hörte Davids Vortrag, erzählte ihm von den Spin-Netzen und tauschte gewissermaßen mit ihm den Platz. David fuhr nach Hause und versuchte, Modelle von Raum und Zeit zu entwickeln, die er als einzelne Prozesse auffaßte, was ihn bis heute ständig beschäftigt. Und Roger dachte darüber nach, wie man topologische Theorien auf die Geometrie von Raum und Zeit anwenden kann.

Nachdem Roger die Spin-Netze als aus einzelnen Teilen bestehende Modelle des Raumes erfunden hatte, versuchte er, sie zu Modellen von Raum und Zeit zu machen und so die Relativitätstheorie einzubeziehen, aber das gelang ihm nicht. Dieses Vorhaben, an dem er seit Anfang der sechziger Jahre arbeitet, ist die sogenannte Twistortheorie. Daß Roger von der Hauptrichtung der Elementarteilchenphysik isoliert ist, liegt unter anderem an seiner Konzentration auf diese Theorie und auf den Versuch, eine völlig neue Theorie der Physik zu formulieren, die Quantenmechanik und Relativitätstheorie in neuer Form in sich vereinigen würde.

Zusammenfassend kann man die Twistortheorie so beschreiben: Wenn wir die Welt betrachten, halten wir Punkte – das heißt Dinge, die im Raum existieren – für das Grundlegende, und in der Zeit sehen wir etwas, das mit diesen Punkten geschieht. Die Existenz der Dinge ist das Primäre, und die Vorgänge, durch die sie sich im Laufe der Zeit verändern, kommen an zweiter Stelle. In der Twistortheorie sind die Abläufe das grundlegende Element der Welt, und die Dinge, die existieren, sind sekundär. Es gibt sie nur, weil Abläufe aufeinandertreffen und sich überschneiden. Nach dieser Beschreibung sind nicht Ereignisse in Raum und Zeit die grundlegenden Elemente, sondern die Prozesse, und die Twistortheorie formuliert die Gesetze der Physik in diesem Raum der Prozesse, und nicht in Raum und Zeit. Raum und Zeit, wie wir sie uns vorstellen, entstehen erst auf einer sekundären Ebene.

Die Twistortheorie ist eine sehr schöne mathematische Konstruktion. Roger und eine ganze Reihe seiner Schüler haben unglaublich viel Mühe in den Versuch investiert, auf dieser Basis eine grundlegende Theorie der Physik zu formulieren. Das ist eine tiefgreifende, schwierige Aufgabe; ob sie richtig gestellt ist oder nicht, läßt sich nicht erklären, und obwohl Roger ein Genie ist, konnte er sie noch nicht erfüllen. Welche Möglichkeiten in der Twistortheorie stecken, wissen wir noch nicht. Mit Sicherheit konnte nur ein kluger Kopf wie Roger sie schaffen.

Der Quantenmechanik stand Roger von Anfang an skeptisch gegenüber. Er glaubte immer, daß sie am Ende nicht die richtige Theorie sein würde und daß es eine grundlegendere Theorie geben müsse, die Quantenmechanik und Raumzeit in sich vereinigt. Das unterscheidet ihn von anderen, die glauben, daß die Quantenmechanik im wesentlichen stimme und wir eine neue, dynamische Theorie von Raum und Zeit brauchten, oder, mit anderen Worten, daß die allgemeine Relativitätstheorie in Richtung einer Theorie der Supergravitation oder der Stringtheorie abgewandelt werden müsse. Roger meint, die Gravitation sei wichtig, wenn man die Rätsel der Quantenmechanik aufklären will, und man müsse die Quantenmechanik abwandeln, damit sie Platz für die Effekte der Gravitation bietet, und nicht umgekehrt.

Rogers Gedanken stehen immer untereinander in Verbindung. Seine fachlichen Überlegungen in bezug auf die Twistortheorie, sein philosophisches Denken, seine Thesen über Quantenmechanik, Gehirn und Geist – alles ist miteinander verknüpft.

Über Roger könnte man sagen: Er ist zwar die einflußreichste lebende Person in Sachen Relativitätstheorie, aber was er erreicht hat, ist eigentlich nur ein Schatten, ein schwacher Abglanz dessen, was er sich vorgenommen hat und wonach er immer noch strebt.

Murray Gell-Mann: Ich kenne Roger Penrose eigentlich nicht. Ich glaube, wir waren früher beide zur gleichen Zeit am Imperial College in London, also muß ich mit ihm zusammengetroffen sein, aber ich kann mich nicht erinnern, wie er aussieht. Ich weiß, daß er sich auf bestimmten Gebieten der theoretischen Physik großes Ansehen erworben hat, insbesondere durch seine Arbeiten zur allgemein-relativistischen Gravitation. Aber in jüngerer Zeit hat er in mehreren populärwissenschaftlichen Büchern einige Ansichten vertreten, die ich äußerst seltsam finde.

In meinen Augen ist Selbstwahrnehmung – also das Bewußtsein – eine ähnliche Eigenschaft wie die Intelligenz: Sie kann in der Evolution komplexer Anpassungssysteme entstehen, wenn diese eine bestimmte Komplexitätsebene erreichen. Ich stelle mir vor, daß komplexe Anpassungssysteme auf unzähligen Planeten im Universum sowohl Intelligenz als auch Bewußtsein hervorgebracht haben. Unsere menschliche Stufe der Intelligenz und Selbstwahrnehmung, auf die wir so stolz sind, ist vielleicht im kosmischen Maßstab gar nicht besonders beeindruckend, auch wenn sie deutlich höher liegt als die der anderen Affen hier auf der Erde. Dagegen halte ich es prinzipiell nicht für unmöglich, daß wir Menschen eines Tages Computer mit einem beträchtlichen Maß an Selbstwahrnehmung bauen können. Penrose schreibt der Selbstwahrnehmung offenbar irgendein besonderes Merkmal zu, so daß sie wahrscheinlich nicht durch gewöhnliche Naturgesetze entstehen kann. Mit dieser Ansicht ist er sicher nicht der einzige; offenbar reagieren auch einige andere Autoren in der gleichen Weise auf die Herausforderung, das Bewußtsein zu verstehen. Aber soweit ich es beurteilen kann, ist *seine* Theorie insbesondere von der Vorstellung gekennzeichnet, daß das Bewußtsein irgendwie mit der Quantenmechanik zu tun hat, das heißt, mit der Einbindung der Einsteinschen allgemein-relativistischen Gravitation in eine Theorie der Quantenfelder. Ich kann absolut nicht erkennen, warum man so etwas annehmen sollte. Außerdem haben wir heute mit der Superstringtheorie einen hervorragenden Kandidaten für die einheitliche Theorie aller Elementarteilchen, einschließlich der Gravitonen, zusammen mit ihren Wechselwirkungen. Diese Theorie führt in hinreichender Näherung zu Einsteins allgemein-relativistischer Gravitationstheorie und verbindet sie ausgezeichnet mit der Quantentheorie; gleichzeitig werden dabei die schrecklichen Probleme der Unendlichkeiten vermieden, mit denen man sich bei früheren Versuchen, die allgemeine Relativitätstheorie quantenmechanisch zu behandeln, herumschlagen mußte. Eines Tages werden wir herausfinden, ob die Superstringtheorie durch Beobachtungen gestützt wird, zum Beispiel in Experimenten mit einem neuen Hochenergie-Teilchenbeschleuniger. Aber für mystische Spekulationen über Quantengravitation sehe ich keine Grundlage.

Aus irgendeinem Grund hat Penrose auch die seit langem verworfene Idee wiederbelebt, aus Gödels mathematischen Erkenntnissen ergebe sich eine besondere Schwierigkeit, wenn physikalische Systeme Selbstwahrnehmung erlangen sollten. Ich hoffe, Penrose ringt sich endlich zu der einfachen Erkenntnis durch, daß Selbstwahrnehmung und Intelligenz aus der Biologie entstehen, genau wie die Biologie aus Physik und Chemie entsteht. Immerhin wissen wir heute, daß Atomkernkräfte aus Wechselwirkungen zwischen Quarks und Gluonen hervorgehen und daß die Kräfte zwischen den Atomen auf Elektromagnetismus beruhen. Daß man außer Physik und Chemie noch eine besondere Lebenskraft braucht, um die Biologie zu erklären, glaubt kaum noch jemand. Nun, und die Idee, man brauche zur Erklärung der Selbstwahrnehmung besondere physikalische Vorgänge, wird auch bald aussterben.

Marvin Minsky: Eigentlich, so scheint mir, setzt Penrose von Anfang an genau das voraus, was er hinterher angeblich beweist. Er behauptet, Menschen könnten bestimmte Dinge tun, die wir mathematisch bewiesen haben, wozu Computer nicht in der Lage seien. Insbesondere meint er, Menschen könnten »intuitiv« manche für Maschinen unlösbare Probleme lösen, beispielsweise Turings Halteproblem für Turingmaschinen oder Kurt Gödels Problem, die Widerspruchsfreiheit einer beliebigen Gruppe von Axiomen zu erkennen. Der Haken dabei ist jedoch, daß diese Probleme nur in einem bestimmten Sinn unlösbar sind: Es existiert kein Computerprogramm, das dazu in der Lage ist und *nie Fehler macht*, aber es gibt keinerlei Belege dafür, daß es keine Computerprogramme geben könnte, die nicht ebensogut zur intuitiven Wahrnehmung, das heißt Vermutung, imstande wären, wie ein menschlicher Mathematiker. Es gibt keinen Grund zu der Annahme, die Penrose offenbar vertritt: daß der menschliche Geist oder eine Rechenmaschine perfekt und lückenlos logisch sein muß. Wie der Kinderpsychologe Jean Piaget gezeigt hat, ist logisches Denken eine anspruchsvolle Fähigkeit, die – wenn überhaupt – erst in einem recht späten Stadium der menschlichen Entwicklung entsteht. Vielleicht ist Penrose noch nicht auf den Gedanken gekommen, daß man sehr leicht Computerprogramme für die Behandlung widersprüchlicher Axiome schreiben kann, wenn man sich dabei gelegentlich fehlerhafter Logik bedient. Seine Behauptung, ein Computer könne niemals denken wie ein Mensch, ist genau das – eine nicht belegte Behauptung. Wo Rauch aufsteigt, kann der scharfsinnige Leser nur schließen, daß da Rauch ist.

Roger Schank: Roger Penrose hat ein empörendes Buch über KI geschrieben. Es ist traurig, daß Leute sich in Büchern zu Themen äußern, von denen sie nichts verstehen. Wenn man ein berühmter Physiker ist, hält man sich für befugt, auch Themen zu kommentieren, die man nicht begreift. Aus Gödels Theorie haben viele Leute ein berühmtes Argument gegen die KI abgeleitet. Es dreht sich um die Frage, wie viele Berechnungen man in einer bestimmten Zeitspanne durchführen kann.

Der »Beweis« lautet: Zur Lösung mancher Probleme sind so viele Rechenoperationen notwendig, daß eine Maschine sie nicht in der Form ausführen kann, die zu echtem Denken notwendig wäre. Der Fehler ist dabei die Annahme, das Denken setze sich aus den erwähnten Berechnungen zusammen. Das stimmt vermutlich nicht; nach allem, was wir über das menschliche Denken wissen, ist diese Unterstellung falsch. An den Prämissen für solche Angriffe zeigt sich meist, daß die betreffende Person nicht weiß, worum es bei der Intelligenz eigentlich geht. Das gilt auch für Penrose; er sagt über KI wirklich nichts, das von besonderem Interesse wäre.

DRITTER TEIL

Die Fragen nach dem Anfang

Physiker sind in diesem Buch sozusagen fehl am Platz.

Interessanterweise haben sie zum größten Teil wenig über die anderen hier vertretenen Wissenschaftler zu sagen, und umgekehrt äußern sich auch die anderen kaum über die Arbeit der Physiker. Das mag damit zu tun haben, daß Mathematik die Sprache der Physik ist; vielleicht haben auch Theorien zur Komplexität und Evolution für Kosmologie und Physik nicht die gleiche Bedeutung wie für Biologie und Computerwissenschaft. Die Astronomen haben das Licht untersucht, das entfernte Sterne vor Jahrmilliarden ausgesandt haben, und bisher haben sie kein Anzeichen dafür gefunden, daß die Gesetze der Physik sich in dieser langen Zeit verändert hätten.

Die Kosmologie, die erst vor etwa dreißig Jahren zu einer eigenständigen Wissenschaft wurde, beschäftigt sich unter anderem damit, die Parameter des Universums dingfest zu machen: seine Ausdehnungsgeschwindigkeit, seinen Massegehalt, das Wesen der »dunklen Materie«. Heute spekulieren die Kosmologen auch über umfassendere Themen, zum Beispiel über die Frage, wie das Universum erschaffen wurde und wie es seine Struktur erhielt. Manche Kosmologen stellen zwar Überlegungen darüber an, wie man den Ursprung des Universums mit den Gesetzen der Physik erklären kann, aber der Ursprung der Gesetze selbst ist ein so unergründliches Problem, daß man ihn kaum erörtert. Könnten auch hier die Prinzipien der Anpassung zur Komplexität wirksam sein? Gibt es eine Methode, mit der das Universum sich selbst organisiert haben könnte? Kann das »anthropische Prinzip«, die Vorstellung, daß die Existenz intelligenter Beobachter wie die von Menschen ein gewisser Faktor für die Existenz des Universums ist, in der Kosmologie eine nützliche Rolle spielen?

Die Elementarteilchenphysik wurde dagegen Opfer ihres eigenen Erfolges. Wichtige Entdeckungen in den sechziger und siebziger Jahren führten zur Entwicklung des sogenannten Standardmodells, einer Theorie, die mit allen bisher durchgeführten verläßlichen Experimenten der Teilchenphysik vereinbar zu sein scheint. Das Standardmodell enthält aber zu viele ungeklärte Parameter, als daß man es als endgültige Theorie der Natur anerkennen könnte, und außerdem beschreibt es die Gravitation nicht unter Quantengesichtspunkten. Das Bestreben, über das Standardmodell hinauszugelangen, brachte die Teilchenphysiker auf die Suche nach einer einheitlichen Theorie aller Elementarteilchen und aller Naturkräfte. Das Ziel besteht darin, die vier grundlegenden Kräfte in der Natur – Elektromagnetismus, starke und schwache Wechselwirkung in den Atomkernen und Gravitation – in eine allumfassende Theorie einzubetten, ein reduktionistisches Unterfangen, über das wir nach der herrschenden Meinung nicht hinausgehen müssen. (Die Vereinigung der drei erstgenannten Kräfte zu der einen oder anderen »großen vereinheitlichten Theorie« ist mittlerweile in Sicht; ein größeres Problem ist die Gravitation, aber mit der Superstringtheorie ist eine ernsthaft in Frage kommende Theorie für die umfassende Vereinheitlichung bereits gefunden.) Das ist Physik in traditionellem Stil. Interessant ist die Feststellung, daß der Nobelpreisträger Murray Gell-Mann, der wichtigste theoretische Elementarteilchenphysiker unserer Zeit, an der vordersten Front der Erforschung komplexer Anpassungssysteme steht.

Der Astrophysiker Martin Rees, der weniger wegen einer

einzelnen Leistung bekannt ist als vielmehr wegen seines umfassenden Wissens über Schlüsselfragen der Kosmologie, ist nach wie vor einer der führenden Köpfe in der wissenschaftlichen Diskussion der Kosmologie. Derzeit denkt er über die Möglichkeiten mehrerer Universen nach und wie man mit Hilfe der »schwachen« Form des anthropischen Prinzips (im Gegensatz zur »starken« Form, die deutlich religiöse Untertöne hat) Licht in diese kosmologische Frage bringen kann. Er hatte mehrere wichtige Thesen zur Bildung von Sternen und Galaxien, wie man schwarze Löcher finden kann und welche Eigenschaften das Universum in seiner Frühzeit hatte. Jetzt versucht er, die rätselhafte »dunkle Materie« zu verstehen, die offenbar den intergalaktischen Raum ausfüllt und deren Anziehungskraft darüber entscheiden wird, ob unser Universum sich ewig weiter ausdehnt oder irgendwann mit einem »großen Knall« zusammenbricht. Er hat sich immer für die weitergefaßten, philosophischen Gesichtspunkte der Kosmologie interessiert, beispielsweise für die Fragen: Warum hat unser Universum die besonderen Eigenschaften, die eine Evolution von Leben ermöglichten? Gibt es andere Universen, in denen vielleicht ganz andere physikalische Gesetze herrschen?

Alan Guth, der seine wissenschaftliche Laufbahn als Teilchenphysiker begann, hat einen Beitrag zur Kosmologie geleistet, den viele für den wichtigsten in unserer Generation halten: die Inflationstheorie. In Guths Modell machte das Universum in seiner Frühzeit eine Phase schneller Ausdehnung durch; das erklärt neben anderen Rätseln der Urknalltheorie die heutige verblüffende Homogenität des Universums. Guth beschreibt sich selbst als jemanden, der einen sachlich nüchternen Standpunkt in der Wissenschaft einnimmt, aber seine Arbeiten sind oft spekulativ. Derzeit beschäftigt er sich mit Zeitreisen: Können wir durch die Wurmlöcher im Geflecht des Universums in die Vergangenheit reisen? Nach Guths Ansicht lautet die Antwort: nein. Aber die Tatsache, daß niemand beweisen konnte, daß die physikalischen Gesetze Zeitreisen verbieten, fasziniert ihn.

Der theoretische Physiker Lee Smolin interessiert sich für die Frage der Quantengravitation: Es geht darum, die Quantentheorie mit Einsteins Gravitationstheorie – der allgemeinen Relativitätstheorie – zu vereinbaren und so ein zutreffendes Bild von der Raumzeit zu zeichnen. Außerdem möchte er eine sogenannte Theorie des ganzen Universums bilden, welche dessen Evolution erklären würde; dazu hat er eine Methode erfunden, nach der die natürliche Selektion im kosmischen Maßstab wirken könnte.

Der theoretische Physiker Paul Davies arbeitet auf den Gebieten der Kosmologie, Gravitation und Quantenfeldtheorie mit dem Schwergewicht auf schwarzen Löchern und der Entstehung des Universums. Er ist ein fruchtbarer, einflußreicher populärwissenschaftlicher Autor und hat mehr als ein Dutzend Bücher über Physik geschrieben. Er repräsentiert hier das antireduktionistische Lager und tritt dafür ein, Physik und Biologie auf einen gemeinsamen »Weg der Synthese« zu bringen, denn er hat erkannt, wie wichtig die Organisations- und Qualitätseigenschaften komplexer Systeme sind. Davies befürwortet den geistigen Austausch zwischen Physikern und Biologen. Er ist der Ansicht, daß komplizierte Systeme, seien sie biologisch oder kosmologisch, mehr als eine Ansammlung von Einzelteilen sind und eigene innere Gesetze sowie eine eigene Logik besitzen.

Ein Ensemble von Universen

Alan Guth: Martin Rees ist mir unter den theoretischen Astrophysikern am liebsten. Man kann ihn auf jedes Thema der Astrophysik ansprechen, er beweist sich immer als unglaublich kenntnisreich und hilfsbereit. Wenn man ihn etwas fragt, macht er sich die Mühe und erklärt in allen Einzelheiten, welche Erkenntnisse es zu dem Thema gibt. Er ist einfach großartig.

Martin Rees ist Astrophysiker und Kosmologe; er ist Royal Society Research Professor am King's College in Cambridge und Autor von *Our Home in Universe* (im Druck) sowie zusammen mit John Gribbin von *Cosmic Coincidences: Dark Matter, Mankind, and Anthropic Cosmology* (1989).

Martin Rees: Die Öffentlichkeit interessiert sich immer für grundlegende Fragen nach dem Ursprung. Genauso wie die Leute Dinosaurier mögen, interessieren sie sich auch für Kosmologie. Es ist schon bemerkenswert, daß die Themen, die in der Öffentlichkeit das meiste Interesse erregen, manchmal so weit von unseren alltäglichen Problemen entfernt sind. Wer sagt, wir müßten dafür sorgen, daß unsere Arbeit »wichtig« sei, damit sie öffentliche Aufmerksamkeit findet, ist eindeutig auf dem falschen Dampfer, denn nichts könnte weniger wichtig sein als Dinosaurier oder Kosmologie.

Die Öffentlichkeit findet Kosmologie aufregend, weil es sich dabei offenkundig um grundlegende Fragen handelt und weil die Zeit heute besonders günstig dafür ist. Zum erstenmal gehört sie zur Hauptströmung der Naturwissenschaft, und wir können uns mit Fragen nach dem Ursprung des Universums beschäftigen. Wir können im Detail darüber reden, wie das Universum aussah, als es eine Sekunde alt war. Und auch die noch früheren Stadien können wir erörtern und grundlegende Fragen dazu stellen; es ist für unser Fachgebiet eine ganz besondere, aufregende Zeit.

Ich würde mich selbst als Astrophysiker und Kosmologen bezeichnen, und zwar in dieser Reihenfolge. Als Astrophysiker versucht man, einzelne Objekte zu verstehen, zum Beispiel Galaxien, Quasare, Sterne und ihre Evolution, während die Kosmologie sich mit dem ganzen Universum, nicht mit seinem Inhalt, beschäftigt. Ich versuche, beide Gebiete abzudecken, denn immerhin hängen sie eng zusammen. Ich bin kein besonders guter Mathematiker. Meine Arbeit besteht in der Regel nicht im deduktiven Aufbau von Systemen, sondern im Erklären der Phänomene.

Als ich anfing, war Kosmologie im wesentlichen ein theoretisches Thema, denn Befunde gab es so gut wie überhaupt nicht. Erst seit den sechziger Jahren geht unsere Erkenntnis erheblich über die Tatsache hinaus, daß das Universum sich ausdehnt. Es gab so viele aufregende Entwicklungen, daß wir heute zu quantitativen Aussagen über die Frühstadien des Universums in der Lage sind, und das Spektrum der kosmologischen Themen, die wir ernsthaft wissenschaftlich erörtern können, hat sich enorm erweitert. Früher waren das rein spekulative Fragen, aber heute ist es echte Wissenschaft.

Ich habe mich nie auf eine einzelne Grundfrage konzentriert, sondern immer versucht, das große Bild im Kopf zu behalten; damit hatte ich Glück, denn bei diesem Thema trägt der synthetische Ansatz oftmals Früchte. Die Befunde stammen von optischen Teleskopen, Radioteleskopen und Raumsonden; meine Kollegen und ich versuchen dann, die Daten zusammenzusetzen und einen Sinn herauszulesen. Es ist, als wenn man einen Ingenieur beauftragt, nach einer vorgegebenen Spezifikation etwas Funktionierendes zu konstruieren. Wir bekommen unsere Spezifikation von der Natur, und dann müssen wir die physikalischen Gesetze anwenden und versuchen, »etwas zum Funktionieren zu bringen« und den Phänomenen einen Sinn beizulegen.

Aber es besteht immer die beunruhigende Möglichkeit, daß die physikalischen Gesetze, wie wir sie kennen, unzureichend sind. Das ist ein zusätzlicher Anreiz. Der erste Grund, warum man Astronomie und Kosmologie betreibt, ist schlichte Neugier: Man möchte entdecken, was da draußen los ist. Der zweite Grund motiviert die Astrophysiker: Man will interpretieren, was da draußen los ist, und verstehen, wie sich das Universum entwickelt hat, wie die Komplexität des gegenwärtigen Kosmos aus der anfänglichen Einfachheit entstanden ist. Und schließlich gibt es noch einen dritten Grund: Der Kosmos ist ein Labor, in dem wir die Naturgesetze unter so extremen Bedingungen erforschen, wie wir sie in einem Labor auf der Erde niemals simulieren könnten, und damit erweitern wir unser Wissen über die Grundprinzipien der Natur.

Ein weiteres Thema, das mich interessiert, ist die Psychologie derer, die an solchen Fragen arbeiten. Viele Leute entwickeln eine starke emotionale Bindung zu ihren Theorien und verteidigen sie fast wie Anwälte gegen widersprechende Befunde. Die Vorstellung, die eigene Theorie aufgeben zu müssen, ist ein echtes Trauma. Ich selbst war nie so. Mir hat es immer viel Spaß gemacht, gleichzeitig an zwei einander widersprechenden Hypothesen zu arbeiten, und zwar aus einem einfachen Grund: Wenn wir die wahre Erklärung nicht kennen und die Angelegenheit verstehen wollen, dann ist es eine gute Methode, die Folgerungen unterschiedlicher Thesen zu untersuchen. Solche Forschungen können zu einem neuen Versuch führen oder einen neuen Widerspruch aufdecken. Die wissenschaftliche Welt als Ganzes arbeitet auf diese Weise, aber offensichtlich findet es nicht jeder so befriedigend wie ich, sich parallel mit zwei unterschiedlichen Theorien zu befassen.

Ein Gegenstand meiner Forschungen sind extreme Objekte im Universum, beispielsweise schwarze Löcher, Energieausbrüche und so weiter. Man bringt mich oft mit einigen Theorien über Quasare und die Zentren der Galaxien in Verbindung. Dieses Gebiet bezeichnet man als Hochenergie-Astrophysik. In den letzten zehn Jahren hat es sich immer mehr in Richtung auf etwas entwickelt, das man Kosmogonie nennen könnte. Es ist heute durchaus möglich, nicht nur nahe gelegene Galaxien zu betrachten und so die derzeitige Struktur des Universums kennenzulernen, sondern man kann sich auch die entfernteren Teile ansehen und daraus etwas über die Frühzeit des Universums erfahren. Wir untersuchen also, wie das Universum aussah, als die Galaxien sich gerade bildeten, und erforschen sogar seine prägalaktische Phase.

In den Bereichen, in denen die Forschung besonders aktiv ist und in denen ich mitarbeite, geht es um die Fragen, wie sich Galaxien und Galaxienhaufen bilden, was die dunkle Materie ist und ob im Universum soviel Materie vorhanden ist, daß es eines Tages zusammenbricht, oder ob es sich in alle Ewigkeit ausdehnen wird. Die Antworten kennen wir noch nicht, aber ich rechne damit, daß man bei einigen dieser Themen innerhalb der nächsten zehn Jahre zu einer einheitlichen Meinung gelangen wird. Ich glaube, wir werden bald sehr viel mehr darüber wissen, wie sich Galaxien bilden, genau wie uns heute klar ist, wie Sterne entstehen, und ich hoffe, wir werden auch etwas über das Wesen der dunklen Materie herausfinden. Das Universum, wie wir es heute wahrnehmen, hat die beunruhigende Eigenschaft, daß wir neunzig Prozent seines Inhalts nicht erklären können. Dieses sogenannte fehlende Material könnte alles sein, von sehr lichtschwachen Sternen bis zu exotischen Teilchen oder schwarzen Löchern. Wir können die Galaxien nicht verstehen, wenn wir nicht wissen, woraus neunzig Prozent ihrer Masse bestehen, das ist ganz klar.

Wir haben gute Gründe für die Annahme, daß es im Universum eine Menge Material gibt, das Schwerkraft ausübt, das wir aber nicht sehen. Das einfachste Indiz stammt aus diskusförmigen Galaxien wie unsere Milchstraße, die sich dreht. Betrachtet man ihren äußeren Rand, so stellt man fest, daß Gase dort an der Außenseite erstaunlich schnell kreisen. Ihr Umlauf ist so rasch, daß er nicht nur auf die Anziehungskraft der sichtbaren Sterne zurückgehen kann. Das ist ein Hinweis, daß es eine Menge dunkle Materie geben muß, die solche Galaxien zusammenhält. Weitere Indizien kommen von den Gravitationslinsen und den Bewegungen im Inneren von Galaxienhaufen. Nach unserer heutigen Vorstellung trägt die dunkle Materie zur Gravitation zehnmal soviel bei wie das, was wir sehen, und ihre Eigenschaften sind völlig ungeklärt. Aber offensichtlich ist der Prozeß der Kosmogonie, das Entstehen von Struktur, von der Gravitation geprägt. Wenn wir also das Wesen des Stoffes nicht kennen, der den größten Teil dieser Gravitation ausübt, werden wir auch keine schlüssige Antwort auf die Frage finden, wie die Galaxien entstanden sind. Die Natur der dunklen Materie ist heute eines der wesentlichen Rätsel.

Wenn ich in einem Satz sagen sollte, was mein Ziel und vermutlich das aller Kosmologen ist, dann würde ich sagen: Wir wollen verstehen, welche Evolution das Universum in den fünfzehn Milliarden Jahren seiner Geschichte durchgemacht hat, wie es von einem heißen, komprimierten, formlosen Feuerball zu dem geworden ist, was wir heute sehen, mit Galaxien und Galaxienhaufen, Sternen und Planeten, die alle zusammen ein gewaltiges Spektrum der Komplexität entfalten, zu dem auch wir gehören. Wir wollen die verschiedenen Stadien der Entstehung von Struktur kennenlernen: Wie bildeten sich im Universum die Materieansammlungen, die zu Galaxien und Galaxienhaufen wurden, wie entwickelten sich darin die Sterne, wie entstanden die chemischen Elemente, und wie erschienen – zumindest auf einem Planeten, der zumindest um einen Stern kreist – komplexe Geschöpfe auf der Bildfläche, die über das alles staunen können?

Besonders beeindruckend finde ich, daß wir uns mit solchen Fragen überhaupt beschäftigen können. Unter anderem liegt das daran, daß das Universum in mancher Hinsicht einfacher ist, als man mit Fug und Recht erwarten könnte. Es ist eine Einfachheit im doppelten Sinn. Einerseits ist das Universum in seiner großen Struktur recht einheitlich und symmetrisch. In der Größenordnung der Galaxien und Galaxienhaufen gibt es alle möglichen Inhomogenitäten, aber im ganz großen Maßstab ist das Universum ziemlich gleichförmig. Jedes Einzelteil hat sich entwickelt und hat die gleiche Vergangenheit wie jedes andere Einzelteil, vorausgesetzt, man meint mit »Einzelteil« einen Abschnitt mit ein paar hundert Millionen Lichtjahren Durchmesser. In seinen großen Zügen ist das Universum glatt und homogen. Betrachten wir einen entfernten Teil davon, dann glauben wir, daß wir dort die gleichen Bedingungen sehen, die bereits vor langer Zeit in unserer Nähe geherrscht haben. Das könnten wir nicht annehmen, wenn die einzelnen Teile des Universums eine ganz unterschiedliche Geschichte hätten.

Andererseits ist es bemerkenswert, daß die physikalischen Gesetze in allen beobachteten Teilen des Universums die gleichen sind. Wenn man die Spektren des Lichts von weit entfernten Quasaren betrachtet, findet man darin Hinweise auf die gleichen Atome, die auch uns umgeben, und wir nehmen an, daß die im Labor entdeckten Gesetzmäßigkeiten sich dazu eignen, alle Phänomene im beobachtbaren Universum zu erklären, bis zurück zu der Zeit, als es erst eine Mikrosekunde alt war. Geht man bis vor die erste Mikrosekunde zurück, werden Dichte, Energie und Druck so groß, daß man sich im Hinblick auf die physikalischen Grundgesetze nicht mehr sicher sein kann. Aber danach hatte sich das Universum so weit ausgedehnt, daß die Dichte nicht mehr höher war als das, was wir im Labor erreichen können, und deshalb kennen wir wahrscheinlich auch die entsprechenden physikalischen Prinzipien.

Interessant ist noch etwas anderes: Durch die Rückschlüsse, die wir in bezug auf das sehr frühe Universum – die erste Mikrosekunde – ziehen können, erfahren wir über die Grundlagen der Physik vielleicht Dinge, die wir im Labor nicht unmittelbar herausfinden könnten. Selbst in unseren größten Teilchenbeschleunigern erreichen wir nicht die Energie, die die Elementarteilchen im sehr frühen Universum besaßen. Auch viele wesentliche Eigenschaften des Universums – warum es sich gerade auf diese Weise ausdehnt, warum es diese Einfach-

371

heit und Symmetrie besitzt, ohne die die Kosmologie übermäßig schwierig wäre, und warum es Materie und Strahlung in den beobachteten Mengenverhältnissen enthält – kann man nicht verstehen, ohne mehr über die erste Mikrosekunde zu wissen.

Die Entdeckung der Hintergrund-Mikrowellenstrahlung durch Arno Penzias und Robert Wilson 1965 war der wichtigste Fortschritt der Kosmologie seit den zwanziger Jahren, als Edwin Hubble entdeckte, daß das Universum sich ausdehnt. Hubbles Entdeckung legte die Vermutung nahe, daß das Universum aus einem komprimierten Urzustand hervorgegangen ist, aber es gab damals noch keine Belege für diesen Zustand. Einige recht beredte Engländer entwickelten sogar die Steadystate-Theorie; sie besagte, es habe einen solchen komprimierten Zustand nie gegeben, sondern das Universum sei immer gleich gewesen. Erst die Entdeckung der Hintergrundstrahlung war der zwingende Beweis, daß es eine dichte, heiße Frühphase des Universums gegeben hat, und nun waren fast alle Kosmologen recht bald davon überzeugt. Daraus ergab sich in der Kosmologie ein fast ebenso abrupter Meinungsumschwung, wie er sich zur gleichen Zeit in der Geophysik zugunsten der Kontinentalverschiebung abspielte – auch das war zunächst eine höchst spekulative Theorie, die sich schließlich als richtig erwies. Seit Mitte der sechziger Jahre glaubt fast jeder an die Theorie vom Urknall; sein letztes Überbleibsel ist die Hintergrundstrahlung, die heute bis auf 2,7 Grad über dem absoluten Nullpunkt abgekühlt ist.

Seit 1965 hat man das Spektrum dieser Strahlung und ihre Winkelverteilung am Himmel nach und nach immer genauer vermessen, denn sie ist eindeutig ein entscheidendes kosmologisches Phänomen. Dabei machte man zwei sehr wichtige Entdeckungen. Vor fast zwanzig Jahren ermittelte der Astrophysiker George Smoot unsere Bewegung relativ zum Universum; wie er nämlich feststellte, hat die Hintergrundstrahlung um uns herum nicht in allen Richtungen genau die gleiche Temperatur, sondern sie ist in einer Richtung geringfügig wärmer als in der entgegengesetzten. Das liegt daran, daß wir und unsere ganze Galaxis uns relativ zu dem Bezugsrahmen, der durch das gesamte Universum vorgegeben ist, mit ein paar hundert Kilometern je Sekunde bewegen. Um das zu entdecken, flog Smoot mit seinen Instrumenten in einem U2-Spionageflugzeug und maß die Hintergrundstrahlung mit einer Genauigkeit von mehr als eins zu tausend.

Später war Smoot einer der Hauptbeteiligten beim Projekt des COBE-Satelliten, den man 1989 startete, um die Hintergrundstrahlung noch genauer zu untersuchen. Er betreute als leitender Wissenschaftler ein Instrument, das Temperaturabweichungen der Strahlung in verschiedenen Bereichen des Himmels mit einer Genauigkeit von eins zu hunderttausend messen konnte. Wie sich dabei herausstellte, ist die Temperatur nicht völlig einheitlich: Manche Bereiche sind ein wenig kälter als andere. Das interpretiert man so, daß das frühe Universum nicht völlig »glatt« war. Glatt ist es in dem gleichen Sinn wie eine Meeresküste: eine große Linie, in die aber kleine Unebenheiten eingelagert sind. Daß es solche Unebenheiten gibt, hatte man vorausgesagt, denn sie sind die Ausgangspunkte für Galaxien und Galaxienhaufen. Smoots Instrument an Bord des COBE-Satelliten war als erstes so empfindlich, daß es diese Abweichungen nachweisen konnte.

Hätte man sie auch mit derart empfindlichen Instrumenten nicht gefunden, wären Leute wie ich tief beunruhigt gewesen, denn wir waren alle der Ansicht, daß Galaxien, Galaxienhaufen und Superhaufen durch Instabilitäten der Gravitation entstanden sind, das heißt, weil bestimmte Teile des Universums ein wenig dichter waren als der Durchschnitt und deshalb bei der Ausdehnung hinterherhinkten, bis die Materie dort schließlich kondensierte. Galaxienhaufen und -superhaufen hätten bis heute nicht kondensieren können, wenn es nicht bereits im frühen Universum solche Inhomogenitäten gegeben hätte, mit einer Amplitude, die sich im Mikrowellenhintergrund als Abweichung von einem Hunderttausendstel äußert. Aus theoretischen Berechnungen wußte man, daß man bei dem Experiment diese Genauigkeit erreichen mußte, und das gelang Smoot mit seinem Instrument an Bord des COBE-Satelliten.

Mich interessiert die Frage, welche allgemeinen Eigenschaften unser Universum haben mußte, damit sich Komplexität entwickeln konnte. Unter anderem ist dazu zweifellos die Schwerkraft erforderlich, die in einem anfangs formlosen Universum durch Instabilitäten für die Kondensation von Strukturen sorgt. Aber paradoxerweise sind die Chancen für die Entstehung eines komplexen Universums um so besser, je schwächer die Gravitation ist, denn wenn sie so stark wäre, daß sie Gebilde von der Größe komplexer Lebewesen zusammenquetscht, gäbe es kaum Aussichten auf eine Evolution. Bei einer sehr viel stärkeren Gravitation hätten auch die Sterne nur eine sehr kurze Lebensdauer, und dann stünde für einen Evolutionsprozeß, der zu Komplexität führt, viel weniger Zeit zur Verfügung. Gäbe es die Schwerkraft nicht, wären niemals kosmische Strukturen kondensiert, aber je schwächer sie ist, desto großartiger sind ihre Erscheinungsformen. Die Gravitation ist so schwach, daß Sterne und Galaxien, an gewöhnlichen Phänomenen gemessen, riesengroß sind. Interessant ist der Versuch, diesen Zusammenhang quantitativ zu erfassen und zu prüfen, ob wir erkennen können, warum die Gravitation so schwach ist.

Die allgemeine Vorstellung von der Entstehung der Komplexität ist in diesem Zusammenhang sehr wichtig, denn die Schwerkraft hat die ungewöhnliche Eigenschaft, daß sie in einem anfangs ungegliederten Universum die Entwicklung von Strukturen begünstigt. Gravitation führt zu Instabilität und zieht Materie zusammen, so daß sich Galaxien und Sterne bilden. Wenn die Sterne an Energie verlieren, wird ihr Zentrum noch heißer und kompakter, bis dort schließlich Kernverschmelzungsreaktionen einsetzen und die Temperaturunterschiede zwischen Sternen, Planeten und dem dunklen Nachthimmel erzeugen. Diese Unterschiede, so haben Prigogine und andere uns gelehrt, sind unentbehrlich für die Vorgänge des thermodynamischen Ungleichgewichts, die zum Aufbau der komplexen Moleküle und des Lebens geführt haben. Die Gravitation treibt also die Dinge weiter vom Gleichgewicht weg und schafft Ungleichgewicht, die wichtigste Voraussetzung für die Entstehung jeglicher Komplexität aus dem amorphen frühen Universum. Solche Prozesse versuchen wir quantitativ zu erfassen. Eine weitere Entwicklung der letzten Jahre betrifft die Möglichkeit, schwerkraftbedingte Haufenbildung, Gasdynamik und anderes realistisch zu simulieren und auf diese Weise zu erforschen, wie sich ein unstrukturiertes Universum weiterentwickeln kann.

Ich habe mich auch mit eher spekulativen Themen befaßt, beispielsweise mit der Frage, ob die Physiker mit irgendeinem besonderen Experiment das Universum zerstören könnten. Dieses Problem stellte sich im Zusammenhang mit Alan Guths Theorie vom inflationären Universum. Nach dieser Theorie hatte selbst der leere Raum (den die Physiker als »das Vakuum« bezeichnen) in der Frühzeit ungewöhnliche Eigenschaften und machte einen sogenannten Phasenübergang durch, etwa so, als wenn Wasser gefriert. Manche Leute – einer der ersten war der Physiker Sidney Coleman – äußerten die Vermutung, unser gegenwärtiges Vakuum sei vielleicht nicht der niedrigste mögliche Energiezustand. Daher könnte der Raum möglicherweise durch einen weiteren Phasenübergang in einen anderen Vakuumzustand gelangen, in dem sich die physikalischen Gesetze ändern würden. Alle Teilchen, wie wir sie kennen, und alles, was wir um uns herum sehen, würde zerstört. Das derzeitige Vakuum wäre sozusagen unterkühlt, wie sehr reines Wasser, das man unter den Gefrierpunkt abkühlen kann, ohne daß es zu Eis wird. Derart unterkühltes Wasser kann plötzlich gefrieren, wenn nur ein einziges Staubkorn hineinfällt, und genauso könnte vielleicht auch ein winziger Auslöser den ganzen Raum in einen anderen Zustand befördern. Könnten Physiker durch ein Experiment mit einem Teilchenbeschleuniger diese Wirkung erzielen, indem sie unabsichtlich eine Blase des neuen Vakuums erzeugten, die sich dann mit Lichtgeschwindigkeit ausdehnen und das Universum verschlingen würde?

Das mag absurd erscheinen, aber man kann sich leicht an Beispiele erinnern, bei denen wir Bedingungen hergestellt haben, die es von Natur aus nirgendwo gab. Beispielsweise gab es im Universum nie etwas, das kälter war als 2,7 Grad über dem absoluten Nullpunkt – das ist die derzeitige Temperatur des Mikrowellenhintergrundes –, bis wir entsprechende Kühlgeräte gebaut haben (es sei denn, es gäbe auch anderswo intelligentes Leben). Ein Vorgang, durch den »gefährliche« Bedingungen entstehen könnten, wäre der Zusammenstoß sehr energiereicher Teilchen in einem großen Beschleuniger; eine solche Kollision könnte genau die hohe lokale Energiedichte entstehen lassen, die einen Phasenübergang auslöst.

Zusammen mit dem niederländischen Astrophysiker Piet Hut habe ich in einem Artikel die Frage behandelt, ob man mit Teilchenbeschleunigern Energiekonzentrationen erzeugen kann, die es seit dem Urknall nirgendwo im Universum mehr gegeben hat. Wir sind zu einem recht beruhigenden Schluß gekommen. Wir berechneten die Kollisionsgeschwindigkeiten für Partikel der kosmischen Strahlung, die sich im interstellaren Raum in sehr geringer Dichte fast mit Lichtgeschwindigkeit bewegen, und untersuchten die energiereichsten Kollisionen, die in unserem Teil des Universums jemals vorgekommen sind. Dabei stellten wir fest, daß diese erheblich mehr Energie beinhalteten als jeder nur vorstellbare Vorgang in einem Teilchenbeschleuniger. Das ist tröstlich. Es bedeutet, daß wir noch weit über die Kollisionsenergien hinausgehen müßten, die wir in den Superbeschleunigern erwarten, bevor wir die Gefahr des Weltunterganges heraufbeschwören.

In einen wissenschaftlichen Zusammenhang versuche ich auch die Konzeption eines Ensembles aus Universen zu stellen, die jeweils andere Eigenschaften haben. Mit solchen Ideen bringt man viele Namen in Verbindung. Ich möchte hier nur den russischen Physiker André Linde nennen, der eine chaotische, unendliche Inflation annimmt, das heißt, nach seiner Vorstellung können neue Universen aus alten hervorgehen oder sich im Inneren der schwarzen Löcher in einem neuen Bereich der Raumzeit aufblähen. Linde und andere haben behauptet, unser Universum sei nur eines in einem unendlich großen Ensemble, und in den einzelnen Universen dieses Ensembles könnten ganz unterschiedliche physikalische Gesetze, Zahlen und Dimensionen gelten. Manche haben vielleicht eine sehr starke Gravitation, andere dagegen überhaupt keine, und in manchen könnte es andere Arten von Teilchen geben. Wenn das eine ernsthafte Möglichkeit ist, dann liefert die Vorstellung von einem Ensemble – ich spreche lieber von einem Meta-Universum – eine wissenschaftliche Grundlage für eine anthropische Argumentation, für die These, daß es kein Zufall ist, daß wir uns gerade in einem Universum befinden, dessen Bedingungen irgendwie auf die Entwicklung von Komplexität abgestimmt sind. Wenn alle möglichen Universen existieren, die von allen möglichen Gesetzen beherrscht werden, dann muß man ganz offenkundig auch damit rechnen, daß die Naturgesetze in manchen von ihnen Komplexität zulassen, und dann ist es kein Zufall, sondern sogar unvermeidlich, daß auch ein Universum wie das unsere existiert und daß es natürlich dasjenige ist, in dem wir uns befinden. Das legt die Vorstellung von einer Art »Beobachtungsselektion« der Universen nahe. Ich nehme das sehr ernst. Es gibt ein Ensemble von Universen. Soweit man die Zahlenverhältnisse der Universen im mathematischen Sinne »messen« kann, werden die meisten davon sozusagen Totgeburten sein, das heißt, in ihnen kann sich keine Komplexität entwickeln. Andererseits stecken in einigen vermutlich noch viel größere Möglichkeiten als in unserem eigenen, aber diese Universen liegen naturgemäß außerhalb unserer Vorstellungskraft.

Ich kann mit großer Überzeugung von dem frühen Universum reden, als es eine Mikrosekunde alt war; in die einschlägigen Theorien habe ich ebensoviel Vertrauen wie in die Aussagen der Geophysik und Paläontologie über die Frühzeit der Erde. Die Beweislage und die Art der Argumentation sind in beiden Fällen ähnlich – die kosmologischen Daten sind sogar erheblich quantitativer. Wenn wir aber in die erste Mikrosekunde zurückgehen, begegnen uns wichtige Theorien, beispielsweise von Inflation und Phasenübergängen, die letztlich in irgendeiner Form zum richtigen Weltbild gehören werden. Ärgerlicherweise wissen wir heute noch nicht genug über die Physik der Extreme, um irgend etwas quantitativ genau vorhersagen zu können. Aber die neuen Konzeptionen erweitern mit Sicherheit unsere Perspektive, weil sie die Möglichkeit eines ganzen Ensembles von Universen mit jeweils anderen Eigenschaften zulassen. Dabei muß man zwischen verschiedenen Definitionen des Begriffs »Universum« unterscheiden. Man kann damit das meinen, was wir beobachten – einen Bereich mit einem Durchmesser von etwa fünfzehn Milliarden Lichtjahren. Man kann es auch als etwas viel Größeres definieren, als den Bereich, aus dem das Licht irgendwann bis zu uns gelangen kann; oder man definiert es als das große Ensemble, das alle möglichen Universen enthält, die von allen möglichen physikalischen Gesetzen regiert werden. Diese letzte Vorstellung, das Meta-Universum, finde ich am faszinierendsten, und nach meiner Überzeugung wird es derzeit gerade zu einem Gegenstand ernsthafter wissenschaftlicher Erörterungen.

Statt vom »anthropischen Prinzip« möchte ich lieber vom »anthropischen Denken« sprechen. Es handelt sich dabei um die allgemeine Argumentation, daß manche Eigenschaften des Universums eine Voraussetzung für die Existenz der Beobachter sind und daß wir deshalb nicht nach einer grundlegenden Erklärung für diese Eigenschaften suchen sollten: Sie sind schlicht eine Funktion der Tatsache, daß es uns gibt. In einem gewissen Sinn sind anthropische Überlegungen selbstverständlich und banal; wir brauchen uns nicht die Mühe zu machen und zu fragen, warum wir uns an diesem besonderen Ort des Universums, in der Nähe eines Sterns wie der Sonne, und nicht irgendwo im intergalaktischen Raum befinden. Und wir brauchen auch nicht zu ergründen, warum wir in einem Universum leben, das bereits fünfzehn Milliarden Jahre alt ist und nicht erst ein paar Sekunden, denn damit wir existieren können, mußte das Universum sich erst einmal abkühlen, und es muß vorher deutlich eine lange Evolutionskette gegeben haben.

Manche Leute haben versucht, das anthropische Denken noch weiter zu treiben: Sie behaupten, es ergebe sich irgendwie zwangsläufig, daß alle Grundgesetze der Natur bewußte Beobachter möglich machen. Das ernst zu nehmen, fällt mir schwer. Der Stellenwert des anthropischen Denkens hängt stark vom Wesen der grundlegenden Gesetze ab. Wenn diese Gesetze – das heißt, die jeweilige Stärke der Gravitation und der anderen Elementarkräfte, die Masse, der Spin, die Ladung der Elementarteilchen und so weiter – in einem gewissen Sinne Zufälligkeiten bei der Abkühlung unseres Universums sind, kann man sich ohne weiteres Universen vorstellen, in denen andere Gesetze herrschen, die das Leben nicht begünstigen. Alle diese Universen könnte es geben, und wir befinden uns zufällig in demjenigen, das die »richtigen« Bedingungen hat. Daran ist nichts Bemerkenswertes.

Wenn auf der anderen Seite (und hier stehe ich der Richtung

des verstorbenen Physikers Heinz Pagels näher) die grundlegenden Naturgesetze etwas Einzigartiges sind – wenn sich zeigt, daß die physikalischen Gesetze nirgendwo eine andere Form haben können, und wenn eine einheitliche Gleichung uns die Stärke der Kräfte und die Masse der Teilchen angibt –, dann wäre es je nach Sichtweise eine schlichte Tatsache, Glück oder Vorsehung, daß diese einzigartigen, einfachen Gesetze die Entstehung von Komplexität ermöglichen. Mich würde ein solches Ergebnis überraschen, aber meine Reaktion wäre – um einen Vergleich anzustellen – ähnlich wie meine Verblüffung über die Tatsache, daß man für etwas so Komplexes wie die Mandelbrot-Menge mit ihrer unendlich tiefen Struktur einen einfachen Algorithmus schreiben kann. Es ist tatsächlich verblüffend, aber das ist nur Mathematik; entsprechend könnte es durchaus einzigartige physikalische Grundgesetze geben, die zufällig so unglaublich vielfältige Folgen hätten.

Wenn die Naturgesetze einmalig sind, ist für anthropische Selektion kein Platz, weil die Gesetze einfach »vorgegeben« sind. Entweder man nimmt sie mit ihren bemerkenswerten Folgen als schlichte Tatsache, oder man läßt sich auf das »starke anthropische Prinzip« ein. Wenn es aber ein Ensemble von Universen gibt, die unterschiedlich abkühlen, dann gibt es darunter einige, deren Bedingungen das Leben begünstigen, während andere kurzlebig sind – zu kalt, zu leer und so weiter. Dann *gibt* es Platz für eine echte anthropische Selektion. Und wir befinden uns dann naturgemäß in einem Universum, das gastlich genug ist, um die erforderliche Komplexität zuzulassen.

Wenn ich anthropische Argumente herunterspiele, dann unter anderem deshalb, weil die Physiker gut daran täten, ihnen nicht zuviel Glauben zu schenken. Mit Sicherheit wird man viele Eigenschaften des Universums, die wir jetzt noch nicht verstehen, eines Tages mit einleuchtenden physikalischen Argumenten erklären können. Wenn man annimmt, daß manche

Merkmale des Universums nichts Grundlegendes, sondern reine Zufälle sind, die sich aus der Art und Weise ergeben, wie unser Bereich des Meta-Universums abkühlt, ist man weniger motiviert, nach Erklärungen zu suchen. Als ich Steven Weinberg vor über zehn Jahren für eine Radiosendung interviewte, wies er auf diesen Punkt hin: Es sei am besten, wenn Physiker nicht an das anthropische Prinzip glaubten, denn sonst seien sie nicht mehr motiviert, nach einer vereinheitlichten Theorie zu suchen, und wenn sie nicht danach suchten, würden sie auch mit Sicherheit nichts finden. Die neuen Vorstellungen von einem Meta-Universum (oder einem Ensemble von Universen) rückt die anthropische Selektion näher an die Hauptströmung der wissenschaftlichen Diskussion.

Lee Smolin: Ich habe Martin Rees erst kürzlich bei einem Besuch an der Universität von Cambridge kennengelernt. Natürlich hatte ich schon seit vielen Jahren von ihm gehört, denn er wird von vielen bewundert. Er ist sicher eine der einflußreichsten Persönlichkeiten in der theoretischen Astrophysik und Kosmologie, und nach einigen Gesprächen mit ihm wußte ich auch, warum: Er ist einerseits für neue Ideen und Vorschläge aufgeschlossen und reagiert andererseits sehr genau abwägend und auch mit strenger Kritik. Außerdem kann man über die Evolution von Strukturen im Universum oder die Bildung von Galaxien kaum eine Idee äußern, die er nicht bereits durchdacht und durchgespielt hat oder über die er vielleicht sogar irgendwann geschrieben hat. Es macht großen Spaß, sich mit ihm zu unterhalten, und soweit ich es beurteilen kann, ist er völlig uneitel. Von manchen Leuten läßt man seine Ideen nicht gern kritisieren, weil sie aus solchen Diskussionen eine Frage der Konkurrenz machen, aber Rees' Kritik an einigen meiner Thesen habe ich sehr positiv aufgenommen. Er hielt sie nicht für richtig und erklärte mir genau, wo ich in seinen Augen höchstwahrscheinlich falschlag.

381

Die Entdeckung, daß die Naturgesetze etwas Besonderes sind und deshalb eine ausgeprägte Struktur des Universums möglich machen, verdanken wir nach meiner Überzeugung zum größten Teil ihm. Ursprünglich gab es diese Idee schon bei einer früheren Generation, insbesondere bei P. A. M. Dirac, Fred Hoyle und Robert Dicke. Aber soweit ich sehe, waren es eigentlich Martin und sein jüngerer Kollege Bernard Carr, die alle Belege für die besondere Qualität der Naturgesetze zusammentrugen. Das Ergebnis war ein Artikel in *Nature*, der alle, die über das anthropische Prinzip nachdenken, stark beeinflußte. Die Abhandlung wurde zu mehr als einem Buch erweitert. Am wichtigsten ist aber in meinen Augen, daß die beiden genügend überzeugende Argumente für die besondere Qualität der Naturgesetze angeführt haben, so daß auch Leute wie ich, die keine Anhänger des anthropischen Prinzips sind, die Sache ernst nehmen müssen. Die Frage lautet jetzt: Wenn wir unsere eigene Existenz nicht als Erklärung dafür akzeptieren, daß das Universum etwas so Besonderes ist, welche andere Erklärung können wir dann finden?

Es sei mir erlaubt, ihn zum Anlaß für eine allgemeinere Aussage zu nehmen: Die englische Tradition in Astronomie und Physik besitzt etwas Wunderbares, wovon wir in Amerika eine Menge lernen können. In keinem anderen Land der Welt gibt es eine so große Anzahl hervorragender Urheber kosmologischer und astronomischer Thesen. Allein in diesem Jahrhundert waren es Arthur Eddington, Fred Hoyle, Dennis Sciama, Roger Penrose, Stephen Hawking und Martin Rees selbst, aber auch viele andere, die weniger bekannt sind. Diese Leute haben in ihrer Ausbildung gelernt, mit den höchsten Maßstäben von Strenge und intellektueller Redlichkeit zu arbeiten. Außerdem konnten sie ihre Ideen in einer Atmosphäre entwickeln, die viel freier ist und der Individualität, ja sogar der Exzentrizität viel mehr Toleranz entgegenbringt als das amerikanische Forum. In Amerika ist die wissenschaftliche Szene größer, und wir sind finanziell besser ausgestattet, aber es liegt auch etwas Ungesundes in der Art, wie wir uns darum sorgen, auf welche Weise die National Science Foundation und die wissenschaftliche Welt auf unsere Subventionsanträge reagieren werden. Vielleicht bin ich naiv, aber ich habe den Eindruck, daß die Briten – jedenfalls bisher – diese übermäßige Bürokratisierung der Wissenschaft vermeiden konnten.

England ist auch das einzige Land, das solche Wissenschaftler wie Jim Lovelock oder den Physiker und Philosophen Julian Barbour hervorbringen konnte. Sie bleiben zu Hause, binden sich an keine Universität und leisten dennoch originelle, wichtige Arbeit, die den Respekt ihrer weniger mutigen Kollegen an den Hochschulen erntet. Entscheidend ist vielleicht, daß die Engländer etwas Wichtiges nie vergessen haben: Wissenschaftlicher Fortschritt geht letztlich von kreativen Persönlichkeiten aus, und deshalb fördert man diesen Fortschritt am besten, indem man den Menschen intellektuell und moralisch die bestmögliche Ausbildung zuteil werden läßt – ich sage »moralisch«, weil Wissenschaft nach meinem Dafürhalten nur funktioniert, wenn die Wissenschaftler eine Ethik der Ehrlichkeit und Toleranz praktizieren – und dann denen, die sich als kreativ erwiesen haben, die größtmögliche Freiheit läßt. Darüber müssen wir in den Vereinigten Staaten nach meiner Überzeugung mehr nachdenken.

Nicholas Humphrey: Martin und ich sind befreundet, und ich wende mich an ihn, wenn ich etwas über Physik oder Kosmologie wissen möchte. Manchmal halte ich ihn für ein wenig zu nüchtern. Wir haben zum Beispiel unterschiedliche Ansichten über das starke anthropische Prinzip. Ich halte das starke anthropische Prinzip für etwas Großartiges – nicht unbedingt für wahr, aber für großartig. Martin hat dafür keine Zeit.

Alan Guth: Martin Rees ist mir unter den theoretischen Astro-physikern am liebsten. Man kann ihn auf jedes Thema der Astrophysik ansprechen, und er erweist sich immer als unglaublich kenntnisreich und hilfsbereit. Wenn man ihn etwas fragt, macht er sich die Mühe und erklärt in allen Einzelheiten, welche Erkenntnisse es zu dem Thema gibt. Er ist einfach großartig.

ALAN GUTH

Ein Universum im Hinterhof

Lee Smolin: Die Inflationstheorie war wahrscheinlich die einflußreichste kosmologische Idee in den letzten fünfzehn Jahren, und sie stammt von Alan. Sie hat mich nie ganz überzeugt, und ich bin da nicht der einzige, aber sie hatte eine riesige Wirkung auf das allgemeine Denken.

Alan Guth ist Physiker; mit der Victor F. Weisskopf-Professur für Physik am MIT betraut; Autor von *The Inflationary Universe* (im Druck).

Alan Guth: Die Kosmologie ist in erheblichem Maße zu einer beobachtenden Wissenschaft geworden; man sitzt heute nicht mehr im Sessel und ersinnt unbegründete Theorien über das Wesen des Universums, sondern man macht ständig Beobachtungen. Man beobachtet die Verteilung der Galaxien im Universum sowie die Hintergrund-Mikrowellenstrahlung und ihre Ungleichförmigkeit, und man schätzt mit vielfältigen Methoden die Massendichte des Universums und sein Alter.

Das alles entscheidet mit darüber, welche Theorien vom Universum lebensfähig sind. Ich entwickelte 1980 das Modell vom inflationären Universum, eine neue Theorie über den Beginn des Urknalls. Sie ist mit der üblichen Urknalltheorie vereinbar, und das ist einer der Gründe, warum sie weitgehend anerkannt wurde. Man muß ihretwegen die früheren Ansichten der Kosmologie nicht über Bord werfen. Aber sie fügt eine Menge hinzu, eine ganz neue Geschichte über das Geschehen im ersten Sekundenbruchteil des Universums, einer Zeitspanne, die man bis dahin noch nicht untersucht hatte. Das Inflationsmodell beantwortet eine Reihe von Fragen, die in der herkömmlichen Urknalltheorie offengeblieben sind. Die Theorie vom inflationären Universum betrifft die Realität. Realität ist für mich – wie vermutlich für die meisten Physiker – die echte, physikalische Wirklichkeit, die vom Menschen nur insoweit beeinflußt wird, als wir Dinge erreichen und bewegen können und so weiter. Die Realität existiert unabhängig von den Menschen, und als Physiker hat man das Ziel, diese Realität zu verstehen.

Eines der erstaunlichsten Kennzeichen des Modells vom inflationären Universum ist die Möglichkeit, daß das Universum aus etwas unglaublich Kleinem entstanden sein kann. Als Ausgangsmaterial für ein Universum sind offenbar nur etwa zehn Kilo Materie erforderlich. Das ist ein großer Unterschied zum kosmologischen Standardmodell. Vor der Inflationstheorie ging das Standardmodell von der Annahme aus, daß alle existierende Materie bereits von Anfang an vorhanden war, und das Modell beschrieb nur, wie das Universum sich ausdehnte und wie die Materie sich abkühlte und weiterentwickelte. Vor dem Hintergrund des Inflationsmodells stellt sich die verführerische Frage, ob man im Prinzip auch im Labor – oder im Hinterhof – durch vom Menschen gesteuerte Prozesse ein Universum erschaffen kann.

Als erstes muß man die Frage untersuchen, was geschehen würde, wenn sich ein kleiner Fetzen eines inflationären Universums mitten in unserem Universum befände, unabhängig davon, wie er dorthin gelangt wäre. Setzen wir einmal voraus, daß ein solcher Fetzen existiert, und sehen wir uns an, wie er sich entwickelt. Wie sich dabei herausstellt, wird er, wenn er zu Beginn groß genug ist, zu einem neuen Universum heranwachsen, aber das geschieht auf eine sehr seltsame Weise. Er wird unser Universum nicht verdrängen, was für unsere Umweltpläne sehr wichtig ist. Der Fetzen bildet vielmehr ein Wurmloch, durch das er hindurchgleitet. Von unserem Universum aus wirkt es immer sehr klein und ähnelt mehr oder weniger einem gewöhnlichen schwarzen Loch. In seinem Inneren dehnt sich das neue Universum jedoch aus und kann jede beliebige Größe erreichen, weil bei seinem Wachstum neuer Raum entsteht. Es kann ohne weiteres so umfangreich werden, daß es ein Universum, wie wir es sehen, einschließt. In einem sehr kurzen Zeitraum, einem kleinen Bruchteil einer Sekunde, schnürt es sich völlig von unserem Universum ab und wird zu einem völlig isolierten neuen Universum.

Das kosmologische Inflationsmodell gibt der Theorie vom Urknall eine neue Wende. Es schafft die Vorstellung vom Urknall keineswegs ab, denn es ist mit allen Aussagen vereinbar, die man im Rahmen dieser Theorie gemacht hat. Allerdings verändert es unsere Konzeption von der Geschichte im ersten kleinen Sekundenbruchteil des Urknalls. Nach der neuen Theorie machte das Universum in diesem winzigen Zeitabschnitt eine Inflation durch, eine kurze Phase, in der es sich gewaltig aufblähte.

Die Inflationstheorie unterscheidet sich in zwei wichtigen Merkmalen von dem üblichen Urknallmodell. Zum ersten: Es gibt im Inflationsmodell einen Mechanismus, durch den praktisch die gesamte Materie des Universums in der kurzen Phase des Aufblähens erschaffen werden kann. Nach der herkömmlichen Urknalltheorie nahm man jedoch notwendigerweise an, daß alle Materie von Anfang an vorhanden war – wie sie entstanden war, ließ sich nicht beschreiben. Nebenbei bemerkt, ist die inflationäre Materieentstehung auch mit dem Energieerhaltungsgesetz vereinbar, obwohl ein Universum danach buchstäblich aus dem Nichts auftauchen kann. Die Energie bleibt dennoch erhalten – das läßt sich im Zusammenhang der klassischen allgemeinen Relativitätstheorie berechnen. Ungewöhnlich ist nur, daß die Gravitation in der Energiebilanz eine entscheidende Rolle spielt. Wie sich nämlich herausstellt, ist die Energie eines Schwerefeldes – und zwar jedes Schwerefeldes – negativ. In der Inflationsphase, wenn das Universum immer größer wird und immer mehr Materie entsteht, steigt die Gesamtenergie der Materie gewaltig an. Gleichzeitig wird aber die Gravitationsenergie immer stärker negativ. Diese negative Gravitationsenergie gleicht den Energiegehalt der Materie aus, so daß die Gesamtenergie des Systems immer den Wert behält, den sie zu Beginn der Inflation hatte – und dieser Wert war vermutlich sehr klein. Die Gesamtenergie des Universums könnte sogar Null sein, wobei die negative Energie der Gravitation die positive Energie in der Materie genau aufwiegt. Diese Möglichkeit, Materie im Universum entstehen zu lassen, kennzeichnet einen entscheidenden Unterschied zwischen der Inflationstheorie und dem früheren Modell.

Zum zweiten besteht ein großer Unterschied darin, daß man mit der Inflationstheorie mehrere auffällige Eigenschaften unseres Universums erklären kann, die nach der üblichen Urknalltheorie undurchschaubar blieben. Ein Beispiel ist die Beobachtung, daß das Universum im großen und ganzen einheitlich ist; betrachtet man weit entfernte Gebiete, erkennt man eine bemerkenswerte Gleichförmigkeit. Der beste Beleg dafür ist das älteste Phänomen, das wir sehen können: die kosmische Hintergrundstrahlung, eine Art Nachhall des Urknalls selbst. Wenn wir die Hintergrundstrahlung betrachten, sehen wir sozusagen eine Momentaufnahme des Universums zu der Zeit, als die Strahlung freigesetzt wurde – was erst ein paar hunderttausend Jahre nach dem Urknall geschah; daraus können wir schließen, daß das Universum unglaublich einheitlich war.

Nach dem Standardmodell war diese Beobachtung immer ein Rätsel. Das frühe Universum war so groß, daß das Licht nicht annähernd genügend Zeit hatte, es zu durchqueren. Man kann sich zum Beispiel vorstellen, daß man die Hintergrundstrahlung aus zwei entgegengesetzten Richtungen des Himmels beobachtet und dann die beiden Mikrowellenstrahlen mit Hilfe der Urknalltheorie zu ihrer Quelle zurückverfolgt. Als die Strahlung ausgesandt wurde, war der Abstand dieser beiden Quellen etwa hundertmal so groß wie die Distanz, die das Licht bis zu diesem Zeitpunkt hätte zurücklegen können. Da wir annehmen, daß nichts schneller sein kann als das Licht, gibt es keine Möglichkeit, wie die Stelle auf der einen Seite des

Universums von irgend etwas, das auf der anderen Seite vor sich ging, beeinflußt werden konnte, und dennoch hatten beide Stellen zur gleichen Zeit mit der außerordentlichen Genauigkeit von eins zu hunderttausend die gleiche Temperatur. Diese Einheitlichkeit konnte die Urknalltheorie nur begründen, indem sie ohne weitere Erklärung annahm, das Universum sei von Anfang an unglaublich einheitlich gewesen.

Das Inflationsmodell dagegen postuliert in der ersten Frühzeit eine kurze Phase, in der das Universum sich viel, viel schneller ausdehnte als nach der üblichen kosmologischen Theorie. Das bedeutet, daß das frühe Universum weitaus kleiner war, als man bis dahin angenommen hatte. Es stand viel Zeit zur Verfügung, damit das mikroskopische Protouniversum eine einheitliche Temperatur erreichen konnte, bevor die Inflation begann, und dann vergrößerte die Inflation diesen sehr kleinen Bereich soweit, daß er das ganze sichtbare Universum umfaßte. Damit ist die große Gleichförmigkeit des Universums kein Rätsel mehr, sondern wir können darin die natürliche Folge der kosmischen Evolution sehen. Um die beobachtete Gleichförmigkeit zu erklären, müssen wir annehmen, das sich das Universum in der Inflationsphase mindestens um einen Faktor von einer Billion Billionen ausgedehnt hat. Höchstwahrscheinlich war der Faktor sogar noch wesentlich größer als diese gewaltige Zahl, aber wie stark sich das Universum tatsächlich aufblähte, können wir nicht im einzelnen herausfinden.

In letzter Zeit habe ich mich mit Wurmlöchern beschäftigt und die Frage untersucht, ob man im Prinzip ein »Universum im Hinterhof« schaffen kann. Vor ein paar Jahren versuchte ich in Zusammenarbeit mit Steven Blau und Eduardo Guendelman zu erkunden, was geschieht, wenn sich mitten in unserem Universum ein Teil eines anderen Universums befindet, das sich gerade aufbläht. Wie wir feststellten, läßt sich diese Frage sauber und eindeutig beantworten, denn der Ablauf wird von der allgemeinen Relativität bestimmt. Die einzige neue Komponente des Problems ist eine Vorstellung aus der Teilchenphysik von dem sogenannten »falschen Vakuum«, einer bestimmten Art von Materie, die als Triebkraft hinter der Inflation steht. Wie wir entdeckten, würde ein ausreichend großer Bereich des falschen Vakuums ein neues Universum entstehen lassen, das sich, wie ich bereits beschrieben habe, schnell von unserem lösen würde und dann völlig isoliert wäre.

Als wesentlich schwieriger erwies sich die zweite Frage: Welche Voraussetzungen müssen gegeben sein, damit dieser kleine Bereich des falschen Vakuums entsteht, so daß alles in Gang kommt? Das ist bestimmt nicht einfach, denn die Massendichte des falschen Vakuums ist etwa 10^{60}mal höher als die Dichte eines Atomkerns. Es gibt heute und in absehbarer Zukunft keine Technik, mit der wir so etwas bewerkstelligen könnten. Dennoch kann man die physikalischen Bedingungen bei der Schaffung eines Universums unter prinzipiellen Gesichtspunkten erörtern, und das ist in meinen Augen ein höchst interessantes Thema.

Nehmen wir einmal an, irgend jemand könne ein falsches Vakuum erzeugen und diese außerordentliche Energiedichte handhaben. Dann stellt sich noch eine weitere Schwierigkeit. Sobald man solches Material sammelt, wird es aufgrund seiner starken Gravitation zu einem schwarzen Loch zusammenstürzen. Verhindern kann man die Bildung eines schwarzen Loches nur dann, wenn sich das Material mit sehr hoher Geschwindigkeit ausdehnt. Wenn sich der Bereich so schnell ausdehnen soll, daß daraus ein neues Universum hervorgeht, muß am Ausgangspunkt ein Gebilde stehen, das wir als Anfangssingularität oder weißes Loch bezeichnen. Das weiße Loch ist im wesentlichen das Gegenteil eines schwarzen Loches: Während Materie in ein schwarzes Loch hineinfallen und nicht mehr entkommen kann, stößt ein weißes Loch Materie aus, die jedoch nicht hineingelangen kann.

Ein Beispiel für ein weißes Loch ist der Augenblick der kosmischen Entstehung in der Urknalltheorie, aber mit Sicherheit hat noch nie jemand ein weißes Loch gesehen, und niemand weiß, wie man es im Labor herstellen könnte. Wenn man sich also fragt, ob man *im Prinzip* im Labor ein Universum erschaffen könnte, lautet die Antwort nach der klassischen allgemeinen Relativitätstheorie: nein, denn dazu wäre ein weißes Loch erforderlich. Aber die allgemeine Relativitätstheorie ist nicht das letzte Wort. Überwältigenden Indizien zufolge, leben wir in einem Quantenuniversum, das nicht von den klassisch-deterministischen Gesetzmäßigkeiten beherrscht wird. Wir haben erkannt, daß die Quantentheorie unerläßlich ist, wenn man Moleküle, Atome und Elementarteilchen verstehen will, und nach der festen Überzeugung der Physiker braucht man sie auch, um das wahre Wesen der Gravitation zu ergründen. Aber wenn man versucht, eine Quantentheorie der Gravitation zu konstruieren, stellen sich leider höchst komplizierte technische Probleme. Vielleicht läßt sich das Rätsel mit der Superstringtheorie lösen, aber diese Theorie ist so wenig verstanden, daß man sie bisher nicht angewandt hat, um auch nur eine der zentralen Fragen zu beantworten, denen die Quantengravitation voraussichtlich gegenüberstehen wird.

Nach der klassischen Physik kann man also ohne weißes Loch kein Universum erschaffen, aber es besteht die Möglichkeit, daß Quanteneffekte die Sache vereinfachen. Edward Farhi, Jemal Guven und ich versuchten, das Quantenproblem mit einer näherungsweisen Formulierung der Quantengravitation anzugehen, mit der man viel einfacher umgehen kann als mit der Superstringtheorie. Dabei entdeckten wir zweierlei. Erstens stellte sich heraus, daß eine Standardannäherung an die Quantengravitation zu Ungereimtheiten führt; um überhaupt eine Antwort zu erhalten, mußten wir sie abwandeln. Und wenn wir unseren abgewandelten Regeln der Quantentheorie glaubten, dann – so unsere zweite Entdeckung – ist es im Prinzip tatsächlich möglich, im Labor ein Universum zu erschaffen, ohne daß man von einem weißen Loch ausgeht. Die Methode führt nicht mit Sicherheit zum Erfolg, aber im Zusammenhang mit der Quantenmechanik konnten wir die Wahrscheinlichkeit dieses Erfolges abschätzen. Da sich unsere Berechnungen jedoch auf die Abwandlung einer Annäherung stützten, die von vornherein schon unsicher war, fanden wir es ausgesprochen beruhigend, daß Willy Fischler, Daniel Morgan und Joseph Polchinski mit einer anderen Methode zu dem gleichen Ergebnis gelangten. Wie sich herausstellte, hängt die Erfolgswahrscheinlichkeit entscheidend von der Energiedichte des falschen Vakuums ab. Liegt sie im typischen Bereich dessen, was die Physiker »große vereinheitlichte Theorien« nennen, ist die Wahrscheinlichkeit außerordentlich gering. Andererseits kann man sich aber vorstellen, daß die Energieebene beim falschen Vakuum etwa tausendmal höher liegt als bei den großen vereinheitlichten Theorien, dann besteht eine hohe Wahrscheinlichkeit für die Entstehung eines Universums.

Unsere Berechnungen sind immer noch ein wenig vorläufig, denn die Unsicherheiten der Quantengravitation sind bisher nicht ausgeräumt. Da die synthetische Erzeugung von Universen weit außerhalb der experimentellen Möglichkeiten liegt, haben wir nur eine Möglichkeit, um noch in unserer Lebenszeit herauszufinden, ob es möglich ist: Wir müssen eine detaillierte Theorie über die Quantengravitation und über das Verhalten von Materie bei extrem hoher Energie entwickeln. Beide Aufgaben hängen zusammen, denn die Gravitations-Wechselwirkungen zwischen den Elementarteilchen spielen nur bei sehr hoher Energie eine Rolle.

Ein interessanter Gesichtspunkt bei den Arbeiten zur Schaffung von Universen betraf die Bedeutung der Wurmlöcher, langgestreckter Raumröhren, die im Prinzip verschiedene Universen oder weit voneinander entfernte Teile desselben Universums verbinden können. In dem Szenario der Universenerschaffung ist das Tochteruniversum anfangs über ein Wurmloch mit seinem Ausgangsuniversum verbunden, aber dieses Wurmloch schnürt sich schon nach 10^{-35} Sekunden ab. Wurmlöcher des gleichen Typs sind auch von Bedeutung für die Frage, ob die physikalischen Gesetze Zeitreisen zulassen.

Die Frage der Zeitreise hat mit der Lebensdauer der Wurmlöcher zu tun. Um durch die Zeit reisen zu können, braucht man ein stabiles Wurmloch, das so groß ist und so lange besteht, daß man hindurchfliegen kann. Am Anfang eines solchen Szenarios würde man ein Wurmloch konstruieren, das unser Universum mit sich selbst verbindet, falls so etwas irgendwann technisch möglich sein sollte. Der Zeitreisende in spe würde einen Eingang des Wurmlochs bei sich behalten, während er sich ganz normal in die Zukunft weiterentwickelt. Der Eingang muß sich ständig fast mit Lichtgeschwindigkeit bewegen, aber es könnte eine Kreisbewegung sein, so daß er in regelmäßigen Abständen wiederkehrt. Jahre oder Jahrtausende später kann die durch die Zeit gereiste Person oder ihre Nachkommen wieder durch das Wurmloch fliegen und so in die Zeit zurückkehren, zu der es konstruiert wurde.

Allerdings machen die physikalischen Gesetze es den Wurmloch-Transporttechnikern nicht leicht. Ein charakteristisches Kennzeichen ist der schnelle Zusammenbruch der Wurmlöcher bei der Entstehung von Tochteruniversen. Bestünde das Wurmloch aus irgendeinem »normalen« Material, würde es sogar kollabieren, bevor überhaupt irgend etwas hindurchgelangen kann. Damit es offenbleibt, braucht man ein Material mit negativer Energiedichte. Es gibt allerdings Anlaß zur Hoffnung, denn die relativistischen Quantentheorien gestatten bekanntermaßen Bereiche mit negativer Energiedichte. Größe und Lebensdauer solcher Bereiche sind aber begrenzt, und deshalb hat noch niemand in der Theorie ein Wurmloch konstruiert, das man durchqueren kann. Andererseits hat aber auch noch niemand bewiesen, daß so etwas nicht möglich ist.

Man kann sich vielleicht fragen, ob es überhaupt sinnvoll ist, wenn man sich mit Theorien beschäftigt in denen Zahlen wie 10^{-35} Sekunden vorkommen. »Wie können Sie einer solchen Zahl einen Wert oder eine Bedeutung beimessen?« fragt vielleicht mancher, weil sie so weit außerhalb der unmittelbaren Erfahrung liegt. Als Maxwell zum Beispiel 1864 die Gleichungen für Elektrizität und Magnetismus aufstellte, stützte er sich auf Experimente, die man auf einem Labortisch ausführen konnte und in denen es um Entfernungen von Zentimetern oder Metern ging. Mit denselben Gleichungen können wir aber heute Phänomene beschreiben, deren Größenordnung zwischen dem Durchmesser eines Atomkerns und der Ausdehnung des sichtbaren Universums schwankt. Dennoch kann man ganz offensichtlich nicht immer behaupten, daß solche Extrapolationen gültig sind. Extrapoliert man Newtons Bewegungsgesetze auf die halbe Lichtgeschwindigkeit, gelangt man zu falschen Ergebnissen! Große Extrapolationen sind also nicht in allen Fällen zuverlässig, aber ich möchte behaupten, daß es sich immer lohnt, sie zu untersuchen. Die spezielle Relativität wurde sogar nur deshalb entdeckt, weil Einstein versuchte, Newtons Gesetze fast bis zur Lichtgeschwindigkeit zu extrapolieren. Er fragte sich: Wie würde eine Reise auf einem Lichtstrahl aussehen? Entsprechend fragen die Physiker sich heute, wie das Universum 10^{-35} Sekunden nach seiner Entstehung aussah. Das sind spekulative Überlegungen, aber sie sind reizvoll, und wir hoffen, daß sie auch produktiv sind.

Was das eigentliche Wesen des Universums angeht, neige ich zu einer recht nüchternen Betrachtungsweise. Das Universum existiert als physikalisches Gebilde, und die Physiker und andere Wissenschaftler machen große Fortschritte bei dem Versuch, seine Funktionsgesetze zu erkennen. In der Wissenschaft ist wie im übrigen Leben die Erkenntnis wichtig, daß es immer ein paar nicht zu beantwortende Fragen geben wird. Man sucht weiterhin nach den Antworten, aber man sollte sich nicht wundern, wenn man feststellt, daß es einem nicht gelingt, sie zu finden.

Lee Smolin: Die Inflationstheorie war wahrscheinlich die einflußreichste kosmologische Idee in den letzten fünfzehn Jahren, und sie stammt von Alan. Sie hat mich nie ganz überzeugt, und ich bin da nicht der einzige, aber sie hatte eine riesige Wirkung auf das allgemeine Denken. Ihr Ausgangspunkt war der Versuch, einige sehr schwierige Fragen über das Universum als Ganzes aufzuklären: Warum ist es so symmetrisch, warum ist es nicht viel, viel ungeordneter? Wenn wir an die kosmologische Standardtheorie glauben und davon überzeugt sind, daß der Urknall der erste Augenblick der Zeit war, dann stand zwischen diesem Zeitpunkt und dem Augenblick, den wir beim Betrachten der Hintergrundstrahlung erleben, nicht soviel Zeit zur Verfügung, daß die einzelnen Teile des Universums untereinander hätten in Verbindung treten und in den gleichen Zustand gelangen können. Alle Bereiche des Universums, die wir sehen können, haben mit einer Genauigkeit von wenigen Hunderttausendstel die gleiche Temperatur. Die Inflationstheorie wurde erfunden, um dieses und andere Rätsel zu lösen.

Man kann über die Inflation auf zweierlei Weise reden. Man kann behaupten, das Universum blähe sich in einem ganz frühen Augenblick exponentiell auf und wachse um ganz viele Zehnerpotenzen; oder aber man sagt, die Zeit verlangsame sich in dieser Aufblähungsphase sehr stark. Die Wirkung ist in beiden Fällen dieselbe: In dieser Phase können alle sichtbaren Teile des Universums in Wechselwirkung getreten sein.

Interessant ist an der Theorie auch, daß sie voraussagt, Omega sei genau eins. Omega ist ein Maß für die Dichte der Materie im Universum. Bei einer bestimmten Dichte der Materie wird das Universum letztlich wieder in sich selbst zusammenstürzen – der Zusammenbruch wird durch die gegenseitige Anziehungskraft der Materie ausgelöst. Da wir wissen, mit welcher Geschwindigkeit das Universum sich ausdehnt, können wir berechnen, wieviel Materie notwendig ist, damit die Ausdehnung aufhört. Das Verhältnis zwischen der Dichte der tatsächlich im Universum vorhandenen Materie und dieser kritischen Dichte nennt man Omega. Es ist die entscheidend wichtige Menge in der Kosmologie. Nach den Voraussagen der Inflationstheorie soll Omega gleich eins sein, das heißt, das Universum befindet sich genau im Gleichgewicht zwischen dem Zusammenstürzen und der ewigen Ausdehnung. Ein bißchen mehr Materie, und es stürzt zusammen, ein bißchen weniger, und es würde in einen Zustand der unendlichen Ausdehnung übergehen. Deshalb muß man die Inflationstheorie experimentell durch Beobachtung überprüfen. Solche Tests werden voraussichtlich in den nächsten zehn oder fünfzehn Jahren stattfinden.

Martin Rees: Die Inflationstheorie war der Auslöser für einen großen Teil der kosmologischen Diskussion über die allererste Frühzeit des Universums. Es gab verschiedene Modeströmungen – alte Inflation, neue Inflation, chaotische Inflation –, und die Einzelheiten sind immer noch nicht geklärt; wir können zum Beispiel nicht genau berechnen, wann sie im Universum stattfand oder wie die Veränderungen entstanden sind, aus denen Galaxien, Galaxienhaufen und Superhaufen hervorgegangen sind, denn diese Antworten hängen von unsicheren physikalischen Faktoren ab. Es ist aber eine aufregende neue Möglichkeit, daß die kleinen Temperaturschwankungen, die von COBE und jetzt in etwa zehn anderen Experimenten nachgewiesen wurden, vielleicht quer über den Himmel die Spuren jener physikalischen Vorgänge zeigen, die sich abgespielt haben, als das ganze Universum noch nicht einmal so groß wie ein Golfball war. Die exotischen physikalischen Vorgänge in dieser Frühphase, als Quanten-Unschärfeeffekte im kosmischen Maßstab von Bedeutung waren, sind heute der Beobachtung zugänglich, so daß man die Spekulationen zumindest eingrenzen kann. Die meisten Kosmologen würden aber ziemlich viel darauf wetten, daß die Idee von der Inflation, die Alan Guth in seinem Artikel als erster deutlich formulierte, ein Element jeder richtigen Theorie über die Frühzeit des Universums sein wird. Es war eine der Entwicklungen, die es möglich machten, daß wir heute nicht nur über die erste Sekunde, sondern sogar über die ersten 10^{-36} Sekunden des Universums ernsthaft diskutieren können.

Glücklicherweise beschäftigte sich Alan Guth mit diesen Themen gerade zu einer Zeit, als auch eine andere Idee in Mode kam: die Theorie, man könne herausfinden, warum das Universum Materie und keine Antimaterie enthält, warum also eine Asymmetrie zugunsten der Materie herrscht. Eine Theorie, wonach das Universum sich zu gewaltigen Dimensionen aufblähen kann, ohne daß eine Möglichkeit zur Schaffung von Materie besteht, die dieses Universum füllt, wäre nicht vollständig. Guth führte die beiden Vorstellungen in seiner Theorie vom inflationären Universum zusammen.

LEE SMOLIN

Eine Theorie des ganzen Universums

<u>Murray Gell-Mann</u>: Smolin? Ach, ist das nicht der junge Bursche mit den verrückten Ideen? Er hat vielleicht nicht unrecht!

<u>Lee Smolin</u> ist theoretischer Physiker; Professor für Physik an der Pennsylvania State University und Mitglied des Center for Gravitational Physics and Geometry; Autor des Buches *The Life of The Cosmos: A New View of Cosmology, Particle Physics, and the Meaning of Quantum Physics* (1995).

Lee Smolin: Was ist Raum und was ist Zeit? Darum geht es bei dem Problem der Quantengravitation. Mit der allgemeinen Relativitätstheorie gab Einstein uns nicht nur eine Theorie der Gravitation, sondern auch eine Theorie über das Wesen von Raum und Zeit, welche die vorausgegangene Konzeption Newtons erledigte. Die Schwierigkeit bei der Quantengravitation besteht darin, die aus der Relativitätstheorie gewonnenen Erkenntnisse über Raum und Zeit mit der Quantentheorie zu vereinbaren, die ebenfalls wesentliche, tiefgreifende Erklärungen über die Natur abgibt. Wenn uns das gelingt, werden wir eine einzige vereinigte Theorie der Physik finden, die sich auf alle Phänomene vom kleinsten Maßstab bis zum gesamten Universum anwenden läßt. Mit ziemlicher Sicherheit wird eine solche Theorie verlangen, daß wir uns Raum und Zeit anders vorstellen, und diese Vorstellung wird über die Erkenntnisse der Relativitätstheorie hinausführen.

Geht man sogar noch darüber hinaus, muß eine Quantentheorie der Schwerkraft eine Theorie der Kosmologie sein. Als solche muß sie uns auch erklären, wie man das gesamte Universum vom Standpunkt der in ihm lebenden Beobachter aus beschreiben kann – denn außerhalb des Universums gibt es definitionsgemäß keine Beobachter. Damit sind wir unmittelbar bei den Hauptfragen, mit denen wir uns zur Zeit herumschlagen, denn offenbar ist es sehr schwer zu verstehen, wie sich die

Quantentheorie von einer Beschreibung der Atome und Moleküle zu einer Theorie des ganzen Universums erweitern läßt. Wie Bohr und Heisenberg uns gelehrt haben, hat die Quantentheorie offenbar nur dann einen Sinn, wenn man sie als Beschreibung sehr kleiner, vom Beobachter getrennter Dinge versteht – der Beobachter steht außerhalb. Deshalb muß die Vereinigung von Quanten- und Relativitätstheorie sich auch auf unser Verständnis der Quantentheorie auswirken. Allgemeiner gesagt, können wir das Problem der Quantengravitation nur dann lösen, wenn wir eine gute Antwort auf folgende Frage finden: Wie können wir als Beobachter, die innerhalb des Universums leben, eine vollständige, objektive Beschreibung des Universums konstruieren?

Der Quantengravitation gilt der größte Teil meiner wissenschaftlichen Tätigkeit. Es macht mir Spaß, viel an diesem Problem zu arbeiten, insbesondere weil es meines Wissens das einzige Gebiet der Physik ist, in dem man täglich auf tiefe philosophische Fragen stößt und gleichzeitig mit dem üblichen Handwerk der Physiker befaßt ist, also Berechnungen ausführt und versucht, aus theoretischen Überlegungen Voraussagen über die Natur abzuleiten. Außerdem finde ich es gut, daß man viele verschiedene Dinge wissen muß, um über diese Frage nachzudenken. Die Quantengravitation wird beispielsweise höchstwahrscheinlich eine Rolle für die Interpretation astronomischer Beobachtungen spielen, und ebenso wird die neue Theorie, die wir auszuarbeiten versuchen, sich wahrscheinlich auch neuer mathematischer Ideen und Strukturen bedienen, die jetzt gerade erst entdeckt werden. Obwohl ich also seit fast zwanzig Jahren ausschließlich an diesem Thema arbeite, habe ich mich noch nie dabei gelangweilt.

An manchen Tagen bin ich vormittags mit Berechnungen beschäftigt, um eine Idee vom Abend vorher zu überprüfen, und mittags besuche ich ein Seminar, in dem Astronomen die neueste Beweislage einer entscheidenden Frage diskutieren, beispielsweise der, wieviel dunkle Materie es gibt. Den Nachmittag verbringe ich damit, den Fachartikel eines Freundes zu lesen, der sich mit reiner Mathematik beschäftigt, und danach treffe ich mich zum Abendessen mit einem Philosophen, um eine bereits begonnene Diskussion über das Wesen der Zeit fortzusetzen. Das Schöne dabei ist, daß diese verschiedenen Themenbereiche, zwischen denen es bisher keine Verbindung gab, sich gegenseitig häufig erhellen. Natürlich läuft es nicht immer so ideal; Lehre und Bürokratie kosten eine Menge Zeit – allerdings, so muß ich sagen, in vernünftigem Umfang. Die Lehre macht mir auch Spaß. Aber an vielen Tagen halte ich mich wirklich für einen Glückspilz und kann mir gar nicht vorstellen, daß ich für ein solches Leben auch noch bezahlt werde.

Etwa seit acht Jahren – dabei kommt es mir noch gar nicht so lange vor – arbeite ich zusammen mit mehreren Freunden an einem neuen Versuch, die Relativitäts- und die Quantentheorie zu vereinigen. Wir nennen diesen Versuch »nichtstörende Quantengravitation«. Mit ihrer Hilfe können wir tiefschürfender und umfassender als früher untersuchen, welche Folgen sich aus der Kombination von allgemeiner Relativitätstheorie und Quantentheorie ergeben. Damit sind wir noch nicht fertig, aber wir kommen stetig voran, und seit kurzem haben wir die Theorie so gut im Griff, daß wir daraus einige experimentelle Voraussagen ableiten können. Leider lassen sich die Voraussagen, zu denen wir bisher in der Lage waren, derzeit nicht überprüfen, weil es dabei um die Raumgeometrie in einem Maßstab geht, der zwanzig Zehnerpotenzen kleiner ist als ein Atomkern. Aber wir sind damit einer Lösung des Problems näher als irgend jemand zuvor – und, so muß ich sagen, näher, als ich es für meine eigene Lebenszeit erwartet hatte.

Bei dieser Arbeit kombinieren wir eine sehr schöne, von meinem Freund Abhay Ashtekar entdeckte Formulierung der Einsteinschen allgemeinen Relativitätstheorie mit einigen Ideen zur Bildung einer Quantentheorie der Geometrie von

Raum und Zeit, in der man alles in Form von Schleifen beschreibt. Man sagt also nichts mehr darüber aus, wo sich jedes einzelne Teilchen befindet, sondern man beschreibt die Welt unter dem Gesichtspunkt, wie Schleifen untereinander verknotet und verknüpft sind. Diese Methode, an die Quantentheorie heranzugehen, wurde von einem weiteren Freund, nämlich Carlo Rovelli, und mir selbst sowie auch von dem sehr interessanten Physiker Rodolfo Gambini aus Uruguay erfunden.

Das Hauptergebnis dieser Arbeit lautet: Im Planckschen Maßstab, der zwanzig Zehnerpotenzen kleiner ist als der Durchmesser eines Atomkerns, erscheint der Raum als Geflecht einzelner Schleifen, die man gewissermaßen als Atome des Raumes bezeichnen könnte. Der Energiegehalt eines Atoms läßt sich in einzelne Einheiten zerlegen, und genauso können wir auch voraussagen, was man findet, wenn man die Struktur des Raumes im Planck-Maßstab untersucht: Für die Oberfläche oder das Volumen einer Region sind ebenfalls nur bestimmte, in Einheiten unterteilte Werte möglich. Was in unserem herkömmlichen Maßstab als bruchlose Geometrie des Raumes erscheint, ergibt sich schlicht aus einer Riesenzahl dieser verknüpften und verflochtenen Elementarschleifen, ganz ähnlich wie bei einem glatten Stück Stoff, das in Wirklichkeit ebenfalls aus vielen einzelnen Fäden besteht.

Darüber hinaus hat dieses Bild von den Schleifen die wunderbare Eigenschaft, daß es ganz und gar ein Bild aus Relationsbegriffen ist. Es gibt keine vorgegebene Raumgeometrie, keine festen Bezugspunkte; alles ist dynamisch und relativ. Und genauso, das hat uns Einstein gelehrt, müssen wir die Geometrie von Raum und Zeit verstehen – nicht festgelegt oder von vornherein vorgegeben, sondern relativ und dynamisch. Mit dem Bild von den Schleifen konnten wir diese Vorstellung auf die Quantentheorie übertragen.

Für mich ist die wichtigste Erkenntnis, die sich aus der Entwicklung der Physik und Kosmologie im 20. Jahrhundert ergibt, diese: Die Dinge haben auf der Basisebene keine inneren Eigenschaften; bei allen Eigenschaften geht es immer um die Beziehungen zwischen den Dingen. Das ist der Grundgedanke von Einsteins allgemeiner Relativitätstheorie, aber seine Geschichte ist älter; sie geht zumindest bis ins 17. Jahrhundert und auf den Philosophen Leibniz zurück, der Newtons Vorstellungen von Raum und Zeit widersprach. Newton nahm an, daß Raum und Zeit absolut existieren, Leibniz dagegen sah in ihren etwas, das aus den Beziehungen zwischen den Dingen erwächst. Dieser Streit zwischen denen, in deren Augen die Welt aus absoluten Einzelteilen zusammengesetzt ist, und jenen, nach deren Ansicht sie nur aus Beziehungen besteht, ist für mich ein Schlüsselthema in der Entwicklungsgeschichte der modernen Physik. Außerdem bin ich parteiisch. Nach meiner Überzeugung hatten Leibniz und die Relationisten recht, und die derzeitige Entwicklung in der Wissenschaft kann man als ihren Triumph betrachten.

In den letzten Jahren habe ich sogar erkannt, daß eine relationale Sichtweise auch für andere Probleme der Physik und Astronomie befruchtend sein kann. Das gilt unter anderem für die zentrale Frage der Teilchenphysik: Wie lassen sich die Massen und Ladungen der Elementarteilchen erklären? Ich bin mittlerweile zu der Überzeugung gelangt, daß dieses Problem auch mit zwei anderen Grundfragen verknüpft ist, über die man sich seit vielen Jahren den Kopf zerbricht. Die erste lautet: Warum sind die Gesetze der Physik und die Bedingungen im Universum ausgerechnet so beschaffen, daß das Universum die Existenz von Lebewesen ermöglicht? Eng damit gekoppelt ist die zweite Frage: Warum gibt es im Universum so lange nach seiner Entstehung so viele Strukturen? Von der Frage des Lebens einmal abgesehen, ist es schon bemerkenswert, daß unser Universum offenbar nicht in einen einförmigen, langweiligen Zustand des thermischen Gleichgewichts gelangt ist, sondern sich zu einem Zustand voller Strukturen und Komplexität entwickelt hat, die von der Ebene unterhalb der Atomkerne bis zur kosmischen Größenordnung praktisch in jedem Maßstab auftreten.

Das Bild, das sich sowohl aus der Relativitätstheorie als auch aus der Quantentheorie ergibt, zeigt die Welt als ein Geflecht von Beziehungen. Newtons Bild von einer Hierarchie, in der sich Atome mit festgelegten, absoluten Eigenschaften vor einem festgelegten Hintergrund des absoluten Raumes und der absoluten Zeit bewegen, ist endgültig tot. Das heißt nicht, daß Atomismus oder Reduktionismus unrecht hätten, es heißt vielmehr, daß man sie auf subtilere, schönere Weise verstehen muß als zuvor. Soweit wir heute erkennen können, geht die Quantengravitation sogar noch weiter in diese Richtung, denn unsere Beschreibung der Raumzeitgeometrie als Geflecht verwobener Knoten und Schleifen ist ein wunderschöner mathematischer Ausdruck für die Vorstellung, daß die Eigenschaften jedes einzelnen Teiles der Welt durch dessen Beziehungen und Verflechtungen mit allen anderen Teilen bestimmt werden.

Als wir anfingen, dieses Bild zu entwickeln, fragte ich mich auch, ob die dahinterstehenden philosophischen Grundgedanken sich über die Beschreibung von Raum und Zeit hinaus auch auf andere Gesichtspunkte der Natur anwenden ließen. Genauer gesagt, machte ich mir Gedanken darüber, ob man die Welt als Ganzes stärker als relationales Beziehungsgeflecht verstehen könne, im Gegensatz zu dem üblichen Bild, in dem alles durch festgelegte Naturgesetze bestimmt wird. Meist stellen wir uns vor, die Naturgesetze seien durch irgendein absolutes mathematisches Prinzip ein für allemal vorbestimmt und beherrschten alle Vorgänge, indem sie auf der Ebene der kleinsten Grundbausteine wirken. Für die Annahme, daß die grundlegenden Kräfte nur auf die Elementarteilchen wirken, gibt es gute Gründe. Aber wir haben in der Elementarteilchenphysik auch etwas anderes vorausgesetzt: daß es Mechanismen oder Prinzipien gibt, die auswählen, welche Gesetze sich in der Natur tatsächlich ausprägen, und daß diese Mechanismen oder Prinzipien ebenfalls nur im winzigkleinen Maßstab wirken, der weit unter der Größe eines Atomkerns liegt; ein Beispiel für einen solchen Mechanismus ist der sogenannte »spontane Symmetriebruch«. Vorausgesetzt, es stellt für das Universum als Ganzheit einen großen Unterschied dar, welche Gesetze ausgewählt werden, kam es mir allmählich seltsam vor, daß die Mechanismen, die diese Auswahl treffen, nicht in irgendeiner Form und in sehr großem Maßstab von der Geschichte oder Struktur des Universums beeinflußt werden sollen. Aber den Todesstoß erhielt die Idee, die wirksamen Naturgesetze würden nur durch sehr kleinmaßstäbliche Mechanismen ausgewählt, nach meiner Ansicht durch das dramatische Versagen der Stringtheorie.

Wie viele junge Leute, die in den siebziger und achtziger Jahren in Elementarteilchenphysik ausgebildet wurden, hatte ich große Hoffnungen in die Stringtheorie gesetzt, denn sie schien die besten Aussichten für die Entwicklung einer grundlegenden, vereinheitlichten Theorie zu bieten. Auch heute noch glaube ich, daß sie richtige Gedanken enthält, und ihre Erforschung führte zur Entdeckung schöner, tiefgreifender mathematischer Prinzipien. Aber als Theorie der Elementarteilchen hat sie bisher mit Sicherheit versagt; anfangs sah es nämlich so aus, als wäre nur eine einheitliche Stringtheorie möglich, aber heute wissen wir, daß es eine Menge solcher Theorien gibt, die alle gleichermaßen in sich stimmig sind und jeweils zu einem anderen Universum führen. Deshalb war die Stringtheorie keine Antwort auf die Frage, wie die Welt sich gerade diese Sammlung von Elementarteilchen und Kräften ausgesucht hat. Und unabhängig von der zukünftigen Entwicklung der Theorie bezweifle ich, daß sie diese Antwort jemals geben wird.

Die Krise der Stringtheorie führte mich zu der Frage, ob die

Suche nach den Prinzipien, welche die herrschenden Naturgesetze bestimmen, überhaupt Erfolg haben kann, wenn wir weiterhin nur Mechanismen betrachten, die in sehr kleinem Maßstab wirken. Ich fragte mich, ob es Mechanismen gibt, welche die Eigenschaften der Elementarteilchen mit denen des Universums koppeln, das durch die Wechselwirkungen der Elementarteilchen entsteht. Möglicherweise, so dachte ich, wirken diese Mechanismen sogar im astronomischen oder kosmischen Maßstab. Damit meine ich nichts Mystisches. Da das Universum eine Vergangenheit hat und offenbar in irgendeinem Stadium einmal sehr klein war, könnte es einen Mechanismus geben, welcher die Eigenschaften von Dingen mit dem allergrößten und dem allerkleinsten Maßstab verbindet. Vor etwa fünf Jahren warf ich deshalb die Frage auf, ob das Universum selbst vielleicht im Laufe seiner Evolution auf irgendeine Weise die Eigenschaften der Elementarteilchen auswählt. Als ich darüber nachdachte, fiel mir etwas ein, worauf andere schon zuvor hingewiesen hatten und was ich plötzlich ernst nahm: daß die Eigenschaften der Elementarteilchen und die Bedingungen im Universum anscheinend dazu ausgewählt seien, daß sich Strukturen und Leben entwickeln können. Offenbar stimmt das – offenbar würde das Universum bei fast allen anderen Kombinationen von Teilchen und Kräften nicht nur kein Leben enthalten, es besäße auch viel weniger reichhaltige Strukturen und eine geringere Vielfalt an Phänomenen.

Viele von denen, die auf diesen Zusammenhang hingewiesen haben, wurden zu Verfechtern des anthropischen Prinzips, also der Vorstellung, daß die Eigenschaften der Welt irgendwie deshalb ausgewählt wurden, damit es intelligentes Leben wie uns geben kann, oder daß sie sich damit zumindest erklären lassen. Ich habe mich solchen Vorstellungen immer widersetzt und tue das nach wie vor. Angeblich gibt es eine starke und eine schwache Form des anthropischen Prinzips. In seiner schwachen Form ist es meines Erachtens einfach die Beobachtung, daß die Welt, in der wir uns befinden, etwas höchst Besonderes ist. Das erklärt überhaupt nichts, es zeigt nur, daß wir eine Erklärung dafür brauchen, *wie* die Welt zu etwas Besonderem geworden ist – und diese Erklärung muß in einem Mechanismus liegen, der in ihrer Vergangenheit wirksam war. Die starke Form, nach der die physikalischen Gesetze irgendwie ausgesucht wurden, damit Leben existieren kann, ist für mich wirklich mehr Religion als Wissenschaft. Deshalb überrascht es mich überhaupt nicht, daß manche Vertreter des starken anthropischen Prinzips ihre Ansicht in Büchern und Aufsätzen mit der christlichen Theologie in Verbindung bringen. Für die Religion ist das schön und gut, aber Wissenschaft ist es nicht. Nachdem mir klargeworden war, daß Leute wie Martin Rees und Bernard Carr recht haben – daß die Welt in Einzelheiten, die einem zunächst sehr unwahrscheinlich vorkommen, etwas Besonderes ist –, fragte ich mich aber, ob es nicht einen tatsächlichen Mechanismus gibt, der früher in der Geschichte des Universums abgelaufen ist und mit dem man erklären könnte, wie die Eigenschaften der Elementarteilchen so ausgewählt wurden, daß die Welt derart viel Struktur und Vielfalt erhielt.

Zu jener Zeit las ich viel Biologisches: Richard Dawkins über Evolution, Harold Morowitz über Selbstorganisation, James Lovelock und Lynn Margulis über die Gaia-Theorie. Ich weiß noch, was mir dabei in dem Sinn kam: Wenn man die Erde als selbstorganisiertes System betrachten kann, gilt das gleiche vielleicht auch für andere Systeme, zum Beispiel für eine Galaxie oder für das Universum als Ganzes. Es war Sommer, und ich segelte viel; dabei ließ ich das Boot oft lange Zeit treiben und dachte darüber nach, welche Selbstorganisationsmechanismen vielleicht in der Frühzeit des Universums gewirkt haben und wie sie die Eigenschaften der Elementarteilchen und Naturkräfte bestimmt haben könnten. Meines Erachtens gibt es nur ein Prinzip, das so mächtig ist, daß man damit den hohen Organisationsgrad unseres Universums – im Vergleich zu einem Universum mit zufällig ausgewählten Teilchen und Kräften – erklären kann: die natürliche Selektion. Nun stellte sich die Frage: Gab es irgendeinen Mechanismus, durch den die natürliche Selektion im Maßstab des gesamten Universums wirksam werden konnte?

Nachdem ich diese Frage formuliert hatte, fiel mir sehr schnell eine Antwort ein: Die Eigenschaften der Partikel und der Kräfte werden so selektioniert, daß das Universum eine möglichst große Zahl schwarzer Löcher hervorbringen kann. Diese Idee kam mir sofort aufgrund zweier Theorien, die mir durch meine Beschäftigung mit der Quantengravitation vertraut waren: Die erste besagt, Quanteneffekte beseitigen im Inneren eines schwarzen Loches die Singularität, die sich dort nach der allgemeinen Relativitätstheorie befinden müßte – und daß sie dort ist, wissen wir von den Theoremen von Hawking und Penrose –, und dort, im Inneren des schwarzen Loches, dehnt sich allmählich, wie nach einem Urknall, ein neuer Bereich des Universums aus. Ich weiß noch, wie Bryce Witt, einer der großen Pioniere der Quantengravitation, mir diese Theorie erläuterte, als ich bei ihm meine erste Stelle nach der Promotion antrat. Die zweite Theorie, die von John A. Wheeler, einem weiteren bedeutenden Wissenschaftler auf diesem Gebiet, stammt, postuliert, daß sich die Eigenschaften der Elementarteilchen und Kräfte bei solchen Ereignissen nach dem Zufallsprinzip ändern. Um einen Mechanismus der natürlichen Selektion zu konstruieren, brauchte ich jetzt nur noch anzunehmen, daß es sich um kleine Veränderungen handelt, denn aus den Schritten von Dawkins hatte ich gelernt, wie wichtig die Ansammlung kleiner Veränderungen in den Genen und der damit verbundene allmähliche Wandel für die natürliche Selektion sind. Wenn ich also Universen statt Tiere und Eigenschaften der Elementarteilchen statt Gene nahm, hatte ich einen Mechanismus, durch den die natürliche Selektion Universen hervorbringen würde, mit Parametern, die geeignet wären, zur Produktion möglichst vieler schwarzer Löcher zu führen, denn die schwarzen Löcher sind das Mittel, durch das ein Universum sich fortpflanzt – das heißt, neue Universen erzeugt.

Das war 1989. Ob die These richtig ist, weiß ich bis heute nicht. Aber ich bin stolz darauf, daß man sie überprüfen kann. Die meisten in den letzten Jahren aufgestellten Thesen zu der Frage, warum die Elementarteilchen gerade diese und keine anderen Eigenschaften haben, sind nicht überprüfbar. Das ist der Hauptgrund für die gegenwärtige Krise des Faches. Aber meine Hypothese führt zu einer Voraussage: Könnte man irgendeine Eigenschaft der Elementarteilchen verändern, sollte das dazu führen, daß die Zahl der schwarzen Löcher im Universum gleichbleibt oder abnimmt, denn meine These besagt ja, daß die Parameter in fast jedem Universum und damit auch in unserem eigenen zur Entstehung der größtmöglichen Zahl von schwarzen Löchern führt.

Als mir diese Idee zum erstenmal kam, nahm ich ihre Folgerungen nicht besonders ernst, und ich nehme an, den meisten meiner Kollegen ging es genauso. Ich wußte auch nicht viel über Astrophysik und bildete mir ein, man müsse recht einfach überprüfen können, wie sich die Entstehungshäufigkeit der schwarzen Löcher darstellt, wenn man beispielsweise die Masse dieses oder jenes Elementarteilchens oder die Stärke einer der Elementarkräfte ändert. Also lernte ich ein wenig Astronomie und Astrophysik, um meine These zu prüfen. Bisher habe ich keinen Weg gefunden, die Eigenschaften von Teilchen und Kräften zu verändern, um ein Universum zu produzieren, das mehr schwarze Löcher bildet, aber ich habe durchaus einige Veränderungen gefunden, durch die sich ihre Zahl vermindert. Außerdem habe ich die Frage mehreren Astrophysikern vorgelegt, die sich auf diesem Gebiet wesentlich besser auskennen als ich. Zu meiner Freude zeigten diese Leute, von denen ich einige sehr bewundere, immerhin so viel Interesse für meine ungewöhnliche Idee, daß sie sich die Zeit nahmen, sie genauer unter die Lupe zu nehmen. Sie machten einige interessante Vorschläge; zwar konnte keiner eine Veränderung der Parameter postulieren, die eindeutig zur Entstehung von mehr schwarzen Löchern führt, aber aus den Gesprächen ergaben sich ein paar interessante Möglichkeiten, die ich jetzt näher untersuche. Sollte die Idee falsch sein, wäre ich sehr dankbar, wenn jemand einen Test vorschlägt, mit dem man sie aus der Welt schaffen könnte. Ich glaube eher an die allgemeine These, daß Selbstorganisationsmechanismen an der Selektion der Parameter für die Naturgesetze beteiligt sein müssen, als an diesen besonderen Mechanismus, der mir einfach nur als erster einfiel. Im Augenblick sieht es aber so aus, als müsse man noch viel mehr Untersuchungen anstellen, und ich habe mich in letzter Zeit eingehender damit beschäftigt. Vielleicht verblüfft mich am meisten, daß diese recht unwahrscheinliche These nach fünf Jahren immer noch nicht tot ist.

Ob sie nun stirbt oder nicht, in jedem Fall habe ich mit meinen neuerworbenen astronomischen Kenntnissen etwas entdeckt, das meine kosmologische Sichtweise völlig verändert hat: Die Vorstellung, daß auch im astronomischen Maßstab Prinzipien der Selbstorganisation wirksam sind, stimmt offenbar. In den letzten zehn Jahren etwa ist man bei der Untersuchung der Galaxien auf Hinweise gestoßen, daß Rückkopplungseffekte und Selbstorganisationsmechanismen sich auf der Ebene der Milchstraßensysteme tatsächlich abspielen; sie sind sogar notwendig, damit Galaxien Sterne hervorbringen können und damit es Spiralnebel geben kann. Die Vorstellung, daß eine Galaxie ein selbstorganisiertes System ist – also kein lebloser Klumpen aus Sternen und Gas, sondern eher ein ökologisches System –, hat sich bei Astronomen und Physikern, die sich mit Milchstraßensystemen beschäftigen, immer stärker durchgesetzt.

Mir erscheint es deshalb sehr wohl möglich, daß Begriffe wie Selbstorganisation und Komplexität in Astronomie und Kosmologie eine immer größere Rolle spielen werden. Wenn die Astronomen sich stärker mit solchen Ideen anfreunden und wenn diejenigen, die sich mit Komplexität beschäftigen, ernsthaft über kosmologische Rätsel wie die Struktur und Entstehung von Galaxien nachdenken, wird sich nach meiner Vermutung eine neue astrophysikalische Theorie entwickeln, in der man das Universum als Geflecht selbstorganisierter Systeme betrachtet.

Darüber hinaus denke ich – unabhängig davon, was aus meinen Hypothesen wird –, daß diese Verbindung zwischen der Wissenschaft des Grundsätzlichen und der Wissenschaft des Organisierten auch die hergebrachten Betrachtungsweisen in bezug auf die Elementarteilchen umstoßen wird. Nach den Vorstellungen vieler Leute, die sich mit Komplexität beschäftigen, wie zum Beispiel Murray Gell-Mann, Stuart Kauffman, Harold Morowitz und andere, besteht die Welt aus hochorganisierten, komplexen Systemen, aber die grundlegenden Gesetze sind einfach von vornherein festgelegt durch Gott oder durch die Mathematik. Auch ich habe das unterstellt, aber heute glaube ich es nicht mehr. Ich gelange vielmehr immer stärker zu der Überzeugung, daß die Mechanismen der Selbstorganisation vom größten bis zum kleinsten Maßstab wirksam sind und daß sie sowohl die Eigenschaften der Elementarteilchen als auch die Geschichte und Struktur des gesamten Universums erklären können.

Am einfachsten kann man es so ausdrücken: Eine Theorie, der es gelingt, Relativität und Kosmologie mit der Quantentheorie zu verschmelzen, muß auch eine Theorie der Selbstorganisation sein. Ein Argument, das ich für diese Schlußfolgerung anführen kann, gründet sich auf eine Idee, die wir Bohr verdanken: Die Quantentheorie hat nur dann einen Sinn, wenn es in der Welt Uhren und Beobachter gibt. Normaler-

412

weise ist das kein Problem, denn die Uhren und Beobachter befinden sich außerhalb des untersuchten Systems, so daß man ihre Existenz einfach voraussetzen kann. Wendet man aber die Quantentheorie auf das ganze Universum an, ist für Beobachter oder Uhren außerhalb des Systems kein Platz, weil es kein »Außerhalb« gibt.

Andererseits kann nur ein komplexes Universum – ein Universum, das so komplex ist, daß es Leben hervorbringt – Phänomene wie Uhren und Beobachter enthalten. Wenn die Quantentheorie der Gravitation die Existenz solcher Phänomene erforderlich macht, und wenn diese innerhalb des Universums, das die Theorie beschreibt, existieren sollen, dann muß dieses Universum zwangsläufig komplex sein, und die Theorie muß erklären, warum es komplex ist. Das heißt, es muß eine Beziehung zwischen Quantentheorie, Relativität und Selbstorganisation bestehen, so daß es logisch unmöglich ist, eine relativistische, quantenmechanische Welt zu beschreiben, wenn in dieser Welt keine Selbstorganisationsmechanismen wirksam sind, welche die für eine schlüssige Theorie erforderliche Komplexität erzeugen.

Eine ähnliche Argumentation ergibt sich aus der Beschreibung des Raumes in Einsteins allgemeiner Relativitätstheorie. Denn wenn nach dieser Theorie das einzig Bedeutsame die Beziehungen zwischen wirklichen Dingen sind, wie es der Fall ist, dann hat es keinen Sinn, den Raum als Gebilde aus einzelnen Punkten oder die Zeit als Gebilde aus einzelnen Augenblicken zu betrachten, solange man die Punkte oder Augenblicke nicht anhand dessen, was dort geschieht, unterscheiden kann. Wenn es also in der allgemeinen Relativitätstheorie von Bedeutung ist, die Welt unter dem Gesichtspunkt von drei kontinuierlichen Raumdimensionen und einer Zeitdimension zu beschreiben, muß sich von jedem Punkt in Raum und Zeit auch ein einzigartiger Blick auf das Universum bieten, denn sonst könnte man die Punkte nicht unterscheiden. Das heißt aber:

413

Die Welt muß so komplex sein, daß man den eigenen Standpunkt im Universum feststellen kann, indem man sich einfach umsieht. Und wenn die allgemeine Relativitätstheorie nur unter der Voraussetzung dieser Komplexität stimmig ist, bedeutet das wiederum, daß sie nur dann eine vollständige Theorie des ganzen Universums ist, wenn sie die Komplexität auch entstehen läßt.

Nach meiner Überzeugung ist die Frage, warum die physikalischen Gesetze so ausgewählt wurden, daß die Welt derart komplex ist, eng verknüpft mit den grundlegenden Fragen nach dem Wesen von Raum und Zeit, mit denen wir uns bei der Quantengravitation herumschlagen. Aufgrund dieses engen Zusammenhangs werden, so glaube ich, die nächsten Jahre in der Teilchenphysik und Kosmologie sehr aufregend sein. Viele meiner Kollegen sind zwar noch wegen der Stringtheorie deprimiert, aber am meisten ermutigt mich, daß einige theoretische Physiker, deren Phantasie ich bewundere – zum Beispiel Alexander Poljakow und Holgar Nielsen –, jetzt nach Mechanismen suchen, mit denen das Universum die Eigenschaften seiner Elementarteilchen abwandeln kann.

Vielleicht sollte ich ein paar Worte darüber verlieren, wie die Arbeit eines theoretischen Physikers aussieht, denn sie ist so ganz anders als das, was ich mir vorgestellt hatte, als ich zum erstenmal davon träumte. Ob andere Fachgebiete in dieser Hinsicht vergleichbar sind, weiß ich nicht, aber im Bereich der Quantengravitation zu arbeiten, heißt, daß wir intensiv auf der Suche sind; teilweise forscht man für sich allein, teilweise gehört man aber auch zu einer großen Tradition, die unter anderem eine wunderbare Gemeinschaft bedeutet. Wissenschaft ist eine sehr soziale Tätigkeit; wir reisen oft und verwenden enorm viel Zeit darauf, miteinander zu reden – sowohl mit den Freunden, mit denen wir zusammenarbeiten, als auch mit den Angehörigen der größeren Gemeinschaft. Die Physik ist sehr gesprächsintensiv. Manche von uns – zum Beispiel ich – lesen auch die Fachartikel der anderen, aber der wichtigste Kommunikationskanal sind sicher die Gespräche. Auf dem Gebiet der Quantengravitation gibt es vielleicht ein paar hundert Leute – genau weiß ich es nicht –, die aktiv an dem Problem arbeiten und untereinander in ständiger Verbindung stehen. Eigentlich gibt es nur eines, das ich an der Gemeinschaft meiner Kollegen nicht mag: Es gibt darin zu wenig Frauen. Natürlich nimmt ihre Zahl in unserem Fachgebiet zu, aber nicht so schnell wie in anderen Disziplinen. Es wäre interessant, zu erkunden, warum das so ist.

Die Grundlagenforschung hat aber auch eine andere Seite, und die ist keineswegs sozial: Es ist die eigene, persönliche Konfrontation mit der Natur. Wenn ich Dinge wie den Sinn der Zeit zu verstehen suche, dann letztlich deshalb, weil ich wissen will, wer ich bin, was dies für eine Welt ist und was ich hier tue. Naturwissenschaft zu betreiben, ist für mich eine Art Reaktion auf die Entfremdung, die darin liegt, ein kleines Geschöpf in einer riesigen Welt zu sein. Wissenschaftler zu sein, bedeutet für mich auch, daß ich letzten Endes weiß, daß ich für meine Überzeugungen allein verantwortlich bin.

Als Wissenschaftler kann man glauben, was man will, und sich beschäftigen, womit man möchte, aber man erkennt auch an, daß die wissenschaftliche Welt letztlich darüber urteilt, ob die Forschungstätigkeit des einzelnen von Nutzen ist. Das erfordert eine Ethik, für die intellektuelle Redlichkeit und Respekt vor den Ansichten anderer unentbehrlich sind, gleichzeitig aber auch Individualität, Unterschiede und Dissens zentrale Bedeutung haben. In der wissenschaftlichen Welt gibt es jederzeit zu bestimmten Themen einen Konsens, auf den sich fast alle nach langen Streitigkeiten geeinigt haben, aber es gibt auch große Bereiche, in denen keine Übereinstimmung herrscht. Und dieser Zustand ist auch notwendig, denn bei zuviel Übereinstimmung würde die Entwicklung zum Stillstand kommen, und das wäre der Tod der Wissenschaft.

<u>Martin Rees:</u> Eines der zentralen Themen in der Physik ist die Vereinigung der Gravitation mit dem Quantenprinzip und den mikrophysikalischen Kräften. Es gibt verschiedene Denkschulen: die Hawking-Schule, die Penrose-Schule und eine Reihe andere. Meines Erachtens sind wir von einem Konsens auf diesem Gebiet noch weit entfernt, aber Smolin und Ashtekar haben die Diskussion mit wichtigen neuen Ideen belebt.

Als John Wheeler in den fünfziger Jahren über die Quantengravitation sprach, lag sie noch jenseits aller Denkmöglichkeiten. Heute kann man sie mit ernsthaften Methoden angehen, aber bis zu einer experimentellen Überprüfung ist es noch ein weiter Weg. Lee Smolins wichtigster Beitrag war der Vorschlag, Raum und Zeit auf eine neue Weise unter dem Gesichtspunkt einer winzigkleinen Gitterstruktur zu betrachten. Das hat in gewisser Weise mit Wheelers sehr weitsichtigen Vorstellungen von einem Raumzeit-Schaum zu tun: Danach gibt es nicht länger drei Dimensionen des Raums und eine der Zeit, wenn man den Raum in sehr kleinem Maßstab betrachtet, sondern alle Dimensionen sind auf komplizierte Weise ineinander verschränkt.

Die zweite Idee, mit der man Smolin in Verbindung bringt, ist die von der »natürlichen Selektion« der Universen. Er sagt, daß sich Universen, die Komplexität und Evolution zulassen, in gewisser Hinsicht effizienter fortpflanzen als andere. Das Ensemble der Universen macht also selbst eine komplizierte Evolution durch. Wenn Sterne sterben, werden sie manchmal zu schwarzen Löchern. (Das untersuche ich in meiner Eigenschaft als Astrophysiker.) Nach Smolins Spekulation – andere, zum Beispiel Alan Guth, haben die gleiche Vermutung geäußert – kann ein kleiner Bereich im Inneren eines schwarzen Loches sozusagen zu einem neuen Universum heranwachsen. Wir sehen es nicht, aber es bläht sich zu einer neuen Dimension auf. Smolin macht sich diese Vorstellung zu eigen, aber dann führt er eine weitere Theorie ein: Danach sind die Naturgesetze in dem neuen Universum mit denen des zuvor vorhandenen verwandt. Hier unterscheidet er sich von André Lindes These eines Zufallsensembles, denn Smolin nimmt an, daß sich die physikalischen Gesetze in dem neuen Universum nicht allzusehr von denen im Ausgangsuniversum unterscheiden. Demnach hätten Universen, die so groß und komplex sind, daß Sterne entstehen, sich entwickeln und sterben, mehr Nachkommen, weil jedes schwarze Loch ein neues Universum hervorbringen kann, während Universen, die weder Sterne noch schwarze Löcher erlauben, auch keine Tochteruniversen hervorbringen. Nach Smolins Behauptung entwickelt sich das Ensemble der Universen also vielleicht nicht nach dem Zufallsprinzip, sondern in einer Art Darwinscher Selektion, die potentiell komplexe Universen begünstigt.

Meine erste Reaktion darauf besagt, daß wir keine Ahnung von den physikalischen Verhältnissen bei derart hoher Dichte haben und deshalb auch nicht wissen, ob die physikalischen Gesetze im Tochteruniversum denen des Ausgangsuniversums ähneln würden. Aber Smolins These hat etwas Gutes, was ihm selbst vermutlich in seiner ersten Abhandlung gar nicht klar war: Sie ist im Prinzip überprüfbar, denn wir wissen genug darüber, wie Sterne sich entwickeln und was sie zu schwarzen Löchern oder Neutronensternen macht. Das gehört zu den Dingen, mit denen meine Kollegen und ich uns beschäftigt haben.

Unsere Kenntnisse reichen aus, um die physikalischen Gesetze zu verdrehen und dann auszurechnen, wie viele schwarze Löcher entstehen können. Angenommen, man verändert in den Berechnungen die Stärke der Gravitation oder die Masse des Neutrons ein wenig. Wie würde sich daraufhin die Evolution der Sterne verändern, und was würde es bedeuten für ihre Neigung, zu schwarzen Löchern zu werden? Wenn Smolin recht hat, und wenn das Ensemble über »Generationen« von Universen hinweg eine Evolution erlebt, müßte unser Universum die Eigenschaft haben, die Zahl seiner Nachkommen so groß wie möglich zu machen. In ihm sollten Gesetze herrschen, die ihm einen Selektionsvorteil verschaffen, so daß es die größtmögliche Zahl von Nachkommen zu dem Ensemble beitragen kann. Diese Voraussage läßt sich überprüfen, denn man kann fragen, was geschieht, wenn sich die Naturgesetze geringfügig ändern: Würde ein solches leicht verändertes Universum weniger schwarze Löcher erzeugen als unseres? Wenn sich herausstellt, daß unser Universum aufgrund seiner Eigenschaften die maximale Zahl an schwarzen Löchern hervorbringt, wäre das ein Beweis, daß Smolin recht hat.

Die schlechte Nachricht aber heißt, daß ich keinerlei Grund sehe zu der Annahme, daß unser Universum mehr schwarze Löcher bildet als irgendein geringfügig anderes. Man kann die physikalischen Gesetze so abwandeln, daß man *mehr* schwarze Löcher bekommt, und das spricht in meinen Augen *gegen* Smolins Hypothese. Wie die Sterne sich entwickeln und ob sich schwarze Löcher bilden, das bestimmt normale Alltagsphysik oder doch *ziemlich* alltägliche Physik, und ich kann Smolin versichern, daß unser Universum nicht die Eigenschaften besitzt, die das Auftreten schwarzer Löcher maximieren. Ich kann mir durchaus ein etwas anderes Universum vorstellen, das in dieser Hinsicht mehr leistet. Wenn Smolin recht hat, warum ist unser Universum dann nicht so? Vielleicht gelingt es uns, Smolin zu widerlegen; in diesem Sinne ist seine Theorie eine echte wissenschaftliche Theorie, denn sie ist falsifizierbar.

Murray Gell-Mann: Smolin? Ach, ist das nicht der junge Bursche mit den verrückten Ideen? Er hat vielleicht gar nicht so unrecht!

Roger Penrose: Smolins Ansichten über die Verbindung zwischen der Quantenebene und der klassischen Physik sind etwas anders als meine. Wir haben recht ausführlich darüber gesprochen. Er begreift die zeitgenössische Physik sehr gut, steht ihr aber mit der richtigen kritischen Haltung gegenüber; er kennt ihre Grenzen und hat interessante Thesen vertreten, mit denen er die Physik voranbringen wollte. Ich halte ihn seit jeher für einen sehr einflußreichen, kritischen Physiker. Die Überlegungen, die Lee Smolin und Carlo Rovelli im Zusammenhang mit der Grundstruktur des Universums entwickelt haben, finde ich äußerst interessant. Wohin sie letztlich führen werden, weiß ich nicht; sie gehören sicher zu den vielversprechendsten Ideen, die ich kennengelernt habe.

Paul Davies: Ich habe Lee Smolin erst kürzlich kennengelernt. Mir sind Wissenschaftler sympathisch, die geistig aufgeschlossen sind und ihre Thesen wirklich bis zum logischen Extrem verfolgen – ein anderer ist John Archibald Wheeler –, ohne dieses Extrem allzu ernst zu nehmen. Physik und Kosmologie sind eine Spielwiese für bizarre Spekulationen, die einem wissenschaftlichen Zweck dienen, ohne stimmen zu müssen – obwohl das sein könnte!

Alan Guth: Lee Smolin fing später als Hawking oder Penrose an, sich mit Relativität zu beschäftigen, und deshalb mußte er sich mit Problemen eines anderen Kalibers herumschlagen. Seine Arbeiten zielen nicht auf die klassische allgemeine Relativitätstheorie, um die es in den berühmten Untersuchungen von Hawking ging und heute zum größten Teil in Penroses Arbeit, sondern auf eine allgemeine Relativitätstheorie der Quanten – das heißt, auf die Quantengravitation.

Die allgemeine Relativitätstheorie, wie Einstein sie formulierte, war eine klassische Theorie; damit meine ich, daß alle Quantitäten, die in ihr auftauchen, zu jedem Zeitpunkt einen definierten Wert haben; und den Gleichungen kann man dann entnehmen, wie sich diese Quantitäten im Zeitverlauf entwikkeln. In einer klassischen Theorie wie der allgemeinen Relativitätstheorie gibt es keine Wahrscheinlichkeiten. Alles ist eindeutig. In der ersten Hälfte des 20. Jahrhunderts haben die Physiker jedoch gelernt, daß die wirkliche Welt nicht immer so ist.

Die wirkliche Welt wird von der Quantentheorie beschrieben, und in der Quantentheorie kann man nichts genau messen, nicht einmal im Prinzip. Es gibt immer Unsicherheiten über den derzeitigen Zustand des Universums oder eines beliebigen Teils davon, und die besten Voraussagen, die man über das zukünftige Verhalten eines Systems machen kann, beziehen sich auf die Wahrscheinlichkeit. Man kann zum Beispiel sagen, dieses oder jenes Ergebnis werde sich mit einer Wahrscheinlichkeit von einem Drittel einstellen, für ein anderes betrage die Wahrscheinlichkeit siebzehn Prozent und so weiter; in manchen Fällen kann man behaupten, etwas werde mit einer Wahrscheinlichkeit von 99,999 Prozent eintreten, aber wenn man über Quantentheorie spricht, ist es grundsätzlich immer eine Voraussage über eine Wahrscheinlichkeit.

Heute sind alle überzeugt, daß man die allgemeine Relativitätstheorie mit der Quantentheorie in Übereinstimmung bringen muß, um zu einer richtigen Beschreibung von Gravitation und Raum zu gelangen. Bisher hatten wir auf diesem Gebiet nur mäßigen Erfolg. Wenn man versucht, allgemeine Relativitätstheorie und Quantenmechanik nach dem gleichen Verfahren zu vereinigen, mit dem auch die Verschmelzung von Elektromagnetismus und Quantenmechanik gelungen ist, stellt man fest, daß es nicht klappt. In den einschlägigen Berechnungen erweisen sich viele Quantitäten als unendlich, und niemand weiß, was man damit anfangen soll.

Wir haben nach anderen Methoden gesucht, und darauf haben sich auch die Arbeiten von Lee Smolin konzentriert. Der Ansatz der Mehrheit, den Smolin nicht übernahm, stammte von Leuten, die von der Teilchentheorie kamen, und diese waren meist der Ansicht, die Lösung für das Rätsel der Quantengravitation müsse in den Superstrings liegen. Die Superstringtheorie ist etwas völlig Neues: Aus stichhaltigen Gründen, die aber sehr schwer nachzuzeichnen sind, nimmt man an, daß die grundlegende Entität in der Natur ein mikroskopisch kleiner String ist, ein Objekt von praktisch zu vernachlässigender Breite und geringer Länge, und daß diese komischen Dinger die Grundbausteine bilden, von denen wir nur die sehr energiearmen Folgen sehen.

Das Grundmotiv hinter der Superstringtheorie ist das Bestreben, eine Quantentheorie der Gravitation aufzubauen, die endgültige Antworten gibt. Man hat – zumindest für die Arten von Berechnungen, die man ausführen kann – gezeigt, daß man mit den Superstrings das Problem der Unendlichkeiten der Gravitation umgehen kann. Die Vertreter der Superstringtheorie müssen aber noch nachweisen, daß ihre Theorie überhaupt etwas mit der Realität zu tun hat; das heißt, sie konnten bisher noch nicht erklären, wie man die energiearmen Folgen der Theorie herausdestilliert und damit zeigt, daß die Superstrings tatsächlich die Welt hervorbringen, die wir sehen.

Wenn die Zeitschrift *Discover* Lee kürzlich auf einer Titelseite zum »neuen Einstein« ernannte, hat das möglicherweise den Grund, daß er mit seinen Arbeiten das gleiche Ziel verfolgt: Auch er will eine vereinheitlichte physikalische Theorie konstruieren, wobei aber Einsteins ursprüngliche Theorie als Grundlage erhalten bleiben soll. Die Superstringtheorie stellt Einsteins Überlegungen im wesentlichen in den Hintergrund. Nach allgemeiner Auffassung wird die Relativitätstheorie als untere Energiegrenze wieder auftauchen, aber sie ist kein grundlegender Bestandteil der neuen Theorie. Der grundlegende Bestandteil der Superstringtheorie ist der mikroskopisch kleine String. In Smolins Formulierung bleibt das Gravitationsfeld der Grundbaustein, und das Ziel besteht darin, es quantenmechanisch zu behandeln. Im Gegensatz zu dem Verfahren, mit dem man den Elektromagnetismus in Quanten erfassen konnte, das aber bei der Gravitation versagt, hofft er darauf, er könne die Tatsache ausnutzen, daß die Gravitationstheorie grundsätzlich nichtlinear ist.

Die Nichtlinearität kann man in diesem Fall mit einfachen physikalischen Begriffen erklären: Beim Elektromagnetismus ist das Photon, das Lichtteilchen, der Träger der Wechselwirkungen; in der Gravitation gibt es das Graviton, einen hypothetischen Träger, der die zum Photon analoge Rolle spielt. Der wichtige Unterschied besteht darin, daß Photonen keine Photonen hervorbringen. Gravitonen dagegen schaffen Gravitonen, denn sie tragen Energie, und jede Form von Energie läßt ein Gravitationsfeld entstehen. Diese Schwierigkeit führt zu allen anderen Komplikationen bei der Konstruktion einer Quantentheorie der Gravitation. Da Gravitonen ihresgleichen hervorbringen können, wird die ganze Theorie viel, viel komplizierter; sie führt zu gewaltigen Problemen, wenn man die Unendlichkeiten vermeiden will, die bei den Berechnungsversuchen auftreten.

Der Kreis der Relativitätsphysiker ist klein. Sie müssen die Mehrheit der Wissenschaftlergemeinde davon überzeugen, daß ihr Ansatz der richtige ist. Smolin ist sicher ein willkommener Gastredner für Seminare, und bei großen Konferenzen werden er und seine Kollegen zu Vorträgen eingeladen. Die Physikergemeinde interessiert sich dafür, was sie zu sagen haben. Aber die Mehrheit setzt auf die Superstrings, um im wesentlichen die gleichen Fragen zu beantworten.

PAUL DAVIES

Der Weg der Synthese

Alan Guth: Paul Davies ist ein guter populärwissenschaftlicher Vermittler. Und ein guter Physiker ist er auch. Bekannt wurde er vor allem mit seinen Versuchen auf dem Gebiet der Quantengravitation, aber er beschäftigt sich nicht mit genau den gleichen Fragestellungen wie Lee Smolin oder die Vertreter der Superstringtheorie. Er gehört zu den Menschen, die eher pragmatisch an die Dinge herangehen.

Paul Davies ist theoretischer Physiker und Professor für Naturphilosophie an der Universität Adelaide. Er hat viele Bücher geschrieben, unter anderem *Other Worlds* (1980), *God and the New Physics* (1983) [Gott und die moderne Physik, 1986], *Superforce* (1984), *The Cosmic Blueprint* (1989) [Prinzip Chaos, 1988] und *The Last Three Minutes* (1994) [Die letzten drei Minuten, ersch. 1997] sowie als Coautor mit John Gribbin *The Matter Myth* (1992) [Auf dem Weg zur Weltformel, 1993].

423

<u>Paul Davies:</u> Die Menschen interessieren sich für Fragen des Ursprungs. Damit meine ich den Ursprung des Universums, aber die Entstehung des Lebens und die Anfänge des Bewußtseins sind ebenso wichtige Meilensteine für unser Streben nach Erkenntnissen über unser Sein, was wir sind und wo wir im größeren Zusammenhang aller Dinge stehen. Interessanterweise gibt es für religiöse Menschen, die auf einer Rolle für Gott bestehen, nur noch drei Lücken in unserem Wissen, wo sie Gott und seinen unmittelbaren Einfluß auf die Welt anführen wollen. Die erste betrifft den Ursprung des Bewußtseins – die menschliche Seele, wenn man so will. Die zweite ist der Ursprung des Lebens: Leben, das aus Unbelebtem hervorgeht. Und die dritte ist die Entstehung des Universums als Ganzes. Das sind die drei allgemein bekannten Wissenslücken, die man sozusagen mit Gott füllen möchte. Wenn die Menschen vom Ursprung des Lebens und des Bewußtseins nicht ebenso fasziniert sind wie vom Ursprung des Universums, so liegt das daran, daß diese Themen ein wenig falsch dargestellt werden. Vom Menschen her gesehen, sind sie alle drei gleichermaßen tiefgreifend und wichtig.

Ich kam schon in ziemlich jungen Jahren mit dem sogenannten Problem des Zeitpfeils in Berührung. Es hat mit der rätselhaften Frage zu tun, warum die meisten physikalischen Vorgänge im Universum zeitlich nur in einer Richtung abzulaufen scheinen, obwohl die zugrundeliegenden physikalischen Gesetze umkehrbar sind – sie haben in der Zeit keine bevorzugte Orientierung. Ich wurde auf das Thema durch einige Artikel von John Wheeler und Richard Feynman aufmerksam; sie versuchten zu erklären, warum beispielsweise Radiowellen immer erst auf den Empfänger treffen, nachdem sie den Sender verlassen haben, und nie vorher. Als Ausgangspunkt wählten sie dabei klugerweise die elektromagnetischen Wellen, die zeitsymmetrisch sind (das heißt, sie sind in der Zeit vorwärts und rückwärts symmetrisch). Um dann zu den zeitlich ausschließlich vorwärts gerichteten Wellen zu gelangen, nahmen sie die Kosmologie zu Hilfe: Sie beschrieben ein ganzes Universum voller Sender und Empfänger für elektromagnetische Wellen. Das veranlaßte mich zur Beschäftigung mit einem breiten Spektrum anderer Phänomene, bei denen es ebenfalls um den Bruch der Zeitsymmetrie ging. Mit vierundzwanzig Jahren schrieb ich ein Buch über das Thema; es trug den Titel *The Physics of Time Asymmetry*. Es war eigentlich nur ein vorläufiges Herumspielen mit einem enorm komplizierten Stoff, aber viele einflußreiche Leute, darunter Wheeler, Roger Penrose und Martin Gardner, äußerten sich lobend darüber. Sogar Feynman empfahl es einem Kollegen!

Was die eigentlichen Entdeckungen angeht, bringt man meinen Namen oft mit einem seltsamen Effekt in Verbindung, auf den ich in der Theorie der Quantenfelder stieß. Man stelle sich ein völliges Vakuum vor, in dem es keinerlei Teilchen gibt, auch keine Photonen. Nehmen wir nun an, man beschleunige durch diese Leere hindurch. Was sieht man? Nichts? Doch, man sieht ein Bad aus Wärmestrahlung, obwohl der, der nicht beschleunigt, noch nichts erkennt. Dieser Effekt steht in enger Verbindung mit Stephen Hawkings Entdeckung, daß schwarze Löcher Wärme abstrahlen, und wurde unabhängig von mir auch von Bill Unruh an der University of British Columbia entdeckt. Ich schrieb den Befund Mitte der siebziger

Jahre fast zufällig nieder. Es ist ein sehr kleiner Effekt, der nicht schwer zu beweisen ist, und ich hätte nicht gedacht, daß viele Leute sich dafür interessieren würden, aber auch heute noch erscheinen jedes Jahr mehrere Artikel, die diesen oder jenen Aspekt der »Beschleunigungsstrahlung« näher beleuchten.

Nach diesem Erfolg beschäftigte ich mich mit der Theorie der Quantenfelder in einer gekrümmten Raumzeit, das heißt in Gegenwart von Gravitationsfeldern. Das Buch *Quantum Fields in Curved Space*, das ich zusammen mit meinem Studenten Nick Birrell schrieb, ist auch heute noch ein Standardwerk zu dem Thema, wie ich mit Befriedigung feststellen kann. Meine Untersuchungen betrafen vielfach das Verhalten von Quantenfeldern in bestimmten Modelluniversen, die einfach zu erforschen waren. Wir interessierten uns für viele Fragestellungen. Können durch die Ausdehnung des Universums Teilchen entstehen? Wie wird das Quantenfeld vom Gravitationsfeld des Universums gestört, und wie wirkt sich diese Störung umgekehrt auf die Gravitation aus? Eines dieser Modelluniversen ist nach dem niederländischen Kosmologen Willem de Sitter benannt, und zusammen mit Tim Bunch, einem weiteren Studenten, nahm ich mir viel Zeit, es näher zu betrachten. Neben vielen anderen Ergebnissen entstand daraus die Konzeption eines besonders interessanten Zustandes des Quantenvakuums, das noch heute als Bunch-Davies-Vakuum bekannt ist. Damals, Ende der siebziger Jahre, wäre ich nie auf die Idee gekommen, daß dieses Zeug irgendeine echte Anwendung finden könnte. Um so begeisterter war ich, als der de-Sitter-Raum plötzlich in Alan Guths Szenario vom inflationären Universum eine zentrale Stellung einnahm und die Leute das Bunch-Davies-Vakuum in ihren Berechnungen verwendeten!

Viel Arbeit widmete ich auch den schwarzen Löchern und ihren thermodynamischen Eigenschaften. Dabei entdeckte ich unter anderem, daß ein schwarzes Loch, das eine ausreichend große elektrische Ladung trägt, mit einem umgebenden Wärmebad im Gleichgewicht bleiben kann und nicht verdampfen muß, wie Hawking es ursprünglich beschrieben hatte. Fasziniert war ich immer von Penroses Ansicht, die Gravitation sei eine eigenständige Art von Entropie, und viele Artikel, die ich in den achtziger Jahren schrieb, waren Versuche, diese Idee auszugestalten, was mir aber nicht vollständig gelang.

Alan Guth geriet auf eine sehr merkwürdige Weise in das Inflationsszenario. Er versuchte, ein recht enggefaßtes Problem im Zusammenhang mit magnetischen Monopolen zu lösen. Nach der Standardtheorie vom heißen Urknall und unseren besten Erkenntnissen in der Teilchenphysik sah es so aus, als müsse das Universum mit magnetischen Monopolen vollgestopft sein, aber in Wirklichkeit sehen wir keine. Die Frage lautete: Wie wurden sie eliminiert? Um sie loszuwerden, gibt es eine naheliegende Möglichkeit: Man postuliert, daß das Universum sich um einen riesigen Faktor aufgebläht hat, so daß die Monopole zu einer sehr geringen Dichte verdünnt wurden.

Guth war kein Kosmologe, sondern Teilchenphysiker, der versuchte, die Monopole aus der Welt zu schaffen, und deshalb stellte er die These auf, das Universum habe in seinem ersten Sekundenbruchteil einen riesigen Größensprung gemacht. Als Nebeneffekt ergaben sich daraus plausible Antworten auf kosmologische Schlüsselfragen wie die, ob das Universum sich genau mit der Geschwindigkeit ausdehnt, die nötig ist, um der eigenen Anziehungskraft zu entgehen, und ob die Quantenfluktuationen um diesen genauen Geschwindigkeitswert das Spektrum erzeugen, das man soeben mit dem COBE-Satelliten beobachtet hatte. Es ist schon faszinierend, wie Guth sozusagen durch die Hintertür kam und dann auf eine Goldader von Ideen stieß, die er erfolgreich ausschöpfte. Seine Inflationstheorie ist heute, mit den unvermeidlichen Verfeinerungen, im wesentlichen das kosmologische Standardmodell für den Ursprung des Universums.

Noch vor fünfundzwanzig Jahren hielt man es nicht für angebracht, sich mit dem bei der Geburt des Universums wirksamen physikalischen Mechanismus zu beschäftigen. Ich erinnere mich an eine Vorlesung, die ich als Doktorand am University College in London hörte. Es war ein paar Jahre, nachdem man 1965 die kosmische Hintergrundstrahlung entdeckt hatte, und die Folgerungen aus dieser Entdeckung waren noch nicht ins allgemeine Bewußtsein gedrungen. Ein Professor erklärte, wie die Theoretiker auf der Grundlage dieser Strahlung berechnet hatten, daß es im Universum 25 Prozent Helium und 75 Prozent Wasserstoff gibt; dies, so erläuterte er, ergebe sich aus der Analyse der Kernprozesse, die sich in den ersten Minuten nach dem Urknall abgespielt hätten. Alle Anwesenden in dem Hörsaal brachen in Gelächter aus, denn es erschien einfach absurd und verwegen, nur auf der Basis der Entdeckung dieser Strahlung über die ersten drei Minuten nach dem Urknall zu reden. Inzwischen ist das natürlich absolut die kosmologische Standardtheorie. Wir glauben, daß wir die ersten drei Minuten des Universums recht gut kennen.

Heute ist der Urknall nicht mehr nur eine Beschreibung der Entstehung des Universums, sondern eine Erklärung. Das ist ein entscheidender Unterschied. Eine Beschreibung besteht darin, daß man einfach sagt, die Dinge spielten sich so oder so ab – mit anderen Worten: Die Dinge sind, wie sie sind, weil sie waren, wie sie waren. Was wir heute wissen, kommt einer wissenschaftlichen Erklärung viel näher: Wir können nicht nur die Tatsache feststellen, daß es einen Urknall gegeben hat, sondern aus der gut ausgearbeiteten physikalischen Theorie lassen sich viele Einzelmerkmale des Urknalls ableiten, so daß man sie nicht mehr als vorgegebene Bedingungen ansehen muß. Das ist der große Unterschied. Die letzte Entdeckung des COBE-Satelliten trägt eine Menge zu der Überzeugungskraft der Urknalltheorie bei, und zwar als einer stichhaltigen wissenschaftlichen Theorie und nicht nur einer Beschreibung.

Die Weiterentwicklung der Urknalltheorie führt zu Diskussionen um das anthropische Prinzip, wonach die Welt, die wir sehen, gewissermaßen die Tatsache widerspiegelt, daß wir hier sind, um sie zu sehen – nicht nur einfach hier, sondern hier an dieser bestimmten Stelle in Raum und Zeit. Es gibt verschiedene Varianten des anthropischen kosmologischen Prinzips, und inwieweit man ihnen Glauben schenken kann, hängt davon ab, von welcher Form man redet. Klar ist, daß unsere Wissenschaft einen anthropischen Begleiter haben muß. Nehmen wir einmal ein triviales und extremes Beispiel: Das Universum ist zum größten Teil leerer Raum, und dennoch leben wir auf der Oberfläche eines Planeten. Wir befinden uns also an einer sehr untypischen Stelle, aber das ist natürlich nicht verwunderlich, denn draußen im Weltraum könnten wir nicht leben.

Ganz offenkundig gehört ein anthropischer Faktor zu dem, was wir beobachten, und zu der Position im Universum, von der aus wir es beobachten, oder vielleicht auch zu der Zeit oder Epoche, in der wir es beobachten. Wenn man das so sagt, stellt sich die Frage, ob das nur eine Aussage über das Universum ist oder in gewissem Sinne eine Erklärung zu manchen Eigenschaften des Universums. Wenn es nur ein einziges Universum gibt, ist es nur eine Aussage. Stellt man sich aber ein ganzes Ensemble von Universen vor – eine große Vielfalt mit unterschiedlichen Bedingungen und unterschiedlichen Gesetzen –, dann wird es zu einer Erklärung oder einem Selektionsprinzip. Die Ordnung, die wir im Universum beobachten, hat ihre Ursache zum Teil in der Tatsache, daß es in dem ganzen Ensemble eines der wenigen Universen ist, die der Erkenntnis zugänglich sind. Manche haben versucht, dieses Prinzip bis ins Lächerliche auf die Spitze zu treiben. Nach ihrer Behauptung gibt es letztlich überhaupt keine Naturgesetze, alles ist Chaos, und die Gesetzmäßigkeit des Universums erklärt sich einfach dadurch, daß wir es aus der unendlichen Vielfalt der eigentlich chaotischen Welten ausgesucht haben. Das ist nachweislich falsch, und es ist eine unsinnige Extrapolation der anthropischen These.

Es ist schon bemerkenswert, daß das Universum von Gesetzen beherrscht wird, daß ihm also rational erfaßbare Prinzipien zugrunde liegen, nach denen sich das Universum verhält. Das läßt sich nicht nur damit erklären, daß wir da sind, um es zu sehen, auch wenn manche Leute solche Erklärungen versucht haben. Hier ist ein doppeltes Prinzip wirksam. Einem rationalen Prinzip zufolge ist die Welt nach einer vernünftigen, mathematischen Ordnung gestaltet. Und ein Selektionsprinzip – das anthropisch ist – besagt, daß wir aus einer großen Vielfalt verschiedener möglicher Welten gerade diese und keine andere beobachten.

Eine gewisse anthropische Komponente ist in unserem Fachgebiet nicht zu vermeiden. Das ist interessant, denn nach dreihundert Jahren realisieren wir endlich, daß wir zählen. Unser Standpunkt im Universum ist für unsere Wissenschaft von Bedeutung. Aber man kann das anthropische Prinzip sehr leicht falsch interpretieren und daraus lächerliche Schlußfolgerungen ziehen. Man muß sehr darauf achten, wie man es darlegt. Es besagt *nicht*, daß unsere Existenz irgendeinen theologischen oder kausalen Zwang ausübt, damit das Universum bestimmte Gesetze oder Anfangsbedingungen besitzt. So funktioniert das nicht. Wir erschaffen ein solches Universum nicht durch unsere Existenz.

Wir stehen heute kurz davor, das Wesen der Grundbausteine zu erkennen, aus denen sich die Welt zusammensetzt. Dieser reduktionistische Weg ist enorm wichtig und hatte großen Einfluß auf die Denkweise der Physiker, aber er ist nicht alles. Die Aussage, die Welt bestehe aus einer Sammlung von Teilchen, die untereinander in bestimmten Wechselwirkungen stehen, ist das eine. Das andere sind Erklärungen für Probleme wie die Entstehung des Lebens und den Ursprung des Bewußtseins – Probleme, bei denen es um sehr komplexe Systeme geht. Wenn man über Komplexität redet, muß man sich klarmachen, daß man das Verhalten mancher Systeme nur verstehen kann, wenn man die Gesamtheit und ihre Organisation betrachtet und nicht nur die Einzelbestandteile. Das Verhalten dieser sogenannten komplexen Anpassungssysteme läßt sich unmöglich nach rein reduktionistischen Prinzipien erklären, und ebensowenig kann man sie nach solchen Prinzipien zusammensetzen. Derartige Systeme sind zum Beispiel biologische Organismen, die offenbar ihrer Umwelt entsprechend reagieren und sich anpassen.

Ich freue mich auf die Zeit, wenn die Biologen den Physikern nicht mehr vorwerfen, daß sie den Reduktionismus aufgegeben haben. Derzeit sind die Biologen in missionarischer Weise stark reduktionistisch, und jeder Vorschlag der Physiker, den Weg des strikten Reduktionismus einmal zu verlassen, führt in der Regel dazu, daß die Biologen ihnen auf die Finger klopfen. Nach meinem persönlichen Eindruck sind die Biologen zu kompromißlos und reduktionistisch, denn sie sind sich ihres grundlegenden Dogmas noch nicht ganz sicher; die Physiker dagegen stehen mit ihrem Thema seit dreihundert Jahren auf einer sicheren Grundlage, und deshalb können sie sich ein wenig ungezwungenere Spekulationen über solche komplexen Systeme leisten. Ich hoffe, wir werden in den nächsten zehn oder zwanzig Jahren erleben, wie die kulturelle Grenze zwischen den beiden Fachgebieten dahinschwindet, so daß ihre Vertreter in der gleichen Sprache miteinander reden können.

Es gibt zwei Wege, die Welt zu erforschen: den Weg des Reduktionismus und den Weg der Synthese. In der Komplexitätsforschung ist die Erkenntnis unentbehrlich, daß es auch diesen zweiten Weg gibt. Komplexität bedeutet mehr als bloße Komplikation. Sie ist mehr als nur eine große Zahl einfacher Systeme, die miteinander in Verbindung treten. Komplexe Systeme haben wirklich ihre eigenen Gesetze und Prinzipien sowie ihre eigene innere Logik.

Die Physik wird sich in den kommenden Jahrzehnten in Richtung Komplexität bewegen. Eine der entscheidenden physikalischen Fragen lautet: Kann man den Weg des Reduktionismus zu Ende gehen? Stephen Hawking sagte 1979 in seiner berühmten Antrittsvorlesung, möglicherweise sei das Ende der theoretischen Physik in Sicht. Damit meinte er, das Ende des reduktionistischen Weges stehe bevor. Vielleicht können wir ihn tatsächlich beenden und eine Formel aufschreiben, die man auf dem T-Shirt tragen kann – eine mathematische Aussage oder eine Gruppe von Prinzipien, die in ein einziges Stück Mathematik gefaßt sind, das alle grundlegenden Teilchen und Kräfte beschreibt, aus denen die Welt aufgebaut ist.

Dann bliebe noch der Weg der Komplexität, die synthetische oder holistische Betrachtung der Welt. Und das wirklich Aufregende, das ich dort erkenne, ist das allmähliche Schwinden der Grenze zwischen Physik und Biologie. Derzeit erleben wir etwas sehr Seltsames: Die Physiker erkennen immer stärker, daß es wichtig ist, die Gesamtheit, die Organisationsprinzipien und qualitativen Eigenschaften komplexer Systeme zu betrachten. Ihnen wird klar, daß diese Systeme ihre eigenen Gesetze, Prinzipien und Eigenschaften haben, die ebenso grundlegend sind wie die Elementarteilchen, aus denen die Welt aufgebaut ist. Zur gleichen Zeit gehen die Biologen genau den umgekehrten Weg – sie werden übermäßig reduktionistisch und sehen im Leben nichts anderes als eine Ansammlung einzelner Teilchen, die unwissentlich durch blinde, ziellose Kräfte miteinander interagieren.

Oft sagt man, wenn wir eine Theorie für alles hätten, wäre alles erklärt. Aber wenn Physiker über Theorien für alles reden, meinen sie damit nicht buchstäblich alles. Sie meinen keine Theorie, die erklärt, warum Aktienkurse steigen und fallen, und noch viel weniger etwas, das den Ursprung des Lebens erklärt. Sie meinen eine Theorie, die alle diese Grundeinheiten erklärt, aus denen die Welt aufgebaut ist.

432

Martin Rees: Ich kenne Paul Davies seit seiner Zeit – im Anschluß an seine Promotion – am Institut für Astronomie in Cambridge; er ist nur wenig jünger als ich. Damals schrieb er gerade sein erstes Buch *The Physics of Time Asymmetry*. Seither ist er im Erklären der Physik immer besser geworden. Seine Bücher sind bemerkenswert verständlich und klar und verdienen ihren Erfolg. Der einzige, den ich noch höher einstufen würde, ist Heinz Pagels. Aber ich glaube nicht, daß ich irgendeinen anderen Autor der Kosmologie und Teilchenphysik in puncto Klarheit und Aufrichtigkeit mit Paul Davies gleichsetzen würde.

Alan Guth: Paul Davies ist ein guter populärwissenschaftlicher Vermittler. Und ein guter Physiker ist er auch. Bekannt wurde er vor allem mit seinen Versuchen auf dem Gebiet der Quantengravitation, aber er beschäftigt sich nicht mit genau den gleichen Fragestellungen wie Lee Smolin oder die Vertreter der Superstringtheorie. Er gehört zu den Menschen, die eher pragmatisch an die Dinge herangehen. Damit meine ich, daß es untergeordnete Probleme gibt – Vorgehensweisen, deren Ziel es ist, Probleme lieber erst einmal zur Hälfte als gleich ganz zu lösen, und das ist Davies' Ansatz. Smolins Methode führt dagegen, wenn alles klappt, zu einer Lösung des ganzen Problems, und das gleiche gilt für die Vertreter der Superstringtheorie.

Bekannt wurde Davies durch seine Arbeiten auf dem Gebiet der Quantenfeldtheorie im gekrümmten Raum. Das bedeutet, daß er das Problem zur Hälfte gelöst hat, indem er die Materiefelder, die Elektronen, Protonen, Neutronen und Photonen (Photonen gelten in diesem Zusammenhang als Materie) beschreiben, vollständig relativistisch und quantenmechanisch behandelte, aber die Gravitation gleichzeitig nach dem klassischen Prinzip behandelte. Das stellt sich als gutumrissenes, aber schwieriges Problem heraus. Grundsätzliche Schwierigkeiten bringt es offenbar nicht mit sich, aber in der Praxis gibt es eine ganze Reihe, und viele der wichtigen Berechnungen führte Paul Davies als erster durch.

VIERTER TEIL

Was war Darwins Algorithmus?

Der Weg der Synthese zur Erforschung der Welt gehört in die Gedankenwelt des Physikers Murray Gell-Mann, des Biologen Stuart Kauffman, des Computerwissenschaftlers Christopher G. Langton, des Physikers J. Doyne Farmer und ihrer Kollegen in und um Los Alamos sowie am Santa-Fé-Institut.

Das Santa-Fé-Institut wurde 1984 von einer Gruppe gegründet, zu der Gell-Mann gehörte, der damals am California Institute of Technology arbeitete, und George Cowan, ein Chemiker aus Los Alamos. Manche sagen, es sei als Hafen für gelangweilte Physiker entstanden. Am Ende der reduktionistischen Richtung könnte in der Tat durchaus ein erkenntnistheoretischer Übergang stehen: Die letzten Fragen werden weder gestellt noch beantwortet, sondern man ändert statt dessen die Untersuchungsbedingungen. Genau das geschieht in Santa Fé.

Murray Gell-Mann, der vielfach als einer der größten Teilchenphysiker des Jahrhunderts gilt (ein anderer ist sein verstorbener Kollege Richard Feynman vom Caltech), erhielt den Nobelpreis für Arbeiten aus den fünfziger und sechziger Jahren, die zur Quarktheorie führten. In einem späteren Stadium seiner Laufbahn wandte er sich der Untersuchung komplexer Anpassungssysteme zu.

Gell-Manns Weltmodell gründet sich auf Information; er verknüpft die reduktionistischen physikalischen Grundgesetze – die einfachen Regeln – mit der Komplexität, die sich

435

aus ihnen ergibt, und mit den von ihm so genannten »eingefrorenen Zufällen«, das heißt mit historischen Unwägbarkeiten. Dieser Tätigkeit hat er auch einen neuen Namen gegeben: »Plektik« – das ist die Wissenschaft von Einfachheit und Komplexität, wie sie sich nicht nur in der Natur, sondern auch in Phänomenen wie Sprache und Wirtschaft äußern. An dem Institut gibt er Ermutigung, Erfahrung, Ansehen und seine gewaltigen wissenschaftlichen Kenntnisse an eine Gruppe jüngerer Kollegen weiter, die sich vor allem mit der Entwicklung von Computermodellen beschäftigt, die auf einfachen Regeln basieren und die Entstehung komplexer Verhaltensweisen erlauben.

Stuart Kauffman ist theoretischer Biologe. Er befaßt sich mit der Entstehung des Lebens und den Ursprüngen der molekularen Organisation. Vor fünfundzwanzig Jahren entwickelte er die Kauffman-Modelle, Zufallsnetzwerke mit einer Art von Selbstorganisation, die er »Ordnung gratis« nennt. Kauffman ist nicht einfach. Seine Modelle sind streng, mathematisch und für viele seiner Kollegen schwer verständlich. Ein Schlüssel zu seiner Weltsicht ist die Vorstellung, daß nicht divergente, sondern konvergente Strömungen in der Evolution des Lebens die entscheidende Rolle spielen. Zusammen mit seinem Kollegen Christopher G. Langton vertritt er die Ansicht, daß komplexe Systeme sich am besten anpassen können, wenn sie auf dem Grat zwischen Chaos und Unordnung balancieren.

Kauffman stellt eine Frage, die über die Überlegungen aller anderen Evolutionstheoretiker hinausgeht: Wenn die Selektion ständig wirksam ist, wie können wir dann eine Theorie konstruieren, die Selbstorganisation (Ordnung gratis) und Selektion umfaßt? Die Antwort ist eine »neue« Biologie, wie sie in ähnlicher Form auch Brian Goodwin vertritt, in der die natürliche Selektion eng mit dem Strukturalismus verknüpft ist.

Christopher G. Langton hat die Evolution jahrelang durch

das Prisma von Computerprogrammen betrachtet. Seine Arbeiten konzentrierten sich darauf, die Evolution von ihren Objekten zu trennen. Er baute eine »Natur« im Computer nach, und aus diesen Untersuchungen ging ein neues Wissenschaftsgebiet namens »künstliches Leben« (KL) hervor. Sein Forschungsgegenstand sind »virtuelle Ökosysteme«, in denen Populationen vereinfachter »Tiere« interagieren, sich vermehren und entwickeln. Langton untersucht Leben, Intelligenz und Bewußtsein gewissermaßen von unten nach oben, was ihn mit Marvin Minsky, Roger Schank und Daniel C. Dennett verbindet. Mit seinen belebten Abstraktionen möchte Langton Eigenschaften des Lebendigen erhellen, die an den Lebewesen selbst nicht ohne weiteres zu erkennen sind.

J. Doyne Farmer gehört zu den Pionieren eines Gebietes, das man heute Chaostheorie nennt. Diese Theorie erklärt, warum in der Natur vieles zufällig aussieht, obwohl es deterministischen physikalischen Gesetzen gehorcht. Außerdem zeigt sie, wie manchen scheinbar zufälligen Systemen eine Ordnung zugrunde liegen kann, die sie berechenbarer macht. Er untersuchte die praktischen Folgen solcher Beschreibungen und konnte zeigen, wie man das Roulettespiel mit der Physik besiegen kann; außerdem gründete er eine Firma, mit der er Gesetzmäßigkeiten in den Finanzdaten finden und so am Markt Gewinne erzielen will.

Farmer war Oppenheimer Fellow am Center for Nonlinear Studies des Los Alamos National Laboratory; später gründete er die Arbeitsgruppe zur Erforschung komplexer Systeme, zu der einige der kommenden Größen des Gebietes gehörten, so zum Beispiel Christopher Langton, Walter Fontana und Steen Rasmussen. Neben seiner Chaos-Forschung leistete er auch wichtige theoretische Beiträge zu anderen Problemen in komplexen Systemen. Er beschäftigte sich unter anderem mit Computerlernen, einem Modell für das Immunsystem und der Entstehung des Lebens.

MURRAY GELL-MANN

Plektik

J. Doyne Farmer: Zunächst einmal habe ich schon deshalb
Hochachtung vor Murray, weil er im Gegensatz zu allen
seinen Zeitgenossen wie Feynman, Weinberg, Hawking und
den anderen Teilchenphysikern erkannt hat, daß Komplexität die nächste große Frage ist. Auf diesem Gebiet wird es
in den kommenden Jahren große Umwälzungen geben, die
sich auf die wissenschaftliche Welt ebenso stark auswirken
werden wie Murrays Errungenschaften in den sechziger Jahren. Er hat das erkannt und ist mehr als jeder andere mit
dem Geschehen und den aktuellen Problemen vertraut.

Murray Gell-Mann ist theoretischer Physiker und emeritierter Andrews Millikan Professor für theoretische Physik am
California Institute of Technology. 1969 erhielt er den Nobelpreis für Physik. Er ist einer der Gründer des Santa-Fé-
Instituts, dem er als Professor und Mitvorsitzender des
wissenschaftlichen Beirates angehört; Direktor der J. D. and
C. T. MacArthur Foundation; einer der Global Five Hun-
dred, die vom Umweltprogramm der UN ausgezeichnet
wurden, sowie Mitglied des Beratergremiums für Wissenschaft und Technologie des US-Präsidenten. Er schrieb das
Buch *The Quark and the Jaguar: Adventures in the Simple
and the Complex* (1994) [dt.: Das Quark und der Jaguar,
1995].

Murray Gell-Mann: Als Kind interessierte ich mich sehr für Naturgeschichte, Linguistik und Archäologie. Obwohl ich in New York wohnte, entdeckte ich ein paar ländliche Gegenden, wo ich mich mit Vögeln und Schmetterlingen, Bäumen und Blütenpflanzen vertraut machen konnte. Schon damals fesselten mich die Produkte der biologischen Evolution und der Evolution menschlicher Kultur. Deshalb war es nur natürlich, daß ich später die Beziehungsketten durchschauen wollte, welche die pysikalischen Grundgesetze, die alle Materie im Universum beherrschen, mit dem Verhalten des reichhaltigen, komplexen Gefüges verbinden, das wir um uns herum sehen und zu dem wir auch selbst gehören.

Wenn man diese Aufgabe in den Griff bekommen will, hat man unter anderem die Möglichkeit, die Welt unter dem Gesichtspunkt der Information zu betrachten. Dabei erkennt man, daß das Grundmuster ein Musterbeispiel der Komplexität ist, die aus sehr einfachen Regeln, anfänglicher Ordnung und dem ständig wiederkehrenden Wirken des Zufalls erwächst. Wenn es um das ganze Universum geht, sind diese einfachen Regeln nichts anderes als die Grundgesetze der Physik.

Es gibt verschiedene Quantitäten, die man als »Komplexität« bezeichnet. In jedem Fall hängt die Komplexität einer Sache vom jeweiligen Zusammenhang ab, oder, mit anderen Worten, sie hängt nicht nur von der Sache ab, die beschrieben wird, sondern auch davon, wer oder was die Beschreibung vornimmt. Es gibt besonders eine Quantität, die diese Bezeichnung verdient – ich nenne sie »effektive Komplexität«. Sehr wichtig ist auch eine mit ihr verwandte Quantität, die ich »potentielle Komplexität« nenne. Bisher ist keine von beiden mathematisch streng definiert, und das habe ich mir vorgenommen. Auch bei einigen anderen Quantitäten, die von anderen als »Komplexität« bezeichnet wurden, lohnt eine nähere Betrachtung.

Ich bin jedenfalls der Ansicht, daß wir das Eigentliche unserer Arbeit verzerrt darstellen, wenn wir als unser Thema »Komplexität« angeben, denn ein entscheidendes Merkmal des ganzen Unternehmens ist die Einfachheit der Grundregeln. Deshalb formuliere ich es gern so: Wir erforschen die Einfachheit, verschiedene Arten von Komplexität, komplexe Anpassungssysteme, und ein wenig berücksichtigen wir dabei auch komplexe Systeme, die sich nicht anpassen. Als Sammelbegriff für das ganze Gebiet habe ich das Wort »Plektik« geprägt; es kommt aus dem Griechischen und bedeutet »verdreht« oder »verflochten«. Das entsprechende lateinische Wort *plexus* bedeutet ebenfalls »verflochten« und ist die Wurzel von »komplex«, was ursprünglich »zusammen verflochten« heißt. Das ebenfalls damit verwandte lateinische Verb *plicare* heißt »falten« und ist verbunden mit »simplex«, ursprünglich »einmal gefaltet«, das zu »simpel«, einem anderen Wort für »einfach«, wurde.

Plektik ist also die Wissenschaft von der Einfachheit und Komplexität. Sie umfaßt folgende Bereiche: die verschiedenen Versuche, Komplexität zu definieren; die Untersuchung der Funktionen von Einfachheit und Komplexität sowie der klassischen und quantenmechanischen Information in der Geschichte des Universums; die Physik der Information; die Erforschung der nichtlinearen Dynamik einschließlich der Chaostheorie, seltsamer Attraktoren und Selbstähnlichkeit in komplexen, nichtangepaßten Systemen in der physikalischen Wissenschaft; außerdem die Erforschung komplexer Anpassungssysteme, darin eingeschlossen: die präbiotische chemische Evolution, die biologische Evolution, das Verhalten einzelner Organismen, die Funktion der Ökosysteme, die Wirkungsweise des Immunsystems bei Säugern, Lernen und Denken, die Evolution der menschlichen Sprachen, Aufstieg und Niedergang der Kulturen, das Verhalten der Märkte und die Funktion von Computern, die dazu konstruiert oder programmiert wurden, Strategien zu entwickeln – zum Beispiel für Spiele oder zur Problemlösung.

Das Santa-Fé-Institut, an dessen Gründung ich 1984 beteiligt war, ist ein Anziehungspunkt für Mathematiker, Computerwissenschaftler, Physiker, Chemiker, Neurobiologen, Immunologen, Evolutionsbiologen, Ökologen, Archäologen, Linguisten, Wirtschaftswissenschaftler, Politikwissenschaftler, Historiker und andere. Das Schwergewicht liegt auf dem Meinungsaustausch. Viele angesehene Wissenschaftler würden sich gerne stärker außerhalb des eigenen Fachgebietes umsehen, haben aber dazu an ihren eigenen Institutionen kaum Gelegenheit. Wir haben unser Institut mit Absicht nicht in der Nähe von Harvard oder Stanford angesiedelt, wo die gültigen Ideen einen gewaltigen Druck ausüben, Ideen, die von der ganzen Gemeinde der Wissenschaftler anerkannt und deshalb schwer in Frage zu stellen sind. In Santa Fé können wir freimütig denken und reden, eingeschränkt nur durch die Notwendigkeit, mit der Realität übereinzustimmen.

Der Dichter Arthur Sze schrieb einmal: »Die Welt der Quarks gleicht in jeder Hinsicht einem Jaguar, der seine Kreise durch die Nacht zieht.« Was ist unter dem Gesichtspunkt der Information der Schlüssel zum Verständnis des Jaguars, der seine Kreise durch die Nacht zieht? Die hauptsächliche Erkenntnis hierbei ist diese: Erkennbare Regelmäßigkeiten in dem Datenstrom, der ein komplexes Anpassungssystem er-

reicht – also ein System, das sich anpassen, lernen und entwikkeln kann wie die Lebewesen auf der Erde –, sind in Modelle
oder Schemata gepreßt. Die Schemata unterliegen dem Wandel und können von anderen Schemata verdrängt werden, so
daß es zu einer Konkurrenz der Schemata kommt. Wenn man
mit Hilfe der Schemata das Verhalten der Welt beschreiben
oder voraussagen will, oder wenn man dem komplexen Anpassungssystem selbst ein Verhalten vorschreiben möchte, hat das
Folgen für die wirkliche Welt. Diese Folgen wirken zurück und
beeinflussen den Wettbewerb zwischen den Schemata, und so
finden Lernen und Anpassung statt.

Die Theorie komplexer Anpassungssysteme, die wir jetzt gerade entwickeln, sollte für alle derartigen Systeme gelten,
gleichgültig, wo sie sich im Universum befinden. Man stelle
sich nur einmal vor, wie viele Galaxien es im Universum gibt
und wie viele Sterne jede davon enthält. Vermutlich haben
viele dieser Sterne Planeten, die komplexe Anpassungssysteme
stützen können. Welche Beschränkungen die physikalischen
Gesetze solchen Systemen auferlegen, wissen wir noch nicht.
Müssen sie bis zu einem gewissen Grade dem Leben auf der
Erde oder den von den Lebewesen auf der Erde hergestellten
Maschinen ähneln? Oder können sie ganz andere Formen annehmen? Wir wissen zum Beispiel nicht, ob die Biochemie auf
der Erde nahezu einmalig ist oder ob sie nur eine von vielen
Möglichkeiten darstellt. Mit anderen Worten, es ist bisher
nicht geklärt, bis zu welchem Grad die Biochemie von der Phy-
sik vorherbestimmt wurde und bis zu welchem Grad sie ihre
Form historischen Zufällen verdankt.

Wie bereits erwähnt, geht die effektive Komplexität in der
uns umgebenden Welt auf sehr einfache Regeln und eine an-
fängliche Ordnung zurück, sowie zusätzlich auf das Wirken
des Zufalls, das mit Unbestimmtheit verbunden ist. Die grundlegende Quelle der Unbestimmtheit ist die Quantenmechanik,
das Grundgerüst physikalischer Gesetze. Im Gegensatz zur äl-

teren klassischen Physik ist die Quantenmechanik nicht vollständig deterministisch. Selbst wenn man die Anfangsbedingungen des Universums sowie das Grundgesetz der Elementarteilchen und ihrer Wechselwirkungen ganz genau kennt, ist die Geschichte des Universums nicht determiniert. Die Quantenmechanik gibt vielmehr nur Wahrscheinlichkeiten für alternative Geschichten des Universums an. In manchen Fällen grenzt eine solche Wahrscheinlichkeit an Sicherheit, so daß die klassische Physik eine gute Näherung darstellt, aber in anderen Situationen gibt es eine auffällige Unsicherheit. Wenn zum Beispiel ein radioaktiver Atomkern zerfällt und dabei ein Alphateilchen aussendet, läßt sich die Richtung, in der das Teilchen ausgestoßen wird, prinzipiell nicht voraussagen, bevor der Zerfall stattfindet – die Wahrscheinlichkeit ist für alle Richtungen gleich groß.

Selbst bei der klassischen Annäherung, wo man annimmt, daß die Grundgesetze genau bekannt sind, kommt für die Zukunft ein Element der Unbestimmtheit ins Spiel, weil man die gegenwärtigen Umstände (die eigentlich zum Teil die Folge früherer Zufälle sind) nur teilweise kennt und weil die Berechnungen schwierig sind. Verstärkt wird diese Art der Unbestimmtheit durch das verbreitete Phänomen des Chaos in nichtlinearen Systemen, bei dem die Folgen höchst empfindlich auf die Einzelheiten der gegenwärtigen Situation reagieren.

Die Bedeutung des Zufalls für die Geschichte des Universums kann man gar nicht hoch genug einschätzen. Jeder Mensch ist beispielsweise das Produkt einer unglaublich langen Kette von Zufällen, von denen jeder auch anders hätte ausgehen können. Man denke nur an die Unwägbarkeiten bei der Entstehung unserer Galaxis, an die Zufälle, die zur Entstehung des Sonnensystems führten, einschließlich der Kondensation von Staub und Gas, aus der die Erde hervorging, an die Zufälle, die mit über die Art der Entwicklung von Leben auf der

Erde bestimmten, und an die Zufälle, die zur Evolution bestimmter biologischer Arten mit bestimmten Eigenschaften beitrugen, einschließlich der besonderen Merkmale der Spezies Mensch. Jeder einzelne von uns hat Gene, die aus einer langen Abfolge zufälliger Mutationen und zufälliger Paarungen hervorgegangen sind ebenso wie aus der natürlichen Selektion.

Die meisten einzelnen Zufälle wirken sich kaum auf die Zukunft aus, aber manche haben auch vielfältige Folgen, und dann lassen sich alle diese unterschiedlichen Effekte auf ein einziges Zufallsereignis zurückführen, das auch anders hätte aussehen können. So etwas nennen wir eingefrorenen Zufall. Als Beispiel nenne ich die nach rechts orientierte Struktur mancher Moleküle, die für alle Lebensformen auf der Erde wichtig sind, während ihr »linkshändiges« Gegenstück keine Bedeutung hat. Dieses Phänomen versuchte man lange damit zu erklären, daß die schwachen Wechselwirkungen der Materie im Gegensatz zur Antimaterie nach links gerichtet sind, aber schließlich gelangte man zu dem Schluß, daß diese Erklärung nicht stimmt. Nehmen wir einmal an, daß diese Schlußfolgerung richtig ist und daß die Rechtshändigkeit der biologischen Moleküle reiner Zufall ist. Dann besaß der Urorganismus, von dem alles Leben auf der Erde abstammt, zufällig rechtshändige Moleküle; genausogut hätte es aber auch andersherum kommen können, und dann spielten die linkshändigen Moleküle heute eine wichtige Rolle.

Auch aus der Geschichte kann man ein Beispiel anführen. Heinrich VIII. wurde König von England, weil sein älterer Bruder Arthur starb. Aus dem Zufall dieses Todes folgten die vielen Münzen, die Urkunden, alle anderen Dokumente und alle Geschichtsbücher, die Heinrich VIII. erwähnen, und ebenso alle anderen Ereignisse seiner Regierungszeit, darunter die Abspaltung der anglikanischen von der römisch-katholischen Kirche und natürlich die ganze Reihe der späteren Herrscher von England und Großbritannien bis hin zu den Eskapaden von Charles und Diana. Die effektive Komplexität der Welt erwächst aus der Anhäufung eingefrorener Zufälle.

Die effektive Komplexität von etwas ist die Länge einer kurzen Beschreibung seiner Regelmäßigkeiten. Diese Regelmäßigkeiten können nur zwei Ursachen haben: die Grundgesetze, die sehr einfach und kurz zu beschreiben sind, und eingefrorene Zufälle.

Im Laufe der Zeit tauchen Systeme mit einer immer größeren effektiven Komplexität auf. Das gilt für Systeme, die sich nicht anpassen, zum Beispiel Galaxien, Sterne und Planeten, ebenso wie für komplexe Anpassungssysteme, beispielsweise in der biologischen Evolution. Damit meine ich natürlich nicht, daß jedes einzelne System immer komplexer wird. Manche Dinge werden einfacher oder verschwinden sogar ganz, wie es mit den versunkenen Hochkulturen geschehen ist. Es gibt keinen stetigen Marsch in Richtung immer größerer Komplexität, statt dessen neigt die Hülle der effektiven Komplexität zu immer stärkerer Ausdehnung. Man kann auch verstehen, warum. Je mehr Zeit vergeht, desto mehr Zufälle ereignen sich, und gefrorene Zufälle häufen sich. Tatsächlich wirken zu jedem Zeitpunkt viele Mechanismen, die Selbstorganisation erzeugen. Das führt lokal zu mehr Ordnung, obwohl die durchschnittliche Unordnung im Universum nach dem zweiten Hauptsatz der Thermodynamik zunimmt. Durch Selbstorganisation entstehen zum Beispiel die Spiralarme der Galaxien oder die unzähligen symmetrischen Formen der Schneeflokken.

Bei den komplexen Anpassungssystemen haben die Schemata in der realen Welt Auswirkungen, die ihrerseits wieder Selektionsdruck auf den Wettbewerb zwischen den Schemata ausüben, und diejenigen Schemata, die in der realen Welt günstige Ergebnisse hervorbringen, überleben eher oder werden stärker begünstigt; andere, die in der wirklichen Welt weniger erfolgreich sind, werden dagegen eher zurückgehen oder verschwinden. Komplexität dürfte in vielen Fällen einen Selektionsvorteil bieten. Herauszufinden, wann das der Fall ist, stellt beispielsweise für Evolutionsbiologen eine reizvolle Aufgabe dar.

Viele derartige Fragen können geklärt werden, wenn man sich computergestützter komplexer Anpassungssysteme bedient. Erstens kann man damit einfache Modelle natürlicher komplexer Anpassungssysteme erzeugen, zweitens bieten sie interessante Beispielsysteme, die man untersuchen kann, drittens lassen sich mit ihrer Hilfe neue Strategien zum Spielen oder zur Problemlösung entwickeln, und viertens können manche Probleme durch »Anpassungsberechnungen« gelöst werden.

Die Erforschung der computergestützten komplexen Anpassungssysteme findet bereits Anklang, insbesondere als Teilgebiet der Mathematik, das sich mit der Beziehung zwischen einfachen Regeln und dem Auftauchen komplexen Verhaltens befaßt. Die Sache ist es schon an sich wert, weiterverfolgt zu werden, aber noch reizvoller ist die Möglichkeit, daß sie nützliche Beiträge zu den Bio- und Gesellschaftswissenschaften, zur Verhaltensforschung und vielleicht sogar zu Grundsatzfragen der menschlichen Gesellschaft liefern kann.

Die Lieblingstätigkeit meiner Kollegen, insbesondere der jüngeren, am Santa-Fé-Institut und ihrer Freunde überall auf der Welt ist die Konstruktion von Computermodellen mit sehr, sehr einfachen Regeln – sorgfältig ausgewählten, völlig abgespeckten Regelsystemen, aus denen komplexes Verhalten entstehen kann. Zu beobachten, wie es auftaucht, ist eine bemerkenswerte Erfahrung, die geradezu süchtig machen kann. Manchen Leuten gelingt es sehr gut, die Regeln für die Computermodelle immer stärker zu vereinfachen – einer davon ist zum Beispiel der Politikwissenschaftler Bob Axelrod. Er hat die Gabe, auch seine Politologenkollegen davon zu überzeugen, daß derart vereinfachte Modelle für die Realität von Bedeutung sind. Wenn ich ein solches Modell konstruieren und den Politikwissenschaftlern in einem Vortrag präsentieren würde, bekäme ich nur schallendes Gelächter als Antwort. Aber Bob stellt es so dar, daß Sozialwissenschaftler es akzeptieren können. Man stelle sich beispielsweise einen Kreis kleiner Staatswesen an der Küste einer polynesischen Insel vor, in deren Mitte ein Vulkan aufragt. Die Staaten treten untereinander in Wechselbeziehungen, indem sie entweder Bündnisse schließen oder Krieg führen. Jeder von ihnen kann nur seinen Nachbarn angreifen oder aber einen Staat, den er über eine ununterbrochene Kette von Freunden erreichen kann. Irgendwie gelingt es Axelrod, aus einem derart trivialen, eindimensionalen Modell lehrreiche Schlüsse zu ziehen.

Eines Tages werden wir eine voll entwickelte mathematische Wissenschaft mit Theoremen und Beweisen haben, die beispielsweise zeigt, wann zusätzliche Regeln das Bild nur komplizierter machen, ohne zu den neu auftauchenden Mustern etwas Wesentliches beizutragen. Der Aufbau dieser Wissenschaft liegt am einen Ende eines Spektrums von Bemühungen, den Computer als Denkhilfe in bezug auf komplizierte Systeme einzusetzen. Am anderen Ende stehen Versuche zum Verständnis politischer Probleme, denen die Menschheit in der wirklichen Welt gegenübersteht und die man mit der menschlichen Gesellschaft, der übrigen Biosphäre und den Wechselbeziehungen zwischen beiden in Verbindung bringt. In der Mitte befinden sich die Bemühungen, die Wirkungsweise komplexer Anpassungssysteme in den Bio- und Gesellschaftswissenschaften sowie in der Verhaltensforschung besser zu verstehen. Wenn man sich vom mathematischen Ende des Spektrums wegbewegt, kommt auf sehr bedeutsame Weise die Anhäufung historischer Zufälle ins Spiel. Die abgespeckten Computermodelle gelten in der Regel ganz allgemein für alle komplexen Anpassungssysteme auf allen Planeten des Universums. Sie beinhalten keine historischen Informationen über den Planeten Erde, über die Organismen, die ihn bewohnen oder über uns Menschen und die von uns aufgebauten Institutionen.

In den einfachen Übungen, die sich so großer Beliebtheit erfreuen, beginnt man mit der Karikatur einer Organisationsebene, und oft kann man dann erleben, wie eine höhere Organisationsebene entsteht. Startet man mit stark vereinfachten Individuen, beobachtet man vielleicht, wie eine Gesellschaft auftaucht. Fängt man mit kleinen Staatswesen an, sieht man unter Umständen Föderationen entstehen. Nehmen wir nun aber an, wir wollten eine vereinfachte Beschreibung der ganzen menschlichen Gesellschaft, wie sie auf der Erde existiert, mit allen bestehenden Staatsformen und den verschiedenen Ebenen – Föderationen, Konföderationen und so weiter – sowie mit ihren Beziehungen untereinander, die das Ergebnis zahlreicher historischer Zufälle darstellen. Diese Phänomene sind ausnahmslos historisch und ausschließlich diesem Planeten und den Menschen eigen. Man muß die abgespeckten Modelle komplizierter machen, indem man Neues – insbesondere neue Organisationsebenen – hinzufügt, ohne zu warten, bis sie von selbst entstehen. Man wartet nicht ab, bis die Individuen in dem Modell eine Stadt oder eine Firma aufgebaut haben, und ebensowenig ist man darauf angewiesen, daß die Städte und Firmen eine Nation und die Nationen eine UNO erfinden. Einen großen Teil davon gibt man von Anfang an ebenso vor wie einige besondere Eigenschaften der Menschen und ihrer Firmen, Städte, ethnischen Gruppen, Staaten und internationalen Organisationen auf diesem Planeten. Jetzt kann man sich nicht mehr mit dem Nervenkitzel zufriedengeben, den meine Freunde empfinden, wenn sie sehen, wie eine Organisationsebene aus der anderen erwächst, weil einfache Regeln komplexes Verhalten entstehen lassen.

Wenn man auf der Ebene der Individuen oder auf den höheren Organisationsstufen zu viele spezielle Eigenschaften vorgeben will, geht man weit über die Möglichkeiten eines Modells hinaus. Erstens wird nämlich seine mathematische Handhabung zu schwierig, und zweitens könnte man die Ergebnisse, wenn das Modell einmal funktioniert, nur sehr schwer verstehen. Es ist immer ein Kompromiß zwischen den Vorteilen der Vereinfachung von Regeln – dabei bekommt man beispielsweise Karikaturen von Menschen, aber man gelangt auch zu mathematisch erfaßbaren Abläufen – und den Vorteilen, die sich ergeben, wenn man etwas Komplexeres, Raffinierteres hinzufügt, das auf die Erde und die Menschheit besser zutrifft. Mit der weiteren Entwicklung der Computer wird das ganze Spiel natürlich immer ausgeklügelter, aber es wird immer einen solchen Kompromiß geben.

Eine interessante Frage im Zusammenhang mit dem Verhalten komplexer Anpassungssysteme lautet: Was braucht man, um von einer Ebene zur anderen zu gelangen? In Tom Rays kleiner künstlicher Welt digitaler Lebewesen kommen beachtliche Sprünge vor, und mit weiterentwickelten Modellen werden wir noch deutlichere Veränderungen der Organisationsebenen erleben können.

Die Forscher neigen dazu, vor allem an das mathematische Ende des Spektrums zu drängen, wo die Regeln einfach sind und es unglaublichen Spaß macht, beim Entstehen von Komplexität zuzusehen. Diese Arbeit wird sich aber in Wissenschaft und Politik kaum anwenden lassen, und man kann sie relativ leicht mißbrauchen. Man muß auch gewisse Anstrengungen in die anderen Teile des Spektrums investieren.

Außerdem muß man behutsam vorgehen, denn es wurde auf der Welt schon viel Unheil angerichtet, weil man wissenschaftlichen Metaphern eine übertriebene Bedeutung für die Angelegenheiten des Menschen beigemessen hat. Ein gutes Beispiel ist die Wirtschaftswissenschaft: Man hat versucht, in der wirklichen Welt eine abgespeckte Wirtschaftsform anzuwenden, in der man viele Werte und viele bedeutsame Elemente wegließ.

Dabei erhält man eine Gesellschaft im Dienste der Wirtschaft anstelle einer Wirtschaft im Dienste der Gesellschaft. Ein besonders gräßliches Beispiel für die mißbräuchliche Anwendung wissenschaftlicher Metaphern sind natürlich die Rassentheorien der Nazis. Auch die Ideen des Sozialdarwinismus aus dem 19. Jahrhundert könnte man hier anführen. Wenn man diese abgespeckten Modelle – und auch kompliziertere Versionen – anwendet, muß man vorsichtig sein, damit man sie nicht allzu ernst nimmt, sondern sie eher gebraucht als Krücken für die Phantasie und Quellen der Anregung, als bewährte Metaphern. So betrachtet, können sie nach meiner Überzeugung wertvoll sein.

Ich war nie sehr darauf aus, anderen eine bestimmte Arbeit schmackhaft zu machen, nur weil ich mich selbst darin engagiere. Deshalb habe ich auch nie versucht, andere zu einer wissenschaftlichen Laufbahn in der Elementarteilchenphysik zu bewegen, und ebensowenig würde ich das bei der Erforschung komplexer Anpassungssysteme tun. Aufregend ist in meinen Augen die menschliche Kultur als Ganzes. Die Leute wollen vielleicht Maler oder Dichter oder Wissenschaftshistoriker werden oder aber Wissenschaftler der verschiedensten Disziplinen, etwa Freilandbiologen, Archäologen, Plektiktheoretiker, experimentelle Elementarteilchenphysiker, Astronomen oder was auch immer. Bemerkenswert ist allerdings, daß diejenigen, die sich mit Einfachheit und Komplexität – also mit Plektik – beschäftigen, oft auf sehr unterschiedlichen Gebieten empirisch arbeiten können.

Dennoch haben Leute, die interdisziplinär arbeiten, große Probleme, eine adäquate Stelle zu finden, insbesondere im akademischen Bereich. Das liegt nicht nur an Vorurteilen, sondern auch daran, daß alle Methoden zur Leistungsbeurteilung im engen Rahmen der herkömmlichen Fachgebiete bestimmt werden. Fachzeitschriften, deren Artikel zuvor begutachtet werden, Universitätsinstitute, Doktorprüfungen, Berufsverbände und so weiter, alle diese Institutionen sind in der Regel nach den Prinzipien der Fächer organisiert. Natürlich gibt es immer Schwindler, die sich an den Grenzen der Fachgebiete herumtreiben, und deshalb haben die Leute nicht ganz unrecht, wenn sie interdisziplinärer Arbeit gegenüber argwöhnisch sind. Wir brauchen unbedingt wirksame Instrumente für ihre Beurteilung.

Wenn ich mit Hörern über Plektik diskutiere, fordere ich sie auf, das Ganze als großes Panorama und nicht als Reihe von Einzeldisziplinen zu betrachten: die verschiedenen Bedeutungen der Begriffe »Einfachheit« und »Komplexität«; komplexe, sich nicht anpassende Systeme in der Physik; die moderne Interpretation der Quantenmechanik; die Einfachheit der physikalischen Grundgesetze – das heißt, die vereinheitlichte Theorie aller Teilchen und ihrer Wechselwirkungen sowie die Grenzbedingungen zu Beginn der Expansion des Universums; komplexe Anpassungssysteme in den Bio- und Sozialwissenschaften, in der Verhaltensforschung sowie in den praktischen Angelegenheiten der Menschen; computergestützte komplexe Anpassungssysteme, von denen manche als grobe Modelle für natürliche Systeme dienen können; und so weiter.

Wie ich außerdem festgestellt habe, muß man auch den Begriff des Reduktionismus erörtern. Wenn es um Reduktion geht, werfen die Leute einander Schimpfworte an den Kopf. Ich vertrete den in meinen Augen einzig vernünftigen Standpunkt. Natürlich sind die physikalischen Grundgesetze grundlegend in dem Sinne, daß alle anderen Gesetze auf ihnen aufbauen, aber das bedeutet nicht, daß man die anderen Gesetze ganz und gar aus den Gesetzen der Physik ableiten kann, denn man muß zusätzlich alle besonderen Eigenschaften der Welt in Betracht ziehen, die sich aus der Geschichte ergeben und die Basis der anderen Wissenschaftsgebiete bilden. Physik und Chemie gehen auf die Grundgesetze zurück, aber selbst dort, in ihren komplizierten Teilgebieten kann man nur dann die richtigen Fragen formulieren, wenn man eine Menge weiterer Informationen über besondere Bedingungen einbezieht, die nicht überall im Universum herrschen. Im Zentrum der Sonne gibt es keine Festkörperphysik. Im sehr jungen Universum, dessen Materie noch vorwiegend eine Suppe aus Quarks war, gab es noch nicht einmal Kernphysik. Sogar diese Themen erfordern also mehr als nur die Grundgesetze.

Alle anderen Wissenschaften sind stark von bestimmten Zufälligkeiten in der Geschichte des Universums abhängig: von astronomischen, geologischen oder biologischen Zufällen, von zufälligen Ereignissen in der Menschheitsgeschichte und so weiter. Um beispielsweise die Einzelheiten der biologischen Verhältnisse auf der Erde zu ergründen, braucht man zusätzlich zu den Grundgesetzen eine Riesenmenge an Informationen. Bloß weil die Elementarteilchenphysik es mit Grundlegendem zu tun hat, heißt das noch nicht, daß man die Biologie darauf reduzieren kann; das geht noch nicht einmal im Prinzip, solange man nicht die zusätzlichen Informationen einbezieht. Außerdem ist es in der Praxis unabdingbar, daß man die Biologie auf ihrer eigenen Ebene erforscht, und das gleiche gilt für Psychologie, Sozialwissenschaften, Geschichte und so weiter, denn auf jeder Ebene findet man geeignete, für sie gültige Gesetzmäßigkeiten. Zwar könnte man solche Gesetzmäßigkeiten im Prinzip aus der darunterliegenden Ebene und zusätzlichen Informationen ableiten, aber vernünftigerweise geht man so vor, daß man »Treppenhäuser« zwischen den Ebenen baut, und zwar von unten nach oben (mit Erklärungen unter dem Gesichtspunkt der Mechanismen) und von oben nach unten (mit der Entdeckung wichtiger empirischer Gesetze). Alle diese Vorstellungen gehören zu dem, was ich »Emergenzlehre« nenne.

Ich bin heute Emeritus des Caltech, einer Institution, die oft mit dem Etikett »reduktionistisch« versehen wird; damit ist gemeint, daß die Wissenschaftler des Caltech sich meist nicht eingehend mit Themen wie Linguistik, Archäologie, Evolutionsbiologie oder Psychologie beschäftigen. Bezeichnenderweise konzentrieren sie sich auf Gebiete wie die Neurobiologie und versuchen, die der Psychologie zugrundeliegenden Mechanismen aufzuklären. In dieser Hinsicht hat das Caltech auf bestimmten Gebieten hervorragende Leistungen vorzuweisen. Indem man das Schwergewicht auf die Erforschung der Mechanismen legt, vernachlässigt man am Caltech leicht den anderen Teil der Strategie, nämlich die Suche nach empirischen Regeln für komplizierte Fachgebiete, also den Bau der Treppenhäuser von oben nach unten ebenso wie von unten nach oben.

Nehmen wir zum Beispiel Darwin: Hätte das Caltech ihn eingestellt? Vermutlich nicht. Er hatte von manchen Mechanismen, die der biologischen Evolution zugrunde liegen, nur unbestimmte Vorstellungen. Er konnte noch nichts über Genetik wissen, und Mutationen waren zu seiner Zeit noch nicht entdeckt. Dennoch erarbeitete er von oben nach unten die Theorie der natürlichen Selektion und die großartige Idee, daß alle Lebewesen verwandt sind.

Am Santa-Fé-Institut fördern wir nicht nur die Plektik, sondern auch eine Reihe allgemeiner Forschungsstrategien: den Bau der Treppenhäuser von oben nach unten, den Mut, einen naiv-unmethodischen Blick auf das Ganze zu werfen, die Zusammenarbeit zwischen verschiedenen Disziplinen und die Zusammenarbeit zwischen Wissenschaftlern mit verschiedenen Ansichten zu der gleichen Frage, solange sie sich nicht logisch widersprechen. Daher hätten wir Darwin mit Vergnügen in unsere Fakultät aufgenommen.

Christopher G. Langton: Nichts läßt sich mit der Situation vergleichen, wenn ein Nobelpreisträger in der Nähe ist, der die Diskussionen über fast jedes Thema belebt. Oft gibt der Nobelpreis dem Geehrten jedoch das Gefühl, jede seiner Äußerungen zu irgendeinem beliebigen Thema sei des Zuhörens wert. Das stimmt in der Regel nicht – mit einer großen Ausnahme: Murray.

Murray ist tatsächlich auf vielen Gebieten ein Fachmann und weiß, wovon er redet, wenn er in eine Diskussion über ein bestimmtes Thema eingreift. Er beherrscht vermutlich ebenso viele wissenschaftliche Fachgebiete, wie er Weltsprachen spricht, und ich habe aufgehört, die Sprachen zu zählen, die er beherrscht. Manchmal läßt sich die Unterhaltung nur schwer in eine Richtung lenken, die außerhalb von Murrays Interessengebieten liegt, aber langweilig oder nichtssagend sind solche Gespräche nie. Wenn ich mit Murray rede, lerne ich immer eine Menge. Außerdem, das muß ich sagen, hat er erheblich zu der besonderen intellektuellen Atmosphäre des Santa-Fé-Instituts beigetragen, und er hat sich immer nachdrücklich für die Strategie des Instituts eingesetzt, nicht nur die etablierten Wissenschaftler zu fördern, die sich dort normalerweise einfinden, sondern auch jüngere kluge Köpfe.

Alan Guth: Murray Gell-Mann ist sicher neben Richard Feynman und Steven Weinberg der dritte führende theoretische Teilchenphysiker unseres Jahrhunderts. Einer seiner wichtigsten Beiträge war die Entdeckung des Quarkmodells. Heute sind alle Teilchenphysiker davon überzeugt, daß die Teilchen mit sogenannten starken Wechselwirkungen – das sind die Protonen, Neutronen und mehrere hundert bei Laien weniger gut bekannte Teilchen – aus Grundbausteinen zusammengesetzt sind, die man Quarks nennt. Der erste, der das vorschlug, war Murray. Damals gab es dafür nur wenige Belege; man kannte ein paar Gesetzmäßigkeiten in der Massenverteilung der Partikel, aber Murray faßte alle Befunde zusammen und formulierte die kühne These, es werde alles sehr einfach erscheinen, wenn man annehme, daß die Teilchen aus Quarks bestehen.

Die These geht aber über diese Aussage hinaus. Es war nicht nur eine Frage der Einsicht, daß es kleinere Teilchen gibt – das ist an sich eine naheliegende Vorstellung –, sondern Murray spielte auch weiterhin eine große Rolle bei der Aufstellung einer detaillierten Theorie über die Wechselwirkungen dieser Quarks, ihrer Eigenschaften und der Verwendungsmöglichkeiten dieser Eigenschaften, wenn man im einzelnen die Eigenschaften der Teilchen, deren Bausteine die Quarks sind, berechnen will. Das ist alles sehr wichtig; es ist das Grundgerüst unseres heutigen Wissens in der Teilchenphysik, und Murrays Beitrag war dabei absolut entscheidend. Die Quarktheorie wurde Teil des sogenannten Standardmodells der Teilchenphysik, das heute allgemein anerkannt ist.

Eigentlich besteht das Standardmodell aus vielen Einzelteilen, die von verschiedenen Leuten entwickelt wurden. Der Begriff »Standardmodell« selbst kam vermutlich etwa um 1974 auf. Er setzte sich erst allmählich durch, und deshalb kann man nicht genau sagen, wann er zum erstenmal benutzt wurde. Das erste Teilstück des Standardmodells war die elektroschwache Theorie, die Weinberg 1967 veröffentlichte. Der Teil des Standardmodells, der sich mit der starken Wechselwirkung beschäftigt, das heißt mit den Interaktionen der Quarks, basiert auf Fachartikeln aus den Jahren 1971, 1972 und 1973, und einige davon stammen von Gell-Mann.

Man kann das Standardmodell nicht als endgültige Theorie ansehen; dazu ist es zu kompliziert, zu vielfältig in seinen Beschreibungen. Nach den Vermutungen der meisten theoretischen Teilchenphysiker ist das Standardmodell für niedrige Energien eine Annäherung an eine umfassendere, im wesentlichen einfachere Theorie. Auch bei dieser Suche spielte Gell-Mann eine Rolle; er schrieb einige wichtige Artikel über die große vereinheitlichte Theorie, in der elektroschwache und starke Wechselwirkungen zusammengefaßt sind, und das zu einer Zeit, als man erst anfing, über vereinheitlichte Theorien zu diskutieren. Außerdem beschäftigte er sich auch mit anderen Thesen wie Supergravitation und Superstrings.

In jüngster Zeit hat Murray eine Wende vollzogen, und jetzt beschäftigt er sich mit Dingen, die ich nicht verstehe. Er hat die Teilchenphysik verlassen und arbeitet über Komplexität, ein Thema, das für viele Teilchenphysiker immer noch rätselhaft ist.

<u>Lee Smolin:</u> Murray ist der größte lebende theoretische Teilchenphysiker in Amerika. Seine höchst bedeutsamen Beiträge zu diesem Gebiet – die These des Fremdartigen, die These der Quarks, die These des achtfachen Weges, die These von SU(3) – erwuchsen aus einer unglaublichen Vorstellungskraft.

SU(3) ist die These, daß alle bekannten Elementarteilchen Ausdrucksformen eines einzigen Teilchentyps seien, die sich durch Symmetrie zusammenführen lassen. Mit Symmetrie meine ich in diesem Zusammenhang einen Weg, um von einem Teilchen zum anderen zu gelangen und im Experiment das eine durch das andere zu ersetzen. Die Symmetrie führt dazu, daß das Ergebnis eines Experiments sich durch einen solchen Austausch kaum ändert. Murray kam auf die Idee, es könne eine solche Symmetrie geben, die alle damals bekannten Teilchen einschließt. Das war Anfang der sechziger Jahre. Natürlich sind die Teilchen nicht alle gleich, aber die Unterschiede entstehen nach dieser These aus kleineren weniger wichtigen Effekten als die Ähnlichkeiten, und das könnte man mit der Symmetrie erklären. Die Symmetrie ist eine tiefgründige These, die seither zur Triebkraft der Elementarteilchenphysik wurde. Ich bin mir nicht sicher, ob sie ganz und gar richtig ist oder ob sie sich als nützlicher Gedanke inzwischen überlebt hat. In jedem Fall war sie seit den sechziger Jahren die beherrschende These.

In jüngster Zeit interessiert sich Murray mehr für mathematische Vorstellungen. Er spielte eine wichtige Rolle bei der

Durchsetzung des Standardmodells; zusammen mit anderen vertrat er die Idee, eine andere Art der Symmetrie, Eichsymmetrie genannt, könne die Quarks in den Protonen und Neutronen zusammenhalten – das war Quanten-Chromodynamik. Die Supergravitation war nicht seine Erfindung, aber er war maßgeblich an ihrer Entwicklung beteiligt. Eine Form davon geht auf ihn und John Schwartz zurück, und die beiden vertraten ihre These sehr energisch. Auch zur Stringtheorie leistete er eigentlich keine eigenen Beiträge, aber er trug dazu bei, daß sie sich durchsetzte. Darüber hinaus unterstützte er John Schwartz und andere, die sich mit der Stringtheorie befaßten, materiell und sorgte dafür, daß sie als Physiker viele Jahre arbeiten konnten, während sich sonst noch niemand für ihre Ideen interessierte. Daß er sich nach alledem jetzt für Komplexität interessiert, ist hervorragend, denn er hat recht: Die Physik muß eine neue Richtung einschlagen, und diese Richtung sollte etwas mit der Untersuchung von Komplexität zu tun haben und nicht mit der Art von Physik, mit der er die meiste Zeit seines Lebens befaßt war. Wenn Murray, der sich zeit seines Lebens mit den elementarsten Fragen der Natur beschäftigt hat, heute eine Kehrtwende vollziehen kann und sagt, jetzt seien komplexe Systeme wichtig, so ist das höchst anregend und spricht sehr für ihn.

Nach Murrays Ansicht werden wichtige neue Ideen nicht aus der Weiterentwicklung der Teilchenphysik in Richtung auf eine grundlegende Theorie für alles kommen, sondern aus der Erkenntnis, warum unser Universum komplex ist und wie man die Wissenschaft des Grundlegenden mit der Wissenschaft des Komplexen verbinden kann. Daß er schon seit langem solche Gedanken hegt, ist ein beeindruckender Beleg für seine Originalität und Intelligenz.

Murray hat auch interessante Thesen zu den Grundlagen der Quantenmechanik und ihrer Interpretation in der Kosmologie, und damit hat er viele andere beeinflußt. Ich stimme mit diesen Thesen nicht überein, aber seine Ideen waren sicher von großer Bedeutung für dieses Gebiet.

Martin Rees: Ein großartiger Mann. Ihm gelangen während seiner Laufbahn immer wieder bemerkenswerte Voraussagen über die Teilchenphysik, und seine derzeitigen Arbeiten zusammen mit dem theoretischen Physiker Jim Hartle beeinflussen eine der Hauptrichtungen in der Quantengravitation.

Was Murray Gell-Mann klar erkennt, ist der Kontrast zwischen der Einfachheit der Teilchenphysik und der Komplexität der Welt um uns herum. Diese beiden Phänomene erfordern ganz unterschiedliche Denkweisen. Als Kosmologe möchte ich die Geschichte des Universums in drei Teilen beschreiben. Zunächst ist da die erste Mikrosekunde; sie ist nur schwer zu durchschauen, weil die grundlegenden physikalischen Verhältnisse nicht gesichert sind – derart extreme Bedingungen können wir in Teilchenbeschleunigern nicht nachvollziehen. Nach der ersten Mikrosekunde ist das Universum eigentlich einfach zu begreifen; man kann Berechnungen über das Ur-Helium, -Deuterium, -Lithium und so weiter sowie über das Spektrum der Hintergrundstrahlung anstellen. Aber diese Einfachheit endete nach ein paar Millionen Jahren, als im Universum die ersten Strukturen kondensierten. Im dritten Teil seiner Geschichte wird das Universum zu etwas Komplexem, und so ist es seither geblieben, nicht weil die physikalischen Grundgesetze unsicher wären, sondern weil ihre Ausprägung in nichtlinearen Strukturen sehr komplex ist.

Eigentlich hat man es von der Meteorologie bis zur Biologie immer mit dem komplexen Ausdruck einfacher Gesetzmäßigkeiten zu tun. Die meisten theoretischen Kosmologen befassen sich mit der Frühzeit des Universums, als es nur einfache Gesetze und keine Strukturen gab. Das ist ein ähnliches Thema wie die Teilchenphysik, eine von Murrays Interessen. Zu der Art von Kosmologie, mit der ich mich beschäftige (und die manche Leute Kosmogonie nennen, eine Forschung, die sich mit der Herkunft der Strukturen und den Gründen für den gegenwärtigen Zustand des Universums beschäftigt), gehört dagegen das Auftauchen von Komplexität nach den ersten paar Millionen Jahren, als der Feuerball sich abkühlte. Das ist ein anderes Thema, bei dem wir anders als in der Teilchenphysik nicht erwarten können, daß alles sich in ein paar einfache Gleichungen fassen läßt. Viel mehr als eine qualitative Kenntnis einiger wichtiger Vorgänge können wir nicht anstreben. So gesehen, ähnelt das Ganze eher der Umweltforschung als der Teilchenphysik.

Murray Gell-Mann gehört zu denen, die auf diesen Gegensatz hingewiesen haben; gleichzeitig ist ihm die wissenschaftliche Herausforderung beider Gebiete bewußt. Das ist einer der Gründe, warum ich ihn bewundere. Teilchenphysiker sind oft höchst elitär und halten ihr Fachgebiet für das höchste Paradigma, nach dem alle anderen Wissenschaftsdisziplinen streben sollten. Murray dagegen betont heute ausdrücklich, daß viele andere Wissenschaften wegen der Komplexität ebenso schwierig und anspruchsvoll sind. Über die Frage, ob manche Fachgebiete grundlegender und schwieriger sind als andere, gibt es weiterhin Diskussionen, und vielleicht ist es ein Fehler, die am stärksten mathematisch orientierten Disziplinen für die wesentlichsten zu halten. Die Teilchenphysik ist eigentlich sogar eine recht untypische Wissenschaft, denn nur bei ihr kann man damit rechnen, daß sich die Dinge mit ein paar Gleichungen exakt beschreiben lassen. Daß das gleiche bei der Kontinentalverschiebung möglich ist, würde man nicht erwarten; dort sucht man nach ein paar vereinheitlichenden Theorien.

Unter den Teilchenphysikern gibt es eine Menge Praktiker, die wenige Schlüsselprobleme verfolgen. Wenn dann jemand wie Gell-Mann in früheren Zeiten (oder Ed Witten heute) eine entscheidende These aufstellt, ziehen viele kluge Leute sehr schnell die Schlußfolgerungen daraus. In der Astrophysik und der Kosmologie herrscht ein sehr viel ungünstigeres Verhältnis zwischen ungelösten Problemen und klugen Köpfen. Das heißt, daß man gute Ideen hier nicht zu Tode reitet, sondern daß sie im Gegenteil viel zu wenig bearbeitet werden. Die Grenzbereiche sind sozusagen weiter ausgedehnt und weniger intensiv entwickelt.

J. Doyne Farmer: Zunächst einmal habe ich schon deshalb Hochachtung vor Murray, weil er im Gegensatz zu allen seinen Zeitgenossen wie Feynman, Weinberg, Hawking und den anderen Teilchenphysikern erkannt hat, daß Komplexität die nächste große Frage ist. Auf diesem Gebiet wird es in den kommenden Jahren große Umwälzungen geben, die sich auf die wissenschaftliche Welt ebenso stark auswirken werden wie Murrays Errungenschaften in den sechziger Jahren. Er hat das erkannt und ist mehr als jeder andere mit dem Geschehen und den aktuellen Problemen vertraut.

Was sich mir besonders eingeprägt hat, ist, daß ich, als ich Murrays erste Vorträge über komplexe Systeme hörte, zunächst dachte, er sei auf dem falschen Dampfer. Ein paar Jahre später hörte ich ihn noch einmal, und nun hatte ich den Eindruck, daß er den Dampfer sehr genau beschrieb. Murray erweist dem Gebiet einen großen Dienst, indem er es mit seinem Namen unterstützt und sich für die Sache einsetzt; und dann gelingt es ihm auch noch ausgezeichnet, diese Sache zu artikulieren.

Daniel C. Dennett: Murray imponiert mir mit seinem ausgezeichneten wissenschaftlichen Instinkt. Eigentlich ist es seltsam, daß ich als Philosoph einen Naturwissenschaftler deswegen lobe, aber ich bin beeindruckt davon, wie er in kontroverse Diskussionen meist genau im richtigen Augenblick eingreift. Ich bin immer wieder verblüfft, wie oft auch gute Naturwissenschaftler die Welt mit Scheuklappen sehen, so daß sie die Stärken eines bestimmten Ansatzes nicht erkennen. Das gilt nicht für Murray.

Stuart Kauffman: Murray ist unglaublich geistreich, klug und gebildet. Er weiß vielleicht mehr als jeder andere einzelne Mensch. Am Santa-Fé-Institut spielte er in zwei- oder dreifacher Hinsicht eine äußerst wichtige Rolle. Zuallererst hat er wissenschaftlich eine feine Witterung. Außerdem hat er ein Gespür für Menschen, auch wenn es ihm manchmal schwerfällt, Anerkennung zu zeigen. Er übte ständig Druck aus, damit das Institut erweitert wurde und sich einem breiten Themenspektrum widmete. Zweitens hat Murray allem, was mit Komplexitätsforschung zu tun hat, ein enormes Ansehen verschafft. Er hat seinen Ruf in die Waagschale geworfen, um die Gründung des Instituts zu fördern, und setzt ihn heute ein, um unsere Tätigkeit nach außen zu vertreten. Und drittens nahm Murray zwar jahrelang eine beherrschende Stellung in der Physik ein, leistete aber zur Komplexitätsforschung keine größeren eigenen Beiträge. Statt dessen führte er im wesentlichen fremde Ideen zusammen und fügte sie in sein eigenes, kohärentes System ein.

Marvin Minsky: Was soll man da sagen? Er ist großartig. Er gehört wie Feynman zu den ganz großen Denkern. Er weiß eine Menge über viele Themen, auch über künstliche Intelligenz. Sein größter Beitrag besteht aber in meinen Augen darin, daß er eine neue Art von Beleidigungen erfunden hat. Für Situationen, in denen beispielsweise jemand etwas sagt, das nicht ganz perfekt ist, hat er ein einmaliges Repertoire an Demütigungen entwickelt. Wie ich höre, wird er mittlerweile etwas nachsichtiger. Das wäre ein schrecklicher Verlust für die Zivilisation. Eine Anekdotensammlung mit seinen Bemerkungen über andere wäre unbezahlbar.

<u>Paul Davies:</u> Murray Gell-Mann ist eine der herausragenden Gestalten in der Physik des 20. Jahrhunderts. Er wird in die Geschichte eingehen als Begründer oder zumindest als Mitbegründer der Theorie von den Quarks, jener Elementarbausteine, aus denen die Teilchen der Atomkerne bestehen. Erst in den letzten Jahren wurde er auch durch seine Arbeiten zur Komplexitätstheorie bekannt. Er hat erkannt, daß man die Welt auf zweierlei Weise untersuchen kann. Einerseits gibt es den reduktionistischen Weg, bei dem man die Dinge in ihre Grundbausteine zerlegt – Quarks, oder vielleicht etwas noch Grundlegenderes wie die Superstrings. Der andere Weg ist die Synthese: Man sieht sich die komplexe Organisation der Dinge an und erkennt, daß es eine ganze Komplexitätswissenschaft gibt, mit Gesetzen und Prinzipien, die nacheinander auf unterschiedlichen Ebenen entstehen.

STUART KAUFFMAN

Ordnung gratis

Brian Goodwin: Stuart interessiert sich vor allem für das
Auftauchen von Ordnung in Evolutionssystemen. Das ist
seine fixe Idee. Genau die gleiche habe ich auch, was die
biologische Richtung betrifft, aber er geht anders vor. Unsere Verfahrensweisen ergänzen einander in bezug auf dasselbe Problem: Wie versteht man das Auftauchen von
Neuerungen in der Evolution? Das Auftauchen von Ordnung? Hier liegen Stuarts größte Leistungen.

Stuart Kauffman ist Biologe, Professor für Biochemie an
der University of Pennsylvania und Professor am Santa-Fé-
Institut, Autor der Bücher *Origins of Order: Self-Organization and Selection in Evolution* (1993) und als Coautor neben George Johnson von *At Home in the Universe* (1995).

Stuart Kauffman: Welche komplexen Systeme können sich durch allmähliche Anhäufung nützlicher Abweichungen weiterentwickeln? Erreicht die Selektion an sich komplexe Systeme, die sich anpassen können? Sind solche Systeme von bestimmten Gesetzmäßigkeiten gekennzeichnet? Die Antwort könnte lauten: Komplexe Systeme, die so konstruiert sind, daß sie an der Grenze zwischen Ordnung und Chaos stehen, können sich am besten durch Mutation und Selektion anpassen.

Chaos ist eine Teilmenge von Komplexität. Die Chaostheorie analysiert das Verhalten kontinuierlich dynamischer Systeme – beispielsweise hydrodynamischer Systeme oder des Wetters – oder abgeschlossener Systeme, die wiederkehrende Eigenschaften und eine hohe Empfindlichkeit gegenüber den Anfangsbedingungen aufweisen, so daß schon geringfügige Veränderungen der Anfangsbedingungen zu einem völlig anderen Verhalten des Systems führen können. Ein gutes Beispiel ist der sogenannte Schmetterlingseffekt: Danach kann ein Schmetterling in Rio de Janeiro das Wetter in Chicago verändern. Eine unendlich kleine Abwandlung der Ausgangsbedingungen führt in der Evolution des Systems zu divergierenden Wegen. Dabei stellt sich ein großes Rätsel: Damit das Leben eine Evolution durchmachen konnte, durften die Abläufe vermutlich nicht ständig divergieren. Wenn Divergenz das einzige ist, was vor sich geht, können biologische Systeme nicht funktionieren. Es stellt sich die Frage, welche komplexen Systeme nützliche Abwandlungen ansammeln können.

Wie wir entdeckt haben, können sehr komplexe Systeme in der Evolution des Lebens konvergente und nicht-divergente Strömungen haben. Eine divergente Strömung bedeutet Empfindlichkeit gegenüber den Anfangsbedingungen. Bei konvergenter Strömung dagegen nähern sich sogar weit auseinanderliegende Ausgangspositionen einander an. Das ist das Grundprinzip der Homöostase, das heißt der Stabilität gegenüber Störungen, die ein natürliches Merkmal vieler komplexer Systeme ist. Früher wußte man das nicht. Ich habe es vor fünfundzwanzig Jahren herausgefunden, als ich mich mit den sogenannten Kauffman-Modellen beschäftigte, Zufallsnetzwerken, die die von mir so genannte »Ordnung gratis« zeigen.

Durch Evolution sind komplexe Systeme entstanden, die es vielleicht gelernt haben, zwischen Divergenz und Konvergenz zu balancieren, so daß sie sich auf dem Grat zwischen Chaos und Ordnung befinden. Darauf hat auch Chris Langton hingewiesen. Eben diese Systeme können die komplexesten Aufgaben erfüllen und sich gleichzeitig weiterentwickeln in dem Sinn, daß sie nützliche Abweichungen ansammeln. Nach meiner Überzeugung ist schon die Fähigkeit zur Anpassung als solche die Folge der Evolution. Nur komplexe Systeme eines bestimmten Typs können sich anpassen und zusammen mit anderen komplexen Systemen entwickeln. Wir müssen erkennen, was es bedeutet, wenn komplexe Systeme einander kennenlernen, das heißt, wenn sie in ihrer gemeinsamen Evolution einander gegenseitig die Bedingungen für den Erfolg stellen. Nach meiner Vermutung entstehen daraus Gesetze für die Funktionsweise der Systeme, so daß komplexe Systeme, die sich gemeinsam weiterentwickeln, sich in einem globalen, Gaia-artigen Sinne gegenseitig an den Rand des Chaos treiben, wo sie ausbalanciert stehenbleiben. Das ist eine sehr hübsche Idee, und sie könnte auch stimmen.

Mein Zugang zu der gemeinsamen Evolution komplexer Systeme ist meine Theorie der »Ordnung gratis«. Wenn man hunderttausend Gene hat und weiß, daß diese Gene einander an- und abschalten können, dann gibt es zwischen den hunderttausend Genen eine Verschaltung. Jedes Gen erhält von anderen Genen, die es an- und abschaltet, einen steuernden Input. Das war die große Frage: Wie muß ein System aussehen, in dem hunderttausend Gene einander an- und abschalten und das sich dennoch durch die Schaffung neuer Gene, neuer logischer Verknüpfungen und neuer Verbindungen weiterentwickeln kann?

Angenommen, wir wissen nicht viel über diese Dinge, wir kennen nur die Zahl der Gene, die Zahl der Gene, die ein Gen steuern, den Grad der Verknüpfung in dem System und einige von den Regeln, nach denen die Gene einander an- und abschalten. Meine Frage lautete nun: Kann man erreichen, daß auch in zufällig zusammengesetzten Systemen mit einer Art statistischer Verknüpfungseigenschaften etwas Gutes, Biologieähnliches geschieht? Es kann nicht so sein, daß große Genauigkeit erforderlich ist, damit es funktioniert – so hoffte, wettete und ahnte ich, ja das glaubte ich sogar, ohne dafür die geringsten guten Gründe zu haben –, aber mit dem Forschungsprogramm versuchte ich herauszufinden, ob das stimmen könnte. Ich hatte das Bestreben, Ordnung gratis zu finden. Wie es so geht, fand ich sie auch. Und das ist höchst bedeutsam.

Bedeutsam ist es unter anderem aus folgendem Grund: Wenn die dynamischen Systeme, aus denen das Leben hervorging, in sich chaotisch waren, dann konnten Zellen und Lebewesen überhaupt nur funktionieren, wenn es eine außerordentlich umfangreiche Selektion gab, die dafür sorgte, daß alles verläßlich und regelmäßig ablief. Ob die natürliche Selektion jemals hätte beginnen können, ohne daß zuvor schon eine gewisse Ordnung vorhanden war, ist nicht geklärt. Wenn man verbesserte Varianten selektionieren will, muß man von einem gewissen Maß an Ordnung ausgehen.

Man stelle sich einmal einen Schaltplan mit zehntausend Glühbirnen vor, wobei jede Glühbirne von zwei anderen gesteuert wird. Mehr sage ich nicht. Man wählt den Input für die einzelnen Glühbirnen zufällig aus, verlegt die Verbindungsdrähte zwischen ihnen und weist dann jeder Glühbirne, wiederum nach dem Zufallsprinzip, eine der möglichen Schaltregeln zu. Eine solche Regel könnte zum Beispiel lauten: Die Glühbirne wird eingeschaltet, wenn sie im Augenblick zuvor aus beiden Steuerungsleitungen einen Input erhält. Oder sie schaltet sich ein, wenn beide Inputs ausgeschaltet sind.

Wenn man sich nach der eigenen Intuition richtet oder hervorragende Physiker fragt, wird man zu dem Schluß gelangen, daß ein solches System chaotisch reagiert. Man hat es mit einem vom Zufall bestimmten Schaltplan zu tun, mit zufälliger Logik – es ist ein höchst komplexes, ungeordnetes Parallelverarbeitungs-Netzwerk. Nun würde man sich vorstellen, man müsse das System nach einem genauen Schema aufbauen, damit es etwas Geordnetes tut, aber diese Vorstellung ist völlig falsch. Die Tatsache, daß sie falsch ist, nenne ich »Ordnung gratis«. Es gibt im Zusammenhang mit der »Ordnung gratis« auch andere erkenntnistheoretische Überlegungen. In den nächsten Jahren möchte ich mich mit der Frage beschäftigen, wie komplexe Systeme aussehen müssen, damit sie ihre Welt kennen können. Mit »kennen« möchte ich kein Bewußtsein unterstellen; aber ein komplexes System wie das Bakterium *E. coli* kennt ganz offensichtlich seine Welt. Es tauscht mit ihr molekulare Variablen aus und schwimmt in einem Glucosegradienten in Richtung der höheren Konzentration. In einem gewissen Sinn verfügt es also über ein inneres Abbild seiner Welt. Auch IBM kennt seine Welt in einem gewissen Sinne, und ich habe den vagen Verdacht, daß beide ihre Welt auf einer tieferen Ebene in derselben Weise kennen. Vermutlich

469

kennt bei IBM keine einzelne Person die IBM-Welt, aber die Firma begreift ihr ökonomisches Umfeld. Nach welcher Logik sind diese Systeme und die Welten, mit denen sie zusammenleben, aufgebaut, so daß Gebilde, die derart komplex und geordnet sind, erfolgreich miteinander umgehen können? Es muß tiefsitzende Prinzipien geben.

IBM ist zum Beispiel eine Organisation, die sich selbst kennt, aber ich rede hier eigentlich nicht über Darwinsche natürliche Selektion als äußere Kraft. Darwin beschrieb die natürliche Selektion zwar als etwas von außen Kommendes, aber wir stellen uns vor, daß Lebewesen in einer Umwelt leben, die vorwiegend aus anderen Lebewesen besteht. Demnach hat die Evolution also in den letzten vier Milliarden Jahren Organismen hervorgebracht, die sich gemeinsam erfolgreich weiterentwickelt haben. Eine Triebkraft ist dabei zweifellos die natürliche Selektion, aber Ordnung stellt sich auch spontan ein.

Mit spontaner Ordnung oder Ordnung gratis meine ich zunächst einmal die Neigung komplexer Systeme, eher konvergente und nicht divergente Strömungen zu zeigen, so daß sich von innen heraus eine Homöostase einstellt, und dann auch die Möglichkeit, daß die natürliche Selektion die Struktur des Systems beeinflußt und es zwischen den beiden Strömungen festhält, an der Grenze zwischen Ordnung und Chaos. Gerade solche Systeme liefern uns makroskopische Gesetzmäßigkeiten, durch die Ökosysteme definiert sind, und nach meiner Vermutung definieren sie vielleicht auch ökonomische Systeme.

Es mag so klingen, als sei die »Ordnung gratis« ein ernsthafter Einwand gegen die Darwinsche Evolution, aber es geht nicht darum, den Darwinismus in Frage zu stellen oder zu behaupten, Darwin habe unrecht gehabt. Nach meiner Überzeugung hatte er keineswegs unrecht. Ich habe keinen Zweifel, daß die natürliche Selektion eine umwälzende, brillante Idee

470

und eine Hauptkraft der Evolution ist, aber es gibt auch Elemente, die Darwin nicht richtig erkennen konnte. Wenn zum Beispiel spontane Ordnung vorliegt – das heißt, wenn man es mit einem komplexen System mit nachdrücklich geordneten Eigenschaften zu tun hat –, muß man eine Frage stellen, die in der Evolutionstheorie nie aufgeworfen wurde: Angenommen, die Selektion wirkt ständig, wie konstruiert man dann eine Theorie, welche die Selbstorganisation komplexer Systeme – also die Ordnung gratis – und die natürliche Selektion in sich vereint? Dazu gibt es in der Wissenschaft kein Theoriesystem. Es existiert nicht in der Physik, denn dort gibt es nur Selbstorganisation, aber keine natürliche Selektion. Es existiert auch nicht in der Biologie, denn wir haben zwar eine Theorie der natürlichen Selektion, aber diese Theorie haben wir nie mit den Vorstellungen von der Selbstorganisation verknüpft. Wir müssen die Evolutionstheorie so erweitern, daß wir beschreiben können, wie die natürliche Selektion auf Systeme mit stabilen Selbstorganisationseigenschaften wirkt. Eine solche Theorie gibt es bisher einfach nicht.

Im Zusammenhang mit der spontanen Ordnung gibt es mehrere Parallelen. Seit Darwin glauben wir, die natürliche Selektion sei bei den Organismen die einzige Quelle von Ordnung. Das ergibt sich auch aus der Äußerung des französischen Biologen François Jacob, Organismen seien »zusammengezimmerte Apparätchen«. Dieser Vorstellung zufolge ist die Evolution opportunistisch: Sie zimmert seltsame Vorrichtungen zusammen, die dann auch funktionieren, und die Ordnung, die man bei einem Organismus beobachtet, geht eigentlich ausschließlich auf die Selektion zurück, der es gelingt, etwas Funktionierendes zu konstruieren. Aber wenn es spontane Ordnung gibt, ist ein Teil der erkennbaren Ordnung nicht durch Selektion entstanden, sondern durch eine innere Eigenschaft der Einzelteile. Wenn das stimmt, bedeutet es in mehrfacher Hinsicht eine Verschiebung der Sichtweise.

Ein weiteres Beispiel für die spontane Ordnung ist möglicherweise die Entstehung des Lebens. Wenn man ein ausreichend komplexes System von Polymeren hat, die zu katalytischer Aktivität in der Lage sind, werden sie sich von selbst zu einem katalytischen System organisieren und damit eigentlich einfach lebendig *sein*. Leben zu schaffen war vielleicht nicht so schwierig, wie man meinen könnte.

Für solche Theorien eröffnen sich ein paar unmittelbare praktische Anwendungsmöglichkeiten, insbesondere auf dem Gebiet der molekularen Evolution. March Ballivet und ich beantragten 1985 ein Patent für die Idee, eine sehr, sehr große Zahl von teilweise oder völlig zufälligen DNA-Sequenzen herzustellen, an denen dann über entsprechende RNA-Moleküle die zugehörigen Proteine erzeugt werden. Auf diese Weise wollten wir lernen, eine Evolution von Biopolymeren ablaufen zu lassen, die man als Medikamente, Impfstoffe, Enzyme und so weiter einsetzen kann. Mit »sehr groß« meine ich Zahlen im Bereich von Milliarden oder Billionen Genen – neue Gene, die es bis dahin in der Biologie noch nicht gegeben hat. Man baut Gene mit ganz oder teilweise zufälliger Sequenz und steckt sie in einen Organismus. Es entstehen teilweise zufällige RNA-Moleküle und an diesen teilweise zufällige Proteine, und daraus kann man lernen, wie man Medikamente oder Impfstoffe herstellt. Ich hoffe, wir werden in fünf Jahren Impfstoffe zur Behandlung fast jeder beliebigen Krankheit erzeugen können, und zwar schnell. Außerdem werden wir in der Lage sein, Hunderte von neuen Medikamenten herzustellen.

Dazu gehört auch die Erkenntnis, daß hundert Millionen Moleküle vermutlich als vorläufiger Werkzeugkasten zur Katalyse aller möglichen Reaktionen ausreichen würden. Wenn man eine bestimmte Reaktion katalysieren will, öffnet man den Werkzeugkasten, nimmt ein Rohenzym heraus, stimmt es mit ein paar Mutationen fein ab, und der Katalysator ist fertig. Das wird Biotechnologie und Chemie verändern.

Man kann auch Verbindungen zwischen der Evolutionstheorie und der Wirtschaftswissenschaft herstellen. Ein Grundproblem in der Wirtschaft betrifft die eingeschränkte Rationalität. Die Frage ist: Wie können Agenten, die nicht unendlich rational sind und denen keine unendlichen Berechnungsressourcen zur Verfügung stehen, in ihrer Welt zurechtkommen? Hier gibt es ein Prinzip der Optimierung, das genau aussagt, wie intelligent solche Agenten sein sollten. Sind sie entweder zu intelligent oder zu dumm, entwickelt das System sich nicht gut weiter.

Zusammen mit Kollegen aus der Wirtschaftswissenschaft diskutiere ich die Evolution eines technischen Netzwerks, in dem neue Waren und Dienstleistungen entstehen und in dem man die eingeschränkte Rationalität in einer nichtstatischen Theorie der Preisbildung beobachten kann. Im nächsten Schritt müssen wir dann verstehen, was es für komplexe Systeme bedeutet, wenn sie ihre Landkarte von der Welt haben und zu ihrem eigenen Nutzen Tätigkeiten aufnehmen, die optimal komplex oder optimal intelligent sind – also eingeschränkt rational. Dazu gehört auch, daß man versteht, wie komplexe Systeme ihre Welt kennenlernen.

Brian Goodwin: Stuart interessiert sich vor allem für das Auftauchen von Ordnung in Evolutionssystemen. Das ist seine fixe Idee. Genau die gleiche habe ich auch, was die biologische Richtung betrifft, aber er geht anders vor. Unsere Verfahrensweisen ergänzen einander in bezug auf dasselbe Problem: Wie versteht man das Auftauchen von Neuerungen in der Evolution? Das Auftauchen von Ordnung? Hier liegen Stuarts größte Leistungen.

Die Vorstellung, daß das Leben am Rande des Chaos steht, ist ein zentraler Punkt in Stuarts Forschungsarbeit. Die Formulierung stammt nicht von ihm, aber seine Arbeiten drehten sich immer um genau diese Vorstellung: Wie kommt es, daß aus einem komplexen System mit Wechselwirkungen ohne erkennbare Richtung plötzlich Ordnung hervorsprießt!

Genau das entdeckte er in den sechziger Jahren, als er Medizin studierte und sich mit Computern beschäftigte. Damals befaßte er sich mit den Theorien von François Jacob und Jaques Monod über Steuerung. Er vollzog sie auf dem Computer nach und sah sich neurale Netze an. Die gleichen Themen reizten mich auch, aber wir gingen in unterschiedliche Richtungen. Ich betrachtete den Organismus als dynamisch organisiertes Gebilde, er dagegen orientierte sich mehr an Warren McCulloch und wandte dessen Vorstellung von logischen Netzwerken auf Genregulations-Netzwerke an. Stuart und ich hatten immer diese einander ergänzenden Betrachtungsweisen, und wir gelangen zu genau den gleichen Schlußfolgerungen bezüglich der Entstehung von Ordnung aus einer chaotischen Dynamik. Bei Stuart fließen die interessanten Ideen schneller als bei jedem anderen, den ich kenne. Ich habe eine Menge von ihm gelernt.

W. Daniel Hillis: Stuart Kauffman ist ein seltsames Wesen, denn er ist theoretischer Biologe, und das ist fast ein Widerspruch. In der Physik gibt es die Theoretiker und die Experimentatoren, und die Beziehungen zwischen beiden sind genau bekannt. Vor den Theoretikern hat man gewaltigen Respekt. In der Physik ist die Theorie fast das Eigentliche, und die Experimente sind nur Annäherungen, mit denen man die Theorie überprüft. Wenn etwas ein klein wenig falsch herauskommt, ist es wahrscheinlich ein experimenteller Fehler. Die Theorie ist das Vollkommene, es sei denn, man kann mit einem Experiment zeigen, daß man zu einer anderen Theorie übergehen muß. Als Eddington bei einer Sonnenfinsternis loszog, um die Ablenkung des Sternenlichts durch die Sonne zu messen und so Einsteins allgemeine Relativitätstheorie zu überprüfen, wurde Einstein gefragt, was er denken würde, wenn Eddingtons Messungen seine Theorie nicht bestätigten; darauf erwiderte Einstein: »Das täte mir leid für den armen Lord. Die Theorie stimmt.«

In der Biologie ist es genau umgekehrt. Obenan stehen die Experimente, und die Theorie gilt als etwas Kümmerliches. Daten sind in der Biologie alles. Ansehen erwirbt man sich, wenn man Stunden im Labor verbringt und dafür sorgt, daß auch die Studenten und Assistenten Stunden im Labor verbringen und Daten sammeln. Das Theoretisieren ist eigentlich nicht gestattet, solange man keine Daten hat. Und man darf auch nur über eigene Daten theoretisieren – oder zumindest muß man selbst Daten gesammelt haben, bevor man über anderer Leute Befunde etwas Theoretisches äußern darf.

Stuart gehört zur seltenen Spezies derer, die Theorien aufstellen, ohne selbst zu experimentieren. Er macht sich die Mühe, Themen wie die Theorie von den dynamischen Systemen zu verstehen, und versucht sie dann mit der Biologie zu verbinden; auf diese Weise läßt er Ideen aus der Physik – und zwar aus der theoretischen Physik – in die Biologie einfließen.

Daniel C. Dennett: Stuart Kauffman und sein Kollege Brian Goodwin sind besonders scharf darauf, das eindrucksvolle Bild zu verwerfen, das zuerst durch die großen französischen Biologen Jacques Monod und François Jacob populär wurde – das Bild von Mutter Natur als Pfuscherin, die sich mit dem opportunistischen Machwerk beschäftigt, das auf französisch *bricolage* genannt wird. Kauffman will betonen, daß die biologische Welt mehr eine Welt der Newtonschen Entdeckungen und weniger der Shakespearschen Schöpfungen ist. Er hat sicher einige hervorragende Beweise gefunden, die seine Behauptungen stützen. Kauffman ist ein Meta-Ingenieur. Ich fürchte, sein Angriff auf die Metapher der Pfuscherin wird die Bestrebungen derer stärken, die Darwins gefährliche Idee nicht anerkennen. Es gibt ihnen die falsche Hoffnung, daß sie im Wirken der Natur nicht die geführte Hand der Pfuscherin, sondern die göttliche Hand des Schöpfers sehen. Kauffman hat das von Brian Goodwin. John Maynard Smith hat Kauffman in die andere Richtung gezogen, und das war in meinen Augen sehr klug.

Stephen Jay Gould: Stuart Kauffman und Brian Goodwin sind sich sehr ähnlich: Beide versuchen zu ergründen, welche Bedeutung der großen strukturalistischen Tradition zukommt, um die sich der darwinistische Funktionalismus nie besonders gekümmert hat. Aber es gibt zwischen Stuart und Brian auch Unterschiede. Brian konzentriert sich auf die Morphologie der Organismen, Stuarts Interesse gilt dagegen vor allem den Fragen, die mit der Entstehung des Lebens und den Ursprüngen der molekularen Organisation zusammenhängen, von denen ich nicht viel verstehe. Ich arbeite nicht so quantitativ wie er, und deshalb kann ich nicht allen Argumenten in seinem Buch folgen. Er versucht herauszufinden, welche Gesichtspunkte der organischen Ordnung sich aus den physikalischen Prinzipien der Materie und dem mathematischen Aufbau der Natur ergeben, so daß man sie nicht als darwinistische, von der natürlichen Selektion hervorgebrachte Optimierungen ansehen muß.

Er steht in der strukturalistischen Tradition; man sollte darin keinen Gegensatz zu Darwin, sondern eine Unterstützung für ihn sehen. Strukturprinzipien legen Beschränkungen fest, innerhalb derer die natürliche Selektion wirken muß. Seine »Ordnung gratis« ist das Ergebnis einer Reihe von Beschränkungen; sie zeigt, daß allein aus den physikalischen Eigenschaften der Materie und den Strukturprinzipien der Organisation ein hohes Maß an Ordnung erwachsen kann. Besondere darwinistische Überlegungen braucht man dabei nicht; das meint er mit »Ordnung gratis«. Es ist ein sehr guter Ausdruck, denn nach Ansicht der strengen Darwinisten kann sinnvolle Ordnung nur durch natürliche Selektion entstehen. Und das stimmt nicht.

J. Doyne Farmer: Stuart Kauffman gehörte zu einer Arbeitsgruppe für theoretische Biologie um Jack Cowan an der Universität Chicago; sie schloß auch Arthur Winfree, Leon Glass und mehrere andere ein, die heute zu den bekanntesten theoretischen Biologen gehören. Daß alle diese Typen heute noch eine Stelle als Wissenschaftler haben, spricht für ihre Fähigkeiten; die meisten anerkannten Biologen mögen keine Theoretiker, und deshalb ist es schwierig, als theoretischer Biologe zu überleben. Stuart hat es geschafft, unter anderem weil er auch Experimente machte, aber ich glaube, seine wahre Leidenschaft war immer die theoretische Biologie.

Francisco Varela: Stuart hat die Vorstellung von neu auftauchenden biologischen Organisationsebenen mit genau umrissenen Formen und Mechanismen versehen. In seinen frühen Arbeiten über genetische Regulationsnetze leistete er etwas sehr Grundlegendes. Er führte eine vage Idee in ein konkretes Beispiel über, an dem man weiterarbeiten konnte.

Ein wenig mehr Mühe hatte ich mit seinem letzten Buch, dem Wälzer *The Origins of Order*. Es hat zwar in vielen Teilen die Aura von etwas sehr Interessantem, aber insgesamt scheint dem Buch ein richtiger Zusammenhang zu fehlen. Es enthält zu vieles nach dem Motto »Nehmen wir einmal dieses an, nehmen wir einmal jenes an, und wenn das stimmt, dann...« Aber sein Grundgedanke ist der, daß wir wieder zu der Konzeption einer Evolution mit inneren Faktoren zurückgekehrt sind, und in dieser Hinsicht hat es unbedingt recht. Es verhält sich mit diesem so wie mit dem Buch von Nick Humphrey: Es hat den richtigen Geruch, aber ich bin mir nicht im klaren, ob ich Stuart die eigentliche Theorie abnehmen kann, die er sich da zusammenzimmert.

Wenn es um molekularbiologische Steuerungsnetze geht, ist Stuart einer der kompetentesten Leute, die es gibt. Er gehört zu den Großen, denn er hat diesem Gedankengebäude einige wichtige Steine hinzugefügt, aber an dem Gebäude haben auch viele andere mitgearbeitet: Gould, Eldredge, Margulis, Goodwin. Wenn ich eine milde Kritik anbringen wollte, dann die, daß Stuart diese Tatsache manchmal nicht ausreichend gewürdigt hat. Was sich hier abspielt, ist eine Evolution – oder Revolution – in der Biologie, die über Darwin hinausgeht. Aber diese Revolution läßt sich nicht auf Stuarts eigene Methode, sie auszudrücken, reduzieren.

Niles Eldredge: Stuart ist unglaublich. Bei unserer ersten Begegnung brachte er es fertig, daß ich mich vor Lachen nicht halten konnte und im Taxi auf den Boden rutschte. Er imitierte die Redeweise aller philosophischen Größen in Oxford. Er ist ein unglaublich lustiger Kerl, sehr liebenswert und natürlich äußerst klug. In bezug auf die Evolution hat er einen, wie ich ihn nenne, transformationistischen Ansatz.

Nach der üblichen Sichtweise geht es in der Evolution darum, daß sich die körperlichen Eigenschaften der Lebewesen ändern. Stuart konstruierte Modelle, die von einem Anpassungsgipfel zum anderen hüpfen, und erklärte damit die explosionsartige Vermehrung des Artenreichtums im frühen Kambrium. Zwischen seiner und meiner Denkweise fehlen so viele Bindeglieder, daß wir nie in eine echte Verbindung treten konnten. Wir haben geredet, und ich brachte ihn mit anderen zusammen, die Evolutionsprinzipien im Computer simulieren, aber die Kluft zwischen unseren Denkansätzen ist so groß, daß wir keinen nützlichen Dialog führen können.

Nicholas Humphrey: Kauffman ist nicht so radikal wie Goodwin, zumindest heute. Früher hätte Kauffman behauptet, die natürliche Selektion spiele keine besonders wichtige Rolle, aber dann ließ er sich überzeugen, daß wir in der Natur nur das sehen, was selektioniert wurde, und zwar auch dann, wenn die Natur nur mit denjenigen Möglichkeiten herumspielen kann, die durch die Eigenschaften komplexer Systeme bestimmt werden. Die Welt erzeugt Möglichkeiten, und dann sorgt die natürliche Selektion dafür, daß nur einige davon überleben.

Kauffman leistet hervorragende Arbeit, und für den altmodischen Neodarwinismus ist er sicher der Fuchs im Hühnerhof. Aber er behauptet nicht von sich, ein neuer Darwin zu sein. Einen neuen Darwin brauchen wir nicht.

CHRISTOPHER G. LANGTON

Ein dynamisches Muster

W. Daniel Hillis: Chris Langton ist der Oberguru in Sachen künstliches Leben. Er hat schon recht, wenn er sagt, das Leben stehe am Übergang von Ordnung und Unordnung, wie er es nennt: genau am Rande des Chaos, genau zwischen den Temperaturen, bei denen Wasser zu Eis oder zu Dampf wird, in dem Bereich, wo es flüssig ist – genau dazwischen. Wir balancieren in vielerlei Hinsicht auf dem Grat zwischen zuviel und zuwenig Struktur.

Christopher G. Langton ist Computerwissenschaftler, Gastprofessor am Santa-Fé-Institut und Leiter des dortigen Forschungsprogramms für künstliches Leben; Herausgeber der Fachzeitschrift *Artificial Life* und Autor des Buches *Artificial Life* (1995).

Christopher G. Langton: Was war Darwins Algorithmus? Die Idee von der Evolution war schon seit langem im Schwange. Spencer, Lamarck und andere hatten die Evolution als Prozeß postuliert, aber sie kannten den Mechanismus nicht. Das Problem war die Entdeckung des Mechanismus – des Algorithmus –, mit dem sich die gewaltige Vielfalt der Natur in ihrer ganzen Breite und in allen Einzelheiten erklären läßt. Das Wesentliche an einem Algorithmus ist die Vorstellung von einem genau umrissenen, schrittweise ablaufenden Vorgang, der aus einer Menge von Vorgaben eine Reihe von Ergebnissen macht. Darwins geniale Leistung bestand darin, daß er von der riesigen Artenvielfalt auf der Erde ausging und einen einfachen, eleganten Mechanismus postulierte, einen schrittweisen Ablauf, der ihr Vorhandensein erklären konnte.

Darwin unterschied zwei Grundfunktionen: Erstens mußte es einen Erzeuger der Vielfalt geben, und zweitens mußte sie ausgesiebt werden. In den ersten Kapiteln von *Über die Entstehung der Arten* appelliert er an das Allgemeinwissen seiner Zeitgenossen: daß die Natur bei den Nachkommen eines Lebewesens Vielfalt hervorbringt. Wie man Pflanzen und Tiere züchtet, wußte jeder. Es war völlig klar, daß die Vielfalt, auf die die Züchter angewiesen waren, durch natürliche Vorgänge bei der Fortpflanzung der Tiere und Pflanzen entstand. Ein menschlicher Züchter konnte für ganz bestimmte Paarungen sorgen und diese natürliche Variabilität ausnutzen, um erwünschte Eigenschaften in seinem Bestand zu verstärken. Man konnte zum Beispiel sagen: Diese beiden Schafe produzieren mehr Wolle als die meisten anderen, also kreuze ich sie und bekomme Schafe, die mehr Wolle produzieren. Die Vielfalt entstand auf natürlichem Wege, aber die Kreuzungen arrangierte der Mensch. Da das »Sieb« für die Vielfalt künstlich vom Menschen gestaltet war, bezeichnet man diesen Vorgang auch als künstliche Selektion.

Nachdem Darwin die Voraussetzungen in Begriffe gefaßt hatte, die seinen Zeitgenossen geläufig waren, widmete er den Rest seines Buches dem Nachweis, daß auch die »Natur selbst« die Funktion des Selektionssiebes übernehmen kann: Sie läßt ebenfalls je nach den Eigenschaften der beteiligten Individuen bevorzugt bestimmte Paarungen stattfinden. Da manche Eigenschaften die Überlebenswahrscheinlichkeit ihrer Träger erhöhen, bleiben Lebewesen mit diesen Eigenschaften eher erhalten und können sich mit größerer Wahrscheinlichkeit paaren als solche, denen diese Eigenschaften fehlen.

Den ganzen Vorgang kann man als schrittweisen Ablauf formulieren, als sogenannten genetischen Algorithmus, der auf einem Computer abläuft; auf diese Weise können wir den Vorgang der Evolution von seiner materiellen Grundlage trennen. Als erster versuchte John Holland von der University of Michigan Anfang der sechziger Jahre ernsthaft, Darwins Algorithmus auf Computer zu übertragen.

Seither hat man ständig mit genetischen Algorithmen gearbeitet, aber diese Algorithmen haben sich nicht unbedingt als nützliche Hilfsmittel zur Untersuchung der biologischen Evolution erwiesen. Das liegt nicht daran, daß mit den Algorithmen als solchen etwas nicht in Ordnung wäre, sondern man hat es versäumt, sie in den richtigen biologischen Zusammenhang zu stellen. Die herkömmlicherweise angewandten genetischen Algorithmen enthalten eindeutig künstliche Selektion:

Ein Mensch stellt ausdrücklich algorithmische Kriterien dafür auf, welche Elemente überleben sollen, so daß sie sich paaren und fortpflanzen können. In der wirklichen Welt dagegen wirkt die natürliche Selektion, das heißt, die »Natur« der Wechselwirkungen aller Organismen – sowohl untereinander als auch mit der physikalischen Umwelt – bestimmt darüber, welche Elemente überleben, sich paaren und sich fortpflanzen. Wir mußten ein wenig herumexperimentieren, bis wir herausgefunden hatten, wie man in den künstlichen Welten, die wir im Computer schaffen, die natürliche Selektion zuwege bringt.

Aber in den letzten Jahren haben wir durch die Arbeiten von Danny Hillis, Tom Ray und anderen gelernt, wie man das macht. Wir geben die Selektionskriterien nicht von außen vor, sondern wir lassen alle »Organismen« im Zusammenhang einer dynamischen Umwelt interagieren; dabei entstehen die Selektionskriterien von selbst. Für jeden einzelnen dieser »Organismen« im Computer ist »Natur« die gesamte Dynamik aller anderen Computerorganismen. Läßt man solche Wechselwirkungen ablaufen, wobei die Computer»lebewesen« sich gegenseitig Probleme bereiten, erwächst im Computer eine eigenständige Natur, deren weitere Evolution sich nicht vorhersagen läßt.

Die Organismen einer solchen künstlichen Welt bilden in der Regel ein ökologisches System aus, das eine Zeitlang stabil bleibt und dann irgendwann zusammenbricht. Nach einer chaotischen Übergangsphase entsteht dann eine neue stabile Ökologie, und der Vorgang setzt sich fort. Diese in ständigem Wandel begriffene gemeinsame Aktivität der Organismen selbst definiert die Eignung und übt den Selektionsdruck aus. Nach meiner Überzeugung stellt eine solches virtuelles Ökosystem – das ich »künstliches Leben« nenne – eine echte »Natur unter Glas« dar, und die Untersuchung solcher virtuellen Naturen im Computer kann sehr nützlich sein, um das Wesen der echten Natur zu erforschen.

Die Vorstellung, daß der Mensch im Computer eine Natur schafft, mag verblüffend erscheinen. Computer lassen Algorithmen ablaufen, und Algorithmen scheinen das genaue Gegenteil der natürlichen Welt zu sein. Die natürliche Welt ist in der Regel wild und unberechenbar, während Algorithmen genau, vorhersagbar und verständlich sind. Das Ergebnis eines Algorithmus kennt man; man weiß, was er tun wird, weil man ihn genau zu diesem Zweck programmiert hat. Und da Algorithmen auf Computern ablaufen, rechnet man damit, daß die »Natur« dieser Abläufe ebenso genau und vorhersagbar ist, wie der Algorithmus es zu sein scheint. Wer aber viel Erfahrung mit Computern hat, der weiß, daß schon die einfachsten Algorithmen ein neues, unvorhersagbares Verhalten zeigen können. Die Welt im Computer kann in jeder Hinsicht genauso wild und unberechenbar sein wie die äußere Welt.

Man kann einen Computer auf zweierlei Weise betrachten: als eine Maschine, die ein Programm abarbeitet und eine Zahl ausrechnet, oder als eine Art logisches, digitales Universum, das sich sehr unterschiedlich verhalten kann. Beim ersten Workshop über künstliches Leben, den ich 1987 am Los Alamos National Laboratory organisierte, fragten wir uns: Wie gehen die Leute daran, Lebewesen zu gestalten? Wie gestalten wir die Evolution, und welche Probleme treten dabei auf? Nachdem wir erkannt hatten, daß jeder auf diese Probleme stieß, wurde uns klar, daß die meisten interessanten Modelle nach der gleichen grundlegenden Struktur aufgebaut waren: Sie bestanden aus vielen einfachen Elementen, die untereinander in Wechselwirkung traten und gemeinsam etwas Komplexes leisteten. Durch weiteres Experimentieren mit dieser dezentralen Computerarchitektur konnten wir in unseren Rechnern so komplexe Universen schaffen, daß sie etwas hervorbrachten, das man im Hinblick auf diese Universen als Leben bezeichnen mußte. Solche Vorgänge verhalten sich in ihrem Universum so wie die Lebewesen in dem unsrigen.

Grundsätzlich sind künstliche Intelligenz und künstliches Leben meines Erachtens keine völlig getrennten Gebiete; in der Praxis unterscheiden sie sich allerdings stark. In beiden Fällen versucht man, im Computer natürliche Vorgänge zusammenzusetzen, die entscheidend von Informationsverarbeitung abhängen. Ich finde es schwierig, zwischen Leben und Intelligenz eine Grenze zu ziehen. Sowohl bei der KI als auch beim KL untersucht man Systeme, die im Zusammenhang mit den in ihnen ablaufenden Informationsvorgängen ihr eigenes Verhalten bestimmen. Die KI-Forscher haben sich in diesem Rahmen bereits das schwierigste Objekt – den Menschen – herausgesucht; sie waren anfangs ermutigt – und irregeleitet –, weil man dem Computer scheinbar sehr leicht Tätigkeiten wie das Schachspielen beibringen kann, die einem Menschen schwerfallen. Deshalb hatten sie zu Beginn viel Erfolg, aber nur bei Problemen, die sich im nachhinein als nicht besonders schwierig erwiesen. Wirklich schwierig waren dagegen paradoxerweise Tätigkeiten, die einem Menschen einfach erscheinen, wie das Erkennen eines bekannten Gesichtes in einer Menschenmenge, das Gehen oder das Fangen eines Balles. Dagegen entschlossen sich die Wissenschaftler, die mit künstlichem Leben arbeiteten, sich auf die einfachsten natürlichen Informationsverarbeitungssysteme zu konzentrieren, beispielsweise auf Einzeller, Insekten oder Ansammlungen einfacher Lebewesen wie Ameisenvölker.

Wir gehen an die Erforschung des Lebens und letztlich auch der Intelligenz und des Bewußtseins von unten nach oben heran. Statt ein Phänomen auf seiner eigenen Ebene zu beschreiben, begeben wir uns ein paar Ebenen tiefer zu den Mechanismen, die es hervorbringen, und versuchen zu verstehen, wie das Phänomen aus der Dynamik der tieferen Ebenen erwächst. Die Flüssigkeitsdynamik wird beispielsweise durch die Navier-Stokes-Gleichungen mit hinreichender Ausführlichkeit beschrieben, aber es handelt sich um eine Beschreibung auf hoher Ebene, die dem System von außen und von oben nach unten aufgezwungen wird. Die Flüssigkeit selbst löst keine Navier-Stokes-Gleichungen; ihr Verhalten ergibt sich aus den Wechselwirkungen zwischen allen Teilchen, aus denen sie besteht – zum Beispiel zwischen Wassermolekülen. Man kann also die Flüssigkeitsdynamik auch von innen heraus nachvollziehen, und zwar mit Hilfe der Regeln für Zusammenstöße zwischen den Partikeln, aus denen sich die Flüssigkeit zusammensetzt. Das wäre ein Verfahren von unten nach oben, und es entspricht eher der Art, wie Verhalten in der Natur entsteht. Die herkömmliche Methode der KI zur Erforschung der Intelligenz entspricht dem Navier-Stokes-Verfahren in der Flüssigkeitsdynamik, nur ist es uns bei Phänomenen wie Leben und Intelligenz noch nicht gelungen, auf hohem Niveau und von oben nach unten funktionierende »Regeln« zu finden. Und meines Erachtens geht es nicht einfach nur darum, daß wir sie noch nicht entdeckt haben; höchstwahrscheinlich lassen sich solche Regeln prinzipiell nicht formulieren.

In der Frühzeit der künstlichen Intelligenz nahmen die Fachleute an, wenn man die Intelligenz verstehen wolle, müsse man das Gehirn vor allem als Universalcomputer betrachten. Seine parallele, dezentrale Architektur hielt man lediglich für eine Folge des sonderbaren Weges, den die Natur zur Entwicklung des Universalcomputers einschlagen mußte. Da alle Universalcomputer sich in ihrer Rechenkapazität im Prinzip entsprechen, glaubte man, man könne die Architektur des Gehirns im wesentlichen außer acht lassen und intelligente Software für die vom Menschen konstruierten Computer herstellen, die eine ganz andere Architektur haben. Ich halte die Unterschiede in der Architektur aber für absolut entscheidend. Die technischen Computer haben eine zentrale Kontrollstelle, die mit von oben nach unten wirkenden Regeln arbeitet; im Gehirn gibt es einen solchen zentralen Prozessor nicht, sondern es funktioniert dezentral und parallel, das heißt von unten nach oben. Was bei dieser letztgenannten Architektur natürlich und spontan möglich ist, läßt sich mit den üblichen seriellen Computern nur durch die Simulation paralleler Systeme erreichen. In der Dynamik der parallelen, dezentralen, stark nichtlinearen Systeme gibt es etwas, das an den Wurzeln von Intelligenz und Bewußtsein liegt – etwas, das die Natur entdecken und ausnutzen konnte.

Welchen Kunstgriff hat die Natur bei der Schaffung des Bewußtseins angewandt? Das wissen wir noch nicht, und zwar deshalb, weil wir nicht verstehen, wozu stark parallele Netzwerke einfacher, interagierender Agenten in der Lage sind. Wir haben noch kein gutes Gespür dafür, welches Spektrum an Verhaltensweisen hier möglich ist. Wir müssen sie nachzeichnen, und dabei könnten wir durchaus auf bisher unbekannte Phänomene stoßen, die sich für das Verstehen der Intelligenz als entscheidend erweisen. Aber diese Phänomene werden wir nicht entdecken, wenn wir von oben nach unten arbeiten.

Wenn man den Aufbau der meisten komplexen Systeme in der Realität betrachtet – des Immunsystems, der Wirtschaft, der Länder, Firmen oder der lebenden Zellen –, dann stellt man fest, daß es bei ihnen keine Zentrale gibt, die alles kontrolliert. Manche Gebilde, beispielsweise der Zellkern oder eine Regierung, haben zwar eine gewisse zentralisierte Funktion, aber große Teile der Dynamik laufen selbständig ab. Wahrscheinlich wären sogar die meisten Eigenschaften, die bei solchen Systemen auftauchen, überhaupt nicht möglich, wenn alles von einem zentralen Regelsystem gesteuert würde. Die Natur hat gelernt, wie man Organisation ohne zentralen Organisator zuwege bringt, und was dabei herauskommt, ist ganz offensichtlich robuster, anpassungsfähiger, vielseitiger und innovativer als Organisationen, die wir selbst um eine zentrale Steuerung herum aufgebaut haben.

Die natürlichen Systeme haben sich in der Evolution tatsächlich nicht unter Bedingungen entwickelt, die eine zentrale Steuerung besonders begünstigt hätten. Alles, was es in der Natur gab, mußte im Zusammenhang mit unzähligen anderen Dingen existieren, die ein Verhalten zeigten und untereinander in Wechselwirkung traten, ohne daß einer dieser Vorgänge die Kontrolle über das ganze System erlangt hätte und den anderen ihr Verhalten vorschreiben konnte. Das ist eine sehr dezentrale, stark parallele Architektur.

Man stelle sich einmal ein Ameisenvolk vor – ein wunderschönes Beispiel für ein stark parallel organisiertes, dezentrales System. Es gibt keine Ameise, die das Sagen hat und den anderen mitteilt, wer was tun soll. Statt dessen hat jede Ameise ein recht beschränktes Verhaltensrepertoire, und alle Ameisen üben ihr Verhalten gleichzeitig aus, vermittelt durch das Verhalten der anderen und durch die Umgebungsbedingungen. Nimmt man alle diese Tätigkeiten zusammen, zeigt das ganze Ameisenvolk ein Verhalten, das fast an Intelligenz grenzt. Das liegt nicht daran, daß ein intelligentes Individuum den anderen sagt, was sie tun sollen, sondern die Population ist von einem kollektiven, dynamischen Verhaltensmuster beherrscht, und dieses ermöglicht dem Ganzen ein Verhalten, das weit über die Summe der Verhaltensweisen seiner Individuen hinausgeht. Das ist fast Vitalismus, aber nicht ganz, denn das Gesamtmuster wurzelt im Verhalten der einzelnen Ameisen.

Wie dieses Beispiel zeigt, kann man gleichzeitig vitalistisch und mechanistisch denken. Wir haben eine Anzahl interagierender Agenten, die aneinandergeraten und aufgrund dieser lokalen Wechselwirkungen etwas tun. Ein solcher Mikrokosmos läßt ein kollektives Muster der Gesamtdynamik entstehen; und dieses Muster bestimmt den Rahmen, innerhalb dessen die Agenten handeln – dieser Rahmen kann eine recht stabilisierende Kraft sein. Ist er aber zu stabilisierend, friert das System ein wie ein Kristall, so daß es nicht mehr dynamisch auf äußeren Druck reagieren kann. Das System als Ganzes muß auf äußeren Druck nicht wie ein Kristall, sondern eher wie eine Flüssigkeit reagieren, und deshalb müssen die Muster, die in ihm entstehen, unter geeigneten Bedingungen leicht zu destabilisieren sein, damit neue Muster, die unter den veränderten Bedingungen stabiler sind, an ihre Stelle treten können. Auch ohne äußere Störungen herrscht ein Aktivitätsmuster unter Umständen nur eine Zeitlang vor und bricht dann zusammen, um einem anderen Platz zu machen – einer Organisationsform, die unter den neuen Bedingungen stabil ist. Globale Organisationsmuster können also kausal bedingt sein, wie der Vitalismus es verlangt, aber solche Muster hängen von der Dynamik des Mikrokosmos ab, dem sie Gestalt geben, und existieren nicht unabhängig von den Bausteinen dieses Mikrokosmos, womit der mechanistischen Denkweise Genüge getan wäre.

Wie der österreichische Physiker Ludwig Boltzmann Ende des 19. Jahrhunderts zeigte, lassen sich viele thermodynamische Eigenschaften makroskopischer Systeme mit der Gesamtheit der Aktivitäten ihrer Atome erklären. Boltzmanns berühmtester Beitrag zu unserem Wissen über die Zusammenhänge zwischen dem Mikrokosmos der Atome und der makroskopischen Welt unserer Erfahrung war seine Definition der Entropie: $S = k \, log \, W$. In den fünfziger Jahren verallgemeinerte der Computerwissenschaftler Claude Shannon die Boltzmann-Formel und hob den Begriff der Entropie damit aus dem Zusammenhang der Thermodynamik, in dem er entdeckt wurde, auf die allgemeinere Ebene der Wahrscheinlichkeitstheorie, wo sie dem Begriff »Information« eine genaue, quantitative Bedeutung gab. Das war ein guter Anfang. Aber auch vieles andere muß noch aus der Domäne der Thermodynamik gehoben werden. Solche quantitativen thermodynamischen Begriffe, deren Verallgemeinerung sehr nützlich wäre, sind zum Beispiel Energie und Temperatur. Nach meiner Überzeugung wird die Verallgemeinerung von Begriffen aus der Thermodynamik und statistischen Mechanik sich stark auf unsere Kenntnisse über Lebewesen und andere komplexe Systeme auswirken.

Wie Doyne Farmer deutlich gemacht hat, befindet sich unser Wissen über komplexe Systeme heute im wesentlichen auf dem gleichen Stand wie das Wissen über Thermodynamik in der Mitte des 19. Jahrhunderts, als man sich mit Grundbegriffen herumschlug und nicht wußte, welche quantitativen Größen man eigentlich messen sollte. Solange das nicht klar ist, kann man diese Größen auch nicht in quantitative Beziehungen zueinander setzen. Der französische Physiker Sadi Carnot identifizierte als einer der ersten einige grundlegende Größen, beispielsweise Wärmemenge und Arbeit. Ihm folgte eine Gruppe von Leuten wie Rudolf Clausius und Josiah Willard Gibbs, bis Boltzmann schließlich die Verbindung zwischen dem Mikrokosmos der Atome und dem Makrokosmos der Thermodynamik herstellte.

Bei meiner eigenen Arbeit habe ich mich auf einige allgemeine Eigenschaften thermodynamischer Systeme konzentriert, die offenbar für das Verständnis komplexer Systeme wichtig sind. Physikalische Systeme zeigen bestimmte Verhaltensweisen, meist »Phasenübergänge« genannt, die man am besten mit statistischer Mechanik charakterisiert. Ein physikalisches System macht einen Phasenübergang durch, wenn sein Zustand sich ändert, beispielsweise wenn Wasser zu Eis gefriert. Wie ich festgestellt habe, zeigen physikalische Systeme ihr komplexestes Verhalten häufig bei Phasenübergängen. Außerdem können während der Phasenübergänge in physikalischen Systemen spontane Vorgänge der Informationsverarbeitung auftreten und einen bestimmenden Einfluß auf das Verhalten der Systeme ausüben. Man könnte sogar sagen: Bei Phasenübergängen sind die Systeme mit komplexen Berechnungen beschäftigt, mit denen sie ihren eigenen physikalischen Zustand festlegen. Nach meiner Überzeugung ist die Dynamik der Phasenübergänge der Punkt, an dem die Informationsverarbeitung in physikalischen Systemen Fuß fassen kann und über die Energie, was die Bestimmung des Verhaltens der Systeme angeht, die Oberhand gewinnt. Es war lange ein großes wissenschaftliches Ziel, zu entdecken, wo und wie Informationstheorie und Physik ineinandergreifen; es wurde fast zu einem heiligen Gral. Ich möchte nicht behaupten, ich hätte diesen Gral entdeckt, aber ich glaube, ich kenne das Gebirge, in dem er sich befindet.

Leben synthetisch nachzubauen, versucht man schon seit langem, aber die Modelle, die man konstruierte, sahen meist ähnlich aus wie das Leben, das wir kennen. Wenn man ein Modell für Leben gestaltete, war es das Modell einer Ente oder einer Maus. Wie der ungarische Mathematiker John von Neumann schließlich erkannte, kann man auch dann eine Menge Aufschlüsse gewinnen, wenn man nicht versucht, ein bestimmtes biologisches Gebilde nachzuahmen. Er suchte nicht nach den materiellen, sondern nach den logischen Grundlagen biologischer Vorgänge und wollte zu diesem Zweck die Logik der Selbstreproduktion abstrahieren, ohne ihre Mechanik dingfest zu machen (die man Ende der vierziger Jahre, als er mit seinen Untersuchungen begann, noch gar nicht kannte).

Von Neumann zeigte, daß es eine Maschine im Sinne eines Algorithmus geben kann, die sich von selbst fortpflanzt. Die meisten Biologen waren an so etwas nicht interessiert, denn es entsprach keinem bestimmten Fall der biologischen Selbstreproduktion (es war beispielsweise kein Modell von Chromosomen). Von Neumann konnte aber für den Vorgang der Selbstreproduktion einige allgemeine Prinzipien ableiten. Wie er beispielsweise erkannte, muß die Information eines genetischen Bauplans unabhängig davon, wie sie im einzelnen aussieht, in zweierlei Weise genutzt werden: erstens als Anweisung zur Konstruktion des Organismus selbst oder seiner Nachkommen und zweitens in einem passiven Kopiervorgang, bei dem sie nicht umgesetzt wird. Daß dies für die DNA tatsächlich zutrifft, stellte sich 1953 heraus, als James Watson und Francis Crick ihre Struktur bestimmten. Es war eine sehr weitreichende und prophetische Erkenntnis: Man kann etwas über die »wirkliche Biologie« erfahren, wenn man sich mit Dingen beschäftigt, die keine wirkliche Biologie sind – wenn man versucht, an die tieferliegende »Bio-Logik« heranzukommen.

Diese Vorgehensweise ist im Falle des künstlichen Lebens charakteristisch. Man versucht, hinter die Vielfalt des natürlich vorkommenden Lebens zu blicken und Dinge zu entdekken, die man durch Untersuchung der natürlichen Objekte allein nicht gefunden hätte. KL ist nicht mit der Computerbiologie zu verwechseln, die sich darauf beschränkt, Berechnungsprobleme bei der Analyse biologischer Daten zu lösen, beispielsweise indem sie Algorithmen für die Suche nach übereinstimmenden Protein- und Gensequenzen entwirft oder Programme zur Rekonstruktion von Stammesgeschichten aus Vergleichen von Gensequenzen entwickelt. Die KL-Forschung geht weit darüber hinaus. Zum Beispiel untersucht man die Evolution, indem man eine Population von Computerprogrammen der Evolution unterwirft – also Elemente, die nicht einmal versuchen, etwas Ähnliches wie »natürliche« Lebewesen zu sein.

Viele Biologen wären in diesem Punkt anderer Meinung; sie würden behaupten, daß wir die Evolution nur simulieren. Aber was ist der Unterschied zwischen dem Ablauf der Evolution in einem Computer und dem Ablauf der Evolution außerhalb des Computers? Die Elemente, welche die Evolution durchmachen, bestehen aus unterschiedlichem Material, aber der Ablauf ist der gleiche. Nach meiner Überzeugung werden solche Biologen eines Tages auch zu unserer Sichtweise gelangen, denn mit Hilfe dieser abstrakten Computerprozesse kann man Fragen über die Evolution formulieren und beantworten, die nicht zu lösen wären, wenn man nur mit Fossilien oder Taufliegen arbeiten müßte.

Die Vorstellung von künstlich erschaffenem Leben birgt alle möglichen philosophischen Probleme in sich, ontologische ebenso wie erkenntnistheoretische, ethische und gesellschaftsphilosophische. Ob es nun in den nächsten zehn, hundert oder auch tausend Jahren geschieht – in jedem Fall sind wir heute in der Lage, Lebewesen zu schaffen, die mit uns zwar nicht durch das Material, aber durch die Information verwandt sind. Nach geologischen Maßstäben sind selbst tausend Jahre nur ein Augenblick, das heißt, wir stehen buchstäblich am Ende einer Evolutionsepoche und am Anfang einer neuen. An dieser Stelle kann man leicht ins Reich der Phantasie abgleiten, denn wir wissen noch nicht, was letztlich herauskommt, wenn wir »echtes« künstliches Leben erzeugen. Wenn wir Roboter konstruieren, die allein überleben und ihr eigenes Material so verfeinern, daß sie Nachkommen hervorbringen können und das auch noch mit Varianten, aus denen evolutionäre Abstammungslinien entstehen, dann können wir keinerlei Voraussagen über ihre Zukunft und über die Wechselwirkungen zwischen ihren und unseren Nachkommen machen. Es gibt durchaus ein paar Probleme, über die man gründlich nachdenken muß, bevor man eine solche Entwicklung in Gang setzt. Ein Journalist fragte mich einmal, was ich bei dem Gedanken empfinden würde, daß meine Kinder in einer Zeit gedeihen müßten, in der es viel künstliches Leben gibt. Ich erwiderte: »Von welchen Kindern sprechen Sie? Von meinen biologischen Kindern oder von den künstlichen Kindern meines Geistes?« – die Formulierung stammt von Hans Moravec. Beide wären in einem gewissen Sinn meine Kinder.

Die Menschen werden sich nicht so leicht mit dem Gedanken abfinden, daß Maschinen ebenso lebendig sein können wie wir und daß an unserem Leben nichts ist, das man nicht auch mit anderem Material erreichen kann, wenn man das Material

494

nur richtig zusammensetzt. Das anzuerkennen, wird den Leuten ebenso schwerfallen, wie es Galileis Zeitgenossen schwerfiel, die Vorstellung von der Erde als Mittelpunkt des Universums aufzugeben. Nach dem philosophischen Standpunkt des Vitalismus läßt sich Leben nicht auf die Tätigkeit einer Maschine reduzieren, aber wie der britische Philosoph und Wissenschaftler C. H. Waddington deutlich gemacht hat, setzt eine solche Annahme voraus, daß wir wissen, was eine Maschine ist und welche Leistungen sie vollbringen kann.

Ein anderer philosophischer Themenkomplex, der sich im Zusammenhang mit dem künstlichen Leben aufdrängt, dreht sich um Fragen nach dem Wesen unserer eigenen Existenz, unserer eigenen Realität und der Realität des Universums, in dem wir leben. Nachdem ich lange daran gearbeitet habe, diese künstlichen Universen zu schaffen, und mich gefragt habe, wie man ihnen Leben einhauchen kann und ob dieses Leben eines Tages selbst über seine Existenz und seine Herkunft nachdenken würde, ertappe ich mich dabei, wie ich mich umsehe und überlege, ob es nicht über uns noch eine Ebene gibt, auf der irgend jemand oder irgend etwas über mich die gleichen Fragen stellt. Es ist ein gespenstisches Gefühl, in einer solchen erkenntnistheoretischen Endlosschleife gefangen zu sein. Das ist die Sichtweise von Edward Fredkin: Das Universum, das wir kennen, ist ein künstliches Gebilde in einem Computer, der sich in einem »wirklicheren« Universum befindet. Das ist eine sehr nette Vorstellung, und sei es auch nur wegen der Perspektive, die man daraus gewinnt, wenn man sie als Gedankenexperiment betrachtet – als einen Weg zur Verbesserung der eigenen Objektivität im Hinblick auf die Realität, in der man sich befindet.

In der Biologie hat man sich bisher damit beschäftigt, das auseinanderzunehmen, was bereits lebt, und auf dieser Grundlage zu verstehen, was Leben ist. Wie sich jedoch herausstellt, können wir auch eine Menge lernen, wenn wir versuchen, Leben von Grund auf zusammenzusetzen, unser eigenes Leben nachzubauen, und dann herausfinden, welche Probleme sich dabei stellen. Die Dinge müssen nicht so einfach – oder so kompliziert – sein, wie wir immer gedacht haben. Außerdem zwingt uns der einfache Perspektivenwechsel – von der Analyse des »Was ist« zur Synthese des »Was könnte sein« –, das Universum nicht als etwas Vorgegebenes, sondern als eher offenes Spektrum von Möglichkeiten zu betrachten. Die Physik war zum größten Teil die Wissenschaft des Notwendigen; sie hat die grundlegenden Naturgesetze aufgedeckt und festgestellt, was angesichts dieser Gesetze richtig sein muß. Die Biologie dagegen ist die Wissenschaft des Möglichen: Ihr Gegenstand sind Vorgänge, die unter der Voraussetzung der Gesetze möglich, aber nicht notwendig sind. Deshalb ist die Biologie viel schwieriger als die Physik, aber ihr Potential ist auch unendlich viel reichhaltiger, nicht nur für das Verständnis des Lebens und seiner Geschichte, sondern auch für die Erkenntnisse über das Universum und seine Zukunft. Die Vergangenheit gehört der Physik, die Zukunft der Biologie.

Stuart Kauffman: Christopher Langton ist leidenschaftlich, konfus, sehr impulsiv, nicht besonders kritisch, höchst kreativ und mit einer sehr guten Intuition begabt. Seine These über den Rand des Chaos, die Phasenübergänge, war eine schöne Leistung. Er entwickelte den Gedanken, zelluläre Automaten und Phasenübergänge zu untersuchen und zu fragen, wie komplexe Systeme eigentlich Information schaffen und weitergeben. Die These, daß das vielleicht am besten bei Phasenübergängen geschieht, muß nicht stimmen, aber es ist eine ansprechende Hypothese.

J. Doyne Farmer: Chris Langton ist Konstrukteur zellulärer Automaten. Er ist in die Fußstapfen von John von Neumann getreten, der mit zellulären Automaten selbstreproduktionsfähige Systeme konstruierte. Wie von Neumann gezeigt hat, kann man künstlich ein Muster entwerfen, das sich selbst verdoppelt – das heißt, man kann ein Universum bauen, indem man einen bestimmten zellulären Automaten mit einem bestimmten Regelsystem schreibt. Er wies nach, daß es in jenem Universum Muster gibt, die sich selbst verdoppeln und sowohl in der Konstruktion als auch in der Frage des Berechnens universell sind. Damit meint er, daß das Muster jedes Muster hervorbringen kann und daß es zu jeder Berechnung in der Lage ist, die ein Computer ausführen kann.

Das ist, von einem intellektuellen Standpunkt aus gesehen, ein wichtiger Schritt, aber praktische Auswirkungen hatte er bisher nicht. Die Möglichkeit solcher praktischen Folgerungen besteht durchaus – ein NASA-Projekt beschäftigte sich zum Beispiel mit selbstverdoppelnden Bergbaugeräten für den Mond, die auf Neumanns Automaten basierten. Aber der Plan wurde nie verwirklicht, unter anderem weil man auf große ungelöste Probleme stieß, in denen sich Mängel der ursprünglichen Arbeiten von Neumanns widerspiegeln. Von Neumanns Automat hat einige Eigenschaften eines lebenden Systems, aber er ist nicht lebendig. Wenn man einen wirklich lebenden Automaten erstellen will, muß man noch eine Menge theoretischer und technischer Fragen beantworten. Wirkliche Organismen tun mehr als sich nur fortpflanzen; unter anderem reparieren sie sich auch selbst. Wirkliche Organismen überleben im Getöse der realen Welt. Echte Organismen wurden nicht von einem bewußten Gott an ihren Platz gestellt, vollständig ausgestaltet und von Hand bis ins kleinste Detail technisch vollendet; sie sind vielmehr durch einen Prozeß der Selbstorganisation spontan entstanden. Wer von Neumanns ursprüngliche Ziele erreichen will, muß alle diese Probleme lösen. Von Neumann hat uns die Hoffnung gegeben, Leben als abstrakten, logischen Vorgang beweisen zu können, aber dieser Beweis ist unvollständig, solange diese Schwierigkeiten nicht beseitigt sind. Nach meiner Überzeugung liegt die Lösung nicht in den Einzelheiten, wir brauchen vielmehr einen grundlegend anderen Ansatz.

Das Ziel, auf das Chris und andere hinarbeiten, ist der Nachweis eines rein logischen lebenden Systems, das nur in einer abstrakten mathematischen Welt existiert. Wenn es ihnen gelingt, werden wir über ein neues, tiefgreifendes Verständnis des Lebens verfügen.

Richard Dawkins: Ich lernte Chris Langton 1987 in Los Alamos bei der ersten Tagung über künstliches Leben kennen; er hatte die Veranstaltung organisiert und mich dazu eingeladen. Chris ist ein sehr interessanter Mensch, höchst energisch und anregend; er hat einen Blick für die Verbindungen zwischen den Tätigkeitsbereichen verschiedener Wissenschaftler, und es gelingt ihm hervorragend, solche Leute zusammenzuführen, so daß sie sich gegenseitig interessante Anregungen geben. Sein Einfluß auf die Wissenschaft ist zutiefst positiv.

W. Daniel Hillis: Chris Langton ist der Oberguru in Sachen künstliches Leben. Er hat schon recht, wenn er sagt, das Leben stehe am Übergang von Ordnung und Unordnung, wie er es nennt: genau am Rande des Chaos, genau zwischen den Temperaturen, bei denen Wasser zu Eis oder zu Dampf wird, in dem Bereich, wo es flüssig ist – genau dazwischen. Wir balancieren in vielerlei Hinsicht auf dem Grat zwischen zuviel und zuwenig Struktur.

Christopher nimmt eine physikalische Betrachtungsweise für Dinge wie Phasenübergänge und dynamische Systeme in Anspruch und wendet sie auf biologische Organismen an. Er hat für das ganze Wissenschaftsgebiet auch einen guten Anführer abgegeben, und er vertritt zu Recht den Standpunkt, daß man das Themenspektrum nicht voreilig einengen solle, selbst wenn wir gerade jetzt mit einer Menge unbrauchbarer

Ideen konfrontiert werden. Das Gebiet des künstlichen Lebens ist nun einmal zur Zeit – im guten oder schlechten Sinne – sehr umfassend; es weist viel Schwachsinniges, aber auch viel Gutes auf. Und das ist zu einem großen Teil das Verdienst von Chris.

Daniel C. Dennett: Christopher besitzt eine hervorragende Begabung, den Leuten die Augen dafür zu öffnen, was ihre Ideen leisten und was nicht; er ist eine gute Ideenhebamme. Für das Gebiet des künstlichen Lebens spielt er heute eine wichtige Rolle. Man kann das Thema auf viele verschiedene Arten angehen, und die Beteiligten vertreten sehr leidenschaftlich ihre Ansichten über den richtigen Weg; da ist es schon gut, daß es jemanden wie Chris gibt, der nicht so völlig in einer dieser Visionen aufgeht, daß er nicht mehr begreift, wovon andere reden. Er versteht sehr gut, worum es den Leuten geht.

Francisco Varela: Ich lehne seine Lesart von künstlichem Leben ab, weil sie funktionalistisch ist. Damit meine ich seine Ansicht, daß das Muster entscheidend sei Auf der anderen Seite steht eine Biologie, für die sich die Stellung des Organismus und seiner Geschichte nicht wegreduzieren läßt, weder im einzelnen noch stammesgeschichtlich.

Der Funktionalismus hat auf dem Gebiet der künstlichen Intelligenz eine große Tradition; in der Anfangszeit der KI ging es ausschließlich darum. Heute gibt es in Biologie und KI einen Aufstand gegen solche Vorstellungen – das erkennt man zum Beispiel an den Arbeiten des Roboterentwicklers Rodney Brooks am MIT. Diese Umwälzung führt zu der Schlußfolgerung, daß der Entwicklungsweg einer bestimmten Art des Lebens sich nicht von der Tatsache trennen läßt, daß Regelmäßigkeiten ausgebildet werden die dazu da sind, etwas Lebensfähiges hervorzubringen. Stephen Gould beschreibt zum Beispiel in *Zufall Mensch* unzählige Wege, auf denen sich Leben auf der Erde hätte entwickeln können, und die Tatsache, daß manche Lebensformen erhalten bleiben und andere nicht, hat nichts mit einem optimalen Modell von diesem oder jenem zu tun, sondern ist grundsätzlich und im Innersten ein historisches Phänomen. In diesem Sinne gehört Christopher zur alten Garde – zur Schule des Funktionalismus.

Murray Gell-Mann: Chris Langton ist ein sehr interessanter Wissenschaftler. Erstens brachte man ihn schon früh mit der Vorstellung in Verbindung, daß ein System, das sich anpaßt, leicht in Richtung einer Region zwischen Ordnung und Unordnung gezogen wird, einer Art Übergangsregion mit bestimmten wichtigen Merkmalen. Das mag für die Anpassung besonders günstig sein, und mit Sicherheit gelten dabei Gesetze des Abwägens. Zu dieser Vermutung führten die mathematischen Arbeiten von Norman Packard und von Langton selbst über zelluläre Automaten, und die weitere Erforschung dieser Automaten wird sie bestätigen oder auch nicht. Mittlerweile gibt es aber auch viele andere Gründe, das Thema weiterzuverfolgen.

Inzwischen hat Chris das Interesse an dem von ihm so genannten künstlichen Leben geweckt. Ich selbst trenne die Dinge nicht in dieser Form. Nach meiner Ansicht werden wir am meisten erfahren, wenn wir natürliche und künstliche komplexe Anpassungssysteme gemeinsam betrachten – in meinen Augen bilden sie ein zusammenhängendes Thema. Außerdem bin ich kein Anhänger der Idee, daß es nützlich sei, wenn man die künstlichen Systeme, die Organismen oder die biologische Evolution in mancher Hinsicht nachahmen, aussondert und einer Kategorie zuordnet, welche von solchen getrennt ist, die andere komplexe Anpassungssysteme wie die menschliche Gesellschaft nachahmen. Aber Chris' Einteilung hat sich in bemerkenswerter Weise durchgesetzt, und der Begriff »künstliches Leben« wird heute allgemein verwendet. Auf diese Weise hat Chris es geschafft, viel Aufmerksamkeit auf das Gebiet der Plektik zu lenken und eine Menge Leute dafür zu gewinnen.

In jüngster Zeit arbeitet er an einer allgemeinen Computermethode namens SWARM, mit der er einige Eigenschaften natürlicher komplexer Anpassungssysteme nachahmen will. Das sieht derzeit sehr vielversprechend aus.

J. DOYNE FARMER

Der zweite Hauptsatz der Organisation

W. Daniel Hillis: Doyne gehörte zu jener Physikergruppe in Los Alamos, die als erste über Komplexität, nichtlineare Phänomene und Anpassungssysteme nachdachte. Allmählich wurde ihnen klar, daß Dinge wie die »seltsamen Attraktoren« in Wirklichkeit allgegenwärtig waren, in jeder Art von System – nicht nur in physikalischen, sondern auch in wirtschaftlichen und biologischen Systemen. Das war eine unglaublich wichtige Erkenntnis, denn jetzt konnten alle diese Leute miteinander reden.

J. Doyne Farmer ist Physiker, externer Professor am Santa-Fé-Institut und Mitbegründer der Investmentfirma Prediction Company.

J. Doyne Farmer: In der zweiten Hälfte unseres Jahrhunderts hat sich die Erkenntnis durchgesetzt, daß Leben und Bewußtsein natürliche, zwangsläufige Folgen der neu auftauchenden Selbstorganisationseigenschaften der physikalischen Welt sind. Diese grundlegende Veränderung in unseren Kenntnissen über Bewußtsein und Leben ermöglicht uns eine neue Sichtweise in bezug auf uns selbst und unsere Überzeugungen sowie eine neue Auffassung von unserem Platz im Universum.

Aber das ist keineswegs ein fait accompli – das Ganze ist noch im Werden, eine Idee, die sich weiterentwickelt und über die noch keine allgemeine Einigkeit besteht. Unsere wissenschaftlichen Kenntnisse sind bisher sehr bruchstückhaft, und wir warten noch auf den großen Durchbruch in Richtung einer Vorstellung, die auch nur entfernt einer umfassenden Theorie ähnelt. Wie sich die neue Sichtweise auf Philosophie und Soziologie auswirkt, wurde bisher noch kaum diskutiert. Aber sie setzt sich zunehmend durch, und das ist ein tiefgreifender Wandel. Mehr als je zuvor wird es unmöglich, irgendwelche philosophischen oder gesellschaftlichen Fragen ernsthaft zu diskutieren, ohne über die neuen Entwicklungen in der Naturwissenschaft Bescheid zu wissen.

Als Kind wurde ich diese quälenden Fragen nach dem Warum nie los. Zu wissen, warum wir da sind, und den Sinn des Lebens zu verstehen, erschien mir wirklich wichtig. Es ärgerte mich, daß es auf solche Fragen, die allem zugrunde liegen, keine befriedigenden Antworten gab. Die simplen Lösungen paßten einfach nicht. Mein kurzer Jugendausflug in die Religion hinterließ bei mir nur die Erkenntnis, daß die Menschen verzweifelt danach verlangen, diese Fragen zu beantworten.

Als ich aufs College kam, belegte ich als erstes Philosophie, denn sie war das Fach, in dem man den Fragen nach dem Warum viel Aufmerksamkeit widmen würde. Als ich aber ein wenig Philosophie gelernt hatte, frustrierten mich die endlosen Diskussionen; immer schien es nur um die Bedeutung von Begriffen zu gehen, die man nie definieren konnte. Beantwortet wurde nie etwas. Ich gelangte zu der Erkenntnis, daß die Fragen nach dem Warum zu tiefschürfend sind, als daß man sie mit einem Frontalangriff beantworten könnte, wenn man sich nur der wachsweichen Waffe der menschlichen Sprache bediente. Vielleicht war ich nicht ganz so naiv gewesen, tatsächlich Antworten zu erwarten, aber jedenfalls befriedigte mich das Philosophiestudium nicht.

Die Physik dagegen schien mir eine Fülle von Antworten bereitzuhalten, aber nicht auf die Fragen nach dem Warum. Ich hatte mir vorgestellt, ich würde nun etwas über die Grundlagen lernen, über die großen Prinzipien, die das Universum in Gang halten, aber statt dessen paukten wir Formeln über Massen auf schiefen Ebenen. Irgendwie, so hoffte ich, würden wir eines Tages bei den interessanten Dingen ankommen. Die Massen und schiefen Ebenen waren nur ein Initiationsritus, und inzwischen könnte ich etwas Greifbares und vielleicht sogar Nützliches lernen.

Während ich mich durch den Physik-Lehrplan arbeitete, lernte ich allmählich – allein und in Diskussionen mit anderen Studenten – irgendwo zwischen den Zeilen der Fragestellungen auch etwas über Grundprinzipien. Das hatte etwas Befriedigendes. Als ich mich mehr mit Astronomie beschäftigte, fand

505

ich in dem Phänomen des »extrafovealen Sehens« eine Rechtfertigung für meine Gründe, über den Umweg der Physik zur
Metaphysik zu gelangen: Um einen lichtschwachen Stern zu
erkennen, muß man von ihm wegsehen; blickt man ihn direkt
an, verschwindet er.

Aber als ich am Ende des Physik-Lehrplans angelangt war,
fehlte immer noch etwas. Das extrafoveale Sehen ist schön und
gut, aber man muß dabei doch wenigstens ungefähr in die richtige Richtung schauen. Die Physik, die immer nach einfachen
Lösungen sucht, hat sich seit jeher ganz und gar auf die unmittelbaren, vordergründigen Gesichtspunkte von Materie und
Energie konzentriert. Was bewegt die Dinge, was macht sie
heiß oder kalt? Schieben, Ziehen, Stoßen, Zerschlagen und
Schwingen. Der materielle Aspekt der Welt, der zu grundlegenden Vorstellungen wie der Krümmung der Raumzeit, der
Quantennatur der Wirklichkeit und dem Unschärfeprinzip
führt. Alles von Bedeutung für die großen Fragen. Aber die
großen Fragen haben zwangsläufig mit dem Wesen von Leben
und Intelligenz zu tun. Die moderne Physik besagt vielleicht,
daß Wissenschaft notwendigerweise ein subjektives Element
beinhaltet, aber sie sagt nichts über Wesen und Ursprung des
Bewußtseins.

Die traditionelle Physik, so schien mir, war festgefahren.
Die Teilchenphysiker ließen Teilchen mit immer größerer
Kraft aufeinanderprallen und versuchten herauszufinden, wie
viele Quarks auf einem Stecknadelkopf tanzen können. Die
Kosmologen arbeiteten mit wenig Fakten, erörterten verschiedene Ansichten über das Universum, und das, wie mir schien,
vorwiegend aus religiösen Gründen. Und der größte Teil der
Physik konzentrierte sich immer noch auf Ziehen und Schieben, auf die materiellen Eigenschaften des Universums und
nicht auf seine Informationseigenschaften. Mit Informationseigenschaften meine ich solche, die mit Ordnung und Unordnung zu tun haben. Die Unordnung erkennt man recht gut,

aber die Ordnung nicht. Ich werde später darauf zurückkommen.

Als Doktorand an der University of California in Santa Cruz hatte ich das Glück, einige außergewöhnliche Denker kennenzulernen: meine Mitdoktoranden Jim Crutchfield, Norman Packard und Robert Shaw. Wir saßen oft zusammen, philosophierten, redeten und teilten uns unsere Ideen über einfach alles mit. Wir grübelten über die Informationseigenschaften der Natur und den natürlichen Ursprung der Organisation; diese Gespräche hatten großen Einfluß auf mein Denken in diesen Fragen.

Norman und ich waren seit unserer Kindheit in Silver City in New Mexico befreundet, und wir hatten immer davon geträumt, gemeinsam eine Firma zu gründen. Als in meinem Studium eine geeignete Unterbrechung eintrat – ich hatte die Eignungsprüfung bestanden und alle meine Kurse abgeschlossen, und jetzt war ich ein wenig unzufrieden mit der Richtung meiner Forschungsarbeit über die Entstehung der Galaxien –, entschloß ich mich, ein Jahr Pause einzulegen und mit Norman und ein paar anderen Freunden eine Idee von Norman weiterzuverfolgen. Wir wollten das Roulettespiel mit Hilfe von Newtons Gesetzen überlisten: Wir experimentierten in unserem Keller und stellten dabei fest, daß wir mit einem in der Schuhsohle versteckten Computer, der mit den Zehen geschaltet wurde, die Geschwindigkeit von Kugel und Roulettekessel messen und den Landeplatz der Kugel vorausberechnen konnten. Nun folgte die wilde Zeit eines verwegenen Abenteuerlebens. Die Grundidee funktionierte – wir gewannen tatsächlich Geld in den Casinos –, aber es war schwierig, es mit ausreichender Regelmäßigkeit und ausreichend hohen Einsätzen zu tun, und deshalb gewannen wir nicht sehr viel. Was die Wissenschaft angeht, so war ich auf diese Weise gezwungen, alles über Computer zu lernen (wir bauten vielleicht die ersten Rechner, die man verstecken konnte), und mir wurde das Problem der Vorhersage zutiefst bewußt, sowie die seltsamen Umstände, unter denen ein scheinbar einfaches physikalisches System sehr schwer zu berechnen sein kann.

Dann kam Rob Shaw eines Tages an und erzählte von dem Phänomen des »Chaos«, von dem er gerade gehört hatte. Für mich war diese Idee sofort relevant. Ich verstand von Anfang an, wovon er redete und warum Chaos für physikalische Systeme wie zum Beispiel einen Roulettekessel wichtig ist. Rob, Norman, Jim und ich taten uns zusammen und bildeten in Santa Cruz das Dynamical Systems Collective; schließlich schrieben wir alle unsere Doktorarbeiten über Chaos, wobei wir einander gegenseitig als erste Gutachter für unsere Dissertationen benutzten. Das machte sehr viel Spaß.

Die Chaostheorie ist so faszinierend, weil man damit einen Teil der Unordnung in der Welt erklären kann; sie besagt, wie kleine Veränderungen in einer bestimmten Zeit zu großen Folgen in der Zukunft führen können. Und sie zeigt auch, wie einfache mathematische Regeln unter Umständen kompliziertes Verhalten hervorrufen. Sie erklärt, warum manche einfachen Dinge so schwer vorherzusagen sind, daß sie sich scheinbar nach dem Zufallsprinzip verhalten. Ich hatte das Glück, daß ich mit der Chaostheorie schon fast am Anfang in Berührung kam; es war großartig, auf einem Gebiet zu arbeiten, das noch so wenig entwickelt war, daß es überall einfache Fragen gab, die nur auf eine Antwort warteten.

Als ich die Promotion beendet hatte, war ich keineswegs sicher, ob ich eine Stelle finden würde. Auf die üblichen Jobs war ich ohnehin nicht scharf, und mit einem Examen in »Chaos«, einem Gebiet, von dem damals noch kaum jemand etwas gehört hatte, und ohne Empfehlung eines Doktorvaters waren die Aussichten auf einen Arbeitsplatz in der Wissenschaft recht gering. Zufällig sah ich aber auf einem Plakat die Aufforderung zu Bewerbungen für die Oppenheimer Fellowship des National Laboratory in Los Alamos. Ich hatte gerade etwas über Oppenheimer gelesen, und Los Alamos lag in New Mexico, wo ich aufgewachsen war und wieder wohnen wollte; also bewarb ich mich, obwohl mir die Vorstellung, in einem Waffenlabor zu arbeiten, nicht geheuer war. Ich flog zu Besuch hin und war sofort beeindruckt. Die Leute dort waren aufregend, begeistert und intelligent, und wissenschaftlich waren sie alles andere als konservativ. Daß meine Tätigkeit keine herkömmliche Physik war, kümmerte sie überhaupt nicht. Es gab dort eine Tradition der akademischen Freiheit, wie ich sie sonst nirgendwo angetroffen habe. Am Ende stand eine doppelte Stelle am Center for Nonlinear Studies und in der theoretischen Abteilung. Man übertrug mir sofort viel Verantwortung und Mittel; außerdem hatte ich die Blankovollmacht, zu tun, was ich wollte. Aus der ganzen Welt kamen Besucher, die alles mögliche erforschten und sich weit jenseits der herkömmlichen Grenzen von Physik und Mathematik bewegten; ich lernte unglaublich viel, einfach indem ich zuhörte und Fragen stellte.

Ich arbeitete weiter über Chaos, aber mit der Zeit wurde das ein wenig langweilig, und ich dachte immer öfter darüber nach, wie man die umgekehrte Frage angehen könnte: Warum ist das Universum so stark organisiert? Das Center for Nonlinear Studies bewilligte 1983 ein wenig Geld für eine Tagung über zelluläre Automaten, die ich zusammen mit Tomas Toffoli und Stephen Wolfram organisierte; im Jahr 1986 veranstalteten Alan Lapedes, Norman Packard, Burton Wendroff und ich eine Konferenz über »Evolution, Spiele und Lernen«. Diese Tagungen machten viel Spaß und boten die Gelegenheit, Leute einzuladen, die an allen möglichen verrückten, faszinierenden und undurchsichtigen Themen arbeiteten – Simulation von Leben in Computerwelten und so weiter. Wir kamen in Kontakt mit der damals noch kleinen Gemeinde derer, die sich für solche Fragen interessierten, und ich lernte unter anderem Chris Langton und John Holland kennen. In Los Alamos arbeiteten noch andere über ähnliche Themen. Alan Lapedes und Dave Sharp beschäftigten sich mit neuralen Netzen, und in der Abteilung für theoretische Biologie befaßte man sich mit der Untersuchung des Informationsgehaltes der DNA sowie mit interessanten Studien am Immunsystem. Wir konnten auch ein paar sehr gute Assistenten einstellen, beispielsweise Steen Rasmussen und Walter Fontana, die sich für Selbstorganisation interessierten, und 1988 riefen wir die Arbeitsgruppe für komplexe Systeme ins Leben. Mittlerweile wurde gerade das Santa-Fé-Institut gegründet, das den Horizont bis zu Themen erweiterte, denen wir bisher kaum Beachtung geschenkt hatten, wie zum Beispiel der Wirtschaft.

Etwa seit 1986 beteiligten Norman Packard und ich uns an zwei verwandten Vorhaben: In dem einen mit Alan Perelson ging es darum, das Lernen der Erkennung des Selbst und des Nichtselbst sowie die Evolution im Immunsystem zu simulieren; in dem anderen beschäftigte sich Stuart Kauffman mit der Simulation der präbiotischen Evolution. In beiden Fällen steckte hinter der Simulation ein ähnlicher Grundgedanke: Man stellt ein paar Regeln auf, nach denen die Teile des Systems eine Evolution durchlaufen und untereinander in Wechselbeziehungen treten können. Beim Immunsystem handelte es sich bei den Teilen um die Konzentrationen verschiedenartiger Antikörper. Im Zusammenhang mit der präbiotischen Evolution ging es um die Konzentration von Proteinen und anderen Substanzen; damit sollte gezeigt werden, wie ein Stoffwechsel spontan und ohne DNA oder andere selbstverdoppelnde Moleküle entstehen kann. Das Interessante und Neue bei beiden Simulationen bestand darin, daß sich im Laufe der Evolution dieser Systeme die Zusammensetzung und damit auch die Wechselwirkungen der Teile änderten. Das alles ergab sich aus einigen einfachen Regeln. Wir brauchten nichts anderes vorzugeben als die Grundgesetze der Chemie – oder unsere grobe Annäherung daran.

510

Wie sich dabei zeigte, waren die Schwierigkeiten größer als erwartet, und unsere ersten Ergebnisse waren nicht sonderlich schlüssig. Was die autokatalytischen Netzwerke anging, hatte ich glücklicherweise einen sehr guten Doktoranden namens Rik Bagley, der aus San Diego zu uns gekommen war und unbedingt eine Dissertation schreiben wollte. Rik gab sich viel Mühe und gelangte schließlich zu einigen hübschen Befunden, die uns zeigten, daß der ganze Ansatz durchaus etwas wert war.

Um unsere Arbeiten zu verstehen, muß man zunächst einige Grundfragen im Zusammenhang mit der Entstehung des Lebens begreifen. Grob gesagt, besteht ein lebendes System – also ein Organismus – aus einer symbiontischen Beziehung zwischen einem Stoffwechsel und einem Replikator. Der Stoffwechsel, der sich aus Proteinen und anderen Substanzen zusammensetzt, entzieht der Umwelt Energie, und der Replikator enthält den Bauplan des Organismus mit den Informationen für Wachstum, Reparatur und Fortpflanzung. Jeder der beiden Teile braucht den anderen: Im Replikator liegen die Informationen für die Herstellung der Proteine, der RNA und anderer Moleküle, die den Stoffwechsel ausmachen und den Organismus zum Laufen bringen, und der Stoffwechsel liefert die Energie und das Rohmaterial, die für Aufbau und Funktion des Replikators notwendig sind.

Nun stellt sich die Frage, wie dieses Prinzip des »eine Hand wäscht die andere« ursprünglich entstanden ist. Was war zuerst da, der Stoffwechsel oder der Replikator? Oder kann keiner ohne den anderen existieren, so daß sie sich gemeinsam entwickeln mußten?

In den fünfziger Jahren zeigten der Chemiker Harold Urey und der Biologe Stanley Miller, daß Aminosäuren, die Grundbausteine der Proteine, spontan aus »Erde, Feuer und Wasser« entstehen können. Viel weniger war aber geklärt, wie die Synthese der komplizierteren Moleküle abläuft, die zur Bildung von Replikatoren und Stoffwechsel notwendig sind. Wir versuchten nachzuweisen, daß ein Stoffwechsel spontan aus den Grundbausteinen entstehen und sich weiterentwickeln kann, ohne daß ein Replikator vorhanden ist. Das heißt, der Stoffwechsel kann sein eigener Replikator sein, dessen Information einfach in der sogenannten Ursuppe gespeichert ist. Wir gingen von einfachen Bestandteilen aus – beispielsweise von unkompliziert gebauten Aminosäuren – und wollten zu komplexen Proteinen gelangen, das heißt zu langen, sehr vielfältigen Aminosäureketten. Das Grundprinzip eines autokatalytischen Netzwerks lautet: Zwar kann sich nichts von selbst bilden, aber für jeden Bestandteil in dem Topf gibt es mindestens eine Reaktion, die ihn entstehen läßt, wobei nur andere Bestandteile in dem Topf mitwirken. Es ist ein symbiontisches System, in dem alle Teile zusammenwirken, damit der Stoffwechsel funktioniert – das Ganze ist mehr als die Summe seiner Teile. Wenn man die normale Verdoppelung mit monogamem Sex vergleicht, ist die autokatalytische Fortpflanzung eine Orgie. Wir interessierten uns dafür, ob so etwas nach der Logik geschehen kann – in einer künstlichen Welt, die in einem Computer simuliert wird, mit ähnlichen chemischen Gesetzen wie in Wirklichkeit, aber stark vereinfacht, damit die Simulation gelingt.

In unserer ersten Simulation tat sich nicht viel. Die Aminosäuresuppe blieb im wesentlichen, wie sie war. Aber nach mehrjähriger Arbeit gelang es Rik, die Simulation um den Faktor 100 zu beschleunigen und alles so auszuweiten, daß die chemischen Abläufe beträchtlich realistischer wurden. Als wir weitere Elemente hinzufügten und das System besser kennenlernten, konnten wir allmählich beobachten, wie etwas geschah. Wenn wir die Parameter richtig einstellten – man kann sich das so vorstellen, daß wir die Mengenverhältnisse von Erde, Feuer und Wasser bestimmten –, konnten wir die Voraussetzungen schaffen, damit die Suppe sich im Laufe der Simulation in ein komplexes, sehr spezifisches Netzwerk großer Moleküle verwandelte. Und zwar nicht aller Moleküle. Theoretisch sind Milliarden verschiedene Typen möglich, aber nur ein paar Dutzend oder höchstens einige hundert entstehen tatsächlich. Im wirklichen Stoffwechsel ist es genauso. Außerdem konnten wir in Zusammenarbeit mit Walter Fontana zeigen, daß das System zur Evolution in der Lage ist: Neue Proteine treten »spontan« auf, konkurrieren mit den bereits vorhandenen Molekülen und verändern den Stoffwechsel.

Unsere Simulationen, in denen spontan ein evolutionsfähiger, autokatalytischer Stoffwechsel auftauchte, sind nur ein Beispiel für eine Vorgehensweise, mit der Chris Langton, Danny Hillis und andere heute die Evolution komplexer Systeme untersuchen. In der Physik gab es wichtige Neuentwicklungen meist dann, wenn man einfache Systeme gefunden hatte, die das Wesentliche eines Vorgangs ohne die sonst auftauchenden Komplikationen zeigten. Ein entscheidendes Element zum Verständnis der Quantenmechanik war das Wasserstoffatom, das von allen Atomen am einfachsten gebaut ist; an ihm konnte man die mathematischen Probleme der Quantenmechanik lösen und ihre Folgerungen begreifen.

Das Ziel besteht darin, ein einfaches, sich weiterentwickelndes System zu finden, das einige entscheidende Eigenschaften komplexer Evolutionssysteme im allgemeinen zeigt, aber ohne all die Komplikationen der wirklichen Welt. Dann ist das zweite Ziel, viele *verschiedene* Evolutionssysteme zu finden und ihre Gemeinsamkeiten aufzuspüren. Was ist für ihre Komplexität das Wesentliche? Darüber wissen wir noch sehr wenig. Die Fragen, was ein »komplexes System« eigentlich ist, was »Organisation« bedeutet und ob die Evolution tatsächlich zu Zuständen mit mehr Organisation tendiert, werden ständig diskutiert.

Viele von uns haben es sich zum Ziel gesetzt, das zu finden, was man den »zweiten Hauptsatz der Selbstorganisation« nennen könnte. Das mit dem »zweiten Hauptsatz« ist eigentlich ein Scherz; er bezieht sich auf den zweiten Hauptsatz der Thermodynamik, wonach die Entropie unausweichlich zunimmt – das heißt, physikalische Systeme neigen zu immer stärkerer Unordnung. Jedem, der zum erstenmal etwas über den zweiten Hauptsatz hört, fällt sofort ein Widerspruch auf: Wenn die Systeme zu immer mehr Unordnung tendieren, warum gibt es dann um uns herum so viel Ordnung? Offensichtlich muß sich noch etwas anderes abspielen. Insbesondere scheint der Hauptsatz unserem »Schöpfungsmythos« zu widersprechen: Am Anfang war der große Knall. Plötzlich wurde eine gewaltige Energiemenge geschaffen, und das Universum dehnte sich aus und bildete Teilchen. Anfangs war alles völlig chaotisch, aber im Laufe der Zeit bildeten sich allmählich komplexe Strukturen: kompliziertere Moleküle, Gaswolken, Sterne, Galaxien, Planeten, geologische Formationen, Ozeane, autokatalytischer Stoffwechsel, Leben, Intelligenz, Gesellschaftssysteme... Man kann aus diesem Ablauf jeden beliebigen Schritt herausgreifen und mit genügend Informationen auch verstehen, ohne ein allgemeines Prinzip zu Hilfe zu nehmen. Geht man aber einen Schritt zurück, erkennt man, ungeachtet der Einzelheiten, eine allgemeine Tendenz zu mehr Organisation. Vielleicht nicht überall, vielleicht nur an manchen Stellen und zu manchen Zeitpunkten. Dabei muß betont werden, daß niemand den zweiten Hauptsatz der Thermodynamik in Frage stellt; es gibt einfach nur einen gegenläufigen Vorgang, der die Dinge auf einer höheren Ebene organisiert.

Eine Ansicht, vielleicht die Mehrheitsmeinung, besagt, alles beruhe auf einer Reihe unzusammenhängender »kosmischer Zufälle«. Daß im Universum Organisation auftaucht, ist demnach auf eine Abfolge höchst unwahrscheinlicher, unverbundener Einzelheiten zurückzuführen. Daß Leben entstanden ist, war ein Zufall, der mit dem Auftauchen aller anderen Formen von Ordnung im Universum nichts zu tun hat. Leben kann nur dann auftauchen, wenn die physikalischen Gesetze genau so sind wie in unserem Universum und wenn Bedingungen herrschen, die fast genau denen auf der Erde gleichen.

Viele von uns halten diese Ansicht nicht für plausibel. Warum sollte es so viele verschiedene Formen von Ordnung geben? Warum sollen wir etwas Besonderes sein? Einleuchtender erscheint die Annahme, daß »Zufälle die Neigung haben, zu geschehen«. Ein einzelner Autounfall sieht vielleicht nach Zufall aus – tatsächlich wirken die meisten Autounfälle wie Zufall –, aber insgesamt summieren sie sich. Man rechnet damit, daß sie sich mit bestimmter Häufigkeit ereignen. Nach unserer Überzeugung ist der Ablauf in Richtung immer höherer Organisationszustände von den Gaswolken bis zum Leben kein Zufall. Wir wollen in diesem Muster den roten Faden finden, die universelle Triebkraft, die dafür sorgt, daß Materie sich von selbst organisiert.

Das ist kein neuer Standpunkt. Er wurde schon im 19. Jahrhundert von Herbert Spencer formuliert, der vor Darwin über die Evolution schrieb und die Begriffe »Überleben des Geeignetsten« und »Evolution« prägte. Spencer vertrat nachdrücklich die Ansicht, die Vorgänge der Selbstorganisation seien allgemeingültig, und stellte auf der Grundlage seiner Vorstellungen eine soziologische Theorie auf. Er konnte seine Ideen aber weder in mathematische Form fassen noch aus grundlegenden Prinzipien ableiten. Und das ist bisher auch keinem anderen gelungen – hier liegt vielleicht das entscheidende Problem bei der Untersuchung komplexer Systeme.

Viele von uns glauben, daß Selbstorganisation eine allgemeine Eigenschaft sei; mit Sicherheit gilt das für das Universum und auch in allgemeinerem Sinn für mathematische Systeme, die man »komplexe Anpassungssysteme« nennen könnte. Wenn man komplexe Anpassungssysteme in Gang setzt, indem man einfach die mathematische Variable für »Zeit« vorwärts laufen läßt, verwandeln sie sich auf natürlichem Wege von einem chaotischen, unorganisierten, undifferenzierten und unabhängigen Zustand zu etwas Organisiertem, stark Differenziertem und stark von Wechselwirkungen Geprägtem. Organisierte Strukturen treten spontan auf, wenn man das System einfach laufen läßt. Natürlich gilt das für manche Systeme in stärkerem Maße als für andere, oder sie entwikkeln sich zu einem höheren Organisationsgrad, und das Ganze ist immer ein wenig unsicher. Die Entwicklung von der Unordnung zur Organisation ist wie die natürliche Evolution ein großes Auf und Ab, und sie kann sich sogar gelegentlich umkehren. Aber die Gesamttendenz weist bei komplexen Anpassungssystemen in Richtung der Selbstorganisation. Komplexe Anpassungssysteme sind etwas Besonderes, aber nichts extrem Ausgefallenes: Die Tatsache, daß man in vielen unterschiedlichen Computersimulationen einfache Formen der Selbstorganisation beobachtet, legt die Vermutung nahe, daß es viele »schwache« komplexe Anpassungssysteme gibt. Ein schwaches System läßt nur einfachere Formen der Selbstorganisation entstehen; bei einem stärkeren System sind sie komplexer, wie zum Beispiel das Leben. Die Unterscheidung zwischen schwach und stark dürfte auch vom Maßstab abhängen: Gebilde wie Danny Hillis' »Verbindungsmaschine« sind zwar groß, aber sie sind nichts im Vergleich zu der Avogadro-Zahl an Prozessoren, die der Natur zur Verfügung stehen.

Natürlich ist bisher fast nichts davon wirklich gut geklärt. Das ist einer der Gründe, warum das Nachdenken darüber eine solche Herausforderung ist und so viel Spaß macht! Wir wissen nicht, was »Organisation« ist, wir wissen nicht, warum manche Systeme anpassungsfähig sind und andere nicht, wir wissen nicht, wie wir vorhersagen können, ob es sich um ein starkes oder schwaches Anpassungssystem handelt oder ob ein System ein bestimmtes Mindestmaß an Komplexität besitzen muß, damit es sich anpassen kann. Wir wissen nur, daß komplexe Anpassungssysteme nichtlinear und zur Informationsspeicherung in der Lage sein müssen. Außerdem müssen die Teile Information austauschen können, allerdings nicht zu stark. In der physikalischen Welt ist das gleichbedeutend mit der Aussage, daß sie die richtige Temperatur haben müssen: nicht zu heiß und nicht zu kalt.

Das zeigt sich in vielen Simulationen – die richtige Temperatur zu finden, war sogar einer der wichtigsten Fortschritte bei unserer Simulation autokatalytischer Stoffwechselmechanismen. Wir wissen ein wenig darüber, was komplexe Anpassungssysteme von nicht anpassungsfähigen Systemen wie beispielsweise einer turbulenten Flüssigkeitsströmung unterscheidet, aber das meiste davon sind Überlieferungen – anekdotische Befunde, die sich auf wenige Beobachtungen gründen und in ungenaue, nicht definierte Begriffe gekleidet sind.

Kehren wir zu der Frage zurück, wer und was wir sind: Wenn man meinen Grundgedanken akzeptiert, daß Leben und Intelligenz die Folge der natürlichen Neigung des Universums zur Selbstorganisation darstellen, dann sind wir nur ein vorübergehendes Stadium. Natürlich muß man sehr vorsichtig sein, wenn man von einer Evolutionsebene allgemeine Schlüsse in bezug auf eine andere zieht. Einer der Gründe, warum Spencers Ideen an Beliebtheit verloren, war der Sozialdarwinismus, die Vorstellung, die Wohlhabenden und Mächtigen seien deshalb wohlhabend und mächtig, weil sie irgendwie von Natur aus dazu »geeignet« seien, während den Unterdrückten diese Eignung fehle; das war eine schlechte Übertragung der biologischen Evolutionstheorie auf die gesellschaftliche Entwicklung, und sie gründete sich auf ein einfältiges Verständnis der eigentlichen Funktionsweise der biologischen Evolution. Gesellschaftliche Entwicklung ist tatsächlich etwas anderes als biologische Evolution: Sie verläuft schneller, sie ist lamarckistisch, und sie schließt in noch größerem Umfang Kooperation und Altruismus ein. Nichts davon verstand man zu jener Zeit genau.

Eine andere logische Folge aus der von der Evolution geprägten Sichtweise ist die Erkenntnis, daß der Mensch nicht das Ende der Entwicklung darstellt. Alles entwickelt sich ständig weiter. Derzeit sind wir zufällig die einzigen Lebewesen mit so viel Intelligenz, daß wir unsere Umwelt in beträchtlichem Umfang beeinflussen können. Das verleiht uns eine bemerkenswerte Fähigkeit: Wir können die Evolution selbst abwandeln. Wenn wir wollen, können wir die Eigenschaften unserer Nachkommen mit Gentechnik verändern. Und wenn wir die Einzelheiten des menschlichen Genoms erst einmal genauer kennen, werden wir das sicherlich auch tun, um Krankheiten zu verhüten. Und wir werden auch versucht sein, darüber hinauszugehen und beispielsweise die Intelligenz zu verstärken. Es wird riesige Diskussionen geben, aber bei Überbevölkerung, einem immer geringeren Bedarf an ungelernten Tätigkeiten und Handarbeit sowie dem Druck von seiten der Computerintelligenz wird die Motivation, das zu tun, eines Tages übermächtig werden.

Die Computerintelligenz ergibt sich als Folgerung aus der Ansicht, daß Selbstorganisation und Leben in einem komplexen Anpassungssystem natürliche Ergebnisse der Evolution sind. Wir schaffen mit bemerkenswerter Geschwindigkeit eine siliziumgestützte Petrischale für die Evolution von Intelligenz. Wenn die Computertechnik sich mit dem derzeitigen Tempo weiterentwickelt, werden wir etwa im Jahr 2025 Computer haben, deren reine Verarbeitungsleistung höher ist als die des menschlichen Gehirns. Außerdem wird es mehr Computer als Menschen geben. Eine Welt mit Cyberintelligenz und superintelligenten menschenähnlichen Wesen kann man sich nur schwer realistisch ausmalen. Es ist, als wollte sich ein Hund die allgemeine Relativitätstheorie vorstellen. Aber nach meiner Überzeugung ist eine solche Welt die natürliche Folge komplexer Anpassungssysteme. Und noch verblüffender finde ich, daß diese Zukunft gar nicht mehr so fern ist – ich würde sagen, höchstens hundert Jahre. Die Evolution hat die erstaunliche Eigenschaft, daß sie immer schneller abläuft. Am deutlichsten erkennt man das an der Evolution der Gesellschaftssysteme. Wenn wir erst einmal unser eigenes Genom manipulieren können, wird der Wandel ein atemberaubendes Tempo erreichen.

Was mich selbst angeht, mache ich einfach so weiter, versuche gesund zu bleiben, ziehe meine Kinder auf und verdiene meinen Lebensunterhalt. Im Juli 1991 hatte ich von Los Alamos die Nase voll. Nachdem ich Arbeitsgruppenleiter geworden war, lernte ich in vollem Umfang die politischen Grabenkämpfe kennen, die zur Sicherung der Forschungsfinanzierung erforderlich sind. Das Ende des kalten Krieges, in Verbindung mit genauerer Überwachung durch den Kongreß, vermehrter Bürokratie und schlechtem Management, machte die Verhältnisse in Los Alamos schwierig. Man finanziert dort die Grundlagenforschung, indem man auf alle eingehenden Gelder eine Steuer erhebt und diese dann wieder verteilt. Als der kalte Krieg nachließ, wurde weniger Geld für Rüstung ausgegeben, die internen Steuereinnahmen gingen zurück, und die Grundlagenforschung wurde zu einem verzweifelten Unternehmen, in dem es nur noch ums Überleben ging. Das goldene Zeitalter der Wissenschaft war in Los Alamos vorüber, zumindest fürs erste. Die kalten Krieger, die zuvor Waffen gebaut hatten, rissen sich jetzt verzweifelt um Gelder und glichen dabei ihren Mangel an wissenschaftlicher Qualifikation mit um so größeren politischen Fähigkeiten und ihrem Überlebenstrieb aus.

Gleichzeitig gelangte der Kongreß zu der Ansicht, die interne Steuer untergrabe die parlamentarische Kontrolle über die Verwendung von Steuergeldern durch die Wissenschaftler, und leitete die Mittel immer stärker in wissenschaftliche Großprojekte mit eigener Finanzverwaltung. Eine Arbeitsgruppe auf einem fortschrittlichen, noch nicht allgemein anerkannten Forschungsgebiet zu leiten, machte keinen Spaß mehr, wenn man dabei mehr auf politische Schläue und Talent im Geldauftreiben angewiesen war als auf wissenschaftliche Qualifikation.

Also gab ich die Stelle in Los Alamos auf und tat mich wieder mit meinem alten Freund Norman Packard zusammen, um noch einmal mein Glück in der weltweiten Spielbank zu versuchen. Wir sammelten ein wenig Risikokapital, stellten Jim McGill ein, einen weiteren früheren Physikdoktoranden der University of California in Santa Cruz, der die geschäftliche Seite erledigen sollte, und gründeten in Santa Fé die Prediction Company. Wir wollten Geld verdienen, indem wir auf den Finanzmärkten Vorhersagen machten und handelten.

Prediction Company ist teilweise ein Ergebnis unserer Chaosforschung. Ich interessierte mich anfangs unter anderem deshalb für die Chaostheorie, weil sie die Möglichkeit darstellt, daß Vorgänge, die zufällig erscheinen, auf einfache Prinzipien zurückgehen, auf deren Grundlage man bessere Voraussagen machen kann. Zusammen mit Sid Sidorowich zeigte ich 1987 in einem Fachartikel, wie man die dem Chaos zugrundeliegende Ordnung ausnutzen kann, so daß sich manche Formen des Chaos ohne Kenntnis der dahinterstehenden Dynamik vorhersagen lassen, einfach indem man Modelle nur auf der Grundlage historischer Daten aufstellt. Wir wandten dieses Verfahren auf mehrere Phänomene an, so auf Flüssigkeitsströmungen, Sonnenflecken und Eiszeiten, und dabei gelangten wir zu einigen vernünftigen Ergebnissen.

Wie sich herausstellte, hat die Vorhersage auf Finanzmärkten mit dem, worüber Sid und ich zuvor geschrieben hatten, nicht viel zu tun, aber in einigen Fällen kann man die gleichen Methoden anwenden. Bei Prediction Company sammeln wir Daten über die Finanzmärkte, beispielsweise die Devisenwechselkurse. Wir wenden unsere Lernalgorithmen auf die Daten an und suchen nach Gesetzmäßigkeiten, die über längere Zeit zu gelten scheinen. Dann konstruieren wir Modelle, die auf der Grundlage dieser Gesetzmäßigkeiten Geschäfte machen, und wenden sie an. Jeden Tag fließen Daten aus der ganzen Welt nach Santa Fé, und unsere Computerprogramme setzen sie zu Vorhersagen und Geschäften um, die dann weltweit an die jeweiligen Finanzmärkte weitergegeben werden. Vom Empfang der Daten bis zum Abschluß des Geschäftes dauert es ungefähr eine Minute. So weit, so gut. Wir haben einen hübschen Vertrag mit der Schweizer Bankgesellschaft — sie liefert uns das Geld, mit dem wir handeln, und liefert uns je nach Bedarf die Mittel, um unsere Rechnungen zu bezahlen, und wir bekommen einen Anteil an den Erlösen. Derzeit sind wir gerade an dem Punkt angelangt, wo wir mit ausreichenden Geldmengen handeln, um nennenswerte Gewinne zu erzielen. In den nächsten Jahren werden wir also entweder untergehen oder uns freischwimmen.

Wenn wir Erfolg haben, wäre damit gezeigt, daß es entgegen den vorherrschenden wirtschaftswissenschaftlichen Theorien möglich ist, den Markt zu besiegen. Eine der Hauptursachen für die von uns beobachteten Gesetzmäßigkeiten ist nach unserer Überzeugung die Massenpsychologie: Die Händler reagieren in vorhersagbarer Weise auf Informationen. Wenn wir also recht haben und man den Marktverlauf vorhersagen kann, dann ist damit auch gezeigt, daß das Verhalten von Menschengruppen vorhersagbar ist. Wir gründen unsere Vorhersagen nicht auf eine tiefschürfende Theorie über das Wesen des Menschen, sondern auf Gesetzmäßigkeiten und Daten. Ob wir richtigliegen, muß die Zeit erweisen.

Wissenschaftler werden heute eigentlich wie Bettler behandelt, müssen sie den Institutionen für Forschungsförderung doch ewig die Mütze hinhalten. Wenn wir Erfolg haben, werde ich den Luxus genießen, als Wissenschaftler nicht mehr betteln zu müssen. Ich hoffe, ich kann mich wieder ins Getümmel der reinen Forschung über komplexe Systeme stürzen, bevor ich so alt und vergreist bin, daß ich nicht mehr klar denken kann. Ein paar große Fragen müssen noch beantwortet werden, und das kann uns bedeutsame Hinweise auf den Sinn des Lebens liefern. Was die Lösung dieser Rätsel angeht, möchte ich gern an die vorderste Front zurückkehren.

Francisco Varela: Doyne Farmer kommt aus der Tradition der reinen Mathematik. Er ist eines der besten Beispiele für jemanden, der die sehr abstrakte Theorie dynamischer Systeme und die Chaostheorie auf eine sehr konkrete Ebene gebracht hat, so daß man damit höchst interessante Fragen angehen kann. Er hat zum Beispiel greifbare wirtschaftliche Anwendungen entwickelt und gezeigt, daß man über Phänomene, die an sich chaotisch sind und an sich zufällig aussehen, kurzfristige Voraussagen machen kann. Das ist eine wichtige Erkenntnis, und in diesem Sinne ist er ein beeindruckender Vertreter der angewandten Mathematik.

Doyne hat sich mit seiner Arbeit vom Rummel des Santa-Fé-Instituts ferngehalten. Da seine Tätigkeit für die Ziele von Santa Fé von grundlegender Bedeutung sind, spielt sein Name dort eine Rolle. Sein Ruf geht weit über das Institut hinaus, denn seine Arbeit und seine Person sind so interessant, daß er in mehreren Büchern von Wissenschaftsjournalisten aus den letzten Jahren – manche davon Bestseller – eine der Hauptfiguren war.

Was er und Norman Packard bei der Prediction Company tun, weiß jeder, aber niemand durchschaut genau, wie gut oder wie schlecht es ihnen gelingt. Wenn man um ein paar Prozent Genauigkeit über den besten intuitiven Vermutungen der guten Spieler in Wall Street liegt, wird man mit Sicherheit zigmilliarden Dollar verdienen – jedenfalls eine Zeitlang, bis alle anderen dahinterkommen, wie man das schafft. Der Vorsprung wird ein bis zwei Jahre betragen, und das ist gewaltig viel.

Brian Goodwin: Ich lernte Doyne Farmer in Los Alamos kennen, und er beeindruckte mich als jemand, der ungeheuer auf Draht ist. Sie arbeiteten damals an dem Szenario zur Entstehung des Lebens mit den autokatalytischen Mechanismen. Ich merkte, daß Doyne schnell, klug und mit diesen Problemen bestens vertraut war. Er gehört zu den Überfliegern. Es ist bedauerlich, daß er dort aufgehört hat, aber was soll's; er tut, was er will.

W. Daniel Hillis: Zu schade, daß Doyne Farmer gekündigt und seine Firma gegründet hat, denn jetzt redet er nicht mehr über die guten Sachen, die er macht. Er versucht, an der Börse reich zu werden. Doyne ist unter allen meinen Bekannten einer der wenigen, die Leuten aus anderen Disziplinen physikalische Ideen gut erklären können.

Doyne gehörte zu jener Physikergruppe in Los Alamos, die als erste über Komplexität, nichtlineare Phänomene und Anpassungssysteme nachdachte. Allmählich wurde ihnen klar, daß Dinge wie die »seltsamen Attraktoren« in Wirklichkeit allgegenwärtig sind – nicht nur in physikalischen, sondern auch in wirtschaftlichen und biologischen Systemen. Das war eine unglaublich wichtige Erkenntnis, denn jetzt konnten alle diese Leute miteinander reden. Stuart Kauffman konnte eine Brücke zwischen Biologie und Physik schlagen. Leute wie der Wirtschaftswissenschaftler Brian Arthur bauten Brücken zwischen Ökonomie und Biologie. Und in einem gewissen Sinn lieferte diese Erkenntnis einen Kontext, einen theoretischen Zusammenhang, der vom Fachgebiet unabhängig war; das war äußerst wichtig.

Murray Gell-Mann: Doyne Farmer ist ein brillanter Wissenschaftler. Ursprünglich war er theoretischer Physiker. Er verbrachte eine lange Zeit am Los Alamos National Laboratory und leistete dort am Center for Nonlinear Studies hervorragende Arbeit. Er war einer von denen, die dafür sorgten, daß das CNLS sich nicht nur für chaotische physikalische Phänomene interessierte, sondern auch für allgemeinere Themen, unter anderem für die verschiedensten komplexen Anpassungssysteme. Einige Leute, die an der Tagung des CNLS über Evolution, Lernen und Spiele teilnahmen, wirkten später an den Arbeiten des Santa-Fé-Instituts mit.

Dann faßten er und Norman Packard den Entschluß, die Forschung aufzugeben und eine Investmentfirma zu gründen; dazu nutzten sie ihre Entdeckung, daß die Preisschwankungen auf den Finanzmärkten nicht ausschließlich vom Zufall bestimmt werden. Einige dogmatische, neoklassische Wirtschaftswissenschaftler behaupteten immer noch, die Fluktuationen um sogenannte Grundwerte auf den Finanzmärkten entsprächen einer Irrfahrt, und sie hatten auch einige Indizien, die diese Behauptung stützten. Aber in den letzten Jahren wurde gezeigt – und zwar nach meiner Ansicht überzeugend –, daß die Schwankungen auf manchen Märkten nicht völlig zufällig sind. Es ist zumindest teilweise nur eine scheinbare Zufälligkeit, und diese Tatsache kann man ausnutzen. Inwieweit das möglich ist, hängt natürlich davon ab, wieviel Spielraum – gemessen zum Beispiel mit der sogenannten Hausdorff-Dimension – sich durch die nicht-zufälligen Gesichtspunkte der Schwankungen ergibt. Ist diese Dimension zu groß, läßt sich die Nichtzufälligkeit kaum ausnutzen. Ist sie klein, kann man vermutlich Gewinn daraus ziehen.

Sie gelangten zu dem Schluß, daß sie mit Hilfe der Nichtzufälligkeit Geld verdienen könnten, und gründeten auf dieser Grundlage eine Investmentfirma. Ein paar Monate lang arbeiteten sie mit Spielgeld und hatten einen ziemlichen Erfolg damit; dann verschaffte ein Finanzexperte aus Chicago ihnen Kontakte zu einer Schweizer Bank, die ihnen echtes Geld zur Verfügung stellte. Soweit ich weiß, klappt es bisher ganz gut.

Richard Dawkins: Ich lernte Doyne Farmer 1987 auf der Tagung über künstliches Leben kennen, die sein Kollege Chris Langton veranstaltete. Außerdem hatte ich *The Eudemonic Pie* von Thomas A. Bass gelesen; ich fand die Heldentaten von Farmer und seinen Freunden sehr amüsant und unterhaltsam. Ein höchst interessanter Mann.

Stuart Kauffman: Ich kenne Doyne seit 1984. Er ist ein äußerst kluger junger Physiker. Doyne hat Ausstrahlung, ist brillant und kreativ. In seiner Zeit in Santa Cruz tat er eine Menge dafür, die Chaostheorie in der Frühzeit ihrer Entwicklung voranzubringen.

Von Santa Cruz ging er nach Los Alamos, wo er seine Ideen weiterentwickelte. Anfang der achtziger Jahre erkannte er, daß die Chaostheorie abgehakt war; man hatte interessante Arbeit geleistet, und jetzt war es an der Zeit, weiterzumachen und mit den ersten Stadien der späteren Komplexitätstheorie zu beginnen. Mit vereinten Kräften gingen Doyne, Norman Packard und ich daran, ein Modell für autokatalytische Polymersysteme zu entwickeln. Doyne befaßte sich später mit anderen Themen, insbesondere mit den Zeitreihen, an denen er jetzt arbeitet. Er erweist sich immer als kenntnis- und erfindungsreich, aufgeschlossen, wählerisch und sehr klug.

Doyne hat für die Chaostheorie Wichtiges geleistet. Es ist zu schade, daß er in die Wirtschaft gegangen ist. Intellektuell könnte Doyne noch größere Dinge zuwege bringen, und deshalb bin ich traurig darüber, daß er seinen intuitiven Erfindungsreichtum nicht der Komplexitätsforschung widmet; er könnte dazu noch viel beitragen.

Christopher G. Langton: Doyne Farmer war mein wissenschaftlicher Ziehvater und ein guter Freund, aber ich sehe ihn heute nicht mehr so oft, wie ich es mir wünschen würde. In Los Alamos hat er seine Begabung vergeudet, und deshalb war es weitsichtig von ihm, dem National Laboratory zu entfliehen und seine nichtlinearen Zeitreihen-Vorhersagemethoden in einer eigenen Firma auf Währungen und anderen Geldmarktfragen anzuwenden. Nach seiner Philosophie sollten funktionierende Methoden sich finanziell selbst tragen, so daß er keinen Betonkopf in Washington von ihrer Förderungswürdigkeit überzeugen muß. Langfristig hat er das Ziel, an den Finanzmärkten viel Geld zu verdienen und damit ein eigenes Institut für die Untersuchung komplexer Systeme und des künstlichen Lebens zu finanzieren. Ich wünsche ihm dafür viel Glück – ganz objektiv, natürlich!

FÜNFTER TEIL

Über uns selbst hinaus

Neue Technologie bedeutet neue Wahrnehmung. Indem wir Werkzeuge schaffen, schaffen wir auch ein neues Bild von uns selbst. Aus der Newtonschen Mechanik erwuchs der Vergleich des Herzens mit einer Pumpe. Als vor einer Generation die Kybernetik, die Informatik und die künstliche Intelligenz aufkamen, sah man das Gehirn zum erstenmal als Computer. Heute stehen wir in Empirie und Erkenntnistheorie wiederum an einem Scheideweg. Die neuen technischen Entwicklungen im Bereich der Parallelcomputer und der zugehörigen Algorithmen wirken sich stark auf unser Bild von uns selbst und von unserem Platz im Universum aus. Wir haben den von Neumannschen Engpaß des seriellen Computers hinter uns.

W. Daniel Hillis faßt in einem großen Bogen viele Ideen aus diesem Buch zusammen: Marvin Minskys Gesellschaft des Geistes, Christopher G. Langtons künstliches Leben, Richard Dawkins' Ansicht aus der Genperspektive und die Plektik, wie sie in Santa Fé betrieben wird. Hillis entwickelte die Algorithmen, die den massiven Parallelcomputer möglich machten. Er begann zunächst mit Physik und wechselte dann zur Computerwissenschaft, wo er bahnbrechende Neuerungen vornahm; in jüngster Zeit versucht er, seine Algorithmen auf die Evolutionsforschung anzuwenden. Er sieht in der autokatalytischen Wirkung schneller Computer, durch die wir immer schneller bessere und schnellere Computer konstruieren können, eine

527

Parallele zur Evolution der Intelligenz. Ende der siebziger Jahre baute Hillis am MIT seine »Verbindungsmaschine«, einen Computer, der sich integrierter Schaltkreise bediente und in seiner parallelen Arbeitsweise stark an die Funktion des menschlichen Gehirns erinnerte. Im Jahr 1983 rief er eine Computerfirma namens Thinking Machines ins Leben, die mit der Parallelarchitektur den schnellsten Supercomputer der Welt bauen sollte.

Die Idee vom massiven Parallelrechner ist entscheidend für das ganze in diesem Buch dargestellte Gedankengebäude. Hillis' Computer, die schnell genug sind, um damit den Evolutionsverlauf zu simulieren, haben bewiesen, daß Programme mit zufallsbedingten Anweisungen durch Konkurrenz neue Programmgenerationen hervorbringen können – dieser Ansatz könnte durchaus zu der ersten Maschine führen, die tatsächlich »denkt«. Die Lehre aus Hillis' Arbeiten lautet: Wenn man ein System nicht konstruiert, sondern es eine Evolution durchmachen läßt – das heißt, wenn es sich selbst aufbaut –, ist das dabei entstehende Ganze größer als die Summe seiner Teile. Einfache Gebilde erzeugen durch ihr Zusammenwirken etwas Komplexes, das über sie selbst hinausgeht; die Folgerungen für Biologie, Technik und Physik sind gewaltig.

W. DANIEL HILLIS

In der Nähe der Singularität

<u>Marvin Minsky:</u> Danny Hillis ist einer der phantasievollsten Menschen, die ich in meinem Leben kennengelernt habe, und er ist auch einer der tiefsten Denker. Von ihm stammen viele wichtige Ideen der Computerwissenschaft – insbesondere, aber nicht nur, auf dem Gebiet der Parallelrechner. Er hat sich vieler Algorithmen angenommen, die nach allgemeiner Ansicht nur auf seriellen Computern laufen konnten, und hat neue Wege gefunden, um sie auf Parallelrechnern einzusetzen, so daß sie viel schneller sind. Wenn er eine neue Idee hat, findet er auch bald Möglichkeiten, sie zu überprüfen, Maschinen zu bauen, die sie ausnutzen, und neue mathematische Methoden zu entdecken, mit denen er etwas in ihrem Umfeld beweist. Nachdem er in der Computerwissenschaft Hervorragendes geleistet hatte, wandte er sich der Evolution zu, und nach meiner Überzeugung ist er jetzt auf dem besten Weg, einer der größten Evolutionstheoretiker zu werden.

<u>W. Daniel Hillis</u> ist Computerwissenschaftler; Mitbegründer und wissenschaftlicher Leiter der Thinking Machines Corporation; Besitzer von vierunddreißig US-Patenten, Herausgeber mehrerer Fachzeitschriften wie *Artificial Life, Complexity, Complex Systems* und *Future Generation Computer Systems*; Autor von *The Connection Machine* (1985).

529

W. Daniel Hillis: Ich baue gerne Dinge, die ein kompliziertes Verhalten zeigen. Und das Höchste in dieser Beziehung ist natürlich der Geist. Seit tausend Jahren gilt als heiliger Gral der Technik, ein Gerät zu konstruieren, das sich unterhalten, lernen, überlegen und kreativ sein kann. Als erstes braucht man dazu einen Computer, der ganz anders ist als die heutigen alltäglichen seriellen Rechner, denn deren Leistungsfähigkeit reicht dazu bei weitem nicht aus. Je mehr sie wissen, desto langsamer werden sie – im Gegensatz zum menschlichen Geist, bei dem es genau umgekehrt ist. Die meisten Computer sind so konstruiert, daß sie eins nach dem anderen tun. Wenn sie beispielsweise ein Bild betrachten, sehen sie sich einen Bildpunkt nach dem anderen an, und wenn sie eine Datenbank durchsuchen, nehmen sie sich eine Angabe nach der anderen vor. Der menschliche Geist dagegen schafft es, alles, was er weiß, gleichzeitig zu erfassen und dann daraus irgendwie die relevante Information herauszuziehen. Ich wollte einen Computer bauen, der so ähnlich arbeitet.

Wie sich schon bald herausstellte, konnte man mit integrierten Schaltkreisen einen Rechner bauen, der in seiner Struktur viel eher dem menschlichen Gehirn ähnelte; er arbeitet nicht schnell eine Reihe von Aufgaben ab, sondern tut viele Dinge gleichzeitig, also parallel. Der Geist funktioniert eindeutig nach diesem Prinzip, denn er kann mit der Hardware des Gehirns arbeiten, die im Vergleich zur Hardware der Digitalcomputer sehr langsam ist.

Mit modernen integrierten Schaltkreisen kann man das gleiche sehr kostengünstig vielfach wiederholen; ich baute also einen Computer mit vielen einfachen Schaltkreisen, die immer und immer wieder vorkamen, und sorgte dann für ihre Verbindungen mit anderen Abfragemustern. Natürlich gibt es beim menschlichen Geist noch einen weiteren Aspekt: Wenn man das Gehirn aufschneidet, erkennt man, daß es fast nur aus Verdrahtung besteht, aus Verbindungen zwischen den Neuronen. In einen Computer dieses Kommunikationssystem einzubauen, das alle kleinen Verarbeitungseinheiten verbindet, ist der schwierigste Teil des ganzen Unternehmens. Es ist auch der Grund, warum ich meinen Computer als »Verbindungsmaschine« bezeichne. Ich plante ihn am MIT, aber dann erkannte ich, daß er für eine Universität viel zu groß und kompliziert war. Das Projekt hätte Hunderte von Leuten und zigmillionen Dollar erfordert. Deshalb gründete ich 1983 die Thinking Machines Corporation, und die folgenden zehn Jahre verbrachten wir damit, Hersteller der größten und schnellsten Computer der Welt zu werden. Paradoxerweise waren wir durch diese wissenschaftliche Beschäftigung mit den Computern so abgelenkt, daß ich mit meinem anfänglichen Vorhaben, der Entwicklung des denkenden Computers, bei weitem nicht die gleichen Fortschritte machte.

Meine Ansichten darüber, was zur Konstruktion einer denkenden Maschine notwendig ist, haben sich in den letzten Jahren verändert. Als wir anfingen, hatte ich den naiven Glauben, man könne die Intelligenz Stück für Stück zusammensetzen. Ich bin auch heute noch überzeugt, daß das im Prinzip möglich ist, aber es würde dreihundert Jahre dauern. Bei der Konstruktion einer intelligenten Maschine gilt es so viele verschiedene Gesichtspunkte zu berücksichtigen, daß die Aufgabe uns bei der Anwendung normaler technischer Methoden erschlagen würde. Das ist für mich eine große praktische Schwierigkeit; ich möchte das Projekt noch in meiner Lebenszeit vollenden.

Als zweites habe ich gelernt, wie schwierig es ist, viele Leute zur Zusammenarbeit an einem Projekt zu veranlassen und die ganze Komplexität zu verwalten. Die große Verbindungsmaschine ist in vielerlei Hinsicht das Komplizierteste, was Menschen jemals konstruiert haben. Sie hat ein paar hundert Milliarden aktive Einzelteile, die alle zusammenwirken müssen, und die Art ihrer Wechselwirkungen verstehen nicht einmal die Konstrukteure genau. Ein derart komplexes Gebilde kann man nur entwerfen, indem man es in Teile zerlegt. Wir entscheiden, daß es diese Box und jene Box enthalten soll; dann setzen wir jeweils eine Arbeitsgruppe daran, und bevor die Gruppen mit der Konstruktion der Boxen beginnen, müssen sie sich über die Schnittstellen einigen.

Stellen wir uns einmal vor, man wollte auf diese Weise eine denkende Maschine bauen. Jemand wie Marvin Minsky würde sagen:»Okay, es gibt eine Box für das Sehen, eine Box für die Vernunft, eine Box für die Grammatik«, und so weiter. Dann könnten wir das Projekt in seine Einzelteile zerlegen und sagen: »Na gut, Tommy« – damit meine ich Tomaso Poggio vom MIT – »du baust jetzt die Box für das Sehen«, und Steve Pinker lassen wir die Grammatikbox bauen, und Roger Schank macht die Geschichtenbox. Dann nimmt Poggio die Sehbox und sagt: »Wir brauchen eine Raumwahrnehmungsbox und eine Farberkennungsbox«, und so weiter. Jetzt sagt das Team für die Raumwahrnehmungsbox: »Ja, wir brauchen eine Box für die Raumwahrnehmung durch Fokussieren und eine für die Raumwahrnehmung durch beidäugiges Sehen.« So gelangt man zu der Vorstellung, daß zigtausend Leute diese Module zusammenbauen, und genauso müßte man es auch machen. Etwas, das man auf diese Weise konstruiert, muß in Einzelteile zerfallen und recht standardisierte Schnittstellen enthalten. Es spricht aber alles dafür, daß unser Gehirn keineswegs so säuberlich aufgeteilt ist. Betrachtet man biologische Systeme im allgemeinen, findet man zwar im großen Maßstab hierarchische Ordnung, aber zwischen allen Einzelteilen gibt es komplexe Wechselwirkungen, die sich nicht an die Hierarchie halten. Deshalb bin ich überzeugt, daß unsere üblichen technischen Methoden sich für einen Nachbau des Gehirns nicht besonders gut eignen, aber das liegt nicht an irgendwelchen physikalischen Prinzipien, die wir nicht beeinflussen könnten. Das Gehirn ist ein Informationsverarbeitungsgerät und tut nichts, wozu ein Universal-Informationsverarbeitungsgerät nicht ebenfalls in der Lage wäre.

Neben diesem streng technischen Ansatz gibt es auch eine andere Strategie, mit der man eine ähnliche Komplexität erzeugen kann: die Evolutionsmethode. Wir Menschen sind nicht durch eine technische Konstruktion entstanden. Wir verfügen heute über Computer, die so schnell sind, daß wir damit die Evolution simulieren können. Unter Umständen kann man also Situationen herbeiführen, in denen wir intelligente Programme dazu veranlassen können, sich im Computer zu entwickeln.

Ich habe Programme, die sich im Computer aus dem Nichts entwickelt haben und recht komplizierte Dinge tun. Zu Beginn gibt man eine Abfolge zufällig ausgewählter Anweisungen ein; diese Programme konkurrieren untereinander, paaren sich und produzieren neue Programmgenerationen. Bringt man sie in eine Umgebung, in der sie durch das Lösen eines Problems überleben, verbessern sie sich in dieser Hinsicht von Generation zu Generation, und nach ein paar hunderttausend Generationen lösen sie das Problem recht gut. Nach diesem Verfahren wird man wahrscheinlich eine denkende Maschine herstellen.

Interessant ist dabei insbesondere die Beobachtung, daß aus den Wechselwirkungen kleiner Elemente schließlich Gebilde in größerem Maßstab hervorgehen. Man stelle sich einmal vor, wie ein vielzelliges Lebewesen aus der Sicht eines Einzellers aussieht. Der Vielzeller verhält sich auf einer Ebene, die für eine einzelne Zelle völlig unverständlich wäre. Nach meiner Überzeugung ist der Teil unseres Geistes, der sich mit Informationsverarbeitung befaßt, größtenteils ein Produkt der Kultur. Ein Mensch, der nicht unter anderen Menschen aufwächst, ist keine besonders kluge Maschine. Klug werden wir zum Teil durch unsere Kultur und durch den Austausch mit anderen. Das gleiche gehört auch zu den Faktoren, die eine Maschine klug machen können: Sie müßte mit Menschen in Beziehung treten und einen Bestandteil der menschlichen Kultur bilden.

Aus biologischer Sicht stellt sich die Frage, wie der einfache Vorgang der Evolution sich zu komplizierten Organismen organisieren kann. Technisch gesehen, geht es darum, wie man einfache Schaltelemente, deren Eigenschaften man versteht – beispielsweise Transistoren –, dazu bringen kann, etwas Komplexes zu tun, das man nicht versteht. Und von seiten der Physik geht es um das allgemeine Phänomen der Emergenz, um die Neuentstehung komplexer Gebilde aus einfachen Elementen. Alle diese Forschungsgebiete beschäftigen sich im wesentlichen aus verschiedenen Blickwinkeln mit der gleichen Frage: Wie kommt es, daß das Ganze mehr ist als die Summe seiner Teile? Wie können einfache, dumme Dinge durch ihr Zusammenwirken etwas Komplexes schaffen, das über seine Elemente hinausreicht? Darum geht es in Marvin Minskys Theorie von der Gesellschaft des Geistes, davon handelt Chris Langtons »Künstliches Leben« und Richard Dawkins' Evolutionsforschung; darauf basiert die Arbeit von Physikern, die neu auftauchende Eigenschaften untersuchen, und es ist der Gegenstand von Murray Gell-Manns Untersuchungen an den Quarks; es ist der rote Faden, der alle diese Überlegungen verbindet.

Ich finde die Idee aufregend, daß wir einen Weg finden könnten, uns allgemeine Organisationsprinzipien nutzbar zu machen und so etwas herzustellen, das über uns selbst hinausgeht. Wenn man ein paar Millionen Jahre zurückgeht, kann man erkennen, wie die Geschichte des Lebens auf der Erde nach diesem Prinzip abgelaufen ist. Erst organisierten sich die Elementarteilchen, und die Chemie entstand. Dann organisierte sich die Chemie zu selbstreproduzierendem Leben. Später organisierte sich das Leben zu vielzelligen Organismen, und die vielzelligen Organismen organisierten sich zu Gesellschaften, die jeweils durch die Sprache zusammengehalten wurden. Und heute organisieren sich die Gesellschaften zu noch größeren Einheiten und bringen etwas hervor, das sie technisch verbindet und über sie hinausgeht. Das alles sind Glieder einer Kette, und der nächste Schritt ist die Konstruktion denkender Maschinen.

Für mich ist es das Interessanteste auf der Welt, wie sich viele einfache, dumme Dinge zu etwas viel Komplizierterem organisieren, dessen Verhalten sich auf einer höheren Ebene abspielt. Meine sämtlichen Interessengebiete – das Gehirn, Parallelrechner, Phasenübergänge in der Physik oder Evolution – passen zu diesem Muster. Derzeit versuche ich gerade, die Evolution im Computer nachzuvollziehen, und zwar mit dem Ziel, Maschinen zu intelligentem Verhalten zu veranlassen. Dazu setzen wir im Rechner einen Evolutionsvorgang in Gang, der sich im Zeitmaßstab von Mikrosekunden abspielt. Im Extremfall können wir damit tatsächlich ein Programm entwickeln, indem wir eine Reihe zufälliger Anweisungen eingeben, beispielsweise die Folge »Computer, erzeuge bitte hundert Millionen zufällige Befehlsfolgen und Anweisungen. Dann führe alle diese zufälligen Befehlsfolgen und Programme aus und suche diejenigen heraus, die unserem Ziel am nächsten kommen.« Mit anderen Worten: Ich lege fest, was ich erreichen möchte, aber nicht, wie ich es erreichen möchte.

Wenn ich beispielsweise ein Programm haben möchte, das Wörter in alphabetischer Reihenfolge sortiert, kann ich mit einer solchen simulierten Evolution diejenige finden, das diese

Aufgabe am effizientesten erledigt. Natürlich wird eine Zufallsfolge von Anweisungen höchstwahrscheinlich keine alphabetische Ordnung herstellen, aber eine solche Folge stellt vielleicht zufällig zwei Wörter in der richtigen Anordnung hintereinander. Dann sage ich dem Computer: »Jetzt nimm von den Zufallsprogrammen die zehn Prozent, die unsere Aufgabe am besten erfüllt haben, töte die übrigen, und laß diejenigen, die am besten sortiert haben, sich fortpflanzen, und zwar durch einen Vorgang der Neukombination, analog zur sexuellen Vermehrung. Nimm zwei Programme und produziere ihre Kinder, indem du ihre Subroutinen austauschst.« Die »Kinder« erben also die »Merkmale«, das heißt die Subroutinen, der beiden Programme. Jetzt habe ich eine neue Programmgeneration, und diese Generation ist durch Kombination der Programme entstanden, die ihre Aufgabe am besten erfüllt haben. Als nächstes sage ich: »Mach das Ganze noch einmal, suche wieder die besten Programme aus, führe ein paar Mutationen ein, und wiederhole den Vorgang immer wieder, über viele Generationen hinweg.« Jede derartige Generation dauert nur ein paar Millisekunden, so daß ich das Äquivalent zu den Jahrmillionen der Evolution im Computer in ein paar Minuten ablaufen lassen kann – oder in komplizierten Fällen in ein paar Stunden. Am Ende steht ein Programm, das völlig fehlerfrei alphabetisch sortiert, und zwar effizienter als jedes Programm, das ich von Hand hätte schreiben können. Aber wenn ich mir das Programm ansehe, kann ich nicht genau erklären, wie es funktioniert. Es ist ein rätselhaftes, seltsames Programm, aber es erfüllt seine Aufgabe, denn es stammt aus einer Linie von ein paar hunderttausend Programmen ab, die alle diese Aufgabe erfüllten. Ihr Leben hing davon ab, daß sie dazu in der Lage waren.

Woher weiß ich eigentlich, ob das Programm funktioniert? Wenn es um das alphabetische Sortieren geht, kann ich es überprüfen. Aber wie steht es, wenn es sich um etwas wirklich

Wichtiges handelt? Wenn das Programm beispielsweise ein Flugzeug steuern soll? Nun könnte man sagen: »Au wei, ein Programm, das ein Flugzeug lenkt, ohne daß man eine Ahnung hat, wie es funktioniert – das ist wirklich beängstigend.« Aber genauso ist es bei einem menschlichen Piloten; er arbeitet nach einem Programm, das auf ganz ähnliche Weise entstanden ist, und wir haben dazu großes Zutrauen. Viel weniger vertraue ich dem Flugzeug selbst, das sehr genau von einer Menge sehr schlauer Ingenieure konstruiert wurde. Ich weiß noch, wie ich einmal mit Marvin Minsky in einer Boeing 747 saß, und er zog aus der Sitztasche die Karte mit der Aufschrift: »Dieses Flugzeug besteht aus Hunderttausenden winziger Teile, die alle zusammenarbeiten, damit Sie sicher fliegen.« Marvin fragte: »Sehr vertrauenerweckend, nicht wahr?«

Wenn es kompliziert wird, funktioniert die Konstruktionsmethode nicht sonderlich gut. Wir werden uns immer stärker auf Computer verlassen, die sich eines ganz anderen Verfahrens bedienen – eines Verfahrens, mit dem wir viel komplexere Dinge schaffen können als mit der technischen Konstruktion. Bisher wissen wir noch nicht, welche Möglichkeiten in diesem Vorgang stecken, das heißt, er ist uns in einem gewissen Sinne voraus. Derzeit benutzen wir diese Programme nur, um Computer schneller zu machen, und damit wird auch der Vorgang selbst immer schneller. Er lebt von sich selbst und beschleunigt sich. Es ist ein autokatalytischer Ablauf. Wir entsprechen den Einzellern, die gerade zu vielzelligen Organismen werden. Wir sind die Amöben und können nicht herausfinden, was wir da eigentlich erschaffen. Wir befinden uns genau am Übergang, und nach uns kommt noch etwas.

Zu glauben, wir seien der Endpunkt der Evolution, ist vermessen. Jeder von uns trägt dazu bei, daß das Nächste entsteht, was es auch sein mag. Wir leben in einer aufregenden Zeit. Wir sind in der Nähe der Singularität. Gehen wir noch einmal zurück zu diesem chemischen Einerlei, das über die Einzeller schließlich zur Intelligenz führte. Der erste Schritt dauerte Jahrmilliarden, der nächste noch hundert Millionen Jahre und so weiter. Im jetzigen Stadium ändern sich die Dinge im Maßstab von Jahrzehnten, und der Wandel scheint sich immer noch zu beschleunigen. In der Technik gibt es die autokatalytische Wirkung der schnellen Computer, durch die wir immer schneller immer bessere und schnellere Computer bauen können. Uns steht etwas bevor, das sich sehr bald – noch in unserer Lebenszeit – ereignen wird und das grundlegend anders ist als alle Geschehnisse der bisherigen Menschheitsgeschichte.

Heute denkt man kaum noch über die Zukunft nach, weil man gemerkt hat, daß sie ohnehin ganz anders sein wird. Die Zukunft, in der unsere Enkelkinder leben werden, wird so verschieden von unserer heutigen Welt sein, daß die normalen Methoden der Planung sich dafür einfach nicht mehr eignen. Als ich ein Kind war, sprach man oft über das Jahr 2000. Heute, am Ende des Jahrhunderts, redet man immer noch darüber, was im Jahr 2000 geschehen wird. Seit ich geboren wurde, ist die Zukunft Jahr um Jahr zusammengeschrumpft. Wenn ich versuche, die Trends fortzuschreiben, und mich frage, wohin die technische Entwicklung zu Beginn des nächsten Jahrhunderts wohl geht, gelange ich irgendwann zu einem Punkt, an dem etwas Unbegreifliches geschehen wird. Vielleicht ist es die Schaffung intelligenter Maschinen. Vielleicht wird uns die Telekommunikation zu einem weltweiten Organismus zusammenschweißen. Wenn man versucht, es in Worte zu fassen, hört es sich mystisch an, aber in Wirklichkeit mache ich hier eine ganz reale Feststellung. Nach meiner Überzeugung geschieht schon jetzt etwas – und es wird sich in den nächsten Jahrzehnten fortsetzen –, das für uns unbegreiflich ist, und das finde ich sowohl beängstigend als auch aufregend.

<u>Marvin Minsky:</u> Danny Hillis ist einer der phantasievollsten Menschen, die ich in meinem Leben kennengelernt habe, und

er ist auch einer der tiefsten Denker. Von ihm stammen viele wichtige Ideen der Computerwissenschaft – insbesondere, aber nicht nur, auf dem Gebiet der Parallelrechner. Er hat sich vieler Algorithmen angenommen, die nach allgemeiner Ansicht nur auf seriellen Computern laufen konnten, und hat neue Wege gefunden, um sie auf Parallelrechnern einzusetzen, so daß sie viel schneller sind. Wenn er eine neue Idee hat, findet er auch bald Möglichkeiten, sie zu überprüfen, Maschinen zu bauen, die sie ausnutzen, und neue mathematische Methoden zu entdecken, mit denen er etwas in ihrem Umfeld beweist. Nachdem er in der Computerwissenschaft Hervorragendes geleistet hatte, wandte er sich der Evolution zu, und nach meiner Überzeugung ist er jetzt auf dem besten Weg, einer der größten Evolutionstheoretiker zu werden. Er ist aber auch gut im Geschichtenerzählen und hat eine unglaubliche handwerkliche Geschicklichkeit. Damit meine ich nicht nur ein Gespür dafür, wie man Materialien formt und zusammensetzt; er gehört zu den wenigen Menschen, die man auch als Künstler bezeichnen kann. Wenn er überlegt, wie man etwas am besten konstruiert, wandert er unter Umständen durch einen Raum voller Material und stellt plötzlich fest, daß mehrere verschiedenartige Dinge genau zusammenpassen und die erforderlichen Eigenschaften haben. Ich kann das selbst auch ganz gut, aber Danny ist um ein Vielfaches besser.

Daniel C. Dennett: Ich weiß noch, wie ich Danny kennenlernte. Er war damals Doktorand im KI-Labor des MIT, und es war völlig klar, daß er voller ketzerischer Ideen steckte. Besonders stark beschäftigte ihn damals die Vorstellung von der Verbindungsmaschine, die inzwischen zu einem wichtigen wissenschaftlichen Beitrag geworden ist. Er hatte die Idee von der massiven Parallelarchitektur, mit der man einen anderen Teil des Spielraums möglicher Rechenarten ausloten konnte. Damit eröffnete er ein riesiges neues Gebiet.

Der britische Mathematiker Alan Turing gab mit der Theorie von der Turing-Maschine eine knappe Definition des gesamten Spielraums aller Rechenmöglichkeiten, und ihre mechanische Realisierung fand Turings Idee in der Maschine, die John von Neumann entwickelte. Der normale serielle Computer auf dem Schreibtisch ist eine von-Neumann-Maschine – und damit unter allen praktischen Gesichtspunkten eine universelle Turing-Maschine. Sie kann im Prinzip jede berechenbare Funktion auch berechnen, aber wenn man für solche Berechnungen keine Jahrmillionen Zeit hat, läßt sich ein interessanter Teil des Spielraums nicht erforschen. Mit jeder einzelnen Computerarchitektur kann man nur einen recht begrenzten Raum ausloten. Dabei schickt man einen verschwindend dünnen Faden in einen gewaltigen, vieldimensionalen Raum. Um weitere Teile dieses Raumes zu erforschen, muß man eine andere Architektur erfinden. Und für alle ist die massive Parallelarchitektur die erste, zweite und dritte Wahl.

Danny schuf vielleicht nicht den ersten, aber einen der zehn ersten praktisch anwendbaren massiven Parallelcomputer. Damit stand ein neues Erkundungsgerät zur Verfügung, und mit diesem Gerät konnte man Teile des Gestaltungsspielraumes erforschen, mit denen man sich zuvor noch nicht beschäftigt hatte. Danny konnte diese Idee in verschiedenen Wissenschaftsgebieten sehr gut an den Mann bringen und mit einigen der ersten Anwendungen zeigen, wie nützlich und aufregend das neue Hilfsmittel war.

Christopher G. Langton: Danny Hillis gehört zu den klügsten Menschen, die ich kenne. Seine Ideen beeinflussen mich seit seiner ersten »KI-Notiz« am MIT, in der er zum erstenmal seine Idee von einer Verbindungsmaschine darlegte. Danny hat eine bemerkenswerte Fähigkeit, sich unbesehen in ein neues Gebiet zu vertiefen und schnell den neuesten Stand des Denkens dort einzuschätzen. Er kann sich fast augenblicklich bis zu den Problemen an der äußersten Grenze des jeweiligen Gebietes vorarbeiten und neue, kenntnisreiche Beiträge liefern. Ich wünsche ihm von Herzen, daß er sich von der geschäftlichen Routinearbeit bei Thinking Machines Inc. freimachen kann und die Zeit und Mittel findet, um seine wissenschaftliche Arbeit weiterzuverfolgen. Ich habe keinen Zweifel, daß dabei bedeutsame Ergebnisse herauskommen werden.

Francisco Varela: Über Danny würde ich sagen: Er ist einer der besten Vertreter einer Richtung, die sich sehr genau und erfolgreich mit komplexen Systemen beschäftigt. Von ihm stammt nicht nur eine großartige Entdeckung für eine Rechenart des Computers, sondern er nutzte diese Erfindung auch wirtschaftlich aus. Mit seiner Verbindungsmaschine hat er hervorragende Arbeit geleistet – unter anderem durch die echte Evolution einer Software mit Hilfe einer simulierten Evolutionslandschaft, in der die Programme wie kleine Käfer herumkriechen. Sie konkurrieren untereinander, und dann findet eine Art Selektion statt, die einen optimalen Code entstehen läßt. Das ist sehr eindrucksvoll. Ob es viel mit biologischer Evolution zu tun hat, weiß ich nicht genau, aber in jedem Fall schafft man damit eine höchst interessante künstliche Evolution. Es ist eine sehr phantasievolle Denkweise, die zwei Gebiete verbindet.

Ich weiß, in welche Richtung Dannys Denken heute geht: Es dreht sich um die Erfindung künstlicher Welten und damit um die Schaffung paralleler Universen. In dieser Hinsicht stehen wir noch ganz am Anfang, und deshalb sollten wir meines Erachtens statt von »künstlichem Leben« lieber von »künstlichen Welten« sprechen. Das Interessante an der Idee, biologische Vorgänge in Simulationen nachzuvollziehen, ist nämlich die Möglichkeit, biologische Gebilde und ihre Welt als vollständiges System zu betrachten. In einem solchen System kann man sich damit befassen, daß Innen und Außen nicht getrennt sind, und man kann das biologische System tatsächlich in einer Welt, die ebensoviel Realität hat wie dieses selbst, das vollständige Lebensspiel spielen lassen.

Roger Schank: Er hatte eine hübsche Idee und erreichte einen großen Fortschritt, als er einen funktionierenden massiven Parallelrechner baute. Für meine Tätigkeit haben seine Maschinen keinerlei Bedeutung. Ihr Nutzen ist kaum zu begreifen. Es ist überhaupt nicht klar, warum man eine haben soll. Sie sind eine Art Unternehmen um ihrer selbst willen, aber nicht unbedingt praktische Hilfsmittel. Für mich war die Rechenleistung nie das Entscheidende an einem Computer; das Problem besteht darin herauszufinden, was man mit ihm anfängt. Die Parallelrechner tun nur eines: sie machen alles viel schneller. Aber Geschwindigkeit ist nicht das Problem und war es auch nie.

Murray Gell-Mann: Ich mag Danny Hillis sehr und halte viel von ihm. Nach meinem Eindruck ist er nicht nur, wie jeder weiß, ein wagemutiger Mensch, sondern auch ein tiefschürfender produktiver Denker. Ich wünschte, ich wüßte und verstünde mehr von seiner Arbeit. Ich freue mich darauf, mehr von ihm zu hören und etwas über die Themen zu erfahren, die ihn interessieren.

Ausgewählte Literatur

ERSTER TEIL

Cronin, Helena: *The Ant and the Peacock.* New York: Cambridge University Press (1992).

Darwin, Charles R.: *Über die Entstehung der Arten durch natürliche Zuchtwahl.* Darmstadt: Wissenschaftl. Buchgesellschaft (1992).

Dawkins, Richard: *Der blinde Uhrmacher.* München: dtv (1996).

– *The Extended Phenotype.* New York: Oxford University Press (1982).

– *Und es entsprang ein Fluß in Eden.* München: C. Bertelsmann (1996).

– *Das egoistische Gen.* Heidelberg: Spektrum Akademischer Verlag (1994).

Dobzhansky, Theodosius: *Genetics and the Origin of Species.* New York: Columbia University Press (1951).

– *Mankind Evolving: The Evolution of the Human Species.* New York: Yale University Press (1962).

Eigen, Manfred: *Stufen zum Leben.* München: Piper (1993).

Eldredge, Niles: *Fossils.* New York: Harry N. Abrams (1991).

– *The Miniser's Canary.* New York: Prentice Hall (1991).

– *The Monkey Business.* New York: Washington Square Press (1982).

– *Reinventing Darwin.* New York: John Wiley (1995).

– *Unfinished Synthesis.* New York: Oxford University Press (1985).

–, and Stephen J. Gould: »Punctuated Equilibris: An Alternative to Phyletic Gradualism«, in: T. J. M. Schopf, ed., *Models in Paleobiology.* San Francisco: Freeman Cooper (1972).

–, and Majorie Grene: *Interactions.* New York: Columbia University Press (1992).

– *Wendezeiten des Lebens.* Heidelberg: Spektrum Akademischer Verlag (1994).

– *Quantensprünge des Lebens*. Reinbek: Rowohlt Taschenbuch (1996).

Ewald, Paul W.: »Cultural Vectors, Virulence, and the Emergence of Evolutionary Epidemiology.« *Oxford Surveys in Evolutionary Biology* 5 (1988) 215–245.

Fisher, Ronald A.: *The Genetical Theory of Natural Selection*. Oxford: Clarendon Press (1930).

Goldschmidt, Richard: *The Material Basis of Evolution*. New Haven: Yale University Press (1940).

Gould, Stephen Jay: *Bravo, Brontosaurus*. Hamburg: Hoffmann & Campe (1994).

– *Ever Since Darwin*. New York: W. W. Norton (1977).

– *Das Lächeln des Flamingos*. Frankfurt am Main: Suhrkamp (1995).

– *Wie das Zebra zu seinen Streifen kam*. Frankfurt am Main: Suhrkamp (1991).

– *Der falsch vermessene Mensch*. Frankfurt am Main: Suhrkamp (1986).

– *Ontogeny and Phylogeny*. Cambridge: Harvard University Press (1977).

– *Der Daumen des Panda*. Frankfurt am Main: Suhrkamp (1989).

– *Die Entdeckung der Tiefenzeit*. München: dtv (1992).

– *Zufall Mensch*. München: Hanser (1991).

– *Das Buch des Lebens*. Köln: vgs (1993).

–, and Richard C. Lewontin: »The Spandrels of San Marco and the Panglossian Paradigm: A Critique of the Adaptationist Programme.« *Proc. Roy. Soc. London* B 205 (1979) 581–598.

–, and Elisabeth S. Vrba: »Exaptation – A Missing Term in the Science of Form.« *Paleobiology* 8 (1982) 4–15.

Haldane, J. B. S.: *The Causes of Evolution*. London: Longmans (1932).

Hamilton, W. D.: »The Genetical Evolution of Social Behaviour« (I and II). *Journal of Theoretical Biology* 7 (1964) 1–52.

– »The Moulding of Senescence by Natural Selection.« *Journal of Theoretical Biology* 12 (1966) 12–45.

Hull, David L.: »Interactors versus Vehicles«, in: H. C. Plotkin, ed., *The Role of Behavior in Evolution*. Cambridge: MIT Press (1988).

Jones, Steve: *Die Botschaft der Gene*. München: List (1995).

–, Robert Martin, and David Pilbeam, eds.: *The Cambridge Encyclopedia of Human Evolution*. Cambridge: Cambridge University Press (1992).

Lewontin, Richard C., Steven Rose, and Leon J. Kamin: *Die Gene sind es nicht…* Weinheim: Psychologie Verlags Union (1988).

Lovelock, James: *Gaia – Die Erde ist ein Lebewesen.* Bern: Scherz (1992).

Margulis, Lynn: *Early Life.* Boston: Jones & Bartlett (1981).

– *The Origin of Eukaryotic Cells.* New Haven: Yale University Press (1970).

– *Symbiosis in Cell Evolution.* 2d ed., New York: W. H. Freeman (1993).

–, and Dorion Sagan: *Microcosmos.* New York: Simon & Schuster (1986).

– *Geheimnis und Ritual.* Berlin: Byblos (1995).

– *Origins of Sex.* New Haven: Yale University Press (1986).

–, and Karlene V. Schwartz: *Five Kingdoms: An Illustrated Guide to the Phyla of Life on Earth.* 2d ed., San Francisco: W. H. Freeman (1988).

Maynard Smith, John: *Evolutionsgenetik.* Stuttgart: Thieme (1992).

– *Evolution and the Theory of Games.* Cambridge: Cambridge University Press (1982).

– *The Evolution of Sex.* Cambridge: Cambridge University Press (1978).

– *The Problems of Biology.* Oxford: Oxford University Press (1986).

Mayr, Ernst: *... und Darwin hat doch recht.* München: Piper (1995).

– *Eine neue Philosophie der Biologie.* München: Piper (1991).

Medawar, Peter: *The Limits of Science.* New York: Harper & Row (1984).

– *Memoir of a Thinking Radish.* Oxford: Oxford University Press (1988).

– *Die Kunst des Loslassen.* Göttingen: Vandenhoeck & Ruprecht (1972).

Nesse, Randolph, M.D., and George C. Williams: *Why We Get Sick.* New York: Times Books (1995).

Simpson, George Gaylord: *The Major Features of Evolution.* New York: Columbia University Press (1953).

– *The Meaning of Evolution.* New Haven: Yale University Press (1949).

– *Evolution und Verhalten.* Frankfurt am Main: Suhrkamp (1969).

Snow, C. P.: *The Two Cultures.* Cambridge: Cambridge University Press (1993).

Sober, Elliott: *The Nature of Selection.* Cambridge: MIT Press (1984).

Stanley, Steven M.: *Children of the Ice Age.* New York: Crown (1995).

– *Krisen der Evolution.* Heidelberg: Spektrum Akademischer Verlag (1989).

Stebbins, G. L.: *Variation and Evolution in Plants.* New York: Columbia University Press (1950).

Sturtevant, A. H.: »On the Effects of Selection on Social Insects.« *Quarterly Review of Biology* 13 (1938) 74–76.

Thompson, D'Arcy W.: *On Growth and Form.* Cambridge: Cambridge University Press (1917).

Trivers, Robert: *Social Evolution.* Menlo Park CA: Benjamin/Cummings (1985).

Vrba, Elisabeth S., and Niles Eldredge: »Individuals, Hierarchies, and Processes: Towards a More Complete Evolutionary Theory.« *Paleobiology* 10 (1984) 146–171.

Waddington, C. H.: *The Evolution of an Evolutionist.* Edinburgh: Edinburgh University Press (1975).

– *The Nature of Life.* London: Allen & Unwin (1962).

– *The Strategy of the Genes.* London: Allen & Unwin (1957).

Weismann, August: »The All-Sufficiency of Natural Selection: A Reply to Herbert Spencer.« *Contemporary Review* 64 (1893) 309–338, 596–610.

Williams, George C.: *Adaptation and Natural Selection: A Critique of Some Current Evolutionary Thought.* Princeton: Princeton University Press (1966).

– *Natural Selection: Domains, Levels, and Challenges.* New York: Oxford University Press (1992).

– *Sex and Evolution.* Princeton: Princeton University Press (1975).

Wilson, Edward O.: *Der Wert der Vielfalt.* München: Piper (1995).

– *On Human Nature.* Cambridge: Harvard University Press (1978).

– *Sociobiology: The New Synthesis.* Cambridge: Harvard University Press (1975).

Wright, Sewall: »Adaptation and Selection«, in: *Genetics, Paleontology, and Evolution,* G. L. Jepson, E. Mayr, and G. G. Simpson, eds. Princeton: Princeton University Press (1949).

– »Evolution in Mendelian Populations.« *Genetics* 16 (1931) 97–159.

– »Tempo and Mode in Evolution: A Critical Review.« *Ecology* 26 (1945) 415–419.

Wynne-Edwards, V. C.: *Animal Dispersion in Relation to Social Behaviour.* Edinburgh: Oliver & Boyd (1962).

ZWEITER TEIL

Chomsky, Noam: *Knowledge of Language.* New York: Praeger (1986).

Dennett, Daniel C.: *Brainstorms.* Montgomery VT: Bradford Books (1978).

– *Die Philosophie des menschlichen Bewußtseins.* Hamburg: Hoffmann & Campe (1994).

– *Content and Consciousness.* London: Routledge & Kegan Paul (1969).

– *Ellenbogenfreiheit. Die erstrebenswerten Formen freien Willens.* Frankfurt am Main: Hain (1985)

– *The Intentional Stance.* Cambridge: MIT Press/Bradford (1987).

Dreyfus, Hubert: *Was Computer nicht können.* Frankfurt am Main: Hain (1989).

–, and S. E. Dreyfus: *Minds Over Matter.* New York: The Free Press (1986).

Hofstadter, Douglas R. und Daniel C. Dennett: *Einsicht ins Ich.* Stuttgart: Klett-Cotta (1991).

Humphrey, Nicholas: *Consciousness Regained.* Oxford: Oxford University Press (1983).

– *Die Naturgeschichte des Ich.* Hamburg: Hoffmann & Campe (1995).

– *The Inner Eye.* London: Faber & Faber (1986).

– »›Interest‹ and ›Pleasure‹: Two Determinants of a Monkey's Visual Preferences.« *Perception* 1 (1972) 395–416.

Jacob, François: *The Possible and the Actual.* Seattle: University of Washington Press (1982).

Levelt, Willem: *Speaking.* Cambridge: MIT Press/Bradford (1989).

Maturana,Humberto R.: *Erkennen.* Wiesbaden: Vieweg (1985).

– *Der Baum der Erkenntnis.* München: Goldmann (1995).

Minsky, Marvin: *Metropolis.* Stuttgart: Klett-Cotta (1990).

–, and Seymour Papert: *Perceptrons.* Rev. ed., Cambridge: MIT Press (1987).

Moravec, Hans: *Mind Children. Der Wettlauf zwischen menschlicher und künstlicher Intelligenz.* Hamburg: Hoffmann & Campe (1990).

Papert, Seymour: *Gedankenblitze.* Hamburg: Rowohlt (1985).

Penrose, Roger: *Computerdenken.* Heidelberg: Spektrum Akademischer Verlag (1991).

– *Schatten des Geistes.* Heidelberg: Spektrum Akademischer Verlag (1995).

Pinker, Steven: *Der Sprachinstinkt.* München: Kindler (1996).

– *Learnability and Cognition: The Acquisition of Argument Structure.* Cambridge: MIT Press (1989).

–, and Paul Bloom: »Natural Language and Natural Selection.« *Behavioral and Brain Sciences* 13 (1990) 707–784.

Schank, Roger: *The Connoisseur's Guide to the Mind.* New York: Summit Books (1991).

– *Tell Me a Story.* New York: Scribners (1990).

–, and R. Abelson: *Scripts, Plans, Goals, and Understanding: An Inquiry into Human Knowledge Structures.* Hillsdale NJ: Erlbaum (1977).

–, and Peter Childers: *The Cognitive Computer.* Reading MA: Addison-Wesley (1988).

– *The Creative Attitude: Learning to Ask and Answer the Right Questions.* New York: Macmillan (1988).

Searle, John: *Geist, Hirn und Wissenschaft.* Frankfurt am Main: Suhrkamp (1986).

– *Die Wiederentdeckung des Geistes.* München: Artemis (1996).

Varela, Francisco J.: *Principles of Biological Autonomy.* New York: Elsevier North Holland (1979).

–, Evan Thompson und Eleanor Rosch: *Der Mittlere Weg der Erkenntnis.* Bern: Scherz (1992).

DRITTER TEIL

Barrow, John D., and Frank J. Tipler: *The Anthropic Cosmological Principle.* New York: Oxford University Press (1986).

Davies, Paul: *Prinzip Chaos.* München: C. Bertelsmann (1988).

– *Am Ende ein neuer Anfang.* Berlin: Ullstein (1984).

– *Gott und die moderne Physik.* München: C. Bertelsmann (1986).

– *Die letzten drei Minuten.* München: C. Bertelsmann (erscheint 1997).

–, ed.: *The New Physics.* Cambridge: Cambridge University Press (1989).

– *Die Unsterblichkeit der Zeit.* Bern: Scherz (1995).

– *Other Worlds.* London: Dent (1980).

– *The Physics of Time Asymmetry.* Berkeley: University of California Press (1974).

– *Space and Time in the Modern Universe.* Cambridge: Cambridge University Press (1977).

– *Superforce.* New York: Simon & Schuster (1984).

–, und John Gribbin: *Auf dem Weg zur Weltformel.* Berlin: Byblos (1993).

– *Ein Universum nach Maß.* Frankfurt am Main: Insel (1994).

Guth, Alan: *The Inflationary Universe.* (Im Druck)

Hawking, Stephen W.: *Eine kurze Geschichte der Zeit.* Reinbek: Rowohlt (1988).

Pagels, Heinz R.: *The Cosmic Code: Quantum Physics As the Language of Nature.* New York: Simon & Schuster (1982).

– *Perfect Symmetry.* New York: Simon & Schuster (1985).

Rees, Martin: *Our Home Universe.* (Im Druck)

Smolin, Lee: *The Life of The Cosmos: A New View of Cosmology, Particle Physics, and the Meaning of Quantum Physics.* New York: Crown (1995).

Smoot, George und Keay Davidson: *Das Echo der Zeit.* München: C. Bertelsmann (1995).

Weinberg, Steven: *Der Traum von der Einheit des Universums.* München: C. Bertelsmann (1993).

– *Die ersten drei Minuten.* München: Piper (1978).

VIERTER TEIL

Farmer, J. Doyne, Tomaso Toffoli, and Stephen Wolfram, eds.: »Cellular automata.« *Physica* 10 D Amsterdam (1984).

–, eds.: »Evolution, Games, and Learning: Models for Adaptation in Machines and Nature.« *Physica* 22 D Amsterdam (1986).

Gell-Mann, Murray: *Das Quark und der Jaguar.* München: Piper (1995).

Holland, John H.: *Adaptation in Natural and Artificial Systems.* Ann Arbor: University of Michigan Press (1975).

Kauffman, Stuart A.: *Origins of Order: Self-Organization and Selection in Evolution.* New York: Oxford University Press (1993).

–, and George Johnson: *At Home in the Universe.* New York: Oxford University Press (1995).

Langton, Christopher G., ed.: *Artificial Life.* Reading MA: Addison-Wesley (1989).

–, Charles Taylor, J. Doyne Farmer, and Steen Rasmussen, eds.: *Artificial Life II.* Reading MA: Addison-Wesley (1992).

Pagels, Heinz R.: *Dreams of Reason: The Computer and the Rise of the Sciences of Complexity.* New York: Simon & Schuster (1988).

Toffoli, Tomaso, and Norman Margolus: *Cellular Automata Machines.* Cambridge: MIT Press (1987).

FÜNFTER TEIL

Hillis, W. Daniel: *The Connection Machine*. Cambridge: MIT Press (1985).
- »Intelligence as an Emergent Behavior«, in: *Artificial Intelligence*, Stephen Graubard, ed. Cambridge: MIT Press (1988).

Namensregister

Adler, Mortimer 30
Appleyard, Brian 27
Aristophanes 220
Aristoteles 27, 126, 253
Arouet, François-Marie s.
   Voltaire
Arthur, Brian 523
Ashtekar, Abhay 351, 402
Asimow, Isaac 219
Augustinus 158
Axelrod, Bob 447 f.

Bagley, Rik 511 f.
Ballivet, March 472
Barbour, Julian 383
Bass, Thomas A. 525
Benford, Gregory 220
Benzer, Seymour 102
Blau, Steven 390
Bloom, Paul 330
Bohr, Niels 16, 32, 401
Boltzmann, Ludwig 490 f.
Brand, Stewart 17
Brin, David 220
Brooks, Rodney 499
Brown, Donald 326

Cain, Arthur 41, 72 f., 75
Campbell, John 219

Carnot, Sadi 491
Carr, Bernard 382, 408
Chesterton, G. K. 286
Chomsky, Noam 207, 239 ff.,
   244 ff., 269, 312, 319 f., 324,
   330 f., 347
Clarke, Arthur C. 219
Clarke, Bryan 153, 156
Clausius, Rudolf 491
Cohen, Jack 146
Coleman, Sidney 375
Cone, Jerry 155
Copeland, Herbert F. 188
Cowan, George 143, 435
Cowan, Jack 477
Crick, Francis 346, 493
Cronin, Helena 79, 87
Crow, James Frederick
   182
Crutchfield, Jim 507 f.
Cummings, E. E. 283

Danelli, James F. 186
Darwin, Charles 24, 29, 37, 45,
   47, 58, 61, 65 ff., 78, 80 ff.,
   93, 97 ff., 103, 114, 116 ff.,
   122, 130, 133, 140, 152,
   167, 173 f., 179 ff., 197, 200,
   219, 238, 257 ff., 302, 321 f.,

557

Stichwortregister

562

Die Warburgs
Odyssee einer Familie
960 Seiten
btb 72029

Aus Freude am Lesen

Ron Chernow

Die Warburgs sind wie die Rothschilds oder Mendels-
sohns eine der großen jüdischen Familien Europas –
Bankiers, Forscher und Mäzene. Chernow beschreibt
ihr bewegtes Schicksal zwischen Hamburg, London
und Amerika.
»Ein glänzendes, spannendes Werk.«
DER SPIEGEL

Saint-Exupéry
Eine Biographie
670 Seiten
mit zahlreichen
Abbildungen
btb 72024

Aus Freude am Lesen

Stacy Schiff

Stacy Schiff setzt sich auf die Spuren eines schwierigen
Lebens – und entdeckt einen Menschen, dessen Exi-
stenz eine komplizierte, zerbrechliche Mischung aus
Heroismus, Einsamkeit und Melancholie war.
»Glänzend geschrieben, hervorragend recherchiert.«
KIELER NACHRICHTEN

Und Nietzsche weinte
Roman
375 Seiten
btb 72011

Irvin D. Yalom

Das Wien des Fin de siècle: Josef Breuer, der angesehene
Arzt und Mentor Sigmund Freuds, soll den unter
betäubenden Kopfschmerzen leidenden Philosophen
Friedrich Nietzsche heilen. So beginnt die außergewöhnliche Beziehung zwischen dem ruhigen, einfühl-
samen Therapeuten Breuer und dem verschlossenen,
verletzlichen Denker Nietzsche.

———————————— ❦ ————————————

Seelensprung
Ein Leben
in zwei Welten
220 Seiten
btb 72006

Susanna Kaysen

»Seelensprung« beruht auf Susanna Kaysens eigenen
Erfahrungen in einer berühmten psychiatrischen
Anstalt. Sie beschreibt darin ihr Leben als entmündig-
te Patientin, das einem Balanceakt zwischen Realität
und Alptraum gleicht.

Aus Freude am Lesen

*Die verborgene
Geschichte
Roman
320 Seiten
btb 72003*

Caroline Llewellyn

Nach dem tragischen Tod ihres Mannes hofft die Kinderbuchautorin Jo, im malerischen Dorf Shipcote zur Ruhe zu kommen. Doch im Cottage ihrer Großmutter stößt sie schon bald auf tödliche Geheimnisse aus der Vergangenheit. Ein atmosphärisch dichter Kriminalroman in bester englischer Tradition.

———————— ❧ ————————

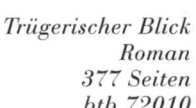

Aus Freude am Lesen

*Trügerischer Blick
Roman
377 Seiten
btb 72010*

Jane Stanton Hitchcock

Die Trompe-l'œil-Künstlerin Faith Cromwell ahnt nicht, in welch dunkles Spiel sie bei ihrem neuesten Auftrag hineingezogen wird. Für eine legendäre Kunstsammlerin soll sie einen Ballsaal ausmalen, der sich jedoch als Mausoleum entpuppt.
»Psychologisch ausgefeilter Vollblut-Thriller.«
freundin

Aus großer Zeit
Roman
450 Seiten
btb 72015

Walter Kempowski

Die tragikomischen Geschicke der großbürgerlichen Reederfamilie Kempowski in der Zeit des Ersten Weltkriegs, erzählt von einem der bedeutendsten Romanciers der Nachkriegszeit und dem wohl wichtigsten literarischen Chronisten Deutschlands.

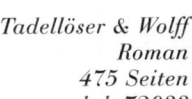

Tadellöser & Wolff
Roman
475 Seiten
btb 72033

Mit subtiler Ironie und einem Blick für das nur Allzumenschliche schildert der Rostocker Reederssohn Kindheit und Jugend in der Nazizeit. Mit dem atmosphärisch dichten und milieugetreuen Roman gelang Walter Kempowski Anfang der siebziger Jahre der literarische Durchbruch.

*Der Winter unsres
Mißvergnügens
Aus den Aufzeichnungen
des OV Diversant
220 Seiten
btb 72057*

Aus Freude am Lesen

Stefan Heym

Ein brisantes politisches Lehrstück und ein Beispiel für Mut und Zivilcourage unter den Bedingungen der Diktatur: Stefan Heyms Tagebücher aus der Zeit der Biermann-Ausbürgerung, ergänzt durch bislang unbekannte Stasi-Dossiers, beschreiben auf beklemmende Weise die Mechanismen von Bespitzelung, Psychoterror und Einschüchterung.

❧

*Lebenszeit
280 Seiten
btb 72019*

Aus Freude am Lesen

Erwin Strittmatter

Kurze Erzählungen, Betrachtungen, Zeugnisse und Auszüge aus Erwin Strittmatters wichtigsten Romanen sind in diesem Lesebuch zusammengefaßt, das einen hervorragenden Einstieg in das Gesamtwerk des Autors bietet. Eines der persönlichsten Bücher des großen Sprachkünstlers und Dichters.